高等学校"十三五"规划教材

涂镀车间与设备设计

冯立明　王　玥　王学刚　主编

孙　华　主审

化学工业出版社

·北京·

内容提要

《涂镀车间与设备设计》共分 8 章，先介绍了涂镀车间设计需要的基础资料，然后按涂装车间工艺设计、涂装设备及设计、涂层固化设备与设计、电镀车间工艺设计、电镀主要设备设计及选型安排内容，最后介绍了涂镀车间管道布置、厂房建筑及车间防腐蚀设计等内容，全书在保证系统性的前提下尽可能简明，有利于专业人员学习和涂镀行业参考。

《涂镀车间与设备设计》可作为高等学校表面处理专业的教材，也可供涂镀领域从事技术、设计、管理的专业人员参考。

图书在版编目（CIP）数据

涂镀车间与设备设计 / 冯立明，王玥，王学刚主编
. —北京：化学工业出版社，2020.9
高等学校"十三五"规划教材
ISBN 978-7-122-37350-2

Ⅰ.①涂⋯　Ⅱ.①冯⋯ ②王⋯ ③王⋯　Ⅲ.①镀覆-车间-设计-高等学校-教材　Ⅳ.①TG174.44

中国版本图书馆 CIP 数据核字（2020）第 118283 号

| 责任编辑：宋林青 | 文字编辑：刘志茹 |
| 责任校对：边　涛 | 装帧设计：刘丽华 |

出版发行：化学工业出版社（北京市东城区青年湖南街 13 号　邮政编码 100011）
印　装：三河市双峰印刷装订有限公司
787mm×1092mm　1/16　印张 19½　字数 495 千字　2020 年 10 月北京第 1 版第 1 次印刷

购书咨询：010-64518888　　售后服务：010-64518899
网　　址：http://www.cip.com.cn
凡购买本书，如有缺损质量问题，本社销售中心负责调换。

定　　价：58.00 元

前　言

　　涂装与电镀是两种重要的表面处理技术，是获得防护、装饰与功能性膜层的主要工艺，在汽车、高铁、航空航天、机电设备制造等领域应用广泛。涂镀车间是获得高质量涂镀层的场地，涂镀生产线与设备是获得高质量涂镀层的保障，涂镀生产线设计、标准设备选型、非标设备设计以及车间的组成与布置是否科学、合理、可靠、清洁直接影响生产任务完成的效率与质量，进而影响产品质量、成本与市场竞争力。

　　涂镀车间与设备设计涉及多个学科，内容多、结构复杂，对从业人员要求高，国内外这类专业人才非常匮乏。为此，我们编写了《涂镀车间与设备设计》教材，与《涂装工艺学》《电镀工艺学》形成系列教材，一者满足国内高校涂镀等表面处理领域专业人才培养的需要，二者为国内涂镀领域从事技术、设计、管理的专业人员提供参考。

　　本书共分8章。第1、2、5章由冯立明、魏雪编写，第3、4章由王玥编写，第6章由江荣岩、刘春华编写，第7、8章由王学刚编写，全书由冯立明、王玥、王学刚任主编，承蒙孙华老师审阅。

　　本书编写过程中，国内涂装、电镀领域的同仁提供了一些宝贵的技术资料。同时，我们也参阅了国内外同行的相关文献资料，在此一并表示感谢。

　　由于编者水平所限，书中不妥之处在所难免，敬请读者批评指正，以期提高。

冯立明

2020 年 4 月

目 录

第3章　涂装设备及设计　　47

第4章　涂层固化设备及设计　　100

第5章　电镀车间工艺设计   139

第6章　电镀主要设备设计及选型   193

7.4.4 交流供电方式 …… 285
7.4.5 照明 …… 285
思考题 …… 285

第8章 厂房建筑及车间防腐蚀设计 286

8.1 厂房建筑与结构 …… 286
8.1.1 表面处理工艺对建筑结构的要求 …… 286
8.1.2 厂房结构形式与参数 …… 287
8.2 车间防腐蚀设计 …… 291
8.2.1 建筑物腐蚀的分类和评定 …… 291
8.2.2 建筑物的防腐 …… 292
8.2.3 地（楼）面的防腐 …… 292
8.2.4 其他防腐蚀措施 …… 297
思考题 …… 300

参考文献 302

第1章

绪　论

1.1　涂镀车间设计的基础资料

原始资料和设计基础数据是进行车间工艺设计的前提条件，是确定设计原则及设计计算的依据。资料是否齐全、准确，将直接影响设计质量。设计基础资料一般是客户委托设计任务书（或招标书）中提供的，当资料不全时，工艺设计人员应调查清楚。

1.1.1　涂镀车间设计的原始资料

原始资料是设计所需要的有关企业、工件、产品及企业所在地自身的固有资料，应在企业所在地收集或有关部门提供。

（1）自然条件

自然条件包括涂镀车间所在地的夏季室外平均气温及最高气温，冬季室外平均气温及最低气温，四季的空气相对湿度，全年主导风向等。在风沙（或灰尘）较大的地区，还包括大气含尘量。

（2）地方法规

地方法规包括三废排放的环保法规、安全卫生及消防法规，如果当地没有特殊规定，可采用国家标准。

（3）相关技术标准

相关技术标准包括企业有关涂镀设备（或涂镀车间）的各种标准、产品质量标准、三废及噪声标准等。

（4）厂房条件

在进行老厂房改造时，需有厂区总布置图，车间工艺平面布置图，厂房建筑平面图、立面图及剖面图，厂方柱子及柱网基础图，屋架及屋面图等资料。如没有相应图样，则必须用文字予以详细说明。在新建厂房情况下，厂房条件由工艺设计者提出要求，建筑及总布置由设计者确定。

（5）动力能源

水、电、蒸汽、热水、天然气、压缩空气等可供使用情况及相应的参数；工业水水质分析报告。在老厂房改造时，还包括各种管网及动力入口。

（6）工厂状况

工厂状况包括：老厂在改造前的状况（原涂镀件的型号、名称、产品质量及生产方式）和工艺水平、特点；原生产设备、安全与环保设备状况、能源利用情况，存在的主要薄弱环节及问题。

（7）产品资料

产品资料包括被涂镀物的外形尺寸、材质、质量、涂镀面积、产品图样和表面状态、被涂镀物清单。在扩初设计前，暂无被涂镀物图样和清单时，至少要列出最大件、最重件的名称、质量和外形尺寸。

1.1.2 涂镀车间设计基础数据

涂镀车间设计基础数据是根据原始资料和国家的有关法律、法规及一些常规范例对某些原始资料进行整理或计算，并结合企业实际情况，确定一些关键的数据，以作为其他所有计算的基础。有时，这一资料整理、计算过程要结合具体的设计方案进行，应认为是设计方案的一部分。

（1）涂镀车间任务说明

涂镀车间任务说明是说明涂镀车间与相邻车间的关系，工件由哪来到哪去，说明涂镀车间所承担的任务内容、范围，说明产品或零件的结构特点及对涂镀层质量的要求，确定质量标准。涂镀层质量标准是涂镀车间设计的重要基础资料，是选用材料、确定工艺和确定质量检查验收标准的依据。它一般注明在被涂镀物图样上或产品技术条件中，或标注出新涂镀车间的工艺设计按某标准执行。

（2）涂镀车间生产纲领

涂镀车间生产纲领是指被涂镀物在单位时间内的产量（年产量、月产量、日产量）。对大型的被涂镀物（如汽车车身等）常用生产能力来表示，如日产量多少台。

（3）涂镀车间工作时间制度和年时基数

工作时间制度是由立法确定的。我国现行的工作时间制度有三种，即标准、不定时和综合计算。标准工作时间制度是《劳动法》《国务院关于职工工作时间的规定》等规定的劳动者一昼夜中工作时间长度、一周中工作日天数，并要求各用人单位和一般职工普遍实行的基本工时制度。根据《国务院关于职工工作时间的规定》，我国目前实行的是每日工作 8 小时、每周工作 40 小时的工作时间制度。

生产制度是生产的组织形式，通常采用单班制、双班制与三班制。

标准工时是在正常的操作条件下，以标准的作业方法、合理的劳动强度和速度，完成符合质量要求的工作所需的作业时间。

年时基数分为工人的年时基数和设备的年时基数。工人的年时基数是指按国家制定的双休日制，以每年 254 个工作日来计算，扣除病、产、事假及其他时间损失后的有效工作时间。设备的年时基数是指以每年 254 个工作日计算，扣除设备检修及其他必要的停工时间损失后的有效工作时间。

（4）涂镀车间生产节奏计算

生产节奏是平均的生产节拍，即每件产品（或每个挂具）间的间隔时间。可按式(1-1)计算：

$$T = \frac{60 t_1 n t_2 k \rho}{M} \tag{1-1}$$

式中　T——生产节奏，min/件、min/台或 min/挂；

　　　t_1——设备年计划工作日，天；

　　　n——生产制度，单班制、双班制或三班制；

　　　t_2——工作时间制度，每班工作时间，h；

　　　k——设备利用系数，$k = 80\% \sim 90\%$；

　　　M——生产纲领（件/年，台/年，挂具/年）；

　　　ρ——产品成品率，%。

生产节奏是涂镀车间的重要基础数据，根据它和每套产品的涂镀工作量，选择涂镀车间的生产方式和涂镀工序间的运输方式。

1.2　涂镀车间设计程序和内容

1.2.1　涂镀车间设计前期工作阶段

涂镀车间设计前期工作阶段包括：设计基础资料、规划方案、项目建议书、可行性研究报告。涂镀车间建设项目的提出和确定要根据企业的整体发展进行规划，凡是在规划中的建设项目，都要提出项目建议书，它是工厂企业根据发展规划，对项目发展总轮廓的说明。项目建议书确立后即可编制可行性研究报告，对项目进行评估，论证项目是否符合国家、行业产业政策、法令和规定，项目选址是否符合规划、园区产业定位与准入条件，布局是否合理、技术是否可行，污染物防治措施能否达标排放，经济效益和社会效益是否良好等，这些都是项目决策的重要依据，也是设计前期工作中的一个重要环节。

（1）项目建议书

项目建议书是企业根据市场发展需要和长远规划的要求，经过调查、预测、分析，提出拟建项目的建议报告。它可以在立项决策研究前，对项目建设的必要性提出建议，并对项目的可行性进行初步的分析。

项目建议书一般应包括以下主要内容。

① 项目名称　包括项目的建设单位及负责人。

② 项目建设意义及政策符合性　说明拟建项目的意义、产业政策、环境准入等的符合性。

③ 项目内容　说明拟建的项目内容，技术来源，技术先进性、可靠性等，概要生产工艺流程、操作条件及三废产生与处理情况，简述主要设备名称、规格、数量。进口设备要说明拟进口的理由。

④ 承办企业的基本情况　说明企业名称、地址及企业基本情况。

⑤ 产品情况　名称、简要规格与生产能力及其销售方向。

⑥ 其他　主要原材料、电力、燃料、交通运输等方面的近期和今后的要求与已具备的条件，项目资金的估计与来源，项目的进度安排，项目的技术、经济分析。

（2）可行性研究报告

可行性研究是在项目建议书的基础上进一步对该项目进行调查研究，对可行性做出较为切合实际的结论。

可行性研究报告应包括以下主要内容。

① 总说明　包括项目名称，项目的建设单位及负责人，可行性研究工作的主要负责人和经济负责人名单，项目建议书的审批文件或备案情况，可行性研究总的概况、结论与建议。

② 建设单位的基本情况与条件。

③ 生产规划、产品的名称规格、技术性能与用途　包括国内外的需求情况调查、研究与预测，国内外产品销售价格的调查、研究与分析，全年国内外需要估算、产品生产能力的选定，全年产品产量与国内（外）销售量规划。

④ 物料供应规划　包括原材料、半成品、配套件、辅助材料、维修材料、电力、燃料及其他公用设施等的使用、来源、价格；物料选用的几个可供选择方案的比较与论证，选择的理由；全年的物料供应量规划，其中进口部分需明确。

⑤ 选址　包括选址及其规划符合性、三线一单情况；选址与其自然、经济、社会、交通运输等条件的概述；几个可供选择方案的比较与论证，选定的理由；项目建成后对周边环境的影响等。

⑥ 涂镀车间平面布置　包括总平面布置的几个可供选择方案的比较与论证，选定的理由。

⑦ 技术与设备　包括技术选定的几个可供选择方案的比较与论证，选定的理由；技术的来源与厂商、技术转让费用的估算；设备的选用，主要生产设备与辅助设备的名称、型号、规格、数量，几个可供选择方案的比较与论证，选定的理由；进口设备的来源国别与厂商，设备费用的估算。

⑧ 生产组织、劳动定员和人员培训计划。

⑨ 环境污染及其防治　根据技术方案，说明产污环节、污染物及其收集、治理措施、达标排放情况，估算环保投资。

⑩ 项目实施的综合计划　包括询价、谈判、签订合同、工程设计、技术与设备的交付、工程施工、调试与生产进度。

⑪ 资金的概算和来源。

⑫ 经济分析　说明项目投资额、资金来源、销售额、生产成本等，分析项目经济效益。

（3）编制实施方案

项目建议书批准或备案后或纳入技术改造计划的项目，应编制实施方案，其主要内容如下：

① 措施的依据（经批准或备案的项目建议书等文件）。

② 措施的指导思想。

③ 项目的规模及主要内容。

④ 原材料、燃料、动力等的用量及其来源。

⑤ 生产工艺流程。

⑥ 主要设备选型及配套。

⑦ 辅助、公用工程。

⑧ 主要建筑物及构筑物以及与主体工程相配套的生活设施。

⑨ 新技术、新工艺、新设备及新材料的利用。

⑩ 资源循环利用及三废处理。

⑪ 项目总投资（设计预算）及资金来源，外汇来源及年度计划数。

⑫ 各项经济技术指标和经济效益数据，还款期限。

⑬ 建设顺序及期限。

⑭ 工程概算一览表及项目建设平面图。

⑮ 项目申请单位及项目负责人签字。

⑯ 附件，如项目建议书、可行性研究报告等。

1.2.2 涂镀车间设计任务书

设计任务书也称为初步设计书，编制设计任务书是进行基本建设的基础和进行设计的依据。设计任务书是一项指令性的文件，大中型的建设项目，都必须具有经过批准的设计任务书，才能据此进行设计。因此一定要把设计任务书编写成一份完整的文件。

涂镀车间设计任务书一般应有以下主要内容：

① 编制依据 引用经批准或备案的相关文件，写出日期、文号、主要内容和建设意义，同时说明建设理由。

② 建设项目名称和厂址 建设项目名称一般早已确定，如需修改，应附修改项目名称报告或重新备案的文件。厂址应有土地证明、用地协议书。如果厂址尚未选定，则附厂址选择报告，以便在批复设计任务书时一并将厂址确定下来。

③ 建设规模、产品品种和生产方法 建设规模应根据产品品种和计划产量拟定，如有分期建设或分期投产的，要将分期建设规模、投产品种和远景发展规模加以阐明。生产方法要说明采用的工艺技术依据，如工艺要求、工艺种类和质量要求等。

④ 主要原材料、燃料和动力（水、电、气）供应来源 说明所需要的大概数量和供应方法，要根据地区平衡，遵循就地解决的原则，提出具体的定点供应原材料、燃料、动力等的单位与部门，最好附供应协议书。

⑤ 交通运输 说明建成后的总运输量和解决运输的方法，以及相应配合的外部工程项目。

⑥ 污染物治理和综合利用 要提出废水、废气、固废、噪声等产生与治理措施，提出资源化利用的建议。

⑦ 建设进度 分期建设的要给出分期建设进度安排。

⑧ 投资估计 提出建设项目总投资的估算数，并说明估算的主要依据。

⑨ 人员估计 提出全厂需要人员的估算数或增加数，并说明估算的主要依据。

⑩ 有关协议和附件 说明所附的各项协议文件。

⑪扩建和改造 扩建项目和改造项目的设计任务书内容，还应当说明原有固定资产的情况和利用程度。

⑫ 设计单位和设计进度 标明总体设计单位、分项设计单位和设计阶段的要求进度。

1.2.3 涂镀车间技术设计

技术设计也称为扩大初步设计。技术设计应根据批准的设计任务书和可靠的设计基础资料进行。技术设计的内容应有足够的深度，以满足主要材料、设备订货、控制投资、设计审查、定员以及准备等方面的需要。

在设计中应积极采用高新技术，但要坚持"一切经过试验"的原则，各项高新技术，只有在经过试验，作出技术鉴定后，才可在设计中采用，不成熟、不稳妥的技术，不能在设计中采用。

技术设计是工程设计中的重要环节，是确定各项技术问题、政策原则、方针措施的一项具体工作，是表面处理技术人员必须掌握的知识之一。

技术设计的各项内容，一旦经审批决定，在下一阶段施工图设计中，不得随意修改。如确实需要修改其中某项内容，一定要征得有关部门同意。从责任角度来讲，技术设计是对各有关部门和上级负责，施工图设计则对施工单位负责，二者内容各不相同，要求也不一样，因此技术设计是关键性的一个阶段，是解决技术问题，贯彻政策原则，明确方针措施的决策阶段。

工艺说明书应有以下主要内容：

① 概述 包括车间概况及特点、车间组织和任务、工作制度等。

② 生产流程及工艺参数 按生产工序叙述零件加工所需的工艺顺序及成品的去向，产品及原料的运输方法和储备方式，确定主要工序的工艺参数与选择依据。

③ 具体事项 工艺说明书还应包括如下一些内容：成品、原料、辅助原材料及中间产品的主要技术规格；生产用水及动力消耗量；主要设备的选型和计算；定员情况；对厂房建筑、采暖通风、动力设施、配电照明和给排水等专业，协商提供设计依据和资料，协助各专业进行具体设计；存在问题及解决意见；投资概算和技术经济指标。

④ 图表 技术设计中的图表主要包括：表面处理任务表和生产纲领表、工艺流程图（包括工艺过程、设备名称、所需工艺条件等）、工艺设备平面布置图、主要设备明细表（包括标准设备与非标设备）。

1.2.4 涂镀车间施工图设计

施工图是指导基建施工的具体资料。施工单位要按图施工，因此，设计工作必须保证施工图达到施工安装的要求和深度，从而保证施工安装的质量。

工艺部分施工图设计，包括施工设计说明书、安装施工说明、管道安装施工说明、生产管道安装布置图、生产设备安装布置图和其他各种图纸等。

（1）施工设计说明书

施工设计说明书中应详细说明下列几点：

① 设计依据

在设计依据中，应说明根据什么进行施工图设计，例如：根据批准的技术设计或修改批准文件、技术试验资料等，说明施工图对技术设计内容的修改部分。同时，还应指明订购设备所得到的技术数据与技术设计的不同之处。

② 施工图组成

施工图由以下内容组成：工艺管道安装布置图（包括系统图、平面图、剖面图）；工艺设备安装布置图（包括平面、剖面布置图）；管道安装、设备安装局部详图；有关专业施工图设计图纸。

另外，在施工设计说明书中还应包括：附表（如设备一览表、材料一览表等）、该项工程全部施工图目录。

（2）安装施工说明

安装施工说明的目的是表达设计中对管道及设备施工安装的要求，以满足工艺生产及使用需要。其具体内容包括：管道与设备施工安装图表种类、用途及其相互关系的说明；设计图纸上表示方法的说明；设计图纸中一般技术条件的说明；管道与设备施工安装的结尾工作。

（3）安装施工图

在安装施工图中，一般包括以下几方面的内容。

① 首页图

首页图需要说明本项工程在总平面布置中的位置，工程与外界的关系及施工图纸的名称、图号等。首页图的内容有：在总平面布置中的位置与外界关系、坐标方向、车间内部各部分的名称及位置、与外界连接部分的位置及尺寸（如给水管道、下水管道、蒸汽管道等）、施工图纸的名称及图号。首页图可按 1:500 的比例绘制。

② 生产设备安装布置图

生产设备安装布置图中应标明工艺生产所需各项设备的具体定位、相互关系及为工艺生产服务所需的各项设备，借以进行生产设备的安装，并为建筑、电气、采暖、通风、生活区等设计提供具体资料。生产设备安装布置图可按 1:50 或 1:100 的比例绘制，内容如下：

a. 工艺设备　标明全部工艺设备的主要特征及外貌，特别注意最长、最宽和最高部分，显示工艺设备主要特征的部件，应注明规格尺寸；标明生产所需的附件、操作走台、防护栏杆、沟道、地坑等；移动设备，如有其工作范围，则需标明工作范围，并表示其工作的极限位置；设备基础可见部分应表示清楚；在平面布置图上，为便于查阅设备和电动机详细规格，全部生产设备及电动机均需编号，一般以工艺流程先后，分工段顺序编号；电气、采暖、通风、消防等所需设备，必要时可根据各专业提供资料，以细线简单表示。

b. 尺寸　全部固定的工艺设备，均需按照设备中心标注定位尺寸。主要设备以最靠近的柱、墙轴线作依据进行标注，附属设备以主要设备定位进行标注。高度尺寸一律注在平面图上，设备所在平面的高度，用标高符号以相对设计标高标注，在相对设计标高的 ±0.0 处，需以括号标明其绝对标高。进出车间的清水总管、蒸汽总管、排水沟管等，均以建筑物坐标轴线为依据，标注定位尺寸。车间内部沟道、地坑等，均需标注位置坡度、坡向、大小、深浅等尺寸，并在有坡度的地坪场所标以坡度要求及坡向。

c. 建筑物　以细线将建筑物主要部分（如柱、墙、窗门、楼板、屋盖等）简单表示，注明坐标轴线的编号及间距尺寸，注明各层平面标高、各层内净高度、檐顶高度等尺寸。工艺生产所需孔、道，应注明大小尺寸。

③ 生产管道安装布置图

在生产管道安装布置图中，要求标明全部生产管道布置情况及其安装尺寸，以便据此进行安装，可按 1:20 或 1:50 比例进行绘制。

a. 生产管道安装布置总图　应标明全部生产管道，即由总管进入车间起，至使用地点为止，或从一台设备到另一台设备，来龙去脉，交代清楚。标明主要管道的定位尺寸或关系尺寸，以及高低尺寸。标明各管道的介质、材料、大小、流向、坡度和安装方法，并加以区别。标明管道支、吊架的形式、位置及其图号，并按不同管径、材料、形式列表汇总数量。其他专业有关主要管道（如暖风、热力、生活），以细线在所在位置简单标明，并要求协调，以避免发生各类管道相碰而造成施工、安装中的困难。图中建筑的绘制要求和标高，与设备安装布置图相同，工艺设备只以细线简单标明，但需标明名称。

b. 生产管道安装布置分图　根据安装布置总图，按不同输送介质，分别绘制分图，详细标明安装要求。其内容要求如下：视管道布置繁简情况，按一种介质系统或几种相近介质系统绘制分图，标明本系统的管道和附件布置情况及其安装尺寸，标明管道安装定位尺寸，以有关设备中心及最近柱、墙轴线为基准标注。管道安装布置平面图上，只注平面定位尺寸或关系尺寸，立面图上只注其高低尺寸，架空管道可以从楼板底或屋盖底标注尺寸。标明管道的管径、坡度，标明特殊管件或附件的供图图号及必要说明，按相同规格、相同材料，将管道及其附件进行编号。图中建筑物的绘制要求和标高，与设备安装布置图相同，工艺设备只以细线简单标明，但需标明名称。其他专业设计的管道，需自生产管道系统中引出时，应根据资料引至使用地点，并加以说明，材料一并统计在内。

c. 特殊管、管道、支架详图　凡非标准和特殊管道连接件或特殊用途管道，均需绘制详图，以供制造用。管道支、吊架，均需提供制造详图。

d. 生产管道系统图　按生产管道安装布置分图绘制相应的系统图，借以说明本系统管道的分布和管件、管径规格、流量技术条件等，有关设备亦需以示意图表示，并注明其名称。

e. 管道材料明细表　应标明全部管段、管件、附件、仪表、涂料、保温、支吊架等所有材料的名称、规格、材料要求、单位、数量及来源等。

④ 个别设备安装及简易设备详图

标明个别设备的安装尺寸、安装方法和简易工艺设备的制造详图。

a. 个别设备安装的供图，均需详细标明安装方法及安装尺寸，以供制造有关部件，并进行安装；

b. 简易设备详图是指一般工艺生产需要的箱、槽、桶等简易设备的制造详图，供施工安装单位备料、制造用；

c. 构筑物附件（如管道连接管件等）的安装，简单者可在管道安装布置分图中以详图标明，需预埋者则在提交土建的构筑物资料图中标明，不能在上述图中标明时，则单独绘制安装详图，不论在何处标明，均需注明其附件的制造详图号。

⑤ 资料图

根据生产设备及生产管道的布置安装要求，向土建专业提供有关设计资料，以利于土建工程设计。

a. 工艺设备基础沟道布置图　按 1∶50 的比例绘制，图中应标明全部工艺设备的构筑物基础和沟道的布置情况，其定位尺寸需与工艺设备安装布置图一致。构筑物需标明其形状，设备基础标明其定位轴线，并以"＋"表示基础螺钉留孔位置，沟道需标明其大小、深浅、坡向、坡度。构筑物与设备基础均需标明其施工详图号。建筑物要求和标高，均与生产设备安装布置图相同。其他专业的设备基础、特殊构筑物、沟道等，在取得有关专业的资料后，一并由土建汇总，以利协调。

b. 特殊构筑物图　按 1∶10 或 1∶20 的比例绘制，标明各部分结构及工艺要求和尺寸，注明配件图号，预埋件需标明预埋要求，其他特殊要求必须详加说明。

c. 单台设备基础图　按 1∶10 或 1∶20 的比例绘制，表示设备基础的外形、尺寸及竣工高度要求，标明设备基础的螺钉留孔、分布尺寸及留孔大小和深度尺寸，标明设备定位中心与基础定位中心的关系，标明安装设备的图号及型号、构筑物与设备基础或设备基础相互间关系。

d. 留孔图　按 1∶50 的比例绘制，标明建筑物柱、墙、梁、板各部分的生产设备，管道安装留孔分布情况及其位置尺寸、留孔大小尺寸。预留孔比较集中、数量较多并在施工有困难时，可合并为大孔，安装后视需要填补。留孔图需与其他有关专业的留孔要求取得协调。

1.3 涂镀车间工艺设计水平的评价

1.3.1 涂镀车间工艺设计水平的评价

涂镀车间工艺设计的先进性、可靠性和经济性等的评价，要从将建成或已建成的车间的功能、环保、工程质量、经济性和管理等方面进行预测和衡量。

① 功能。功能是车间设计的最关键环节。工艺设计应功能齐全，符合客观现场条件、用户需求和国家法规。体现功能先进的要素有：所选用工艺和平面布置合理，有充分的工艺调整灵活性、物流与人流通畅、工件运行路线短、升降和迁回少；安全防护措施可靠；设备功能好、利用率高、维护方便；在投资和现场条件允许的情况下，机械化和自动化水平尽可能高。

② 环保。环保是涂镀车间工艺设计先进性的另一重要标志。涂镀车间污染物多，主要污染源有重金属、挥发性有机物（VOC）、剧毒物质等，废气、废水、废渣产生量大，污染物如何有效收集、治理、循环利用是涂镀车间工艺设计的重要指标。

③ 工程质量。工程质量直接影响表面处理质量、成本与设备的使用寿命。工程质量的基础是工艺设计质量及设备设计、制造和安装质量。工程质量差将导致产品质量差、合格率低、设备的故障多且效率低，甚至设备不能正常运行。

④ 经济性。经济性是衡量涂镀车间设计先进性的重要指标之一，在满足产品质量前提下，单位产品或单位面积产品加工投资额、车间单位面积加工量或产值、单位产品能耗量与资源消耗量、单位产品用工量、单位产品污染物产生量等经济性数据都是考核涂镀车间设计先进性的指标。

⑤ 管理。先进完整的涂镀工艺设计应向客户提供齐全的工艺技术文件和工艺管理的规范或制度，指导客户掌握和执行工艺，使用维护好设备，创造良好的涂装环境。按车间管理要求建设完善的管理设施，包括计算机监视监控系统、信息网络系统与自动分析记录系统等。

1.3.2 涂镀车间工艺平面布置设计的评价

平面布置设计的优劣直接影响到涂镀线的运行，其评价基准如下：

① 运输链的有效利用率。运输链全长中各工序所必需的长度所占比例（运输链的有效利用率）高，有效利用率就好，一般在80%～90%，85%以上为优。被涂物高度大的场合，运输链升降多，该数值低。

② 面积的有效利用率　涂装车间所占的面积中，各装置所占必要面积的比例（平面有效利用率）高为优，一般为70%～90%，最大限度减少不含物流线路和死角场地所占面积。

③ 空间有效利用率　在涂装车间空间中各装置的体积所占的比例（空间利用率）一般在40%～70%，空间利用率低，不仅提高了建筑物的造价，而且会成为涂装车间内产生不必要的气流、能源损失、涂装尘埃等缺陷的原因。

④ 高温区集中化　水分烘干室、涂层烘干室同属高温区，平面设计中尽量集中放置。

⑤ 涂镀作业性、被涂物与人流的关系良好（畅通）　通过平面布置，尽力提高涂镀室的有效利用率，减少涂镀室空运转时间，在大量流水式生产线上主要克服"大马拉小车"现

象，应充分利用作业面、喷涂工位数和生产节拍来选用长度合适的涂装室；在生产节拍较长的情况下，可以通过精心设计生产方式和平面布置提高涂装室的有效利用率。

⑥ 辅助装置的配置　涂镀生产线的辅助装置有纯水装置、喷涂装置、调漆装置、脱臭装置、挂具脱漆装置、配套锅炉等，也是涂镀车间空间有效利用率的内容，应尽量配置在主设备附近。

⑦ 不同涂镀方式平面布置图比较　涂镀工艺平面布置图设计须用多种方案进行比较，运输链的方式、被涂物搬送方式不同，会有很大变化，必须认真优化组合，设计出多种工艺平面布置图方案，经专家评审，评选出各项经济技术指标最佳、物流人流合理畅通的方案。

涂镀工艺平面布置设计的评价结果见表 1-1。

表 1-1　涂镀工艺平面布置设计的评价结果

项目	基准	优秀评价
运输链的有效利用率	80%～90%	85%
面积(平面)的有效利用率	70%～90%	85%
空间有效利用率	40%～70%	85%
高温区分离	分区布置	烘干室集中布置
涂镀作业性	人流物流	靠近装卸工位
辅助装置场所	确保空间	有余地

注：本表摘自王锡春编.涂装车间设计手册.北京：化学工业出版社，第 13 页。

思 考 题

1. 涂镀车间设计需要收集哪些原始资料与基础数据？这些数据对设计有何意义？

2. 什么是生产纲领？如何表示？

3. 工作时间制度和年时基数如何确定？工人的年时基数与设备的年时基数有什么差别？

4. 生产节拍如何计算？分别以电镀、涂装为例加以说明。

5. 什么是项目建议书？什么是可行性研究报告？各包括哪些内容？在整个车间中具有什么作用？

6. 设计任务书有哪些内容？

7. 为什么说技术设计是工程设计中的重要环节？

8. 施工图设计有哪些具体内容？资料图包括哪些？

9. 如何评价涂镀车间工艺设计是否合理？

10. 如何评价涂装车间工艺平面布置设计的合理性？

第2章

涂装车间工艺设计

涂装车间设计从内容上包括工艺设计、设备设计、建筑及公用设计等。

工艺设计是根据涂装物的特点、涂层标准、生产纲领、物流、用户的要求和国家的各种法规，结合涂装材料及能源资源状况等设计基础资料，通过设备的选用，经优化组合多方案评选，确定出切实可行的工艺和工艺平面布置的一项技术工作，并对厂房、公用动力设施及生产辅助设施等提出相应要求的全过程。随着流水线工业生产的普及以及对涂层质量要求的不断提高，工艺及施工手段日趋复杂。涂装车间设计的好坏，不仅影响产品质量，也直接影响工厂的经济效益。现代化的涂装车间除了要具有工业化水平高、自动化程度高的设备以确保涂层质量和产量外，还要有完善的环保和消防设施，且要求资源和能源利用合理、物流通畅、涂镀成本低、生产管理方便、对不同的材料及不同的对象有一定的适应能力。

涂装车间工艺设计贯穿整个涂装车间的项目设计。一般在扩初设计阶段，主要进行工艺设计（或称概念设计）。对扩初设计方案进行审查论证后，方进入施工图设计阶段。在施工图设计阶段，工艺设计师要对扩初设计进行优化、深化，然后向其他专业设计人员提出设计任务书及相应的工艺资料（有时要向有关的专业公司提出招标书）。在各专业完成总图设计后，要对各专业的设计进行审查会签，必要时要把各专业的设计在平面图上汇总，发现问题及时反馈给相应专业设计人员进行调整。当某些专业由于某种原因不能满足工艺要求时，工艺设计师应及时拿出调整方案。此外，工艺设计师还要负责各专业之间互提资料的协调工作。在所有专业设计完成后，工艺设计师要绘制最终的安装施工平面图。

2.1　涂装工艺设计的内容

涂装工艺设计主要包括：涂层体系设计与涂料选用，涂装方法的选定和涂装工艺制定等三方面内容，通常可划分为以下几个阶段。

第一阶段，明确涂装目的，即涂装标准或等级，取决于被涂物的条件。

① 被涂物的使用条件，如使用目的，被涂物的大小和形状、数量，使用年限，经济效益等。

② 被涂物的环境条件，即被涂物使用过程中所处的环境条件。外界因素的影响包括：被涂物所处位置，如室内还是户外，地上、地下或水中（淡水、海水、溶液）；外界环境的影响，如空气、水分、温度、光源、化学药品、海盐粒子、电流、尘埃等。

③ 被涂物自身的条件，如底材的种类和性质，被涂物被涂面的状态等。

第二阶段，根据第一阶段所得情况，确定涂层体系，选择性能和经济上适宜的涂料。涂层体系应符合：与被涂物底材相配套，在被涂物所处的环境下，保持适当的性能；与被涂物的涂装条件相适应。

第三阶段，根据涂装场所，被涂物的形状、大小、材质、产量，涂装品种和涂装标准等，选定合适的涂装方法。涂装方法的种类很多，要选择适当，必须充分了解各种涂装方法的特性，并熟知哪种涂装方法最适应该被涂物。

第四阶段，根据涂料、底材、涂装环境、涂装方法、资源利用和污染等制订多种方案进行比较，通过价值工程计算，最后选定作业条件。这两项对所形成涂层的性能影响很大，所以与涂料选择同样重要。

具体来说，涂装工艺设计主要包括以下内容：

① 统计涂装件的种类及数量，确定车间任务、生产纲领、生产制度。

② 确定涂装生产线运行方式。

按涂装件的尺寸、结构、形状、材质及涂装工艺，确定涂装件的输送装挂方式（装挂空间）和装挂间距。根据生产节拍［见式(2-1)］和装挂间距，确定涂装件的转运方式和输送速度。

间歇式生产按生产节拍运行，连续式生产按式(2-1)计算链速：

$$V = \frac{L}{T} \tag{2-1}$$

式中　V——链速，m/min；

L——装挂间距，m；

T——生产节拍，min/件、min/台或 min/挂。

装挂间距 L 的选择应重点考虑几个方面：一是工件运行过程中不相互碰撞，既要考虑工件直线运行，又要注意工件运行中有上下坡时导致的投影距离减小；二是要注意各工序操作时工件（或挂具）间互不干扰，不影响产品质量，如最大限度避免喷涂时飞溅漆雾的影响等；三是对于客车等大型工件，前后位要留出足够的操作空间，连续运行时还要考虑留出足够的操作时间。

③ 根据材料加工特点、产品质量要求，确定涂装工艺流程及工艺参数（处理方式、工艺时间和温度等），同时选定涂装材料的类型（材料组成、工艺适应性、性能指标等）和涂装设备的类型、规格、型号。

④ 按上述确定的工艺流程、设备和用户提供的现场条件（如厂房、气候、能源等），绘制工艺平面布置图。

⑤ 编写涂装工艺文件（或招标书）。

工艺设计文件一般包括工艺说明书、平面布置图、设备明细表、工艺卡等。在说明书中要对工厂（车间）现状、新车间的任务、生产纲领、工作制度、年时基数、设计原则、工艺过程、劳动量、设备、人员、车间组成及面积、材料消耗、物料运输、节能及能耗、职业安全卫生、环境保护、技术经济指标等进行全面的描述，并列出相应的技术数据。

向其他专业要提供的资料，主要有设备设计任务书，动力用量（水、电、汽、热水、压缩空气、天然气等）及使用点，废水、废气、固废、噪声等的产生环节及源强，对建筑、采暖通风、照明等要求的资料。

涂装工艺一般由若干道工序组成，工序的多少取决于涂层的装饰性和涂层的功能，但按工序的内容及实质来看，涂装工艺可分为三个步骤：涂装前处理、涂料的涂装和涂膜的固化。换言之，涂装工艺是由这三个基本工序排列组合而成的。在实际生产中，涂装工艺通过下列工艺文件来表示：

a. 被涂零件（或部位）清单　在工业涂装中按涂装技术要求将被涂物分组。对于大型物件的涂装，如果各部位的涂装技术要求、涂装工艺都相同则可不必分组，如果不相同（如在船舶、建筑物涂装的场合）则可按部位分组。涂装零件清单的内容包括零件名称、零件号码、面积（尺寸）或质量、有无特殊要求等，其格式如表 2-1 所示。

表 2-1　涂装零件清单

_____公司(车间)	涂装工件一览表 ___分公司____车间____组		工艺卡组号	设计涂装要求	简要涂装工艺
序号	零件名称	零件号	面积	每套产品数量		零件线路		更改		备注

序号	零件名称	零件号	面积	每套产品数量	零件线路由来	零件线路到达	更改依据	更改签名	备注
拟定	技术科长	检查科长	经理：				共　　页		
							第　　页		

b. 涂装工艺卡　涂装工艺卡是记载涂装工艺操作顺序的工艺文件，与上述涂装零件清单的分组相对应。涂装工艺卡一般应包括下列内容：

ⅰ 涂装前对被涂物表面的技术要求，即对尚未涂装件（也称白件）的验收质量标准。

ⅱ 按工序顺序编写操作内容，包括工艺参数、用料名称及规格、涂装工具和涂装设备的型号、辅助用料名称、对操作人员的技术等级要求等。

ⅲ 技术检验工序，包括检查方式、检查数量（全部或抽检百分比）、质量标准等，一般在关键工序前后（如检查涂装前表面处理质量、面漆前检查底漆层的质量和表面清洁度）设中间技术检查工序和最终验收检查。涂装工艺过程卡见表 2-2。

表 2-2　涂装工艺过程卡

序号	零部件名称	外形尺寸（长×宽×高）/mm	质量/kg		涂装面积/m²		零件数量		工序名称	设备型号及规格	工具及夹具	涂料			工艺规范					劳动量	
			单件	组件	单件	组件	单件	组件				名称	颜色	耗量/(g/m²)	溶液成分	含量/(g/L)	电压/V	温度/℃	时间/min	台时/min	工时/min

c. 操作规程　操作规程详细记述某关键工序或设备的操作顺序、工作原理、功能及注意事项，以确保关键工序的操作质量和安全生产，并指导使用及维护好关键设备，是涂装工艺

卡的补充文件。涂装前清洗、磷化及其他转化膜处理、电泳涂装、喷涂、固化等关键工序和设备一般都编有操作规程。

涂装零件清单、涂装工艺卡片和操作规程是涂装工艺的基本文件，它们是执行工艺的法规，是工艺纪律检查的准则，为保证技术上的正确性和严肃性，这些文件由工艺人员编写和审核，总工程师或技术经理签批后生效。文件内容要保持相对稳定，不允许任意更改，更改时也要经过上述审批。文件格式和内容可根据现场和各单位具体情况更改和增减。

2.2 涂装工艺设计的基础内容

2.2.1 生产纲领

为确定零件通过各车间的路线，应编制专门的明细表（设计中称为车间分工表）。编制这样的明细表，必须有全套图样和材料表，根据详细的车间分工表，按照格式编制本涂装车间需涂装的零件和部件的一览表等。表 2-3 是涂装车间生产纲领计算明细表。表 2-4 是涂装车间（工段）年生产纲领计算明细表。

表 2-3　涂装车间生产纲领计算明细表

产品（部件）名称	型号及技术规格	年生产纲领产品（部件）产量	质量/t		涂装面积/m²	
			每台产品	年生产纲领	每台产品	年生产纲领

表 2-4　涂装车间（工段）年生产纲领计算明细表

零件图号	零件或部件名称	工艺组编号	零件（部件）特征				每台产品			年生产纲领							挂具或小车配套数			
			材料	外形尺寸/mm	质量/kg	面积/m²	数量/件	质量/kg	面积/m²	数量/件		质量/t		涂装面积/m²		第一工段（喷涂）		第二工段（浸涂）	
										基本纲领	合计（包括备件）	基本纲领	合计（包括备件）	基本纲领	合计（包括备件）	每件挂具上的零件数	全年挂具数	每件挂具上的零件数	全年挂具数

2.2.2 工作制度和年时基数

涂装车间的工作制度一般应与生产被涂物的车间相适应，但原则上涂装车间以两班（16h）为主，年时基数以年工作日 254 天/年计算，设备利用率不小于 90%，生产能力以每小时台数（或挂数）表示较合理、科学。在某些特殊情况下，可根据工厂要求和实际情况对工作制度和年时基数进行调整。工人公称年时基数见表2-5，设备公称年时基数见表2-6。

表 2-5 工人公称年时基数

工作环境	每周工作日/d	全年工作日/d	每班工作时间/h				公称年时基数/h			
			第一班	第二班	第三班		第一班	第二班	第三班	
					间断性生产	连续性生产			间断性生产	连续性生产
涂装车间	5	254	8	8	6.5	8	2032	2032	1651	2032

表 2-6 设备公称年时基数

设备类型	工作性质	每周工作日/d	全年工作日/d	每班工作时间/h			设备年时基数/h		
				第一班	第二班	第三班	一班制	二班制	三班制
一般涂装及预处理设备	间歇	5	254	8	8	6.5	1990	3860	5310
	间歇	5	254	6	6	6	1490	2930	4340
涂装流水线及涂装自动线	间歇	5	254	8	8	6.5	1950	3820	5260
	连续	5	254	8	8	8	1990	3880	5610

2.2.3 生产线的运行方式与输送设备选择

现代化的工业生产都向着经济规模化发展，多采用自动化生产线，生产线按其运行方式可分为间歇式（步进式）和连续式。对于生产规模小、生产节拍时间长、输送链速度小的生产，宜采用间歇式输送机，反之则选用连续式运输机。

随着输送机技术的发展、品种的增多，除小件涂装线仍采用普通或轻型悬挂输送机外，均可按照工艺要求选用不同类型的输送机连接在一起，贯穿涂装线的全过程。

机械化输送设备选择建议：

（1）小件涂装线

家用电器、自行车、摩托车与汽车零部件等的涂装线，如洗衣机、电冰箱等的零件质量轻、产量大，前处理、涂装、烘干固化等工序可以布置在一条线上，视产品质量，采用轻型悬挂输送机或普通悬挂输送机作为运输工具，当线路长、链条的实际牵引力超过了链条的许用拉力时，可以采用多级拖动。

（2）汽车车身等大型被涂物涂装线

① 前处理涂装线 以汽车车身或组合装框的中小件被涂物为例，通常生产节拍在5min/台（框）以上，即车身年产量少于4万台（以两班制计），输送机速度小于2m/min时，前处理、电泳涂装线宜选用步进间歇式输送机（如自行葫芦输送机）。输送机速度大于2m/min时、生产节拍小于5min/台时，宜采用连续式输送机。随着机械化运输机的发展，生产节拍在3min/台（框）以上，即车身年产量8万台（以两班制计），脱脂、磷化、电泳采用双工位，也可以采用间歇式输送机。生产节拍小于3min/台（框）时，选用积放式悬挂输送机或摆杆式输送机，此时，前处理与电泳分别采用两条独立的输送机运送，依靠输送机本身的特性实现自动过渡。另外，全旋反向输送机（rodip）、多功能穿梭机近几年在轿车生产线上开始引进、应用。

② 中涂、面漆生产线 可选用间歇式输送机，也可选用连续式输送机。对于批量小的生产，建议选用水平循环地面推式输送机或者垂直循环地面推式输送机，对于中批量和大批量生产，建议采用地面反向积放式输送机或滑撬输送机，视车间的布局，若整个车间均采用

平面布置，则两种形式均可，若涂装车间是立体布置，则选用滑橇输送机系统较为方便。无论选用哪一种机械化运输设备，喷漆室地面输送机与烘干室地面输送机必须分开，因喷漆室的地面输送机采用不使涂料落到链条上的结构，烘干室输送机则要具有适应热胀冷缩的功能。

③ 烘干固化工序　不管前处理、电泳采用什么样的机械化运输设备，从提高产品质量的角度出发，电泳、中涂、面漆的烘干原则上采用地面输送机。电泳烘干如果选用架空输送机，需采用 C 形勾、接污盘等保护措施，以防止污垢掉落到工件上，影响涂层质量。

汽车车身涂装线的经济规模为年产量 20 万～30 万台时，一般由一条前处理及电泳涂装线［运输链速度（链速）约为 7.5m/min］、两条 PVC 涂胶密封线（链速约为 3.5～4m/min）、一条中涂线（链速约为 7.5m/min）和两条面漆线（链速约为 3.5～4m/min）组成。

2.2.4　涂装工艺的选择

涂装工艺是根据被涂物对外观装饰性的程度、漆膜性能等要求来制订的，它是集中体现涂装设计的最终结果，是涂装车间设计和涂装施工的技术依据。从稳产、高质、高效、经济、节能和减少污染出发，编制涂装工艺应遵循下列主要原则。

① 采用成熟、先进的工艺，以保证生产稳定进行和获得质量稳定的产品。应用于连续化工业生产的技术，可靠性是第一位的，必须是经过试验证明性能可靠、工艺稳定的技术，在此基础上尽量选择国内外的先进技术。

② 根据涂装产品的特点（尺寸、形状、材质）、产品涂层的质量要求（如一般装饰防护或高装饰防护）、生产方式（规模、批量、连续性）、装备性能（适用范围、自动化程度等）以及国家相关产业政策与行业要求，选择涂料类型（如粉末涂料、水性涂料、高固体分涂料等），并配套合理。在满足性能要求与施工要求的前提下，优先选择节能、低污染涂料，以降低设备投资、运行成本与环保管理风险。

③ 根据涂料、涂层性能要求，选择适宜的烘干固化技术，如远红外辐射、辐射-对流、热风强制对流以及 UV 光固化等，以提高涂装产品质量、生产效率，合理利用能源。

④ 选择先进的涂装前表面预处理技术，如机械打磨、抛丸、喷射去油、低温高效磷化、无磷无铬环保型转化膜技术等，以提高生产效率和产品质量。

选择涂装工艺首先要熟悉每一种工艺的材料组成、性能特点以及国内外该领域的发展现状，还要了解与其配套的设备组成与性能，兼顾投资、运行成本与节能环保政策。

选择涂料时在满足性能要求前提下，优先选择环保、节能型涂料，如固体粉末涂料、水性涂料、高固体分涂料、光固化涂料、双组分涂料等，而且汽车行业产业政策也规定了环保型涂料的使用比例要求。

钢铁材料的转化膜处理目前最常用、最可靠的是磷化处理，而磷化工艺按处理液温度分为高温、中温、低温及常温磷化，按磷化液、磷化膜组成，分为锌系、锰系、铁系、锌镍、锌镍锰等。对于汽车等大型流水线生产，应综合考虑工艺稳定性、转化膜耐蚀性与节能等因素，更适合选择中低温锌锰镍磷化体系，因为单一金属转化膜耐蚀性不能满足汽车涂层要求。低温磷化节能，但工艺不稳定，高温磷化能耗高、污染重、转化膜厚、磷化渣多。转化膜除了磷化外，目前还有钛锆化处理、硅烷化处理以及二者的复合转化膜处理等，这些处理技术具有显著的环保优势，避免了镍、锌重金属及磷的污染，但转化膜耐蚀性低，与电泳底漆配套性差，工艺稳定性有待提高，汽车领域的应用受到限制。但对于电动汽车，由于对耐蚀性要求相对较低，可以选用；对于铝合金工件以及像客车等不同材质的组合件更加合适。

溶剂型涂料喷涂方法需要考虑涂层质量、产量与施工条件，如高装饰性涂层优先选择静电涂装，其次选择高压空气喷涂；对于高防腐性涂层，像船舶这样的大面积工件优先选择高压无气喷涂，其次选择高压空气喷涂等等。

烘干固化工艺的选择首先考虑当地能源供应情况，其次考虑涂层质量要求。一般来说，电能具有清洁、环保、设备简单等优势，但运行成本相对较高；天然气也属于清洁能源，运行成本相对较低，但燃烧设备复杂、占地面积大。因此选择时要统筹当地实际情况通盘考虑。

2.2.5 涂装设备选择

涂装设备与涂装质量密切相关，其中包括：前处理设备，如各种机械除锈设备、化学除油除锈和磷化设备等；涂覆设备，如各种喷涂、浸涂、电泳涂装等设备；各种形式涂料的涂装室；烘干设备；输送设备；冷却设备以及三废处理设备等。应根据生产纲领和涂装产品的质量要求，正确选择相应的涂装设备，只有配套合理，才能发挥设备能力、保证生产过程顺利进行，从而获得良好的涂装效果。

工艺方案确定后，首先应根据生产特点、生产纲领大小及可供使用的厂房情况确定设备的选型原则。然后，依据一些基本数据对工艺所需的各主要设备进行必要的计算，以作为设备设计任务书编制及平面布置设计的基础。在完成平面布置设计后，把主要设备的有关计算数据及各设备的特点进行归纳整理，用文字加以描述，纳入设备设计任务书中。

（1）机械化运输设备

涂装车间的机械化运输设备种类很多，要根据各工序的工作条件及工艺要求来确定运输机种类。贯穿整个涂装工艺过程的吊具或台车很重要，吊具及台车尺寸、转挂方式应首先确定好，然后根据各运输机的功能及工艺过程特点，确定各运输机上挂钩（或台车）之间的间距，之后就可进行各种工艺运输链的链速（连续式）计算。

非工艺特殊要求的运输链（如过渡链、积放链、编组链等）无指定速度要求，只是单纯的传递，从工艺角度考虑，速度越快越好。这些运输链的速度可由机械化设计师根据各种链的特点及相互衔接关系确定。对间歇生产方式，要求输送机步进式运行，即动作的周期为生产节拍时间，运行的速度也是要尽可能地快，因步进式运输方式的工艺操作都是在输送机停止状态下进行的。对主要的工序（如前处理、电泳、喷涂、烘干及其他人工操作区等），输送机速度计算完毕后，最好按工艺流程作一个运输流程框图，在此图上，可以明确地反映出各线之间的连接关系及各种工作在整个流程中的流向及备品或返修品的输送路线。最好借助一些计算机模拟软件，对设计的运输路线进行运行模拟或演示，核对计算是否有错误，核实输送能力是否符合要求。

应该注意的是，在机械化输送系统图设计之前，应本着以下原则确定输送机的类型及某些特殊要求：

① 前处理、电泳工序的运输机，工作环境最差，要充分考虑防腐、防水措施，多以悬挂式运输链为主，如普通悬链、推杆悬链、摆杆链、程控电葫芦等。

② 烘干工序可采用悬挂式及地面式两种运输链，在使用悬挂式运输链时，要考虑防止灰尘、油滴、水滴等下落而污染工件表面。目前在烘干汽车车身这样的大型被涂物时，烘干室内大多采用地面式运输链，以克服悬挂式运输链的缺点，如用台车运输链、地面推杆链、滑橇运输链等。由于烘干室内温度较高，因此要考虑热胀冷缩的因素。

③ 打磨、擦净、密封等工序，多用地面式运输链。因为有灰尘和水，所以要考虑运输链防尘、防水、排水措施。

④ 车底涂料喷涂工序，多采用悬挂式运输链，有时也采用升降机或地面式运输链，采用地面式运输链时，下部要设地坑以供人操作。

⑤ 涂装室应采用不使涂料落到链条上的结构，大件生产线多采用地面式运输链，在一些小零件生产线多采用悬挂式运输链。

⑥ 其他功能的运输链则应根据与其相衔接的运输链类型确定，原则是转挂、转载或过渡容易。

⑦ 台车、吊具的形式和保证功能，以尽可能对操作无影响，对工件无再次污染为原则。

(2) 非标设备

非标设备是指前处理系统、电泳系统、涂装室系统、烘干室系统等，在平面图设计之前，需要首先确定各设备的大概外廓尺寸。连续式生产线非标设备的外廓尺寸主要根据工件尺寸、运输链速及设备内各工序的工艺时间来确定，间歇式生产线非标设备的外廓尺寸主要根据工件尺寸确定。

以下分别介绍一下几种典型涂装设备的主体长度确定方法。

① 前处理、电泳设备的长度确定

前处理、电泳设备属于多工序联合设备，可把整个设备分解成不同的单元，分别确定各单元的长度，然后按工艺过程把各单元长度累加起来，就可以算出设备的大致总长度。对于喷淋式工艺，设备进出口长度一般为 2～3m，小件则取 3m 为好。

工序之间的沥液段长度有两种确定方式，第一种是不小于被处理工件的装挂长度，第二种是沥液时间应在 20～40s 之间。实际多按第一种方式确定，但当链速很高，生产节拍小于 20s 时，则采用第二种方法计算（如果沥液时间超过 1min，间距又不能缩短时，则应在工艺上采用防锈措施）。

连续浸渍处理段长度为浸槽长度，即有效工作区长度加上进出槽段长度（一般为工件下降高度的 3～4 倍），再加上溢流槽（如果设有此槽的话）所占用的长度。在实际设计中，往往用绘制工件运行轨迹图的方法确定。确定了这一系列的区段长度后，很容易计算出设备总长度。在采用步进式处理方式时，先确定一个工作区的长度（含区段间的间隙）乘以工作区段数，再附加上设备进出口段长度，即是设备总长度。

尽管有上述规律可循，但在老厂改造的情况下，有时因厂房长度所限，确定前处理、电泳设备的长度往往变得比较复杂。要凭设计者的经验，根据具体情况确定。

② 连续式烘干室及晾干室长度确定

$$总长度＝工作区段长度＋进出口段长度$$

③ 涂装室长度确定

首先根据所选的材料技术条件，确定工艺时间，然后，按相应的操作定额标准，确定工位数，根据工件长度及链速确定每工位的区段长度。所有工位区段长度及过渡区段、进出口区段长度之和即为涂装室总长度。一般来说，涂装室的长度不仅与所采用的材料有关，而且与工件结构特点及采用的涂装装备有直接关系，实际上要综合各方面的因素来确定，即不要太短，也不要太长，因为涂装室能耗很高，过长不经济。

④ 间歇式设备长度确定

对于各种间歇式设备，长度或台数主要根据工位数及生产节拍确定。设备大致宽度的确定可按工件或装挂的宽度尺寸来确定。前处理、电泳设备宽度一般为工件或装挂宽度加上

1.5m再加上通道宽度（内、外部）。烘干室室体宽度可按工件或装挂宽度加上1.5m计。涂装室宽度一般为工件或装挂宽度加上3~3.5m。设备高度一般取决于运输及装挂方式，取决于各种设备的功能要求，这里不详细介绍。

在完成有关计算后，可以根据工艺需要原则性地确定设备的类型及应具备的特点，待平面图设计完成后，要对主要设备的功能及特点进行描述，主要是从设备在保证涂装质量、自动化程度、节能、降低材料消耗量、便于维护保养及减少排放等方面进行描述。

（3）其他设备

除机械化运输设备及非标设备主体外，还有一些不可缺少的系统及装备，要遵循一定的原则进行设计或选择，如纯水装置、调输漆系统、无油无水压缩空气系统、废气处理系统、自动灭火装置、自动涂装机等，必须由工艺提出性能及数量要求，纳入设备明细表中，并在平面设计时确定相应的安装位置。

除此之外，在某些情况下，工艺人员还要对工装、工具等的设计提出依据，如随行夹具、料箱、料架、工作台等，要确定其数量及功能要求。这部分工作可由工艺设计师和用户一起来完成，在新建工厂情况下，设计必须包括这部分内容。但这部分不纳入设备汇总表，只作为工艺概算的依据。

（4）设备台数计算

① 概略计算

设备台数按设备的平均生产率计算，设备平均生产率以数量（件）、质量（吨）或被涂物的表面积表示：

$$q = \frac{n}{k} \tag{2-2}$$

式中　q——设备台数，台；

　　　n——产品每年、每班或每小时产量，件；

　　　k——设备每年、每班或每小时的平均生产率，件。

② 详细计算设备台数

根据生产批量进行计算，小批和单件生产设备台数的计算见表2-7，大批大量生产设备台数计算见表2-8，得到的数据列入表2-9。

（5）设备明细表及设备汇总表

设备明细表（表2-9）是填写设备汇总表和进行工艺投资概算的依据。设备汇总表（表2-10）是对设备明细表的进一步归纳，作为技术经济指标计算的依据。

表2-7　小批和单件生产设备台数的计算公式

设备	公式	符号说明
用于涂装作业（涂装室）	$q = \dfrac{c}{\varPhi f}$	q——设备台数； c——劳动量，h； $\varPhi$——设备年时基数，h； f——工作密度
周期装料（周期动作的烘干室）	$q = \dfrac{n_1 t}{\varPhi}$ $n_1 = \dfrac{n_2}{n_3}$	n_1——年生产纲领装料次数； t——过程持续时间（烘干时间和往烘干室装卸料附加时间），h； n_2——全年工件数，件； n_3——一次装入工件数

表 2-8　大批大量生产设备台数计算公式

	计算项目	公式	符号说明
周期动作输送机的计算	产品生产节拍	$t_b = \dfrac{\Phi k_2}{n_y}$	t_b——产品生产节拍,h; Φ——设备的年时基数,h; n_y——每一条流水线上年产量,件或套; k_2——输送机的负荷率; a——流水线数,条; c——工序劳动量,h; t——烘干的工艺时间,h; d——工位间距,m;
	有几条流水线的产品生产节拍(min)、工件涂装的工位数 P 或工件烘干的工位数 P_1	$t_b = \dfrac{\Phi k_2}{n_y}a$ $P = \dfrac{c}{t_b}$ $P_1 = \dfrac{t}{t_b}$	
	工作位置的工艺段长度 L_1(烘干)和 L(喷漆室)(m)	$L = Pd$ $L_1 = P_1 d$	
连续式输送机的计算	输送机的速度(m/min)	$v = \dfrac{n_4 d_1}{k_w \Phi c_1}$	n_4——按年生产纲领的挂具数,件; d_1——挂具间距,m; k_w——输送机满载系数(采用平均值 0.8~0.95); c_1——一个挂具上的工件涂装劳动量,min
	工艺段长度 L(烘干)和 L_1(喷漆室)(m)	$L = vt$ $L_1 = c_1 v$	

表 2-9　设备和工作地的计算明细表

序号	平面图编号	设备名称	年生产纲领劳动量/h	以年生产纲领计需要的工作地	工作时间	考虑工件安装和卸料时间的系数 1.1~1.2	设备台数	
							计算值	采用值

表 2-10　设备汇总表

序号	部门名称	涂装设备						起重运输设备				合计	仪器和仪表	备注
		清洗机	涂装室	烘干室	槽子	其他	小计	起重运输设备	运输机	其他	小计			
	一、生产部门													
1	××工段													
2	××工段													
	二、辅助部门													
1	××													
2	××													
	合计													
	总计													

2.2.6　劳动量计算及操作人员确定

劳动量是生产劳动工时,与涂装工时定额、人工操作工位数及年生产纲领有关,是涂装车间设计的重要参数之一。每套产品的劳动量数值可反映工艺的先进程度及自动化的程度。

(1) 工时定额及专用工位数的计算

涂装工时定额即完成指定涂装任务所需的人工劳动时间，是进行劳动人员安排的重要依据，制订工时定额有两种方法，一是实际测定，二是参照同类劳动或同类企业工时定额来确定。对于工厂设计来说，有时不一定具备以上两种条件，往往是凭经验来确定工时定额，然后再进行专用工位数的计算。下面引述一些工业涂装中的经验数据供参考。

① 工时定额

在转运距离为2m，每个挂具上装挂4～15个以上的质量为1kg以内小零件，或装挂2～6个质量为3kg以内的中小件的场合，经验装卸工时定额见表2-11。在易装卸的、每个挂具挂件多的场合，装卸每个零件的工时就短。在转运距离为3m，装卸较重的工件场合（工件质量在25kg以上）应有两人装卸，经验装卸工时定额参见表2-12。其他各种工作的工时分别列于表2-13～表2-18中。

表2-11 装卸中小件工时定额

工件质量	装或卸	每个零件所需的装卸工时/min	平均定额/min
1kg 以内	装挂 从悬链和挂具上卸下	0.10～0.22 0.08～0.20	0.14～0.16
3kg 以内	装挂 从悬链和挂具上卸下	0.18～0.20 0.16～0.24	0.20～0.21

表2-12 装卸较重工件所需工时定额

工件的质量/kg	5	10	20	30	40
装卸每个工件或吊具所需工时/min	0.20	0.29	0.42	0.65	0.8

表2-13 靠滚道和吊车转运，装卸重型工件的工时定额

方式	工件质量	每个工件所需时间/min				
		3m	5m	8m	10m	12m
滚道	50kg 以内	0.11	0.16	0.24	0.29	0.35
	100kg 以内	0.16	0.24	0.35	0.41	0.51
	150kg 以内	0.20	0.29	0.40	0.48	0.56
吊车	50kg 以内	0.33	0.40	0.53	0.65	0.80
	100kg 以内	0.36	0.47	0.60	0.73	0.87
	150kg 以内	0.40	0.53	0.67	0.80	1.03

表2-14 清除铁锈及氧化皮所需的工时

序号	采用器具名称	清理每平方米的工时定额/min		
		小件(0.02～0.3m²)	中件(0.3～1.5m²)	大件(1.5m² 以上)
1	手动机械圆形钢刷	10～15	4～6	3～4
2	手用钢刷(2～3)号	10～15	6～10	4～6
3	喷砂	10～15	4～6	2～4
4	喷丸	10～15	3～5	2～3
5	滚筒清理	0.7～1[①]	—	—

① 清理1kg零件的工时。

表 2-15　用压缩空气吹去零件上的水分或灰尘所需工时

工件面积/m²	0.5	0.6~3.0	3.0 以上
吹 1m² 所需时间/min	0.13~0.16	0.11~0.14	0.08~0.20

表 2-16　用蘸有白醇（溶剂汽油）的擦布去油或用干净擦布擦干净的工时

序号	零部件的外形复杂程度	擦净每平方米的工时/min								
		在工作台上					在悬挂式输送链上			
		0.1m²	0.25m²	0.5m²	1.0m²	≥2.0m²	1.0m²	2.0m²	3.0m²	≥3.0m²
1	外形简单（如平板、管、角钢状）	1.40	1.10	0.8	0.60	0.50	0.50	0.40	0.30	0.20
2	外形比较复杂	1.80	1.50	1.2	1.00	0.90	0.90	0.65	0.50	0.40
3	外形复杂（有深孔、缝隙）	2.1~2.4	1.8~2.1	1.5~1.8	1.2~1.5	1.1~1.4	1.1~1.4	0.9~1.2	0.75~1.0	0.65~0.9

表 2-17　手工喷涂底漆和面漆的工时

序号	涂漆状态及难易	涂装每平方米所需工时/min							
		0.1m² 以内		0.5m² 以内		3.0m² 以内		3.0m² 以上	
		P	C	P	C	P	C	P	C
1	单面涂装	0.42	0.50	0.30	0.35	0.18	0.20	0.15	0.18
2	喷涂时需转动工件	0.52	0.60	0.35	0.40	0.25	0.30	0.20	0.25
3	喷涂外形比较复杂的工件	0.85	0.95	0.65	0.75	0.45	0.50	0.40	0.45

注：涂层类型中 P 代表涂底漆，C 代表涂面漆。

表 2-18　手工刮涂和打磨的工时

序号	工作内容	刮涂和打磨每平方米的工时定额/min		
		0.02~0.3m²	0.3~1.5m²	1.5m² 以上
1	局部刮腻子填坑	4~6	3~4	3~4
2	全面通刮一层腻子	15~25	10~15	8~10
3	全面刮一薄层腻子	12~20	9~12	7~9
4	局部用 1 号砂纸轻打磨腻子	2.4~5	1.5~2	1~1.5
5	全面湿打磨腻子和擦干净	30~58	20~30	16~20
6	全面湿打磨最后一道腻子或两道浆，并擦干净	34~64	25~35	20~25

② 专用工位数的计算

根据工时定额可计算各工位的操作时间，进而可以按式(2-3)计算专用工位数。

$$专用工位数＝工序操作时间/(生产节拍×每工位采用的人数) \qquad (2-3)$$

每个工位采用的人数以相互不影响为原则。实际的工位确定是根据计算数值结合具体情况加以调整。

（2）人员数的计算

车间人员由生产工人、辅助工人和工程技术人员组成。

生产工人由涂装工、腻子工、打磨工、清洁工等操作工人组成。实际进行人员设置时，先确定工位数，然后按工位设置人员，在此基础上增加 5%~8% 的顶替缺勤工人的系数，即为生产工人数。

概略计算时，生产工人的数量按以往所做设计的技术经济指标来确定。每个生产工人一年的产量用产品的件数、吨或人民币来表示。

辅助工人数按生产工人的百分比确定。在大量流水生产的场合，调整工、运输工、化验员等辅助生产工人配备，一般为生产工人的 $15\%\sim25\%$；在单件或小批量生产的场合为 $25\%\sim35\%$，勤杂工人一般为工人总数的 $2\%\sim3\%$。

男女人员的比例：工人，男工 60%，女工 40%；技术人员，男工 50%，女工 50%。

第一班：生产工人 50%，辅助工人 $65\%\sim70\%$，工程技术人员 $65\%\sim70\%$。第二班：生产工人 50%，辅助工人 $30\%\sim35\%$，工程技术人员 $30\%\sim35\%$。

各类人员的计算定额见表 2-19。上述计算所得人数应按表 2-20 进行归纳，以作为其他计算的基础（如经济分析等）。

表 2-19　各类人员计算定额

车间生产工人数	各类人员的比例/%				
	占生产工人的百分比			占工人百分比(不包括检查工)	
	辅助工人(不包括检查工)		技术检查部门(技术检查科)检查工	工程技术人员	技术检查站工程技术人员
	自动化和机械化	少量机械化			
50 以下	35～40	30～35	8	10	2
50～100	30～35	25～30	7	10	1.5
100 以上	25～30	20～25	6	9	1.0

表 2-20　人员表

序号	名称	人数				备注
		合计	Ⅰ班	Ⅱ班	Ⅲ班	
1	基本工人					
	(1)××工段					
	(2)××工段					
	小计					
2	辅助工人					占基本工人合计的__%
	(1)××工段					
	(2)××工段					
	小计					
	工人合计					
	其中女工					占工人合计的__%
3	工程技术人员					占工人合计的__%
4	行政管理人员					占工人合计的__%
5	服务人员					占工人合计的__%
	工作人员总计					
	技术检查人员					占基本工人合计的__%
	其中:工人					
	工程技术人员					

注：如为改、扩建厂，人员可表示为：总数/新增数。

（3）劳动量的计算

在工人数确定之后，按式(2-4)计算劳动量：

$$劳动量 = 工人年时基数 \times 基本工人数 \times K \tag{2-4}$$

式中，K 为工时利用系数，在低产量的场合工时利用系数为 $60\% \sim 70\%$，产量较低时取 $70\% \sim 80\%$，产量较大时取 80% 以上。

将劳动量除以年纲领数即可计算出每套产品的劳动量，它是涂装车间设计的一个重要指标，视不同情况，有下列两种劳动量表格供选择，见表 2-21 和表 2-22。

表 2-21　劳动量表 （一）

工序	部门或工段名称	工作名称	每套产品劳动量(工时)	年纲领劳动量(含备件)(工时)

表 2-22　劳动量表 （二）

工序	产品名称	每套产品劳动量(工时)	年纲领劳动量(含备件)(工时)

计算劳动量也可以采用其他能反映人工劳动量的方法。但无论如何在计算前应加以明确说明，在设计零部件或多产品混流生产线时，要说明作为计算依据的代表产品及劳动量折合系数，有条件时，要把计算结果与类似厂或同类产品劳动量进行比较分析，改造后必须与改造前劳动量相比较。

2.3　涂装车间平面布置

工艺平面布置是涂装车间工艺设计的最关键项，要将涂装工艺、各种涂装设备（含输送设备）及辅助装置、物流人流、涂装材料、动力供应等优化组合，并表示在平面布置图、立面图和截面图上，确保最大的工作便利，最好的工位和设备之间的运输联系，最小的车间内部物流量。它是工艺设计文件的主要部分，是所有计算结果的综合，它在生产用设备及用具的数量和特征、工作人员的数量、特征作业组织方式和车间内及其相邻车间之间的运输关系等方面给予明确的说明。总之，它可以形象地反映涂装车间的全貌，也是编写工艺说明书、进行机械化设备设计、非标设备及土建公用专业设计的重要依据。因涂装车间情况复杂，很难有统一的工艺平面布置方法，需工艺设计人员根据具体情况，使用不同的设计方法。以下几条设计原则，供工艺设计人员参考。

① 要充分考虑工艺流程的合理性，进行车间内的物流分析。最大限度地利用车间面积，特别是空间的利用。应使设备及操作位置向空中及地下延伸，形成立体化的车间，而不是仅被限制在一个平面上。

② 设备布置应兼顾建筑、结构、暖通、动力管道等有关设施，使车间的所有空间划分整齐、有序、美观、协调，避免杂乱、无序。特别在施工图设计时，一定要协调好诸多方面的关系，形成一个有机的生产体系。

③ 车间平面布置应体现出"以人为主体"的设计构思，充分运用人机工程学的原理，

对工位分布、起重运输方式、操作形式、工位器具的位置、操作环境的条件和生产指挥系统的建立等，进行最优化设计，避免不良的心理刺激，提供舒适的工作范围。

④ 平面布置中应充分考虑生产的不均衡性，以及由其引起的工件积压等问题，设置缓冲区（或缓冲线、存放区）等，并考虑设备出现故障时的紧急处理设施及辅助设备。

⑤ 平面布置时，应预测涂装车间被涂工件的发展，在不大量增加投资和面积的情况下，对被涂工件与涂料的适用范围留有余地，即留有改造、发展的余地，以适应市场经济的变化。应树立"弹性设计"的观点，不可有"一劳永逸"的想法。

⑥ 平面布置要满足劳保、环保、消防的有关规定。

⑦ 车间的形状应根据生产线的实际需要及外界的限制，确定跨度、长度。通道、作业区、存放区的大小，亦应根据设备的具体情况确定。辅助部门与生产部门要分开，以节省投资。

⑧ 如有酸洗、抛丸等前处理设备与喷涂组合在一起时，应采取防腐及防尘措施。

2.3.1 涂装车间组成及面积分类

涂装车间主要由生产部分、辅助部分和办公室及生活部分组成。根据车间组成，车间面积分为生产面积、辅助面积和办公室及其他生活面积。车间组成和面积分类见表2-23。

表 2-23　车间组成和面积分类

面积分类	具体范围
生产面积	直接参与生产过程的工作地，包括酸洗室、抛丸室、抛光室、除油室、零件装卸挂具工作地、磷化室、涂装室、烘干室、生产线上的检验地、生产区域内的运输及人行通道等
辅助面积	不直接参与生产过程的工作地，包括化验分析室、工艺试验室、溶液配制室、调漆室、挂具制造及维修间、检验室、成品库、零件库、化学品原料库、辅助材料库、涂料材料库、通风室、纯水制造室、冷冻机室等
办公室及其他面积	办公室、更衣室、淋浴室、休息室、厕所、楼梯间、非生产区域内的运输及人行通道、车间变电所等

生产面积按各生产线、生产工作间的布置确定，根据平面布置图统计出生产面积。

辅助面积根据车间规模实际需要等情况确定，在概略估算时可按生产面积的30%～50%考虑。

办公室及其他生活面积根据车间规模、职工人数，按工厂辅助建筑规划设计标准确定。工艺设计在估算面积进行车间布置时，可以按照下列指标确定：

① 车间办公室的使用面积　按车间应有办公人数计算，车间职工人数在100或100以下者，每个办公人员占用$6.5m^2$；职工人数在101～200之间者，每个办公人员占用$6.3m^2$。

② 更衣室的使用面积　根据工人数按照每人$0.6m^2$计算。

③ 淋浴室的使用面积　按照每5～10人使用一个淋浴器，一个淋浴器使用面积为$4.5m^2$计算。

④ 休息室、厕所的使用面积　根据车间规模等具体情况而定。

2.3.2 涂装平面图设计原则

2.3.2.1 厂区总平面设计

涂装车间是大量产生"三废"、火灾危险性大的车间，同时，又对环境清洁度、温度、湿度、运输方式要求很高。有的由于受到老厂改造或资金不足等各种条件的限制和总体工艺路线的影响，总图布置上要同时满足这些要求很困难，只能权衡利弊，做到相对合理。根据设计实践，特提出以下原则供参考。

① 尽可能将涂装车间设置在独立的建筑物内，厂房周围有可用的辅助面积以便于消防、供排气装置和循环水池等附属设施的布置。

② 在多跨联合厂房内，涂装车间（工段）应设置在边跨，在多层厂房内应尽量考虑布置在最高层和底层，不宜布置在中间层。

③ 与铸造车间、锅炉房、煤场等易产生粉尘的场所应尽量拉开距离，且不要布置在其主导风向的下风向，以减少粉尘对涂膜质量的影响。

④ 应尽量避开生活区或办公楼，以免噪声和有害气体造成影响。

⑤ 应把涂装车间放在工厂主导风向的下风向，以防止有害气体影响其他车间。

⑥ 上下工序相互连贯的车间（如焊接、装配等），应选择最短距离，以减少运输量。

2.3.2.2 涂装车间布置原则

涂装车间平面图布置的主要依据是车间任务、设计原则、基础数据资料及对机械化设备、非标设备的计算数据，一般正常设计要遵守以下原则：

① 根据车间规模，选择平面图尺寸，一般比例为1∶100，用零号或零号加长图样绘制。

② 在老厂房改造的情况下，首先按厂房原有资料，绘制好厂房平面图，如新建厂房，则应按照总布置的设计要求，结合工艺需要确定厂房长、宽、高尺寸。

③ 根据工艺流程表、机械化运输流程图及有关的设备外形尺寸计算数据，从工件入口端开始进行设备布置设计。

④ 布置时要注意不能使设备主体距厂房柱子或墙壁太近，要预留出公用动力管线、通风管线的安装空间以及涂装设备安装维修空间。在老厂房改造，或因某种特殊情况不能保证留出必要的间隙时，要尽可能想办法使公用动力管线避开设备。

⑤ 要充分考虑附属设备（如运输链的驱动站和张紧装置，前处理、电泳、喷涂设备的辅助设备等）所需面积。原则上附属设备应尽可能地靠近主体设备，其中供料及废弃物排出设备要考虑足够的操作面积，并且要有运输通道。

⑥ 敞开的人工操作工位，除要保证足够的操作面积外，还要考虑工位器具、料箱、料架的摆放位置及相应的材料供应运输通道。

⑦ 从车间总体上要充分考虑物流通道、设备维护检修通道、安全消防通道及安全疏散门，如果是多层厂房，要考虑布置安全疏散楼梯。

⑧ 按照工序的不同功能、对工作环境的不同要求或清洁度的不同要求，可把整个涂装车间按底漆、密封线、中涂及面漆喷涂区、烘干区、人工操作区、辅助设备区等进行分区布置，便于设备、生产管路和车间清洁度的控制，也便于热能回收利用等。

⑨ 对公用专业设备及一些附属装置所需的面积应预留出来（如厂房采暖空调机、中央控制室、化验室、车间办公室、各种材料及备品库、设备及工具维修间、厕所、配电间、动力入口等）。

⑩ 在布置远近结合的过渡性方案时，平面布置图上应充分考虑将来扩建改造容易，原则上扩建部分可与已有部分隔开，不能因扩建而影响正常生产，要在很短的时间内实现过渡。

⑪ 在老厂改造、利用老厂房的情况下，设备布置要充分考虑原厂房的结构特点，尽可能不对原厂房进行改动，必须改动时，要考虑改动的可能性。

⑫ 平面图中各设备的外形尺寸、定位尺寸要清楚，一般的定位基准线是轴线或柱子中心线，有时也可以墙面为基准（不提倡），各设备都应编号（称平面图号），机械化运输设备要注明运行方向，悬链要注明轨道顶的标高。

⑬ 由于平面图上反映的内容较多，所以必须使用标准符号，各地区设计部门均有自己习惯采用的图例。每个平面图上必须有图例，可在图上说明栏中加以说明。

⑭ 平面布置图应包括平面图、立面图和剖面图，必要时要画出涂装车间在总图中的位置。

在布置工位和设备时，作业区域、人行通道和运输通道可参照下列尺寸设计。

设备主体距厂房柱子或墙壁的距离为1～1.5m，作业区域宽度为1～2m，维修和检查设备的人行通道宽度为0.8～1m，人行通道宽度为1.5m，能推小车的运输通道宽度为2.5m，人工搬运距离一般不宜大于2.5m，从工位到最近的安全疏散口或楼梯口的距离一般不要大于75m，在多层建筑内不应大于50m。

2.3.2.3 平面布置的方式

平面布置方式由一般串联式不分区布置发展到现代的单层平面分区布置和多层立体分区布置。

单层平面分区布置方式是设备主体基本布置在一个平面上，前处理、电泳及涂装设备等的附属设备分别布置于主体设备的旁边或地下，分区化不是很明显。

多层立体分区布置方式是结合涂装设备庞大且辅助设备多的特点，在按工艺布局需要的多层结构厂房内，将辅助设备分别布置于主体设备的上方或下方，将主要工艺操作区与辅助系统操作区分开，布置的分区化十分明显。"分区"的概念是将环境清洁度、温度要求相同的工序相对集中，主体设备与辅助设备分层布置，例如按清洁度分为一般洁净区、洁净区和高清净区，将涂装室相对集中在一个高度洁净的区域，并在其四周设置供清洁空调风的洁净间，又如将烘干室相对布置在一个区域（或一层上），以减少其散热对车间内作业环境气温的影响。

两种布置方式相比，多层立体分区布置方式的占地面积少，能充分利用空间，地下工程少，在物流和作业环境方面较合理先进。

2.3.2.4 设备平面布置

在绘制涂装线的平面布置图时，重点注意输送链线路在平面上弯曲和立面上的升降处置情况，其判断基准是其对涂装品质和功能、能源效率等的影响。应注意下列几点：

① 根据车间的产品生产纲领与产品的长度，确定机运方式与设备的初步外形尺寸，并结合厂房的具体情况布置生产线。

② 设备的合理布置应当在保证车间生产流程的基础上，减少物料的周转量，便于生产和设备的维修与保养。涂装车间内各类设备与厂房构件之间的距离，建议采用图2-1所示的尺寸。

③ 预处理设备通常应靠近厂房的外墙面，以利于设备的排风与废水的排出。

④ 在条件允许下，车间内各个烘干室尽量相对集中或组成一体，以利于车间内热量相对集中，便于车间的通风与散热。

⑤ 前处理设备能直线布置最好，不得已转弯的场合，也要保证磷化工序前后的水洗工序呈直线布置。处理工序以外的出入口室、工序间的过渡间应尽可能小。前处理后如有水分烘干室，则出前处理后的设备应立即进入烘干室，避免生锈。

⑥ 涂装室的自动与手动涂装之间，晾干区段、电泳涂装与后清洗之间都尽量呈直线布置。

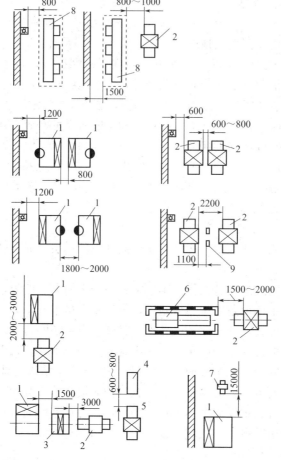

图 2-1　各种设备和厂房构件之间的距离（单位为 mm）

1—涂装室；2—烘干室；3—静电涂装室；4—冷却室；5—辐射烘干室；
6—带沥漆盘的浸涂槽；7—焊接用设备；8—表面处理联合清洗机；9—控制台

⑦ 在采用悬挂式输送的热风烘干场合，烘干室出入口呈桥式，且是多行程往复型，为使从输送链上落下的尘埃最少，转弯越少越理想。最低限度为最初的 5min（升温段）应保持直线。

⑧ 输送系统的布置除工程上必需的空间（场所）外，所占空间越少越好。引导线要短，如果徒劳部分超过 15%，则对徒劳部分要重新优化。

2.4　材料消耗计算、物流及辅助部门设计

根据工艺过程设计所确定材料品种，确定消耗定额进而计算各种材料的消耗量、废料的产生量、物流运输量及辅助部门的设计，此部分内容是评价设计方案的重要指标之一。

2.4.1　材料消耗及废料产生量计算

计算材料消耗首先应确定消耗定额。消耗定额的确定有计算法、统计法和实测法等三种。作为设计所需的消耗定额，借鉴类似生产车间实际统计的消耗定额最理想。在没有现成

资料可参考时，可采用式(2-5)计算。

$$q = \frac{\delta\rho}{NV \cdot m} \qquad (2-5)$$

式中　q——单位面积的消耗量，g/m^2；

　　　　δ——涂层的厚度，μm；

　　　　ρ——涂膜的密度，g/cm^3；

　　　NV——原漆或施工黏度时的不挥发分，%；

　　　　m——材料利用率或涂着效率，%。

不同的涂装方法，涂着效率不同，如静电粉末涂装、浸涂、电泳涂装等涂料利用率可达95%，溶剂型涂料静电涂装涂着效率在80%～90%，高压空气大型工件效率约为50%～60%，小件喷涂只有20%～30%，高压无气喷涂效率约为60%～80%。

把单位面积消耗量与每个工件的涂装面积相乘，可得出每个工件的消耗涂料量。表2-24及表2-25给出了工业涂装中的经验单位面积材料及辅助材料消耗定额，供参考。

表2-24　常用涂料的单位消耗定额　　　　　　　　　　　单位：g/m^2

序号	涂料品种	型号	高压空气喷涂法		木质件	铸件	电泳涂装	静电涂装	刮涂	备注
			金属表面							
			<1m²	>1m²						
1	铁红底漆	C06-1	120～180	90～120		150～180		50～80		
2	阴极电泳底漆	CED涂料					70～80			固体分按50%（质量分数）计
3	磷化底漆	X06-1		20						膜厚6～8μm
4	黑色沥青漆	L06-3				70～80				
5	黑色沥青漆	L04-1	100～120		180	80～100		90～100		浸小零件
6	粉末涂料	环氧树脂系列						70～80		膜厚以50μm计
7	各色硝基底、面漆	Q06-4 Q04-2	100～150			150～180				
8	各色醇酸磁漆	C04-2 C04-49 C04-50	100～120	90～120	100～120			100～120		
9	各色氨基面漆	A04-1 A04-9	120～140	100～120			80～100			
10	油性腻子	T07-1 A07-1							180～200	
11	硝基腻子	Q07-1							180～300	
12	防声阻尼涂料		400～600							膜厚1～3mm
13	各色皱纹漆		160～210							
14	各色锤纹漆		80～160							

注：1.除磷化底漆、粉末涂料、腻子、防声阻尼涂料外，其他涂料形成的涂膜以20μm计（即一道膜厚）。

2.表中数据除电泳涂料、粉末涂料和腻子按原涂料计算外，其他均以调稀到工作黏度的涂料计，扣除稀释率即为原涂料（溶剂型涂料的稀释率一般为10%～15%，硝基、过氯乙烯漆为100%左右）。

表 2-25 涂装用辅助材料消耗定额　　　　　　单位：g/m²

序号	辅助材料名称	规格	被处理件类型		备 注
			金属板件	金属件/锻件	
1	复合清洗剂		4~8		各种碱式盐及表面活性剂
2	表面活性剂	OP-10 三乙醇胺	3~5 1~2		
3	三氯乙烯	工业用	15~25		去油用
4	白醇(溶剂汽油)	工业用	25~30		去油用
5	磷化液		15~30		总酸度 500 点
6	硫酸(密度 1.84g/cm³)	工业用	65~80	65~80	热轧钢板和锻件酸洗去锈用
7	碳酸钠	工业用	12~25		酸洗后中和用
8	硅砂(喷砂用)			5%~12%	按零件质量计
9	铁丸(喷丸用)			0.03%~0.05%	按零件质量计
10	砂布	2#~3#	0.1		去锈用
11	砂纸	0#~2#	0.04~0.05		打磨腻子用
12	砂纸	0#~200#	0.01~0.025		打磨腻子用
13	水砂纸	220#~600#	0.02~0.04		打磨腻子、中涂层用
14	水砂纸	600#~1000#	0.05~0.06		打磨面漆层用
15	擦布		10	15	擦净用
16	法兰绒		0.04~0.05		抛光用

注：砂布、砂纸的消耗单位以平方米计，即打磨每平方米涂装面所消耗砂布或砂纸的面积。

涂装车间排出的废料主要是涂料废渣、磷化渣、废擦布、砂纸及遮蔽物等，在有污水处理时也排出废泥渣等。废料的产生量可用单位产品的消耗定额减去产品带走量及挥发量来计算。

2.4.2　物流、人流线路

被涂物从外界搬运到涂装车间，进入涂装线，再将涂装成品从涂装车间送往下个车间的流动路线称为物流线路。根据 2.4.1 中的计算结果，各种材料的储存地点及使用地点、废料排出地点等，确定运输路线。设计时一般不允许车间外部的运输车辆进入涂装车间，物料的交接区要与车间隔离开。原则上，涂装车间与外界的物料交接点越少越好。为了使物流合理，要结合辅助部门(材料存放区或仓库、调漆间等)的设计绘制物流图。在图上标明车间与外部的物流关系、各种材料的使用点及仓储区，运输量、运输路线及运输方式，各种废料的运输量、运输路线及运输方式，经过多方案比较，使物流运输路线最顺，运输距离最短，升降和迂回最少，所用的运输工具最少，对车间的生产环境影响最小。

物流方案设计一般是在工艺平面布置方案基本确定后进行或在工艺平面设计的同时进行。两者密不可分，当工艺设备平面布置与物流方案设计相矛盾时，后者应服从前者。为设计好工艺平面布置图，设计单位应和客户一起探讨设备和作业的最大效率。

人流路线指作业人员在涂装线中日常作业的距离范围，路线越短，效率越好。因此应分析被涂物和辅助材料的搬运，被涂物与输送链间的装、卸等作业内容，将作业集中在同一场所附近较为理想。人员的安全疏散距离也要符合有关规定。

2.4.3　辅助部门设计

涂装车间的辅助部门主要包括调漆间、涂料库、化验室、仓库、设备维修及生活设施。这部分的设计可根据工厂的具体情况确定设计原则，确保其最大限度地为生产服务。

调漆间应尽可能地靠近涂装车间的使用点，其涂料的储存量为班用量，不宜过多。涂料库应单独设置，存涂料量以周用量为佳。根据所使用涂料量的大小及生产组织形式的不同，可确定涂料到使用点的运输方式。例如用专用容器送至工位，或采用泵和循环管路系统连续压送到工位。调漆间一般应恒温至 $18\sim20℃$，建筑物要充分考虑防尘，要求密封，空调换气应保持在 $15\sim20$ 次/h。地面要耐溶剂，便于清理并有良好的导电性。所有电气要有防爆措施，设自动消防装置等。

涂装车间一般应配有车间化验室，它的主要任务是检查涂料质量，各种工艺参数及涂层质量，为此应配备相应的检测仪器。其面积和仪器、设备的数量，取决于生产规模和涂装工艺的特性。一般面积为 $15\sim30m^2$，配备 $1\sim3$ 人及相应的快速检测仪器即可。

2.5　典型涂装车间工艺设计实例

2.5.1　铝合金车轮喷粉涂装工艺设计

（1）设计依据与要求

① 可用厂房（$L\times B\times H$）：48m×36m×9m。

② 工件材质：铝合金（ZL101A）。

③ 工件最大综合吊挂尺寸（$L\times W\times H$）和质量：500mm×250mm×1200mm，30kg。

④ 生产纲领：52.5万挂/年。

⑤ 工件颜色：银白色、红色和黑色三种。

⑥ 工艺要求：工件需经过两次上下件的循环作业，第一次下件后需要进行机加工后再次喷涂。

⑦ 涂装标准

铬化膜厚度　　$1\sim2.5g/m^2$（$\leqslant3\mu m$）

底粉膜厚度　　$4.5\sim55\mu m$

罩光粉膜厚度　$30\sim40\mu m$

抗蚀能力　　　不小于 240h。

（2）工艺设计

① 年时基数：按 5400h/a 计算。

② 生产链速：取吊挂间距为 720mm，则链速

$$v=\frac{年产量\times吊挂间距}{年时基数}$$

$$=\frac{525000\times0.72}{5400\times60}$$

$$=1.17(m/min)$$

生产链速取 1.2m/min，生产节拍 0.62min/挂，即 97 挂/h，链速限制范围为 0.8～16m/min，连续可调。

（3）工艺流程

工件上线→前处理→沥水→烘干→冷却→喷粉→固化→冷却→工件下线

（4）工艺设计说明

① 前处理工艺

前处理联合清洗机采用 8 工位通过式，其工艺参数以及各工序参数设计见表 2-26 和表 2-27。自动喷淋工艺装置如图 2-2 和图 2-3 所示。主体尺寸（$L \times W \times H$）为 24.2m×1.1m（1.9 槽体）×3.5m。

表 2-26 涂装前处理工艺设计

序号	工艺名称	处理方法	处理时间/s	处理温度/℃	前沥液区/mm	工艺段/mm	后沥液区/mm	小计/mm
1	脱脂	喷淋	120	55～65	1500	2400	1100	5000
2	水洗1	喷淋	60	RT	600	1200	1100	2900
3	表面调整	喷淋	90	20～35	750	1800	1100	3650
4	水洗2	喷淋	60	RT	750	1200	900	2850
5	铬化	喷淋	60	30～35	750	1200	1100	3050
6	水洗3	喷淋	60	RT	750	1200	1100	3050
7	循环纯水	喷淋	40	RT	600	800	400	1800
8	纯水直喷	喷淋	20	RT	—	400	1500	1900
合计								总计 24200

注：RT 代表室温。

表 2-27 表面处理机各工序参数设计

序号	内容工艺	立喷管		喷管		泵		壳体	槽体		
		材质	间距/数量	材料（规格）	间距/数量	材质/形式	数量	材质/规格	材质/规格	保温	换热器形式
1	脱脂	镀锌管	300/8	CPVC（V型）	300/8 ×14	FC/立式	1	SUS/δ3.0 SUS/δ1.0	A3/δ3.0 SUS/δ1.0	50mm 优质岩棉	管式/蒸汽
2	水洗1	ABS	300/4	CPVC（V型）	300/4 ×14	FC/立式	1	SUS/δ3.0 SUS/δ1.0	A3/δ3.0 SUS/δ1.0		
3	表面调整	ABS	300/6	CPVC（K型）	300/6 ×14	SUS/立式	1	SUS/δ3.0 SUS/δ1.0	SUS/δ3.0 SUS/δ1.0	50mm 优质岩棉	管式/蒸汽
4	水洗2	ABS	300/4	CPVC（K型）	300/4 ×14	SUS/立式	1	SUS/δ3.0 SUS/δ1.0	SUS/δ3.0 SUS/δ1.0		
5	铬化	SUS	300/4	CPVC（K型）	300/4 ×14	SUS/立式	1	SUS/δ3.0 SUS/δ1.0	SUS/δ3.0 SUS/δ1.0	50mm 优质岩棉	板式/热水
6	水洗3	ABS	300/4	CPVC（K型）	300/4 ×14	SUS/立式	1	SUS/δ3.0 SUS/δ1.0	SUS/δ3.0 SUS/δ1.0		

序号	内容工艺	立喷管		喷管		泵		壳体	槽体		
		材质	间距/数量	材料（规格）	间距/数量	材质/形式	数量	材质/规格	材质/规格	保温	换热器形式
7	循环纯水	ABS	300/3	CPVC（K型）	300/3×14	SUS/立式	1	SUS/δ3.0 SUS/δ1.0	SUS/δ3.0 SUS/δ1.0		
8	纯水直喷	SUS	300/2	CPVC（K型）	300/2×14	SUS/立式		SUS/δ3.0 SUS/δ1.0			

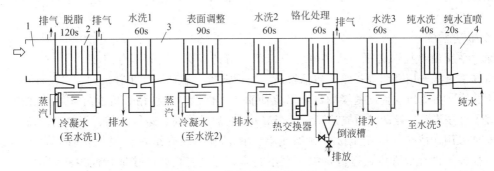

图 2-2　前处理联合清洗机

1—工件入口段；2—喷射处理段；3—泄水过渡段；4—工件出口段

a.喷淋隧道　隧道贯穿前处理所有工位，采用框架式镶嵌壁板结构。各工位底部呈漏斗形倾斜面，便于液体循环回槽；相邻工位间设有挡水板的过渡段，避免相互窜液；在脱脂后和磷化后过渡段处分别设有检查门；其入口段、1工位和5工位后的过渡段顶部设有排气风道，采用玻璃钢制作，要求风道伸至室外，超过屋顶1m以上，并安装防雨罩。隧道上方密封采用尼龙排刷，以防热气外溢并保护悬链；悬链置于隧道顶口外部运行。

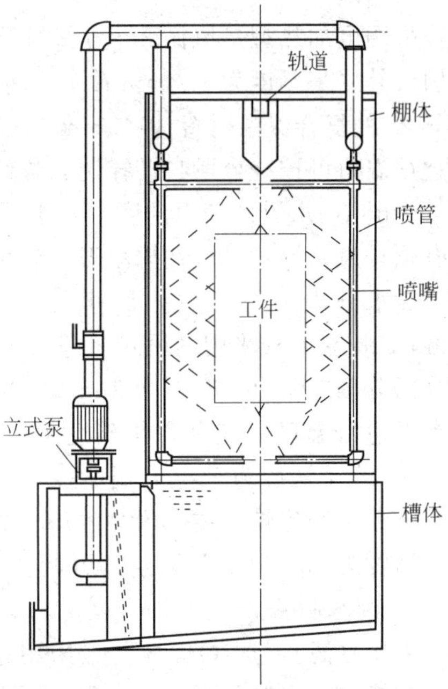

b.储液槽　槽体采用包镶式双层结构。槽上部设有槽液溢流口和自来水供给口；槽底为倾斜面，低端设有排放口，由阀门控制；槽内设有过滤装置以便保护泵体；所有加热槽槽体双层之间填充厚50mm的岩棉保温，其加热方式为1工位和3工位采用管式换热器蒸汽间接加热，5工位采用板式换热器蒸汽间接加热，即蒸汽先给热水槽加热，再将热水通过板式换热器给磷化液加温，从而最大限度地减少磷化液的结渣问题。

温控装置由热电偶、数显温度仪、蒸汽电磁阀组件构成，用于自控和控制数显槽液温度。

槽液之间溢流条件：允许7工位向6工位部分回流，而8工位的一排喷淋管为新鲜纯水

图 2-3　前处理通道截面视图

直喷，并回落到 7 工位槽内。其目的是提高水的利用率和获得相对稳定的水质。

c.喷淋装置　由泵、管道、阀门和压力表组件等组成。它首先由泵将槽液输入喷淋管道，通过喷嘴对工件进行喷射清洗或喷淋成膜处理，又通过阀门和压力表来调整泵出口的压力以满足工艺要求。

② 静电粉末喷涂

考虑到色粉的特殊性，不同颜色选用不同的喷粉设备。为确保环境温度<50℃，相对湿度<75%，进出口截面风速在 0.3~0.5m/s 范围内，粉末浓度符合国家标准（<10g/m³），使喷粉设备在一个洁净、明亮、安全的环境中运行，确保产品质量，有利于人体健康，必须配套一个带空调器的喷粉屏蔽间。屏蔽间采用铝合金框架结构，镶嵌玻璃和铝合金装饰板，设置单开门两个，主体尺寸（$L \times W \times H$）为 21m×12m×5m，内部配置安全照明装置（照度 300~500lx）。

③ 输送系统

输送系统由悬挂输送机、轨道吊装架、工件吊具、安全网等部分组成。

悬挂输送机选用高温高强轮，包括轨道、模锻链条、驱动器、张紧机构、自动注油器、变频调速器等。在适当位置设置接油盘，以免油滴于工件上。悬挂输送机设有伸缩轨和检查轨，以及链子急停装置。经调试后应达到在炉温 200℃时启动平稳、运行可靠、无抖动现象。

吊具采用 ϕ12~16mm 棒材（碳钢或不锈钢）制作。其结构应根据工件形状设计、加工，以保证工件挂取方便，运行可靠，互不碰撞，并具有良好的接地特性。

在适当位置安装轨道吊装架与安全网，采用型材制作，合理布局，确保人身安全和物流畅通。安全网应距地面高 3.0m，宽 0.8m。

④ 烘道

采用电加热型热风循环半桥式 U 形烘道，其结构特点是钢型材骨架，包镶组合式保温结构，外层是厚度为 1.2mm 冷轧钢板，内层是厚度为 1.2mm 镀锌钢板，夹层填充 150~170mm 的复合保温树料（140mm 岩棉＋10~30mm 硅酸铝）；热风循环为下送风上吸风方式；炉温由可控硅分段自动控制，连续可调，有效温区工件等厚度截面温差≤3℃，升温时间<50min，烘道外表面温度不高于环境温度 10℃；烘道设有自然排风口，粉末固化炉上方设有强排风系统；风机选用耐温（轴传动）风机，机座配置减震器，噪声<80dB。

a.水分烘干炉　主体尺寸（$L \times W \times H$）为 22.8m×3.08m×3.13m，烘干时间为 23min，控温方式采用两段式，即第一段为快速升温区，使工件迅速预热至 80℃左右，便于水分部分蒸发，烘干时间为 8min，烘干温度为 150℃，温度控制范围为 140~160℃；第二段为慢速保温区，利于保护磷化膜（<80℃）和工件表面水分进一步蒸发，烘干时间为 15min，烘干温度为 75℃，温度控制范围为 65~80℃。

b.粉末固化炉　主体尺寸（$L \times W \times H$）为 22.8m×4.4m×3.13m，固化时间 35min，固化温度为 180~220℃，连续可调。

⑤ 纯水制备

采用过滤器与 RO 系统，或采用过滤器与离子交换柱制取去离子水，并设有返洗系统，离子交换柱再生时间不少于 5 天，制水量为 3t/h，电导率<10μS/cm，配置 6t 储水罐 1 个。纯水主要供给前处理工序。工艺流程为：原水→砂滤→RO 或离子交换（再生）→储水罐→用水点。

⑥ 废水处理系统

废水主要来源于前处理工艺过程，含有油脂、酸、碱及 Cr^{3+} 等，按污染物种类该废水可分两个管道收集，一个管道是酸碱废水，主要是脱脂水洗水、表调废水；另一个管道含铬废水，即铬化处理的水洗水。前者采用石灰中和→絮凝→沉淀工艺，后者采用还原→絮凝→沉淀去除六价铬污染，达标排放或进一步深度处理后部分回用。

废气包括前处理废气、喷粉废气与涂层烘干废气。前处理废气主要是酸雾，收集后经喷淋塔喷淋净化后达标排放，水分烘干水蒸气收集后直接排空，粉末喷涂中废气的主要污染物是粉尘，经旋风、布袋二级除尘后达标排放，涂层固化烘道排出的废气可经活性炭吸附后达标排放。

（5）涂装生产线工艺平面布置

为了充分利用现有厂房面积和条件，提高生产效率，在主厂房布置有前处理线、喷粉线和组合式烘道。工件上挂处紧靠喷丸间，喷涂固化后验收合格产品直接在车间装箱入库，减少搬运过程中产品磕碰情况。配电室、压缩空气净化装置、废水处理装置、纯水制备等装置布置在附跨内。涂装生产线工艺平面布置如图2-4所示。

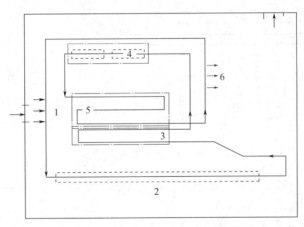

图 2-4　涂装生产线工艺平面布置图
1—待喷涂工件；2—多级预处理，3—水分干燥室；4—涂装室；5—漆层烘干室；6—验收

2.5.2　汽车车门内板电泳涂装生产线设计

（1）任务和纲领

涂装车间主要承担年产15000辆轿车车门内板的前处理、阴极电泳涂装、焊缝密封及面漆涂装任务。

按两班制每年生产15000辆轿车车门内板，另加30%设备跑空负荷，总通过能力按每年20000辆设计。

（2）设计原则

① 利用已有的厂房按 36m×24m 进行设计。

② 生产方式　采用连续式生产。前处理及电泳线采用一条运输链；PVC密封、面漆采用一条运输链。工序间转载及成品转运，采用人工装卸及叉车运输。

③ 为使主线设备布局通顺合理，除制冷系统外，辅助设施（如纯水制备、PVC配料、调漆、污水处理等）全都布置在附跨内。

④ 设备选型　对产品质量和数量影响较大的关键性设备从国外进口，如 UF 超滤系统、静电喷枪等。

⑤ 涂装标准　磷化膜厚度：$2\sim2.5g/m^2$（约 $5\mu m$）；

底漆层厚度：18～20μm；

底漆层抗蚀能力：不小于 240h；

面漆层厚度：35～40μm。

（3）设计基本数据

① 年时基数及工作制度：设备开动率为 80%；两班制；年时基数 = 300×16×0.8 = 3840（h/a）。

② 产品面积 每件平均面积 1.5m²；每辆车平均面积 = 1.5×4 = 6（m²）；自由吊挂时，宽度为 300mm。

③ 吊挂方式

a. 前处理及电泳线采用横向吊挂，每个吊具挂两件。

b. PVC 及面漆线采用竖向吊挂，每个吊具挂一件。

c. 吊架间距：0.8m×2（图 2-5）。

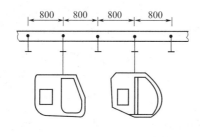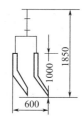

图 2-5 工件吊挂方式

d. 每辆车车门占用链条长度 前处理、电泳线为 4×0.8 = 3.2（m/辆）；PVC、面漆线为 8×0.8 = 6.4（m/辆）。

④ 生产节拍及链速 生产节拍及链速见表 2-28。

表 2-28 生产节拍及链速

序号	名称	节距/m	链速/（m/min）	节奏/（min/辆）
1	前处理、电泳线	0.8×2	0.3	11.52
2	PVC、面漆线	0.8×2	0.6	11.52

⑤ 动力条件 供电：380/3/50VAC，备用直流电源，供电泳线停电时用；蒸汽：供气压力不低于 0.6MPa；工业用水：供水压力不低于 0.15MPa。纯水：供电泳及前处理用，电导率不大于 15μS/cm。直流电源：供电泳用，电压为 0～350V，无级可调。

⑥ 车间工作环境温度：冬天不低于 15℃，夏天不高于 33℃。

⑦ 设备加热升温时间不大于 2h。

⑧ 厂房地面负荷：水磨石地面，荷重 2t/m²；吊梁，荷重 1t/m²。

⑨ 通过质量 轨道 60kg/m，链条 15kg/m，吊架 1kg/个，工件 12kg/辆。

⑩ 通过面积 6×60/11.52 = 3126（m²/h）。

（4）工艺流程及设计说明

① 基本工序 人工挂件→前处理（除油、水洗、表调、磷化、水洗、纯水洗等）→阴极电泳底漆→电泳后冲洗、沥水→电泳烘干。

中间转挂→PVC 密封→打磨擦净→静电喷涂面漆→流平→面漆烘干→冷却→下件。

② 前处理　采用单隧道全喷淋式，设计要求类似实例2.5.1。采用磷化处理时，要考虑磷化除渣装置。一般采用静置分离，设置专用分离塔，浓缩渣液经过除渣机除去，清净水自流回槽。

③ 电泳装置　基本条件如表2-29所示，工艺流程及参数见表2-30，直流电源在连续电泳涂装时，平均电流值 $I_{平均}$ ＝（每小时涂装面积×涂层干膜厚度×干膜密度）／（3600×库仑效率）≈10A。

表2-29　电泳涂装的基本条件

涂料	阳离子电泳涂料	通电时间	3min(全浸入)
库仑效率	25～30mg/C	带电方式	带电入槽
膜厚	18～20μm	入槽角	30°
施工固体分	(20±1)%	出槽角	30°
电压	250V(一段)	链速	0.3m/min

表2-30　电泳涂装的工艺流程及工艺参数

内容工序	处理方式	处理时间/min	主要工艺参数				电导值/(μS/cm)	
			电压	固体分	漆温	pH值	漆液	极液
电泳	全浸	3	350	20±1	28±1	0.4±0.3	800～1200	300～500
槽上冲洗(洁净UF液或纯水)	喷淋	0.5						
UF₁循环冲洗	喷淋	0.5		1～1.5				
UF₂循环冲洗	喷淋	1～2		0.5～1				
纯水循环洗	喷淋	1～2						
洁净纯水洗	喷淋	0.5						
沥水	自然沥水							

由于出入槽时被涂装面积的变动，电流峰值要高于这个平均值。在工件带电入槽涂装时，其峰值可达平均值的1.5～3.0倍，取2.5，则 I＝25A，最大功率＝25×350＝8750(W)。

a. 电泳槽设计　外形尺寸（$L×W×H$）：7m×16m×2m；漆液容量约为12m³。

b. 电泳涂料补给　补加量按70g/m²×6m²计，每辆车耗量约420g。按原漆固体分60%计，配制含20%固体分10m³的电泳槽液需原漆量＝（10×20%/60%）×1000＝3333kg/槽，则槽液更新周期＝3333/日耗漆量（kg/d）。

c. 电泳槽罩　为防止尘埃落入涂料槽，要求电泳槽采用金属玻璃钢结构封闭，室内顶部设排气装置。室内照明度不小于400lx。

d. 电泳后冲洗设计要求　表2-31是电泳后的冲洗设计要求，以保证电泳漆膜的质量。

表2-31　电泳后的冲洗设计要求

工序	槽上冲洗(UF液)	循环冲洗(UF液)	洁净UF液冲洗	纯水循环冲洗	洁净纯水冲洗
喷管排数	1	2	2	2	1
喷嘴数	8	16	16	16	8
嘴型	旋涡式	V式	V式	旋涡式	旋涡式
泵型	耐酸	耐酸	耐酸	耐酸	耐酸

工序	槽上冲洗(UF 液)	循环冲洗(UF 液)	洁净 UF 液冲洗	纯水循环冲洗	洁净纯水冲洗
槽容积/m³	—	2~3	2~3	2~3	2
搅拌	—	槽底无沉积	槽底无沉积	槽底无沉积	—
过滤器	—	50μm 袋式	50μm 袋式	—	—
外壳	内部防腐				

e. UF 装置及反洗系统　装置构成如图 2-6 所示。

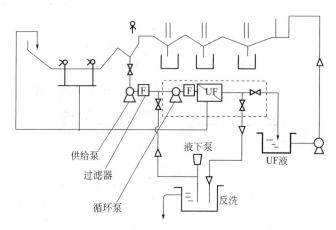

供给泵
过滤器
循环泵
液下泵
UF液
反洗

图 2-6　超滤装置及反洗系统

f. 电泳烘干　工艺要求：160~180℃，30min。烘干室结构要求：

炉型为桥式炉；

出入爬坡角为 30°；

热源为电加热对流；

壁板保温，表面温度不大于 40℃；

热风循环系统设有箱式过滤器；

炉温控制自动调节，多点记录显示；

升温时间不大于 2h。

④ 涂装室

结构形式：上送风下排风液力旋压式涂装室；

外形尺寸：4m×3m×3m。

⑤ 纯水装置　RO 系统

⑥ 三废治理　主要污染源及处理措施见表 2-32。

表 2-32　涂装过程中的主要污染源及处理措施

序号	污染物名称	处理措施	序号	污染物名称	处理措施
1	前处理含油废水	乳化、气浮	4	涂装室废水	絮凝、气浮、分离、酸化水解、MBR、回用
2	前处理含磷化渣废水	沉淀、絮凝、分离	5	面漆烘干室废气	RTO 或 RCO 燃烧
3	含电泳漆废水	絮凝、气浮、分离	6	面漆涂装室废气	活性炭吸附、脱附、燃烧

（5）平面布置

由于安全防火的需要，在底漆线与面漆线之间留有一条宽 2.5m 的通道。除冷冻机外，其他附属设备，如纯水制备、污水处理、调漆、空压机房等均布置在附跨内。车间平面布置如图 2-7 所示。

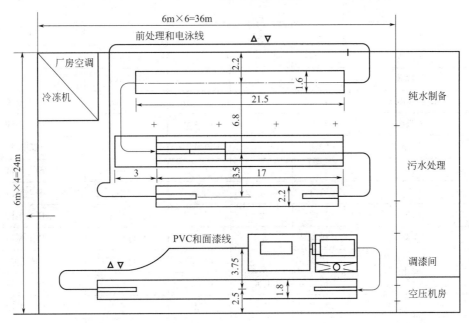

图 2-7　车间平面布置图（尺寸单位为 m）

2.5.3　卡车驾驶室涂装生产线设计

（1）任务和纲领

涂装车间承担卡车驾驶室焊接总成的涂装任务，包括前处理、电泳底漆、车底防护涂料、密封胶、防寒涂料、中涂漆、面漆和注蜡等涂装工序。

（2）设计依据

生产线净生产能力：12UPH（12 辆/h）；

工件最大尺寸（$L \times B \times H$）：2200mm×2500mm×2690mm；

工件最大质量：500kg；

最大涂装面积：电泳 70m^2，中涂 25m^2，面漆 25m^2；

面漆返修率：小修（抛光修饰）率≤10%，点修（局部喷漆）率≤5%，重修（整车复修）率≤2%。

（3）工艺流程

涂装生产线工艺流程及设计要求见表 2-33。

表 2-33　工艺流程及设计要求

序号	工序名称	处理方式	工艺时间 /min	工作温度 /℃	运输方式	备注
	前处理电泳采用自行 小车输送系统（MES）				自行小车	

序号	工序名称	处理方式	工艺时间/min	工作温度/℃	运输方式	备注
	转载				自行小车	
1	上件	人工	5		自行小车	
2	预清洗	人工	3	常温	自行小车	高压水枪冲洗车身内腔
3	前处理				自行小车	
3.0	气封区				自行小车	
3.1	水洗1(热水)	喷淋	2	50～60	自行小车	槽上沥液
3.2	预脱脂	喷淋	2	40～50	自行小车	槽上沥液
3.3	脱脂	浸渍	3	40～50	自行小车	双工位
	沥液		1		自行小车	槽上沥液
3.4	水洗2	喷淋	1	室温	自行小车	槽上沥液
3.5	水洗3	浸渍	2	室温	自行小车	槽上沥液
3.6	表调	浸渍	0.5	室温	自行小车	槽上沥液
3.7	磷化	浸渍	3	40～50	自行小车	双工位
		出槽喷淋	0.5	40～50	自行小车	槽上沥液
3.8	水洗4(工业水)	喷淋	1	室温	自行小车	槽上沥液
3.9	水洗5(工业水)	浸渍	2	室温	自行小车	
		出槽喷淋	0.5	室温	自行小车	槽上沥液
3.10	去离子水洗1	喷淋	1	室温	自行小车	槽上沥液
3.11	去离子水洗2	浸渍	2	室温	自行小车	槽上沥液
	干净去离子水洗	出槽喷淋	0.5	室温	自行小车	
	沥液区		1		自行小车	单独设置
4	电泳				自行小车	
4.0	气封区				自行小车	
4.1	电泳	浸渍	3	27～35	自行小车	双工位
	超滤水洗0	出槽喷淋	0.5	室温	自行小车	槽上沥液
4.2	超滤水洗1	喷淋	1	室温	自行小车	槽上沥液
4.3	超滤水洗2	浸渍	1	室温	自行小车	槽上沥液
	新鲜超滤水	出槽喷淋	0.5	室温	自行小车	
4.4	去离子水洗1	浸渍	2	室温	自行小车	槽上沥液
4.5	去离子水洗2	浸渍	0.5	室温	自行小车	槽上沥液
	新鲜去离子水	出槽喷淋	0.5	室温	自行小车	
	沥液区				自行小车	单独设置
	转载	自动	5		自行小车至滑橇	亦可手动操作
5	电泳烘干	热风循环	30～35	185±5	滑橇	

序号	工序名称	处理方式	工艺时间 /min	工作温度 /℃	运输方式	备注
6	冷却	强制冷却	10	室温	滑橇	
7	检查	人工		室温	滑橇	
	电泳排空、缓存	自动			滑橇	
8	电泳修整	人工	10	室温	滑橇	
	离线修补	人工		室温	滑橇	
9	堵孔	人工	15	室温	滑橇	普通车 3min，寒区车内腔 10min
	转载	自动			滑橇至自行小车	亦可手动操作
10	PVC 喷涂	人工	5		自行小车	
10.1	上遮蔽	人工	5	室温		
10.2	喷车底防护涂料	人工	10	15～35		防寒涂料车底喷涂
10.3	下遮蔽	人工	5	室温		
	转载	自动			自行小车至滑橇	亦可手动操作
11	擦净	人工	3	室温	滑橇	
12	涂密封胶	人工	10	15～35	滑橇	涂车门顶部以下
	离线涂密封胶	人工	15	15～35	滑橇	涂车门顶部以上
	喷涂防寒涂料	人工	15	15～35	滑橇	
13	擦净	人工	3	室温	滑橇	
14	胶烘干	热风循环	15	140±5	滑橇	
15	冷却	强制冷却	10	室温	滑橇	
	缓存、排空	自动			滑橇	
16	电泳打磨	人工	10	室温	滑橇	真空吸尘
17	铺阻尼胶板	人工		室温	滑橇	
	离线修补	人工		室温	滑橇	
18	喷中涂漆					
18.1	擦净	人工	8	室温	滑橇	
18.2	吹离子风	自动	1	室温	滑橇	
18.3	喷中涂漆（内腔）	人工	6	15～30	滑橇	
18.4	喷中涂漆（外部）	机器人＋旋杯	5	15～30	滑橇	
18.5	补喷	人工			滑橇	
18.6	流平		10	15～30	滑橇	
19	中涂烘干	热风循环	30～35	145±5	滑橇	
20	冷却	强制冷却	10	室温	滑橇	

序号	工序名称	处理方式	工艺时间/min	工作温度/℃	运输方式	备注
	缓存、排空	自动			滑橇	
21	中涂打磨	人工	15	室温	滑橇	真空吸尘
	离线修补	人工		室温	滑橇	
22	喷面漆					
22.1	擦净	人工	8	室温	滑橇	
22.2	吹离子风	自动	1	室温	滑橇	
22.3	预喷涂金属底漆(内部)	人工	6	20～30	滑橇	
22.4	喷涂金属底漆第一遍(外部)	机器人+旋杯	5	20～30	滑橇	
22.5	晾干		3	20～30	滑橇	
22.6	喷涂金属底漆第二遍(外部)	机器人+旋杯	5	20～30	滑橇	
22.7	补喷	人工			滑橇	
22.8	流平		7	20～30	滑橇	
22.9	预喷涂罩光漆/色漆(内部)	人工	6	20～30	滑橇	
22.10	喷涂罩光漆/色漆(外部)	机器人	5	20～30	滑橇	
22.11	补喷	人工		20～30	滑橇	
22.12	热风流平	热风	10	5～60	滑橇	
23	面漆烘干	对流加热	30～35	100±5	滑橇	
24	冷却	强制冷却	10		滑橇	
	面漆缓存、排空	自动			滑橇	
25	面漆检查修整	人工	20	室温	滑橇	
	面漆抽检(Audit)			室温	滑橇	
	局部修饰	人工		室温	滑橇	
	点修补	人工		≥20	滑橇	
	大返修准备	人工		室温	滑橇	
	转载	自动			漆滑橇至蜡滑橇	
26	喷蜡	人工	5	室温	蜡滑橇	
	缓冲	自动			蜡滑橇	
	转载				蜡滑橇至运输车	
	转运	人工			运输车	送总装车间

（4）生产线布置图

车间平面布置如图 2-8 所示。

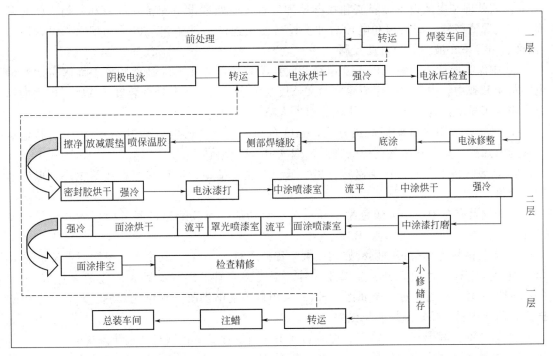

图 2-8　车间平面布置图

（5）主要工艺说明

主要生产设备负荷见表 2-34。

表 2-34　主要生产设备负荷表

序号	生产线	生产产量/(台/年)	生产节拍/(min/台)	节距/m	输送方式	备注
1	前处理、电泳线	50000	5		MES 自行小车	
2	电泳烘干线	50000	5	2.8	双链输送机	连续运行
3	焊缝密封线	50000	5	4	输送辊床	间歇运行
4	PVC 底涂线	50000	5	4	MES 自行小车	
5	PVC 烘干线	50000	5	2.8	双链输送机	连续运行
6	电泳打磨线	50000	5	4	输送辊床	间歇运行
7	中涂喷漆线	50000	5	4.5	双链输送机	连续运行
8	中涂烘干线	50000	5	2.8	双链输送机	连续运行
9	中涂打磨线	50000	5	4	输送辊床	间歇运行
10	面漆喷漆线	51000	4.9	4.5	双链输送机	连续运行
11	面漆烘干线	51000	4.9	2.8	双链输送机	连续运行
12	面漆检查线	51000	4.9	4.5	输送辊床	间歇运行

① 驾驶室采用三涂层涂装工艺，即阴极电泳底漆、中涂漆、面漆。

规定涂层厚度：阴极电泳涂层为 $18 \sim 22\mu m$，中涂层为 $30 \sim 40\mu m$，面漆层（金属漆）为 $13 \sim 15\mu m$，清漆和色漆为 $30 \sim 40\mu m$。

② 前处理和电泳设备为浸渍和喷淋处理设备。前处理设备配备除焊渣和铁屑、脱脂除油、磷化除渣装置。前处理和电泳后冲洗设备使用逆流清洗工艺，以节约用水。设备参数（温度、电导率、液位等）自动控制。

③ 中涂和面漆擦净室采用人工擦净和吹离子化空气除尘，除掉驾驶室表面附着的带静电的灰尘和脏物。中涂和面漆喷漆室为文丘里式结构，配备漆泥处理装置。驾驶室内表面喷漆采用人工喷涂，外表面喷漆采用喷涂机器人喷涂。

④ 烘干室采用热风循环加热方式，温度自动控制。电泳烘干室为"⌐⌐"形炉，其他烘干室为直通炉。烘干室废气焚烧处理后，烟气余热回收利用。

⑤ 涂装线各工艺段设检查修整、离线返修、质量抽检、漆后缓存存放等工序，保证驾驶室合格。

生产线具有车型识别、颜色编组和单车召唤功能，颜色编组按照每种颜色 5 台驾驶室设计。

⑥ 涂装供料为自动集中供料方式，供应各种漆料共 22 套。其中，二线循环供漆系统 18 套（中涂漆 1 种、色漆 5 种、金属漆 5 种、罩光漆 2 种、溶剂 2 种和固化剂 3 种），小型（卫星站）4 套（色漆 2 种、金属漆 2 种）。采用自动集中供胶分别供应焊缝密封胶、车底防护胶、防寒涂料。喷蜡采用工位供料。

⑦ 涂装室、晾干室、注蜡室、调漆间和供蜡间设置二氧化碳自动消防系统。

⑧ 机械化运为两种机械运输设备，前处理设备、电泳设备和喷胶室由悬挂程控自行葫芦输送系统运件，其他涂装设备由滑橇输送系统运件。前处理和电泳采用一套悬挂吊具。

滑橇为两种：涂装、烘干、检查及修整等使用另一种滑橇；喷蜡线使用另一种滑橇。各工艺段之间设驾驶室缓冲存放线。

配备有专用的高压水清洗设备清理滑橇、吊具和格栅板上的涂料。

从焊装车间来的驾驶室由滑橇输送系统运到涂装车间。焊装车间和涂装车间之间设驾驶室焊接总成存放区。涂装车间设涂装后驾驶室总成存放区和转载区，涂装后驾驶室由专用运输车运往总装车间。

⑨ 设置快速化验室检测，监控前处理电泳槽液质量。

⑩ 前处理、电泳、喷涂等涂装设备产生的废水直接送到厂区污水处理厂，在处理达标后排放。

⑪ 涂装设备槽液中产生的渣，经相应的渣分离设备处理。

⑫ 车间设置中央控制室监控涂装生产，采用"集中监视，分散控制"的模式。

⑬ 采用全封闭厂房，墙壁和地面涂专用涂料，机械通风换气，厂房温度冬季不低于 15℃。

⑭ 喷涂设备集中排风，排风机封闭在排风间内。空调机封闭在空调机房内，车间噪声控制在 85dB 以下。

⑮ 车间内危险部位设安全设施，通道或门等的出入口设安全标志。

⑯ 车间设置各种生产、生活办公等辅助部门及设施。

⑰ 车间二层设有参观通道，满足参观需求。

（6）主要工艺布置说明

① 厂房

厂房长 120m，宽 100m，分 6 跨 [22m（接跨）、18m、15m、12m、24m、9m]。其中，主体厂房长 120m，宽 78m。

厂房分层标高：一层为 0.000m，二层为 7.000m，局部三层为 12.000m。接跨二层标高为 9.400。

厂房柱顶标高：18m 和 15m 跨为 16m；12m、24m 和 9m 跨为 18m；22m 跨为 13.400m。

② 工艺设备

前处理和电泳设备，电泳烘干室，缓冲存放、电泳打磨、堵孔、密封、车底喷涂、喷防寒涂料、铺阻尼胶板等的设备，胶烘干室，部分空调机及相应的辅助设施等布置在 18m 和 15m 跨。

中涂、面漆涂装室，烘干室，缓冲存放、喷蜡、漆后检查修整、打磨、点修、局部修饰、重修准备等的设备，部分空调机等布置在 12m 和 24m 跨。

喷涂排风机间及烟囱、调漆间、供蜡间、主要的生产辅助设施和公用设施、生活和办公设施、部分空调机等布置在 9m 跨。

③ 方案布置特点

a. 合理利用建筑面积，注重节省能源和保护环境。

b. 车间分区布置，分为高洁净区和一般洁净区、噪声区和操作区、生产区和生活区尽量分开布置。

c. 尽量将同类或同种设备布置在同一区域或附近。

d. 喷涂和烘干洁净区、主要噪声区时用轻质墙隔开，减少环境污染。

e. 前处理和电泳的转移槽、漆渣处理装置分别布置在前处理和电泳设备、涂装室的底部。

f. 各种为生产服务的供料、维修保养、公用设施，根据工艺设备的需求尽量就近布置。

g. 将空调机布置在主体厂房内局部 3 层，与以往（布置在喷漆室顶部主体厂房屋面以上）相比，可减少厂房总高度，避免建成高层厂房提高消防等级及增加相关投资。

h. 根据设备需求确定不同跨的厂房高度，减少封闭厂房内部体积，节省密闭厂房的机械通风量、能耗及运行费用。

④ 车间面积

车间面积（见表 2-35）包括生产面积和辅助部门面积，其中，生产面积为 13404m²，辅助部门面积为 9487m²，合计 22891m²。

表 2-35　车间面积表

序号	部门名称	面积/m²	序号	部门名称	面积/m²
	Ⅰ 生产面积	13404	10	滑橇清理间	108
1	动力入口	36	11	机电维修间	36
2	换热站	108	12	漆雾絮凝剂材料间	36
3	变压器间	216	13	过滤产品存放间	36
4	空调平台	3115	14	腻子打磨辅料存放间	36
5	白车身存放	1056	15	前处理药剂间	96
6	CO_2 瓶组间	54	16	阻尼胶板存放间	48
7	纯水制备间	144	17	配件库	72
8	制冷间	162	18	工具库	72
9	备用电源间	54	19	供胶间	54

序号	部门名称	面积/m²	序号	部门名称	面积/m²
20	喷具清理维修间	72	28	风机间	54
21	调漆间及临时存放间	180	29	劳保库	63
22	消防控制间	18	30	中央控制室	84
23	温控间	18	31	参观通廊	276
24	风机房	216	32	通道	2160
25	备用空压机及干燥间	54	33	办公及生活面积	690
26	化验室	36		Ⅱ辅助部门面积	9487
27	供蜡间	27		车间面积合计	22891

思 考 题

1. 涂镀车间设计包括哪些内容？

2. 涂装工艺设计分几个阶段？包括哪些内容？

3. 涂装生产线运行方式如何确定？

4. 涂装车间设计一般提供哪些工艺文件？

5. 涂装车间的工作时间制度和年时基数如何确定？

6. 涂装设备台数如何计算？车间人员及其组成如何确定？

7. 涂装车间工时定额及专用工位数如何计算？

8. 涂装平面图设计的原则是什么？

9. 涂装材料消耗及废料产生量如何计算？

10. 什么是人流线、物流线？应注意哪些问题？

11. 涂装车间辅助部门设计包括哪些？

12. 以卡车驾驶室涂装生产线设计为例，说明涂装车间工艺设计的具体内容。

第3章

涂装设备及设计

涂装前处理设备按处理形式可分为浸渍式和喷淋式。

3.1 浸渍式前处理设备

3.1.1 浸渍式前处理设备的组成与形式

浸渍式涂装（简称浸渍式）前处理设备可分为连续生产的通过式和间歇生产的固定式两类。前者靠悬链输送机连续不断地运行，后者采用自动升降机或自行葫芦自动操作（有的也用电葫芦手工操作）。常用浸渍式前处理设备由槽体、加热装置、通风装置、液体控制系统等部分组成。

槽体一般由主槽和溢流槽组成。溢流槽用以控制主槽溶液高度、排除悬浮物及保证溶液不断循环。通过浸渍式前处理槽体为船形，如图 3-1 所示，有循环管路的矩形浸渍式前处理槽体如图 3-2 所示，无循环装置的矩形浸渍式前处理设备如图 3-3 所示。

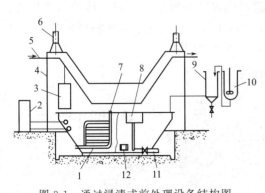

图 3-1 通过浸渍式前处理设备结构图
1—主槽；2—仪表控制柜；3—工件；4—槽罩；
5—悬链输送机；6—通风装置；7—加热装置；8—溢流槽；
9—沉淀槽；10—配料装置；11—放水管；12—排渣阀盖

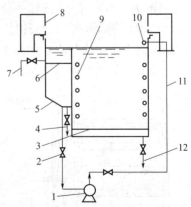

图 3-2 有循环管路的矩形浸渍式前处理设备
1—离心泵；2—截止阀；3—槽底；4—溢流槽排水管；5—溢流槽；6—过滤网；7—溢流槽排污管；8—通风装置；9—加热装置；10—喷射管；11—循环管路；12—主槽排水管

船形槽长度取决于工件长度、处理时的传送速度、输送机轨道升角及弯曲半径，宽度和高度则取决于工件的宽度和高度。

固定式矩形槽的长、宽、高完全取决于工件的长、宽、高，槽底最好有3%～6%的坡度，并装有排水孔，以便清理槽底。

槽体材料由槽液的性质决定，一般可用钢板制作，酸洗槽与磷化槽则用塑料、钢质（槽内衬塑料）或玻璃钢制作，以防酸的腐蚀。

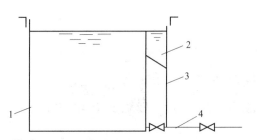

图 3-3 无循环管路的矩形槽溢流槽
1—主槽；2—溢流槽；3—溢流管；4—排水管

槽液加热方式通常采用蒸汽加热，也可用电加热。蒸汽加热方式有直接加热和间接加热两种。蒸汽直接加热装置将蒸汽（热油、热水也可）直接通入槽体内的蛇形管或排管内加热液体，也可将蒸汽直接通入除油槽、水洗槽内加热。蒸汽加热采用低噪声加热装置，常用的有混合式无声蒸汽加热器（图 3-4）和多孔式无声蒸汽加热器（图 3-5）。

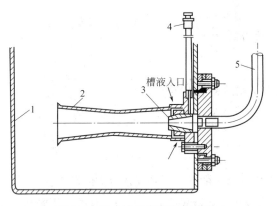

图 3-4 混合式无声蒸汽加热器
1—槽体；2—混合管；3—蒸汽喷嘴；
4—调节阀；5—蒸汽管

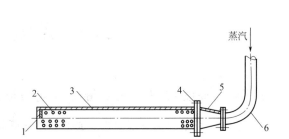

图 3-5 多孔式无声蒸汽加热器
1—喷管底板；2—喷孔；3—喷管；4—法兰；
5—扩大管；6—进口管

蛇形管加热器制作方便，其管径一般不超过70mm，弯曲处的曲率半径为，热弯时 $R \geqslant 3D$，冷弯时的 $R \geqslant 6D$（D 为钢管外径）。排管式加热器是目前常用的一种加热器，其传热效率较高，结构如图 3-6 所示。采用排管式加热器时应安装冷凝水和不凝气体的排除设施。通常采用疏水器来排除冷凝水，如图 3-7 所示。图中排水管 1 供疏水器工作前排出管中冷凝水，排水管又可供抽取冷凝水样品和检查疏水器是否堵塞之用。

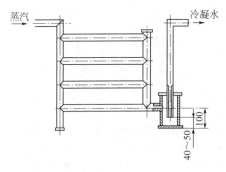

图 3-6 排管式加热器

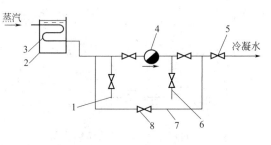

图 3-7 疏水器的安装示意图
1—第一排水管；2—槽体；3—加热器；4—疏水阀；
5—止回阀；6—第二排水阀；7—旁通；8—截止阀

所谓间接加热是将加热器置于槽外，通过热交换器加热。热交换器有板式或管式，板式因其散热面积大，所以使用较多。对于低、中温磷化，必须采用间接加热方式，如直接加热，则磷化渣将在加热管上沉积，影响热传递，且清理很困难。

通风装置分顶部通风装置和槽边通风装置。顶部通风装置适用于连续生产浸渍式设备，由槽罩、抽风罩、离心机和排风管等部分组成。抽风罩设在槽罩两端工件出入口顶部，根据槽体的长短，可设置一个或两个独立通风系统。槽边通风装置适用于固定浸渍式设备，由抽风罩、排风管、离心风机等部分组成。槽边通风分为单侧和双侧两种。通常根据槽的宽度进行选择。抽风罩的形式有条缝式、倒置式和平口式三种。条缝式抽风罩缝口速度大抽风量小，运行比较经济；倒置式抽风罩抽风量较小，结构比较复杂，且占槽的一部分工作面积；平口式抽风罩高度低，抽风量大。采用何种方式，应根据槽的结构特点和生产操作情况、技术经济情况进行比较后再确定。

槽液温度控制系统分手动和自动调节两种方式。前者靠人工调节蒸汽阀控制蒸汽的输入，后者通过温度自动控制装置来控制。

3.1.2 浸渍式处理设备的计算

浸渍式处理设备的计算主要包括槽体尺寸、槽体的强度与刚度、通风装置的计算和热力计算等。

3.1.2.1 浸渍式处理设备槽体尺寸计算

（1）主槽长度的计算

① 通过式浸渍设备长度计算

通过式浸渍设备长度，可用计算法或作图法确定。

按计算法（图3-8）计算的主槽长度最小，其长度可按下式计算：

$$L = l + 2l_1 + l_2 - 2R\sin\alpha \tag{3-1}$$

式中　　L——主槽长度，mm；

　　　　l——挂件最大长度，mm；

　　　l_1——悬挂输送机垂直弯曲段（AG段）的水平投影长度，mm；

　　　l_2——悬挂输送机所需的水平长度（AB段），mm；

　　　R——悬挂输送机垂直弯曲段的弯曲半径，mm；

　　　α——悬挂输送机垂直弯曲段的升角，（°）。

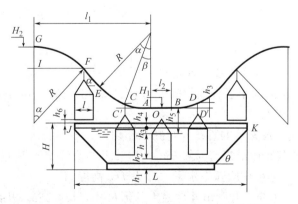

图 3-8　通过式浸渍设备主槽长度、高度计算图

a.悬挂输送机水平投影长度的计算　悬挂输送机的水平投影长度可按表 3-1 所列各式计算。表中，h' 为悬挂输送机的升降高度差，单位为 mm。

表 3-1　水平投影长度计算表

升角 $\alpha/(°)$	水平投影长度计算简式	升角 $\alpha/(°)$	水平投影长度计算简式
5	$11.4301h' + 0.0874R$	30	$1.7321h' + 0.5358R$
10	$5.6713h' + 0.1750R$	35	$1.4281h' + 0.6306R$
15	$3.7321h' + 0.2634R$	40	$1.1918h' + 0.7280R$
20	$2.7475h' + 0.3526R$	45	$h' + 0.8284R$
25	$2.1445h' + 0.4434R$		

$$h' = H_2 - H_1 \tag{3-2}$$

$$H_1 = h + h_1 + h_2 + h_5 \tag{3-3}$$

$$H_2 = H + h + h_5 + h_6 + R(1 - \cos\alpha) \tag{3-4}$$

式中　h——挂件最大高度，mm；

$\quad\quad h_1$——浸渍设备槽体底座高度，一般 $h_1 = 200 \sim 240$mm；

$\quad\quad h_2$——最大高度的挂件至槽底的最小距离，一般 $h_2 = 200 \sim 250$mm；

$\quad\quad h_5$——最大高度的挂件顶部至悬挂输送机轨顶的距离，一般 $h_5 = 700 \sim 1500$mm；

$\quad\quad H_1$——挂件在最低位置时的悬挂输送机轨顶标高，mm；

$\quad\quad H_2$——挂件在最高位置时的悬挂输送机轨顶标高，mm；

$\quad\quad H$——浸渍设备的主槽高度，可按式(3-8) 计算，mm；

$\quad\quad h_6$——最大高度的挂件底部至槽沿的最小距离，一般 $h_6 = 100 \sim 150$mm。

b.悬挂输送机所需的水平长可按下式计算：

$$l_2 = vt - 0.0349R\beta$$

$$\beta = \arccos\left(1 - \frac{h_3}{R}\right) \tag{3-5}$$

式中　v——悬挂输送机的移动速度，mm/min；

$\quad\quad t$——浸渍处理时间，min；

$\quad\quad h_3$——最大高度的挂件浸没在漆液中的最小深度，一般 $h_3 = 100 \sim 200$mm。

用作图法（图 3-8）确定浸渍设备的主槽长度直观简单，其作图步骤如下：

(a) 确定 H_1 高度，$H_1 = h + h_1 + h_2 + h_5$，通过 O 点作一水平线 $C'D'$。

(b) 取 $OC' = OD' = \frac{1}{2}vt$。

(c) 通过 C'、D' 点分别作垂线并取 $C'C = D'D = h_5$。

(d) 过 C、D 点以 R 为半径分别作圆弧与 $C'D'$ 线相切 A 点和 B 点，则 AB 长即为悬挂输送机所需的水平长度 l_2。

(e) 作一与水平线夹角为 α 的直线并与圆弧相切。

(f) 作一水平线使其距槽沿高度为 $h + h_5 + h_6$，并与直线交于 F 点。

(g) 过 F 点以 R 为半径作圆弧至水平，即为 H_2 高度。

(h) 通过 F 点作一垂线，并画出挂件最大外形尺寸（长×高），从而定出 J 点。

(i) 以同法定出 K 点，则 JK 长即为浸渍设备的主槽长度 L。

② 固定式浸渍设备主槽长度的计算

固定式浸渍设备的主槽长度（图 3-9）按下式计算：

$$L = l + 2(l_1 + l_2 + l_3 + D) \tag{3-6}$$

式中 L——固定式浸渍设备的主槽长度，mm；

l——挂件最大长度，mm；

l_1——槽壁衬里距加强筋外沿的距离，mm；

l_2——加热器距槽壁衬里的最小距离，$l_2 = 80 \sim 150$mm；

l_3——挂件距加热器的最小距离，一般 $l_3 \geqslant 300$mm；

D——加热器外径，mm。

但当长度方向不设置加热器时，D 和 l_2 为 0。l_3 则为挂件至槽壁衬里的距离。

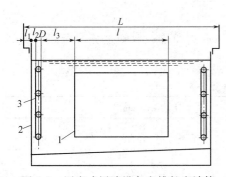

图 3-9 固定式浸渍设备主槽长度计算
1—工件；2—槽壁；3—加热器

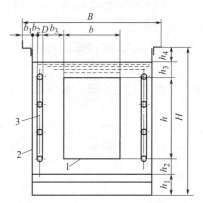

图 3-10 浸渍式设备主槽宽度和高度计算
1—工件；2—槽壁；3—加热器

（2）主槽宽度的计算（通过式和固定式设备相同）

主槽宽度（图 3-10）按下式计算：

$$B = b + 2(b_1 + b_2 + b_3 + D) \tag{3-7}$$

式中 B——浸渍式设备的主槽宽度，mm；

b——挂件最大宽度，mm；

b_1——槽壁衬里距加强筋外沿的距离，mm；

b_2——加热器距槽壁衬里的最小距离，$b_2 = 80 \sim 150$mm；

b_3——挂件距加热器的最小距离，对固定式 $b_3 \geqslant 300$mm，对通过式 $b_3 = 150 \sim 200$mm；

D——加热器外径，mm。

（3）主槽高度的计算（通过式和固定式设备相同）

主槽高度（图 3-10）按下式计算：

$$H = h + h_1 + h_2 + h_3 + h_4 \tag{3-8}$$

式中 H——浸渍式设备的主槽高度，mm；

h——挂件最大高度，mm；

h_1——浸渍式设备槽体底面最高点与底座最低点之间的距离，h 与底面断面形式和底座尺寸有关，应根据具体情况确定，mm；

h_2——最大高度的挂件距槽底（槽底最高点）的最小距离，一般 $h_2 = 200 \sim 400$mm，对于磷化设备，h_2 可适当加大；

h_3——最大高度的挂件浸没在槽液中的最小深度，一般 $h_3=100\sim200\mathrm{mm}$；

h_4——槽沿距液面的距离，一般 $h_4=150\sim200\mathrm{mm}$。

3.1.2.2 通风装置的计算

（1）通过式浸渍设备的通风计算

每小时的通风量按下式计算：

$$Q=3600Fv \tag{3-9}$$

式中　Q——通过式浸渍设备每小时的通风量，$\mathrm{m^3/h}$；

　　　F——通过式浸渍设备挂件出入口面积之和，$\mathrm{m^2}$；

　　　v——挂件出入口的空气流速，一般 $v=0.5\sim0.75\mathrm{m/s}$。

根据风量和管道阻力选择风机。由于此类设备通风系统阻力较小，一般选择低压离心风机即可满足要求。

（2）固定式浸渍设备的通风计算

① 条缝式槽边通风量的计算　因条缝式有不同截面形式和单、双侧之分，所以其通风量的计算公式也不同，可按表 3-2 所列各式计算。

表 3-2　条缝式槽边通风量计算公式

条缝形式	计算公式/（$\mathrm{m^3/h}$）
高截面单侧抽风	$Q=2vLB\left(\dfrac{B}{L}\right)^{0.2}\times3600$
低截面单侧抽风	$Q=3vLB\left(\dfrac{B}{L}\right)^{0.2}\times3600$
高截面双侧抽风	$Q=2vLB\left(\dfrac{B}{L}\right)^{0.2}\times3600$
一侧高截面或靠墙的双侧抽风	$Q=2.5vLB\left(\dfrac{B}{L}\right)^{0.2}\times3600$
低截面双侧抽风	$Q=3vLB\left(\dfrac{B}{L}\right)^{0.2}\times3600$

注：v 为浸渍槽液面风速，$\mathrm{m/s}$，可按表 3-3 选择；L 为浸渍槽长度，m；B 为浸渍槽宽度，m。

表 3-3　浸渍槽液面建议风速

用途	槽液中主要有害物	槽液温度/℃	风速 v/（$\mathrm{m/s}$）
酸洗除锈	硫酸	70~90	0.40
碱洗去油	氢氧化钠、碳酸钠、表面活性剂等	40~60	0.2~0.30
磷化	马日夫盐、磷酸二氢钠等	40~60	0.2~0.30
钝化	重铬酸钾	40~60	0.2~0.35
热水洗	水蒸气	40~60	0.15~0.25

② 带吹风的槽边通风量的计算　每小时的吹风量按下式计算：

$$Q_1=300K_{tc}LB^2 \tag{3-10}$$

式中　Q_1——每小时的吹风量，$\mathrm{m^3/h}$；

　　　L——浸渍槽长度，m；

　　　B——浸渍槽宽度，m；

　　　K_{tc}——槽液的温度系数，按表 3-4 选用。

表 3-4　温度系数值

槽液温度/℃	20	40	60	70～95
K_{tc}	0.50	0.75	0.85	1.00

每小时的抽风量按下式计算：

$$Q_2 = 6Q_1 \tag{3-11}$$

式中，Q_2 为每小时的抽风量，m^3/h。

各类槽边抽风罩均已标准化，其型号的选择可根据浸渍槽的规格、槽边抽风形式、通风量和抽风罩断面尺寸进行确定。

3.1.2.3　热力计算

浸渍式设备的热力计算应首先计算槽液工作时和升温时的热损耗量，然后确定热能消耗量和加热器等。

（1）工作时热损耗量的计算

工作时（热平衡状态下）总的热损耗量包括槽壁的散热、加热工件的热损耗量、槽液蒸发时的热损耗量和每小时因工作时损耗而需补充新鲜槽液的热损耗量等。每小时总的热损耗量可按下式计算：

$$Q_h = k(Q_{h_1} + Q_{h_2} + Q_{h_3} + Q_{h_4}) \tag{3-12}$$

式中　Q_h——工作时总的热损耗量，W；

$\quad\quad Q_{h_1}$——通过槽壁散失的热损耗量，W；

$\quad\quad Q_{h_2}$——加热工件的热损耗量，W；

$\quad\quad Q_{h_3}$——槽液蒸发时的热损耗量，W；

$\quad\quad Q_{h_4}$——补充新鲜槽液的热损耗量，W；

$\quad\quad k$——其他未估计到的热量损失系数，$k = 1.1 \sim 1.2$。

① 槽壁散失的热损耗量的计算　每小时通过槽壁散失的热损耗量按下式计算：

$$Q_{h_1} = KF(t_c - t_{c_0}) \tag{3-13}$$

式中　K——槽壁的传热系数，对于 $80 \sim 100mm$ 矿渣棉保温层厚度的 $K = 0.82 \sim 1.165W/(m^2 \cdot ℃)$；

$\quad\quad F$——槽壁（侧壁和底板）的表面积之和，m^2；

$\quad\quad t_c$——槽液工作温度，℃；

$\quad\quad t_{c_0}$——车间温度，℃。

② 加热工件时热损耗量的计算　每小时加热工件的热损耗量按下式计算：

$$Q_{h_2} = Gc(t_c - t_{c_0}) \tag{3-14}$$

式中　G——按重量计算的最大生产率，kg/h；

$\quad\quad c$——工件的比热容，$J/(kg \cdot ℃)$。

③ 槽液蒸发时热损耗量的计算　每小时槽液蒸发时的热损耗量按下式计算：

$$Q_{h_3} = 1.824(\alpha + 0.0174v)(p_2 - p_1)Fr \tag{3-15}$$

式中　α——周围空气在温度为 $15 \sim 30℃$ 时的重力流动因数，按表 3-5 选取；

$\quad\quad v$——槽液面的空气流速，根据表 3-3 选取，m/s；

$\quad\quad p_1$——相应于周围空气温度下饱和空气的水蒸气分压力，kPa；

$\quad\quad p_2$——相应于槽液蒸发表面温度下饱和空气的水蒸气分压力，蒸发表面温度可按表 3-6

选取，kPa；

F——槽液蒸发表面积，m^2；

r——水的蒸发焓，$r=2259kJ/kg$。

表 3-5　重力流动因数 α 值

水温/℃	30 以下	40	50	60	70	80	90	100
α	0.022	0.028	0.033	0.037	0.041	0.046	0.051	0.06

表 3-6　周围空气为 $t_{c_0}=20℃$，$\varphi=70\%$时的蒸发表面温度

槽液温度/℃	20	25	30	35	40	45	50	55	60	65	70	75	80	85	90	95	100
蒸发表面温度/℃	18	23	28	33	37	41	45	48	51	54	58	63	69	75	82	90	97

④ 补充新鲜槽液的热损耗量的计算　平均每小时补充新鲜槽液的热损耗量按下式计算：

$$Q_{h_4}=V_1\rho_y c(t_c-t_{c_0}) \tag{3-16}$$

式中　V_1——平均每小时补充新鲜槽液的容量，L；

　　　ρ_y——槽液的密度，kg/L；

　　　c——槽液的比热容，J/(kg·℃)。

（2）槽液从初始温度升温到工作温度时的热损耗量计算

槽液加热时的总热损耗量除考虑加热槽液的热损耗量外，还应同时考虑槽壁的散热和加热槽液时液面蒸发的热损耗量等因素。升温时每小时总的热损耗量可按式（3-17）计算：

$$Q'_h=\frac{V\rho_y c(t_c-t_{c_0})}{t}+\frac{1}{2}(Q_{h_1}+Q_{h_3}) \tag{3-17}$$

式中　Q'_h——槽液升温时总的热损耗量，W；

　　　V——浸渍槽的有效容积，L；

　　　t——升温时间，参见表 3-7 选取，h。

表 3-7　槽液升温时间

浸渍槽有效容积/m³	1～5	5～10	10～15	15～20	＞20
升温时间/h	0.5～1.0	1.0～2.0	2.0～3.0	3.0～4.0	4.0～6.0
二次升温时间/h	0.5	0.5～1.0	1.0～1.5	1.5～2.0	2.0～3.0

3.1.2.4　热能消耗量计算

（1）蒸汽消耗量计算

① 升温时蒸汽消耗量的计算　升温时每小时的蒸汽消耗量按下式计算：

$$G_r=\frac{Q'_h}{r} \tag{3-18}$$

式中　G_r——升温时每小时的蒸汽消耗量，kg/h；

　　　Q'_h——升温时的总热损耗量，W；

　　　r——水的蒸发焓，$r=2259kJ/kg$。

② 工作时蒸汽消耗量的计算　工作时每小时的蒸汽消耗量按下式计算：

$$G'_r=\frac{Q_h}{r} \tag{3-19}$$

式中　G'_r——工作时每小时的蒸汽消耗量，kg/h；

Q_h——工作时的总热量损耗量，W。

（2）电功率的计算

① 升温时电功率的计算　升温时的电功率按下式计算：

$$P = \frac{Q'_h}{1000} \tag{3-20}$$

式中　P——升温时所需的电功率，kW；

Q'_h——升温时的总热损耗量，W。

② 工作时电功率的计算　工作时的电功率按下式计算：

$$P' = \frac{Q_h}{1000} \tag{3-21}$$

式中　P'——工作时所需的电功率，kW；

Q_h——工作时的总热损耗量，W。

3.1.2.5　加热器的计算

（1）蒸汽加热器的计算

蒸汽加热器的计算包括加热器换热面积和长度的计算。在计算加热器的换热面积时，必须选取最大的热损耗量计算热量。

① 换热面积的计算　加热器的换热面积可按下式计算：

$$F = \frac{Q_{h,max}}{K(t_{c_1} - t_{c_m})} \tag{3-22}$$

式中　F——蒸汽加热器的换热面积，m^2；

$Q_{h,max}$——最大的热损耗量，W；

K——加热器的传热系数，参见表3-8选取，$W/(m^2 \cdot ℃)$；

t_{c_1}——饱和蒸汽的温度，℃；

t_{c_m}——槽液的平均温度，$t_{c_m} = \dfrac{t_c + t_{c_0}}{2}$，℃。

表 3-8　换热过程传热系数 K 平均值

放热介质	传热材料	吸热介质	K 值/[$W/(m^2 \cdot ℃)$]
蒸汽	钢	水	872
蒸汽	铅	水	582
蒸汽	化工搪瓷	水	465
蒸汽	钢管外镶石墨玻璃钢	水	349
沸腾液体	钢	冷液体	233
未沸腾液体	钢	冷液体	116~233
未沸腾液体	保温层结构	空气	0.98
液体	钢	空气	9.3~17

② 加热器总长度的计算　加热器总长度按下式计算：

$$L = \frac{F}{\pi D} \tag{3-23}$$

式中　L——蒸汽加热器的总长度，m；

D——蒸汽加热器的外径，m。

加热器管的直径可根据蒸汽通过量、蒸汽压力、蒸汽流速等因素进行确定。当管径小，其蒸汽通过量不能达到计算的最大蒸汽消耗量时，应采取多个蒸汽进口。表3-9为饱和蒸汽的允许流速，表3-10为饱和蒸汽在不同管径、不同压力、不同流速条件下的质量流量，可供选择管径时参考。

表 3-9　饱和蒸汽的允许流速

公称直径 D_g/mm	15～20	25～32	40	50～80	100～150
允许流速 v/(m/s)	10～15	15～20	20～25	25～35	30～40

表 3-10　各种管径饱和蒸汽的质量流量　　　　　　单位：kg/h

公称直径 D_g/mm	流速 v /(m/s)	压力 p					
		0.1MPa	0.2MPa	0.3MPa	0.4MPa	0.5MPa	0.6MPa
1	2	3	4	5	6	7	8
15	10	7.8	11.3	14.9	18.4	21.8	25.3
	15	11.7	17.0	22.4	27.6	32.4	37.6
	20	15.0	22.7	29.8	30.8	43.7	50.5
20	10	14.1	20.7	27.1	33.5	39.8	46.0
	15	21.1	31.1	38.6	50.3	57.7	69.0
	20	28.2	41.4	54.2	67.0	79.6	92.0
25	15	34.4	50.2	65.8	81.2	96.2	111.0
	20	45.8	66.7	87.8	108.0	128.0	149.0
	25	57.3	83.3	110.0	136.0	161.0	180.0
32	15	60.2	88.0	115.0	142.0	169.0	190.0
	20	80.2	117.0	154.0	190.0	226.0	260.0
	25	100.0	147.0	193.0	238.0	282.0	325.0
	30	120.0	176.0	230.0	284.0	338.0	390.0
40	20	105.0	154.0	202.0	249.0	283.0	343.0
	25	132.0	194.0	258.0	311.0	354.0	428.0
	30	158.0	232.0	306.0	374.0	444.0	514.0
	35	185.0	268.0	354.0	437.0	521.0	594.0
50	20	157.0	229.0	301.0	371.0	443.0	508.0
	25	197.0	287.0	377.0	465.0	554.0	636.0
	30	236.0	344.0	452.0	558.0	664.0	764.0
	35	270.0	400.0	530.0	650.0	776.0	885.0
70	20	299.0	437.0	572.0	706.0	838.0	970.0
	25	374.0	542.0	715.0	880.0	1052.0	1200.0
	30	448.0	650.0	858.0	1060.0	1262.0	1440.0
	35	525.0	762.0	1005.0	1240.0	1478.0	1685.0
80	25	528	773	1012	1297	1480	1713
	30	630	926	1213	1498	1776	2053
	35	738	1082	1415	1749	2074	2400
	40	844	1237	1620	1978	2370	2740
100	25	784	1149	1502	1856	2201	2547
	30	940	1377	1801	2220	2640	3058
	35	1099	1608	2108	2600	3083	3568
	40	1250	1832	2396	2980	3514	4030

（2）电加热管数量的计算

在计算电加热管数量时，必须选取最大的电功率作为计算功率。电加热管的数量可按下式计算：

$$n = \frac{P_{\max}}{P_1} \qquad (3-24)$$

式中　n——电加热管的数量，个；

　$P_{\max}$——最大的电功率，kW；

　P_1——电加热管单件功率，设计时可参考有关电加热管产品样本确定，kW。

3.1.2.6　传热系数的计算

传热系数可按下式计算：

$$K = \frac{1}{\frac{1}{\alpha_1} + \frac{1}{\alpha_2} + \sum \frac{\delta}{\lambda}} \qquad (3-25)$$

式中　K——传热系数，$W/(m^2 \cdot ℃)$；

　α_1——由较热介质至器壁的换热系数，$W/(m^2 \cdot ℃)$；

　α_2——由器壁至较冷介质的换热系数，$W/(m^2 \cdot ℃)$；

　λ——每层器壁的热导率，$W/(m \cdot ℃)$；

　δ——每层器壁的厚度，m。

换热系数与许多因素有关，如流体的种类、特性等，不可能导出一个普遍公式，一般只能借助实验资料和经验公式进行确定。各种介质的换热系数可参见表 3-11。

表 3-11　换热过程换热系数 α 的平均值

名　称	换热系数 $\alpha/[W/(m^2 \cdot ℃)]$
未沸腾的静止液	465～582
未沸腾的搅动液	2326～4652
沸腾液体	4652～6978
正在凝结的蒸汽（$v=1\sim6m/s$）	6978～20934
静止空气	3.5～9.3

由此可知，传热系数 K 也与许多因素有关，为便于设计计算，其 K 值可参考表 3-8 进行选择。

3.1.2.7　槽壁保温层厚度的计算

槽壁保温层的厚度可按下式计算：

$$\delta = \frac{\lambda(t_c - t_{c_2})}{\alpha(t_{c_2} - t_{c_0})} \times 1000 \qquad (3-26)$$

$$\alpha = 9.8 + 0.07(t_{c_2} - t_{c_0}) \qquad (3-27)$$

式中　δ——槽壁保温层的厚度，mm；

　λ——保温材料的热导率，膨胀蛭石 $<0.07W/(m \cdot ℃)$，膨胀珍珠岩 $<0.075W/(m \cdot ℃)$，矿渣面 $<0.047W/(m \cdot ℃)$，玻璃棉及其制品 $<0.064W/(m \cdot ℃)$，石棉制品 $<0.087W/(m \cdot ℃)$；

　t_c——槽液工作温度，℃；

t_{c_2}——保温层外壁表面温度，一般 t_{c_2} 控制在20℃左右，℃；

t_{c_0}——车间温度，℃；

α——保温层外表面向周围空气的换热系数，W/（$m^2 \cdot$℃）。

3.2　喷淋式涂装设备

3.2.1　设备类型

喷淋式前处理设备常用的有单室多工序式、通道式等多种类型。

单室多工序表面处理设备只有一个喷射室，可在室内依次完成去油、水洗及第二次水洗三道工序。在该设备的喷射室内，仅安装一套喷射系统，每道工序都有各自的水槽，用阀门自动控制，使各道工序的槽液流回各自的槽中，设备装置如图3-11所示。根据喷射液体的性质，有时在一室内设两套喷射系统。

通道式表面处理设备是最常见的，它有单室清洗机和多室联合机组之分。单室清洗机是联合机组的基本单元，在生产率相同的条件下，宜采用多室联合机组。通道式表面处理设备的类型及适用范围见表3-12。

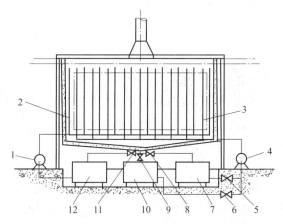

图3-11　单室多工序喷淋表面处理设备原理图

1—去油水泵；2—去油喷管；3—水洗喷管；4—水洗水泵；
5、6、8、9、11—阀门；7—热水槽；10—预冲洗热水槽；
12—去油溶液槽

表3-12　通道式表面处理设备的类型及适用范围

设备类型	输送方式	主要用途	使用范围
单室清洗机	滚道、转台、网式输送带、悬链	笨重零件去油，中小型零件去油，零件去油、去锈综合处理	单件、小批生产，大批生产
双室清洗机	网式输送带、悬链	中小型零件去油及水洗零件（热水洗及冷水洗）	小批生产、大批生产
三室清洗机	网式输送带、悬链	中小型零件去油及水洗零件，碱液去油及水洗	中、大批生产
多室联合机组	悬链	除酸洗外的其他工序，去油、磷化、钝化工序间水洗	大批生产

当产量小，生产节拍不小于3min/台（挂）、运输链速度不大于2m/min（或通过沥水过渡段时间大于1min）的前处理，宜选用步进间歇式浸、喷结合式前处理工艺。如采用自行葫芦输送机、行车或德国杜尔公司生产的 Rodip-4E 输送机、多功能穿梭机，喷、浸作业都在槽中进行，工序间不设沥水段，在槽上沥水。在产量大的场合，选用连续式前处理设备

（喷淋式，浸、喷结合式或旋转浸渍方式）。

3.2.2 设备结构

通道式表面处理设备由壳体，槽体，喷射系统，槽液加热装置，溶液配制、沉淀及过滤装置、通风系统及悬链输送机的保护装置等部分组成，其结构如图 3-12 所示。

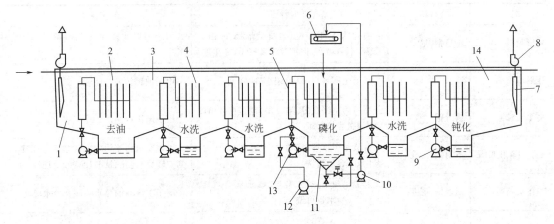

图 3-12　六室清洗磷化联合机示意图

1—工件入口段；2—喷射处理段；3—泄水过渡段；4—喷管装置；5—外加热器；6—磷化液过滤装置；7—工件；
8—水泵；9—钝化水泵；10—过滤装置泵；11—磷化水槽；12—磷化备用泵；13—磷化工作泵；14—工件出口段

壳体一般为封闭隧道结构，如果是通道式作业，各工序间需留出足够的过渡距离，两端设挡水板以防各工序串水。如是间隙式作业，则各工序间有门，相互隔开。壳体内两旁需有维修平台，壳体内壁涂覆玻璃钢防腐。过渡段的一般结构见图 3-13。

槽体的一般结构见图 3-14。槽体上设置有溢流槽、挡渣板、排渣孔、放水管和水泵吸口等。槽体的长度，一般等于喷射处理段的长度，在槽体的宽度方向上，一般伸出设备外壳，伸出的宽度一般为 600～800mm，长度一般为 600～1000mm，以利于从此处添加槽液和安装水泵吸口，槽体的伸出部分应另加槽盖。

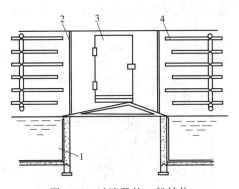

图 3-13　过渡段的一般结构

1—水槽；2—挡水板；
3—维修侧门；4—喷射系统

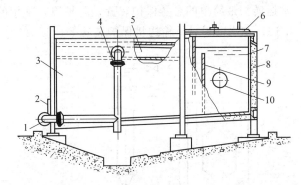

图 3-14　槽体的一般结构

1—放水管；2—排渣口；3—槽体；4—溢流管；5—溢流槽；
6—盖；7—伸出段；8—保温层；9—挡渣板；10—水泵吸口

槽体有效容积应不少于水泵每分钟流量的 1.5 倍，磷化槽则为 2.5 倍，以保证槽液有较长的沉淀时间。为了排除沉淀，磷化槽下部可制成 40°～45° 的锥形或 W 形。

喷射系统是完成工件喷洗的主要工作部分，包括喷管装置和水泵装置等。喷管结构有横排和竖排两种形式，每种形式又有整体式和可分式之分。喷嘴的种类很多，常用喷嘴的结构、特点及使用范围，如表3-13所示。在喷射系统中，一般只安一台离心水泵，对于酸洗和磷化可设置两台水泵，一台备用。

表3-13 常用喷嘴的结构、特点及使用范围

名称	材料	性能特点	使用说明
V形喷嘴	不锈钢、尼龙	喷口为V形条缝，射流呈带状，冲刷力较强，不易堵塞，但扩散角度较小，雾化差	用于喷射酸洗、综合除油除锈、碱洗工序
强射流喷嘴	铸铁	射流呈圆锥形，锥角较小，冲刷力强	用于油腻污垢的清洗
扁平喷嘴	锡青铜	喷口为扁平条缝，射流呈带状，扩散角度较大，制造较困难	用于碱洗或水洗工序
Y-1型雾化喷嘴	不锈钢、尼龙	射流呈圆锥形，锥角大，水粒细密、均匀，雾化好，容易清洗	用于要求射流均匀的化学反应工序，例如磷化、钝化、钛酸盐草酸处理等
莲蓬头喷嘴	不锈钢、尼龙	射流呈圆锥形，水粒粗，喷水量大，安装角度大，喷水量可调	用于工序间的热水喷洗及冷水喷洗
扁平可调喷嘴	锡青铜	安装角度可调，其他同扁平喷嘴	用于碱洗或水洗工序

槽液加热方式与浸渍法类似，一般采用0.3～0.4MPa的饱和蒸汽加热，也可用电加热。蒸汽加热方式亦分直接加热和间接加热两种，后者分槽内加热和槽外加热两种形式。槽内加热类似于浸渍式，槽外加热是将热交换器安装在室壁之外，串联在水泵出口和喷管系统之间，蒸汽从套管和小管之间的间隙流入，槽液从小管内流过而被加热，如图3-15所示。常用的加热器有套管式和列管式两种。

通过式机组设备通风系统采用机械通风，即在工件出入口设置抽风罩，将蒸汽和空气的混合气体排出车间。机械通风系统由抽风罩、风机、调节阀门、排风管、伞形风帽等部分组成。

悬挂输送机保护装置的保护装置是保护悬链不受冷热水、酸、碱的腐蚀，以便悬链能正常运转。最简单的悬链保护装置是防护罩，常用的还有迷宫式气封悬链输送机保护装置（图3-16）和水密封悬链输送机保护装置等。

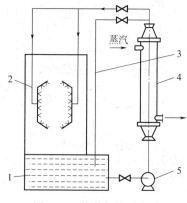

图3-15 槽外加热示意图
1—水箱；2—喷管；3—旁通管；
4—加热器；5—水泵

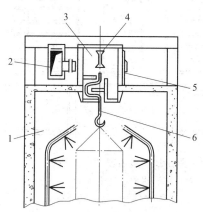

图3-16 迷宫式气封悬链输送机保护装置
1—喷洗室；2—输入空气管道；3—迷宫壳体；
4—轨道；5—阀门；6—吊钩

3.2.3 喷淋式表面处理设备的计算

设备计算主要是确定设备外形尺寸，合理选择水泵及计算加热装置等。

3.2.3.1 设备尺寸的计算

以多室联合清洗机为例，需要确定的主要外形尺寸如图 3-17 所示。

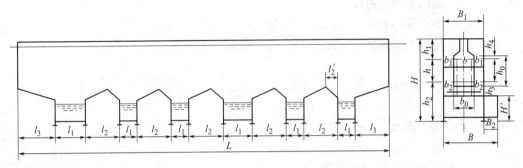

图 3-17　多室联合清洗机尺寸计算图

（1）设备长度的计算

设备长度按式（3-28）计算。

$$L = \sum l_1 + \sum l_2 + 2l_3 \tag{3-28}$$

式中　L——设备长度，mm；

$\sum l_1$——各喷射区段的长度，一般等于各水槽长度之和，mm；

$\sum l_2$——各泄水过渡段长度之和，mm；

l_3——工件进出段的长度，一般取 $l_3 = 1200 \sim 1500$mm。

各喷射区段长度，可按下式计算：

$$l_1 = 1000vt + (0 \sim 300) \tag{3-29}$$

式中　v——输送机移动速度，m/min；

t——各喷射处理区的处理时间，min。

各泄水过渡段的长度 l_2 应保证两相邻喷射区的槽液不相互串水混合。对于高度大于宽度的工件，若喷嘴出口压力小于 0.2MPa 时，可取 2000～2500mm；若喷嘴出口压力大于 0.2MPa 时，其长度应酌情增大。当两相邻喷射区为水洗段，为减少设备的长度，过渡段的长度可取 1400～2000mm。

各泄水过渡段的长度，可按下式计算：

$$l_2 = 0.8h + 0.5S + l_2' \tag{3-30}$$

式中　h——工件高度，当工件的长度大于高度时，要用长度代替高度的数值，mm；

S——输送机一分钟移动的距离，mm；

l_2'——淌水板第二段水平投影长度，可取 800～1000mm。

（2）设备宽度的计算

设备宽度的计算包括设备壳体宽度的计算和水槽宽度的计算。

① 设备壳体宽度的计算　设备壳体的宽度按下式计算：

$$B = b + 2b_1 \tag{3-31}$$

式中　B——设备壳体的宽度，mm；

b——工件的最大宽度，当工件对称吊挂时，b 为工件实际的最大宽度，若为非对称吊挂时，按吊挂中心至工件外沿最大距离的 2 倍计算，mm；

b_1——工件外侧至设备壳体外侧的距离，该尺寸应考虑喷嘴至工件的距离，喷管的安装尺寸及壳体保温层的厚度，$b_1 = 400 \sim 500$mm。

② 水槽宽度的计算　水槽的宽度按下式计算：

$$B = B_1 + B_2 \tag{3-32}$$

式中　B——水槽的宽度，mm；

B_1——设备壳体的宽度，mm；

B_2——水槽伸出端的宽度，$B_2 = 600 \sim 800$mm。

（3）设备高度的计算

设备高度按下式计算：

$$H = h + h_1 + h_2 \tag{3-33}$$

式中　H——设备的高度，mm；

h——工件高度，mm；

h_1——轨顶至工件顶端的距离，$h_1 = 700 \sim 1500$mm；

h_2——工件底部至地坪的距离，当水槽设置在地坪上时，$h_2 = 1400 \sim 1600$mm，当水槽埋在地坪之下时，$h_2 = 300 \sim 400$mm。

水槽的高度 H'，一般为 $900 \sim 1200$mm。

（4）门洞宽度的计算

在保证工件顺利通过的条件下，应尽量减小门洞的断面尺寸，以减少设备的热量损失。

① 门洞的宽度按下式计算：

$$b_0 = b + 2b_2 \tag{3-34}$$

式中　b_0——门洞的宽度，mm；

b——工件的最大宽度，mm；

b_2——工件和门洞之间的间隙，一般取 $b_2 = 80 \sim 120$mm。

② 门洞高度可按下式计算（图 3-17）：

$$h_0 = h + h_3 + h_4 \tag{3-35}$$

式中　h_0——门洞的高度，mm；

h——工件的高度，mm；

h_3——工件的底部至门洞下边的间隙，一般取 $100 \sim 150$mm；

h_4——一般 $h_4 = 80 \sim 120$mm。

3.2.3.2　水泵流量的计算

喷嘴的布置有齐平式（喷管上喷嘴位置都是齐平对应的）和交叉式（各喷管上喷嘴位置与相邻喷管上是交叉的），交叉式布置的优点是被处理面喷淋较均匀，且在相同喷淋区内喷嘴略少。

各喷射区段的喷嘴总数 n，可根据工件大小、形状，本着液体完全覆盖工件的原则作图确定。作图时需要注意：安装喷嘴环形管的外形应将工件包围；喷嘴到工件的最小距离不小于 250mm，喷嘴在喷射区段应均匀布置，喷管的间隔尺寸为在垂直方向上应满足 $200 \sim 300$mm，在水平方向上，应满足 $250 \sim 300$mm。

喷射区段喷嘴总数 n 也可以通过计算确定。首先确定喷淋区每侧面的喷管数：

$$N = vt/p + 1 \tag{3-36}$$

式中　N——喷管数；

　　　　v——运输连速度，m/min；

　　　　t——该处理工艺所需时间，min；

　　　　p——相邻喷管间距，m。

（1）喷管上的喷嘴数

① 在齐平式布置场合：　　　　$N_1 = H/p_1 + 1$

② 在交叉布置场合：　　　$N_1 = H/p_1 + 1$ 或 $N_1 = H/p_1$　　　　　　(3-37)

式中　N_1——喷管上布置的喷管数，个；

　　　　H——工件的高度，当被处理工件较宽，要同时清洗工件的顶部和底部时，则应相对延伸，m；

　　　　p_1——喷管上喷嘴间距，m。

（2）喷嘴的总数

① 在齐平式布置场合：　　　$M_齐 = 2N(H/p_1 + 1)$

② 交叉式布置场合：　　$M_交 = 2N(H/p_1 + 1 + H/p_1)/2 = 2NH/p_1 + N$　　(3-38)

水泵流量取决于喷射处理的喷嘴数量和每个喷嘴的喷水量。

$$Q = nq \qquad (3-39)$$

式中　Q——水泵流量，m^3/h；

　　　　n——各喷射区段安装的喷嘴总数，个；

　　　　q——在工艺所需压力下，每个喷嘴的喷水量，m^3/h。

喷嘴的喷水量 q，一般需采用实验资料或经验资料给予确定。表 3-14 为各工序所需的功能和相对应的装置能力，表 3-15 为梳形喷嘴的喷水量。

表 3-14　各工序所需的功能和相对应的装置能力

工序	喷淋压力	1m^2 被涂物 1min 内所需的喷射量	喷嘴流量
脱脂	0.1～0.2MPa，压力高、效果好	80L/m^2	V 形钢制或塑料制，8L/min
水洗	0.05～0.1MPa，到达全面	100L/m^2，次数多，效果好	V 形塑料制，8L/min
磷化	0.05～0.1MPa，到达全面	初期多，中后期减少	W 形不锈钢，10L/min

表 3-15　口径为 9.5mm 梳形喷嘴的喷水量

喷射压力/MPa	0.05	0.1	0.15	0.2	0.25	0.30	0.35	0.4
喷水量/(L/min)	16.4	24.6	29.6	34.2	39.0	42.4	45.8	49.2

根据统计，对 V 形喷嘴，当喷射压力为 0.2MPa 时，其喷水量可按 0.6～0.7m^3/h 估算，对莲蓬头式喷嘴，当喷射压力为 0.2MPa 时，喷水量可按 0.8～0.85m^3/h 估算，具体数值需要根据所选喷嘴的型号、喷射角度、喷射压力，查阅相关产品手册选取。

3.2.3.3　管道阻力和水泵扬程的计算

① 管道阻力的计算

喷射管道由主管道和若干支管组成。计算管道阻力时，应选择离水泵最远，阻力最大的一条管道进行阻力计算。

$$\Delta H = \Delta H_t + \Delta H_p \qquad (3-40)$$

式中　ΔH——管道的总阻力，MPa；

　　　　ΔH_t——管道的沿程阻力损失，MPa；

ΔH_{p}——管道的局部阻力损失，MPa。

管道的沿程阻力损失，一般数值很小，可以忽略不计。若管道较长时，可按表 3-16 计算。

表 3-16　不同流量的水管直径及 1000m 长的沿程阻力损失

流量		水煤气管直径							
		50mm		70mm		80mm		100mm	
L/s	m³/h	流速/(m/s)	1000ΔH$_p$/MPa	流速/(m/s)	1000ΔH$_p$/MPa	流速/(m/s)	1000ΔH$_p$/MPa	流速/(m/s)	1000ΔH$_p$/MPa
2.1	7.56	0.99	0.503	0.60	0.142	0.42	0.061	0.24	0.016
3.0	10.80	1.41	0.999	0.85	0.274	0.60	0.117	0.35	0.030
4.0	14.40	1.88	1.770	1.13	0.468	0.81	0.193	0.46	0.050
6.0	21.60	2.82	3.930	1.70	1.04	1.21	0.421	0.69	0.105
8.0	28.80	—	—	2.27	1.85	1.61	0.748	0.92	0.178
11.0	39.60	—	—	—	—	2.21	1.410	1.27	0.324
13.0	46.8	—	—	—	—	2.62	1.970	1.50	0.452
15.0	54.00	—	—	—	—	—	—	1.73	0.502
20.0	72.00	—	—	—	—	—	—	2.31	1.070
25.0	90.00	—	—	—	—	—	—	2.89	1.670
26.0	93.60	—	—	—	—	—	—	3.00	1.810

管道的局部阻力损失可按下式计算：

$$\Delta H_{p}=10\sum\zeta\frac{\omega^{2}\rho_{y}}{2g} \tag{3-41}$$

式中　ζ——局部阻力系数，可根据相关手册选择；

　　　ω——局部阻力处的流体速度，m/s；

　　　ρ_{y}——流体的密度，kg/L；

　　　g——重力加速度，$g=9.8$m/s²。

一般情况下，从水泵到喷嘴的阻力损失不大于 0.05MPa。

② 水泵扬程的计算

水泵的扬程等于管道的总阻力损失、喷嘴出口压力以及水泵出口至管道终端高度差所产生的压力之和。水泵扬程按下式计算：

$$H_{p}=\Delta H+\Delta H_{s}+\Delta H_{v} \tag{3-42}$$

式中　H_{p}——水泵的扬程，MPa；

　　　ΔH——管道总的阻力损失，可按式(3-40)计算，MPa；

　　　ΔH_{s}——喷嘴出口压力，对清洗工序，一般可取 0.15～0.20MPa，对除油、除锈工序，可取 0.20～0.30MPa；

　　　ΔH_{v}——水泵出口至管道终端的高度差所产生的压力，MPa。

与水的密度相近的液体其压力等于高度之差，若和水的密度相差较大，应作相应的换算。根据扬程、流量、介质等选择水泵型号。

3.2.3.4 通风装置的计算

设备通风计算包括槽液蒸汽混合气从门洞处溢出量的计算和通风机通风量的计算。

(1) 蒸汽、空气混合气溢出量的计算

蒸汽、空气混合气溢出量的计算，分两种情况：

第一种情况是当设备不设置风幕时，设备内的蒸汽、空气混合气在热位差的作用下能从门洞溢出，溢出量按下式计算：

$$G' = 1.92b_0 \sqrt{h_0} \sqrt{\frac{(\rho_1 - \rho_2)\rho_1\rho_2}{(\sqrt[3]{\rho_1} + \sqrt[3]{\rho_2})^3}} \tag{3-43}$$

式中　G'——每秒蒸汽、空气混合气的溢出量，kg/s；

　　　b_0——门洞的宽度，m；

　　　h_0——门洞的高度，m；

　　　ρ_1——设备外空气的密度，根据设备外空气的温度，按标准大气压确定，kg/m³；

　　　ρ_2——设备内蒸汽、空气混合气的密度，根据低于槽液温度 20～25℃ 的空气，按标准大气压确定，kg/m³。

第二种情况是当设备设置空气幕时，设备内蒸汽、空气混合气的溢出量等于从门洞进入设备的空气量，其数值按下式计算：

$$G' = \frac{2}{3}\mu \frac{f}{2} \sqrt{2gh'(\rho_1 - \rho_2)\rho_3} \tag{3-44}$$

$$h' = \frac{f}{2b_0} \tag{3-45}$$

式中　G'——每秒蒸汽、空气混合气的溢出量，kg/s；

　　　μ——空气幕作用下，蒸汽、空气混合气通过门洞的流量系数，按表 3-17 选用；

　　　f——门洞开口面积，m²；

　　　g——重力加速度，$g = 9.8 \mathrm{m/s^2}$；

　　　ρ_3——门洞处蒸汽、空气混合气的密度，当设备内蒸汽、空气混合气的温度不高于 60℃ 时，ρ_3 可根据低于该温度 10～15℃ 的空气，按标准大气压确定，kg/s；

　　　h'——从门洞下部到门洞中性线位置高度，m。

表 3-17　单侧或双侧空气幕作用下通过大门的流量系数 μ

$\varepsilon = \dfrac{G_k}{G_j}$	单侧空气幕 $\dfrac{f_k}{f} = \dfrac{b_k}{b_0}$				双侧空气幕 $\dfrac{f_k}{f} = \dfrac{2b_k}{b_0}$			
	1/40	1/30	1/20	1/15	1/40	1/30	1/20	1/15
	空气幕射流与大门平面成 45°角							
0.5	0.235	0.265	0.306	0.333	0.242	0.269	0.306	0.333
0.6	0.201	0.226	0.270	0.299	0.223	0.237	0.270	0.299
0.7	0.170	0.199	0.236	0.269	0.197	0.217	0.242	0.267
0.8	0.159	0.181	0.208	0.238	0.182	0.199	0.226	0.243
0.9	0.144	0.162	0.193	0.213	0.169	0.185	0.212	0.230
1.0	0.133	0.149	0.178	0.197	0.160	0.172	0.195	0.215

$\varepsilon=\dfrac{G_k}{G_j}$	单侧空气幕 $\dfrac{f_k}{f}=\dfrac{b_k}{b_0}$				双侧空气幕 $\dfrac{f_k}{f}=\dfrac{2b_k}{b_0}$			
	1/40	1/30	1/20	1/15	1/40	1/30	1/20	1/15
	空气幕射流与大门平面成30°角							
0.5	0.269	0.300	0.338	0.361	0.269	0.300	0.338	0.375
0.6	0.232	0.263	0.302	0.330	0.240	0.263	0.303	0.341
0.7	0.203	0.230	0.272	0.301	0.221	0.240	0.272	0.301
0.8	0.185	0.205	0.245	0.275	0.203	0.222	0.245	0.274
0.9	0.166	0.185	0.220	0.251	0.187	0.206	0.232	0.251
1.0	0.151	0.174	0.202	0.227	0.175	0.192	0.219	0.239

（2）通风机通风量的计算

确定通风机的通风量，除考虑将溢出的蒸汽、空气混合气全部抽出之外，还应考虑从门洞处吸入的空气量。通风机的通风量可按下式计算：

$$G = AG'\eta \tag{3-46}$$

式中　G——通风机的通风量，kg/s；

　　　A——考虑从门洞处吸入的空气量的系数，$A=1.6\sim2.0$；

　　　G'——蒸汽、空气混合气的溢出量，kg/s；

　　　η——阻塞系数，$\eta=0.75\sim0.80$。

3.2.3.5　热力计算

设备的热力计算，是确定槽液加热升温时和工作时的热损耗量，以确定加热器的热交换面积。

（1）工作时热损耗量的计算

设备工作时，即热平衡状态下每小时总的热损耗量可按下式计算：

$$Q_h = (Q_{h_1} + Q_{h_2} + Q_{h_3} + Q_{h_4} + Q_{h_5})k \tag{3-47}$$

式中　Q_h——设备工作时，总的热损耗量，W；

　　　Q_{h_1}——通过壁板和槽壁散失的热损耗量，W；

　　　Q_{h_2}——加热工件和输送机移动部分的热损耗量，W；

　　　Q_{h_3}——经门洞排出的空气、蒸汽混合气中的空气的热损耗量，W；

　　　Q_{h_4}——经门洞排出的空气、蒸汽混合气中的蒸汽的热损耗量，W；

　　　Q_{h_5}——排出槽液的热损耗量，W；

　　　k——热量损失系数，作为补偿未估计到的热量损失，$k=1.1\sim1.2$。

每小时通过壁板和槽液散失的热损耗量可按下式计算

$$Q_{h_1} = FK(t_c - t_{c_0})\psi \tag{3-48}$$

式中　F——壁板或槽壁的表面积，m²；

　　　K——传热系数，对于50mm厚度的矿渣棉壁板，传热系数 $K=1.4\sim1.63\text{W}/(\text{m}^2\cdot\text{℃})$，对于80~100mm厚的矿渣棉水槽槽壁 $K=0.8\sim1.16\text{W}/(\text{m}^2\cdot\text{℃})$。

　　　t_c——壁板内侧的温度，可按槽液工作温度计算，℃；

　　　t_{c_0}——车间平均温度，t_{c_0} 15~20℃；

ψ——备用系数，ψ1.5。

每小时加热工件和输送机移动部分的热损耗量可按下式计算：

$$Q_{h_2} = (G_e c_e + G_c c_c)(t_c - t'_{c_0}) \tag{3-49}$$

式中　G_e——每小时输入设备内工件的质量，kg/h；

　　　G_c——每小时输送机移动部分的质量，kg/h；

　　　c_e——工件的比热容，J/(kg·℃)；

　　　c_c——输送机移动部分的比热容，J/(kg·℃)；

　　　t_c——各喷射区的温度，等于各处理区槽液的工作温度，℃；

　　　t'_{c_0}——进入各喷射区的工件和输送机移动部分的初始温度，℃。

每小时经门洞排出的空气、蒸汽混合气中的空气热损耗量可按下式计算：

$$Q_{h_3} = nG' c_a(t_c - t_{c_0}) \tag{3-50}$$

式中　n——门洞数；

　　　G'——每小时门洞处溢出的蒸汽、空气混合气的质量，kg/h；

　　　c_a——空气的比热容，J/(kg·℃)；

　　　t_c——溢出混合气的温度，其数值应比进出口端槽液的温度低 20～25℃；

　　　t_{c_0}——车间的平均温度，℃。

每小时经门洞排出的空气、蒸汽混合气中的蒸汽热损耗量可按下式计算：

$$Q_{h_4} = 0.9nG'(q_{r_2} - q_{r_1})r \tag{3-51}$$

式中　0.9——校正系数；

　　　q_{r_2}——当排出的混合气温度为 t'_c，饱和度为 90％时，每千克混合气中水蒸气的含量，kg；

　　　q_{r_1}——当车间温度为 t_{cv}，饱和度为 60％时，每千克车间空气中水蒸气的含量，kg；

　　　r——水蒸气的汽化热，J/kg。

每小时排出槽液的热损耗量可按下式计算：

$$Q_{h_5} = G'_w c_w(t_c - t_{c_2}) \tag{3-52}$$

式中　c_w——槽液的比热容，J/(kg·℃)；

　　　t_c——槽液的工作温度，℃；

　　　t_{c_2}——补充水的初始温度，℃；

　　　G'_w——每小时消耗或补充的槽液量，kg/h。

对于槽液的消耗量，一般工件每平方米面积的带出量约在 0.2kg 以下，若考虑飞溅、蒸发等槽液损失，可取 0.5kg/m² 。对于碱液、酸液和磷化液即可按 0.5kg/m² 计算进行补充。对于冲洗工序，为保持冲洗水一定的清洁度，需不断地更换和补充。第一次冲洗，可按 15kg/m² 计算；第二次冲洗，可按 10kg/m² 计算。若补充水从第二次冲洗水槽溢流至第一次冲洗水槽，补充水量仅按 10～15kg/m² 计算。

（2）槽液加热升温时热损耗量的计算

设备在工作之前，需把槽液加热到规定的工作温度，此时，设备未达到热平衡状态，加热槽液的热损耗量仅包括槽液升温及槽壁散热所损失的热量。每小时加热槽液的热损耗量可按下式计算：

$$Q'_h = \frac{G_w c_w(t_c - t_{c_3})}{t} + \frac{1}{2}Q_{h_1} \tag{3-53}$$

式中 Q_h'——槽液加热升温时的热损耗量，W；

G_w——被加热的槽液质量，kg；

c_w——槽液的比热容，J/(kg·℃)；

t_{c_3}——槽液的初始温度，其数值为下班停止供气若干小时后的槽液温度，可根据停气时的温度和停气时间由图 3-18 确定，℃；

t——升温时间，小于 $2m^3$ 的水槽，可取 $0.5 \sim 1.0h$，槽体的容积大于 $2m^3$ 时，按表 3-7 确定。

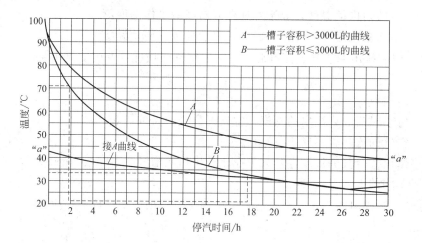

图 3-18　槽内溶液在停汽时的温度下降曲线

（3）热能消耗量的计算

热能消耗量应包括蒸汽消耗量的计算和电能消耗量的计算。具体计算方法可见有关浸渍式表面处理设备的热能消耗量的计算。

（4）加热器的计算

计算加热器时，应将各喷射区（槽）正常工作时，每小时的热损耗量与开始工作前，每小时加热槽液的热损耗量进行比较，取最大热损耗量作为热交换器的计算热量。

各槽液热损耗量按一定原则确定。正常工作时各槽热量损耗的确定方法如下：

① 壁板和槽壁的散热损失和槽液汽化液量损失，根据各槽容量大小，按比例分配。

② 加热工件和输送机移动部分的热量损失，根据各区（槽）的实际热量损失分配。在计算热量损失时，只计算工件的吸热，不计算工件的散热。

③ 加热空气的热量平均分配在第一区和最后一区，若最后一区为冷水时，分配在倒数第二区。

④ 排出槽液而带走的热量，按式(3-52)计算。

槽液升温时，各槽热量损失的确定：开始工作前，槽液升温的热量损失仅包括槽液加热和壁板的散热损失。壁板的散热损失根据各槽容量的大小按比例分配。

加热器的计算可参考浸渍式处理设备。

3.3　涂装室结构与设计

涂装室（spray booth）是减少环境污染，提供特殊涂装环境，保证涂层质量的专用设备。其基本作用是收集涂装过程中产生的溶剂废气、飞散涂料，最大限度地使涂装废气、废渣得到有效处置，减少对操作人员及环境的危害，避免对被喷涂工件质量的影响；然后可以提供一个适合于不同涂层质量要求的涂装环境，包括温度、湿度、照度、空气洁净度等。涂装室一般要求温度为 15～22℃，溶剂型涂料喷涂控制相对湿度大约为 65%，水性涂料喷涂相对湿度控制在 70%。光照度应保证操作者操作、观察、检验的照明要求，一般涂装和自动静电涂装在 300lx 左右，照明电力为 10～20W/m²，普通装饰性涂装照明在 300～800lx，照明电力为 20～35W/m²，高级装饰性涂装照明在 800lx 以上，照明电力为 34～45W/m²，超高装饰性涂装在 1000lx 以上。喷漆室空气洁净度从 1000～100000 级（表 3-18），因涂层质量要求不同而不同，空气运动方向应保证逸散漆雾和溶剂蒸气不污染涂膜。

表 3-18　空气洁净度等级

等级	≤0.5μm 尘粒数 /m³(L)空气	>0.5μm 尘粒数 /m³(L)空气	等级	≤0.5μm 尘粒数 /m³(L)空气	>0.5μm 尘粒数 /m³(L)空气
100 级	≤35×100(3.5)	—	10000 级	≤35×10000(350)	≤2500(2.5)
1000 级	≤35×1000(35)	≤250(0.25)	100000 级	≤35×100000(3500)	≤25000(25)

注：1. 空气洁净度等级的确定应以动态条件下测试的尘粒总数值为依据。

　　2. 本表摘自原电子工业部《工业企业厂房设计规范》。

3.3.1　涂装室的结构形式

涂装室的结构形式很多，一般按供排风方式和捕集漆雾的方式分类，按供排风方式分为敞开式（无供风型）和封闭式（供风型）。敞开式仅装备有排风系统，无独立的供风装置，直接从车间内抽风，适用于对涂层质量要求不高的涂装。封闭式装有独立的供排风系统，从厂房外吸新鲜空气，经过滤净化，甚至经调温、调湿后供入涂装室，适用于对装饰性要求高的涂层涂装。供排风方式有垂直层流的气流模式（即上供下抽式）和水平层流的气流模式（即侧供、侧抽或侧下方方向抽风）。

按捕集漆雾的方式分为干式涂装室和湿式涂装室。前者是借助折流板、过滤层（袋）捕集漆雾，后者借助循环水系统清洗涂装室的排气，捕集漆雾，循环水中添加涂料凝聚剂，使漆雾失去黏性，在循环水槽中漂浮或沉淀。湿式涂装室捕集漆雾的原理是使带漆雾的涂装室排气通过漩涡作用与水充分混合，利用不同风速、挡水板和风向的多次转换，使水和漆滴与空气分离，带漆渣的水流回循环水槽，过滤后再循环使用，除掉漆雾的空气通过排风机排向室外或送往有机溶剂废气处理装置。

湿式漆雾捕集装置（又称排风洗涤装置或汽水混合分离室）按水洗方式分为喷淋式、水幕式、漩涡式（含文丘里型、水旋动力管型和漩涡型等多种）。它是涂装室的关键装置，直接影响涂装室的主要性能——漆雾捕集率（或称除尘效率）。涂装室的除漆雾（尘埃）效率应达到 99% 以上，排出量不超过 1mg/m³，最好能达到 0.2～0.4mg/m³。

按涂装作业的生产性质可分为间歇式生产和连续式生产。间歇式生产的涂装室多用于单件或小批量工件的涂装作业，也可用于小工件的大批量涂装作业。其形式按工件放置方式有台式、悬挂式、台移动式三种。间歇式生产的涂装室多为半敞开式。连续式生产的涂装室用于大批工件的涂装作业，一般为通过式，由悬挂输送机、电轨小车、地面输送机等运输机械运送工件。连续式生产的涂装室可与涂装前预处理设备、涂膜固化设备、运输机械等共同组成自动涂装生产线。

按涂装室内气流方向和抽风方式，又可分为横向抽风、纵向抽风、底部抽风和上送下抽四种。室内气流方向在水平面内与工件移动方向垂直称横向抽风，与工件移动方向平行称纵向抽风；室内气流方向在重垂面内与工件移动方向垂直称底部抽风和上送下抽风。

3.3.2 干式涂装室

干式涂装室采用折流板、过滤材料（如蜂窝过滤纸）、吸附材料（如石灰石粉）等漆雾捕集装置截留漆雾，含 VOC 的空气经进一步处理达标后排放，截留下的漆雾与捕集材料属于危险固体废物（HW12）。

干式涂装室由室体、排风装置和漆雾捕集装置组成。室体一般是钢结构件，漆雾处理装置通过减慢流速及增加漆雾粒子与捕集材料的接触机会来收集漆雾。折流板一般用金属板或塑料板构成，过滤材料可采用纸纤维、玻璃纤维以及蜂窝形、多孔帘式纸质漆雾过滤材料，吸附材料为细石灰石粉、细石灰粉等。折流板、过滤材料等一般设置在排气孔前面，利用空气流速减慢、折流板造成空气突然改变方向或过滤材料的机械隔离作用捕捉漆雾。排风机排风量的大小，直接影响涂装室内气流的方向和速度。

蜂窝过滤式涂装室是常用的干式涂装室，其漆雾处理装置是蜂窝形纸质漆雾过滤器。该过滤器由框、支架、蜂窝形滤纸组成一个单元，单元公称尺寸为 $500mm \times 500mm \times 35mm$。单元过滤风量为 $720m^3/h$，根据需要可将单元组成各种大小的过滤面，见图 3-19。蜂窝形滤纸是一种专用漆雾过滤材料，具有防火、抗静电、过滤空气阻

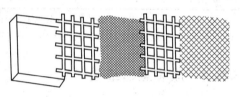

图 3-19 蜂窝形纸质喷雾过滤器

力小、容漆量大等特点，因此使用周期长，是一种较理想的漆雾过滤材料。由蜂窝形滤材组成的过滤器，漆雾过滤效率大于 92%，漆雾平均截获量约为 $3kg/m^2$，过滤器空气阻力小于 $200Pa$，工作面风速为 $0.6 \sim 0.8m/s$，涂装室噪声 $<80dB$。

Ω 涂装室是专供圆盘式静电装置使用的特殊干式涂装室。由于静电涂装时漆雾逃逸的可能性小，排风口一般设在涂装室下部，排气风速在涂装室的开口部为 $0.1 \sim 0.2m/s$。

由于上述干式涂装室所用捕集漆雾材料的容量有限，不能再生利用，黏附有涂料废渣的过滤材料属于危险废物，运行成本高，因此，主要用于实验室、小批量、小工件生产及静电涂装。

杜尔公司推广的以石灰（石）粉为捕集介质的干式涂装室捕集漆雾的过程如图 3-20 所示，（a）为汽车喷涂过程中漆雾的捕集过程，（b）为过滤器与漆雾混合吸收界面。漆雾在上送风和下抽风力的共同作用下，进入已经覆盖 $300 \sim 400$ 目石灰（石）粉的过滤器表面，漆雾与处于流化状态的石灰（石）粉在过滤器表面混合、捕集。该系统由多组储料器组成，每组储料器（Hopper）循环执行脉冲气反吹；石灰（石）粉循环利用，系统根据过车计数，当吸附漆雾量约为 10% 左右时，自动排料，更换新的石灰（石）粉。整个运行过程通过自动控制系统实现，可以用于大批量的汽车流水线生产，吸附介质不存在易燃、易爆隐患。产生的含有漆雾的石灰（石）粉属于危废，由于产生量较大，需要二次资源化利用。

干式涂装室不用水等液态介质，湿度容易控制，涂层质量较高，但捕集漆雾所用材料的容量有限，粘附有涂料废渣的过滤材料属于危险废物，运行成本较高。

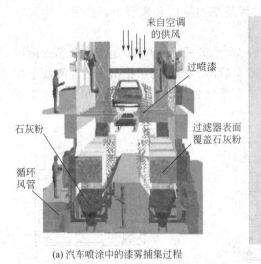

(a) 汽车喷涂中的漆雾捕集过程   (b) 过滤器漆雾捕集界面

图 3-20　以石灰（石）粉为捕集介质的干式涂装室捕集漆雾的过程

3.3.3　湿式涂装室

湿式涂装室一般用水捕集漆雾，具有效率高、安全、干净等优点，广泛用于各种涂装作业中。但运行费用高，涂装室内的废水需进行收集处理。

按涂装室捕集漆雾原理也可分为水帘-水洗式、无泵式、文氏管式、水旋式等，此外，还有敞开式和移动式。

（1）水帘-水洗式涂装室

利用流动的帘状水层收集并带走漆雾，同时，通过水泵喷嘴将水雾化喷向含漆雾的空气，利用水粒子的扩散与漆粒子的相互碰撞，将漆雾凝聚收集到水中，然后对水进行再处理，该类涂装室称为水帘-水洗式涂装室（图 3-21）。水粒子的多少，即水量和水的雾化效果直接影响漆雾收集效率，含漆雾空气的流动速度也会影响漆雾的收集效率。水帘-水洗新式组合式喷漆室大致分三种：多级水帘或多级水洗式涂装室；水帘、水洗多级组合式涂装室；水帘、水洗加上曲形风道式涂装室。组合的基本原理是增加漆雾处理时间，使漆雾逸出工件直至风机排出前进行多次处理，保证处理充分；增加水粒与漆雾的接触机会，使漆雾充分相互凝聚，使漆雾在液膜、气泡上附着或以粒子为核心产生露滴凝聚，以此提高漆雾处理效率；增加漆粒在重力、惯性力、离心力下抛向处理室壁或水面的机会，使大粒、重漆粒得到更好的收集和处理。

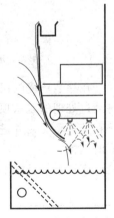

图 3-21　水帘-水洗式涂装室示意图

图 3-22 为几种典型水帘-水洗式涂装室的结构简图。当漆雾处于涂装室下部时，应选用图 3-22（a）所示方式。气流组织为横向抽风，下部过滤。由溢流槽溢出水，形成的水帘和水池的水面在水流前方，漆雾碰到水帘或水池面会被水吸附，积存于水槽中。没有碰到水帘的漆雾由水帘下部进入涂装室的后部，由喷管喷出的水雾冲洗，二次收集漆雾。喷嘴水洗的收集漆雾效率随喷射形状、水粒大小和喷射速度不同而变化。由于漆粒会堵塞喷嘴，喷嘴宜选用圆形喷射状态喷嘴。一般水幕和水洗的收集漆雾率为 3∶1，两次捕

集共可捕捉95％的漆雾，约有2％的漆雾黏附在排风系统的风机和风管上，少量被排入室外的大气中。

当漆雾主要处于涂装室上部则应选用图3-22(b)所示方式。由喷管喷出的水形成前后两道水帘，含漆雾的废水由上部经两道水帘进入喷漆室后部再经水洗后排出。若漆雾处于喷漆室中部，一般选用图3-22(c)或3-22(d)所示方式，废气分别由涂装室上部和下部进入室体，经水帘、水洗、分离水气后排入大气。

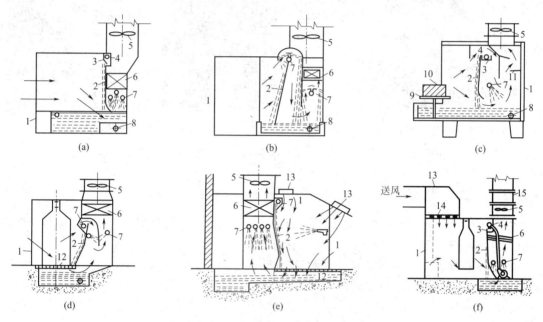

图3-22　几种水帘-水洗式涂装室示意图

1—室体；2—淌水板；3—溢流槽；4—注水管；5—通风机；6—气水分离器；7—喷管；8—水泵吸口；
9—转盘；10—工件；11—折流板；12—栅格板；13—送风口；14—过滤器；15—调节阀口

在涂装环境的温度、湿度、洁净度达不到要求的地方或对漆膜有较高要求的地方，常需将经过处理的风从顶部送进，漆雾从底部的格栅或水帘的下部进入过滤装置，以达到上述要求和处理漆雾，并进一步改善操作者的操作环境，图3-22(e)、(f)即是上送风，下处理漆雾的结构。

市场上常见的水帘-水洗式涂装室的规格及主要技术参数见表3-19。

表3-19　常见水帘-水洗式涂装室主要参数

序号	型号	规格 ($L \times B \times H$) /mm×mm×mm	风机			水泵			照明 /kW	排风量	
			风量 /(m³/h)	风压 /Pa	功率 /kW	流量 /(m³/h)	扬程 /m	功率 /kW		管径 /mm	管距 /mm
1	LX10	1000×1300×950	6000	120	1.5	18	15	1.5	0.03×2	φ630	
2	LX15	1500×1500×1150	8000	120	1.5	18	15	1.5	0.03×2	φ630	
3	LX20	2000×1500×1150	8000	120	1.5	35	15	2.2	0.03×2	φ630	
4	LX25	2500×1500×1150	8000×2	120	1.5×2	35	15	2.2	0.03×2	φ630×2	1000
5	LX30	3000×1500×1150	8000×2	120	1.5×2	35	15	2.2	0.03×2	φ630×2	1500
6	LX08	800×100×750	6000	120	1.5	35	15	2.2	0.03×2	φ630	

序号	型号	规格 (L×B×H) /mm×mm×mm	风机			水泵			照明 /kW	排风量	
			风量 /(m³/h)	风压 /Pa	功率 /kW	流量 /(m³/h)	扬程 /m	功率 /kW		管径 /mm	管距 /mm
7	LX12	1200×1300×950	8000	120	1.5	35	15	2.2	0.03×2	φ630	
8	LX35	3500×1500×1150	1200×2	180	1.5×2	50	15	3	0.03×4	φ630	1500

注：1.其中风机根据条件可选防爆型或普通型。

2.通过式喷漆室的门洞尺寸可自行选择。

（2）无泵式涂装室

无泵式涂装室是以无水泵得名，其工作原理见图3-23。涂装室内空气在风机引力的作用下通过水面与旋涡室的狭缝时形成高速气流，高速气流在水面上出现文丘里效应（文氏效应），将水吸入气流中雾化，以此代替喷嘴雾化作用。涂装室风机启动后，含漆雾的空气在压力作用下，以20～30m/s的高速经窄缝进入清洗室，空气中的漆雾与水在卷吸板的作用下，旋转进入清洗室，密度较大的漆粒在离心力的作用下，被卷吸板的水膜收集，其余的漆粒与水粒一起在清洗室里反复碰撞，凝聚成含漆雾的水滴，落入清洗室水槽，流到水槽前部存积处理。除去漆雾、水粒的空气经风机排向室外。

无泵涂装室不用水泵，结构简单（图3-24），为得到高速空气流，风机的静压高，一般为1200～2500Pa。另外为保证狭缝处截面大小稳定，须保持水面高度，使用设备前，须补充一定水分。

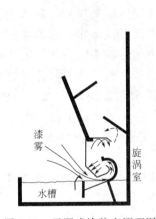

图 3-23 无泵式涂装室原理图

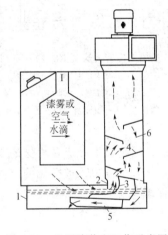

图 3-24 无泵涂装室工作示意图

1—水槽；2—锯齿板状；3—吸卷板；4—挡板气水分离器；

5—返回水路；6—清洗室

该涂装室处理漆雾效率高，用水量少。常见无泵涂装室主要技术参数见表3-20。

表 3-20 无泵涂装室主要技术参数

型号	尺寸(L×B×H)/mm×mm×mm	风量/(m³/h)	电机功率/kW
WB15	1500×2000×2000	6600	3.7
WB20	2000×2000×2000	8700	5.5
WB25	2500×2000×2000	10800	5.5

型号	尺寸($L \times B \times H$)/mm×mm×mm	风量/(m³/h)	电机功率/kW
WB30	3000×2000×2000	12900	7.5
WB35	3500×2000×2000	15000	7.5
WB40	4000×2000×2000	17400	2×5.5
WB50	5000×2000×2000	21600	2×5.5

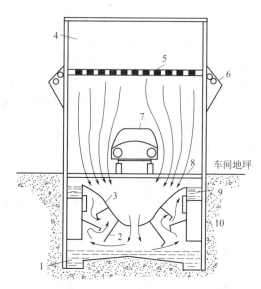

图 3-25 文氏管式涂装室结构示意图
1—水槽；2—折流板；3—喇叭形抽风罩；
4—给气室；5—滤网；6—照明灯；7—工件；
8—栅格板；9—溢流槽；10—排气管

（3）文氏管式涂装室

文氏管（又称文丘里管）式涂装室主要利用文氏管将水雾化来捕捉漆雾，其结构见图 3-25。文氏管式涂装室通常采用上送风下抽风形式，与普通上送风下抽风的涂装室相比，文氏管式涂装室在栅格板之下安装有倒喇叭形抽风罩，抽风罩使从室顶送进室内的空气逐渐收缩，然后由抽风罩中心的间隙排出，使室内的气流成为向中间收缩的层流状，有效地把漆雾向中间压，漆雾不再向操作者方向扩散。

文氏管式涂装室使用了水帘、文氏管雾化水和折流板三种收集漆雾的方法，效率高于一般涂装室，其处理漆雾过程如下：含漆雾的空气被层流状态的气流压到抽风罩，从溢流槽溢出的水在抽风罩表面形成水帘，漆雾接触水帘时被带入水中，其余的漆雾随空气一起流向抽风罩的间隙形成高速气流，高速气流经过槽下水面与折流板间狭窄间隙时，形成文氏效应，将水面的水分吸入空气雾化成水粒。水粒与漆粒通过碰撞、吸附，聚凝成含漆雾的水滴，当水滴通过折流板后，含漆雾的水滴及其他水分被分离掉，进入水槽中，被净化的空气则从排气管排向室外。

文氏管式涂装室处理漆雾效率高，一般除去漆雾的效率可达 97%～98%；文氏管式涂装室采用文氏效应使水雾化，不仅效率高，而且由于没有复杂的喷管系统和分离器，结构简单，不存在堵塞问题，整个系统的保养、管理、维修工作量小。文氏管式涂装室的送入空气可预先经过处理，使其温度、湿度和洁净度达到工艺要求，可以满足高质量漆膜的施工要求。在要求高的涂装室中，送风量应稍大于抽风量，使喷漆室内保持正压，防止灰尘、水分侵入室内。此外，还应保证室内的温度、湿度和高洁净度。

但文氏管式涂装室由于文氏效应要求狭缝小，雾化水的效果才好，为了提高处理效率，抽风机必须有较大的静压，因此设备耗能大。文氏管式涂装室用水量较大，处理每千克含漆雾的空气约需 3～3.3kg 水。由于使用下吸风罩，室底必须有较深的地坑，给整个涂装室制作增加了难度和费用。

一般文氏管式涂装室宽敞明亮，室内温度、湿度稳定，室内洁净度高，适用于高装饰性的大型工件，特别是各类中、小型客车和轿车。

（4）水旋式涂装室

水旋式涂装室是20世纪70年代后期在国外出现的技术上较完备的涂装室。在地面上该涂装室与文氏管式涂装室相似，采用层沉技术，从上向下送风防止漆雾扩散，将漆雾压向中间从下抽走。但在地面下，水旋式涂装室完全改变了以上涂装室所用的水洗、文氏管、折流板等除去漆雾的方法，采用一种称为水旋器的结构除去漆雾，效率可达98%～99.5%，而且结构简单、用水量小，约为文氏管式涂装室的一半，地坑浅，约1～1.4m。水旋式涂装室是当前应用较多的一种大型涂装室，其结构如图3-26所示。

水旋式涂装室大体可分为五部分：室体、送风系统、漆雾过滤装置、抽风系统和废漆处理装置。

室体为钢结构，其形式基本上有两种，一种为弓形顶棚双侧下抽风；另一种为平面顶棚单侧下抽风。室体上部主风道与送风系统连接，设静压室、空气过滤层、照明系统、施工平台或小车、防火系统、地坪栅格板等。送风系统送来的气流由主风道进入室体上方，经过多孔调节板，均匀进入静压室，静压室起稳压作用，使整个静压室到地坪栅格板间形成稳定的压差，保证室内空气流速均匀。当工件（如汽车）进入室内，室内气流速度发生变化，靠近工件附近的空气流速增加，工件边较高的气流可保证漆雾被气流带走，限制了漆雾的飞扬，保护室壁及照明装置不被漆雾污染（图3-27）。工件边的气流流速应考虑喷漆时的漆雾流速，气流速度太小，保证不了室内空气的卫生要求；气流速度太大，又会过分地带走漆雾，增加耗漆量，加重漆雾处理装置的负担。涂装室顶宽6m时，涂装室每米空气流量为$2.16m^3/s$。

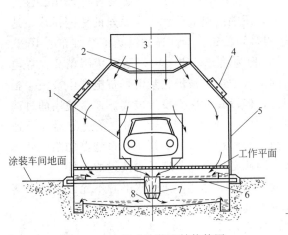

图 3-26　水旋式涂装室结构简图

1—仿形端板；2—空气过滤分散顶板；3—供风管；
4—照明装置；5—玻璃壁板；6—溢水辅助底板；
7—水旋器；8—挡板

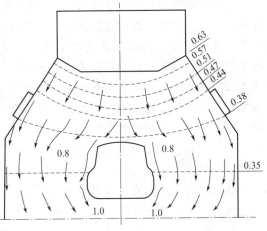

图 3-27　水旋式涂装室空气流速分布图
（单位为 m/s）

送风系统是向涂装室提供合乎工艺要求的温度、湿度和洁净度的新鲜空气的设备，其构成如图3-28所示。送风量、空气温度、湿度和洁净度取决于涂层外观的质量要求、涂装室所在的环境和操作人员的作业要求。

送风系统的送风量要根据涂装室内截面积和风速来决定。一般空气喷涂溶剂的扩散速度为0.7～0.8m/s，涂装室内的风速一般为0.3～0.6m/s。

送风温度一般应控制在15～22℃。送风湿度多控制在相对湿度65%左右。应指出，经

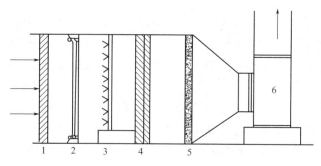

图 3-28 送风装置结构图

1—吸入口风道；2—转动过滤器；3—喷水洗；4—水滴分离器；5—加热管；6—送风机

加热的空气一般湿度下降较多，这在高装饰性涂装时不适宜。

送风装置是由进风段、过滤段、淋水段、加热段、过渡段、风机和送风段等组成，每段的个数根据需要确定。

进风段设置在厂房外，根据一般机械送风系统进风口的位置要求：

① 应设在室外空气清洁的地点。

② 应设在排风口常年最小频率风向，且低于排风口 2m。

③ 进风口的底部距离室外地坪不宜低于 2m。

④ 进风口应设有较牢的金属网，以防止异物及生物被吸入。

过滤段根据需要设置 1~3 段，一般设置初过滤段和中过滤段。过滤装置可采用黏性过滤器、干性过滤器、静电过滤器等。黏性过滤器是用油浸湿玻璃丝、金属丝的滤网做成，适用于过滤粒度大于 5μm 的灰尘，不易堵塞，使用时间较长。干性过滤器是由纤维布、毛毡、滤纸等组成，适用于过滤粒度大于 1μm 的灰尘，但易堵塞，阻力大，运行费用稍高。静电吸尘器是在风道内建立高压静电场，通过风道的空气中微尘被极化带电，带电微尘被集尘板收集，主要用于过滤微尘，性能好、运行费用低，但设备一次性投入较高。通常使用的过滤器以涤纶无纺布干性过滤器为多，一般采用 10~15mm 厚的涤纶无纺布，在过滤器面风速为 1.5~2.8m/s 时，初阻力约为 20~100Pa。由于空气中尘埃物的积累，过滤器的除尘效率会逐渐下降，室内空气的洁净度也会随之降低，因此必须定期清理或更换过滤元件。

淋水段的主要功能是增加空气的湿度，一般以喷温水为宜，使用水淋时不允许水滴滴落在送风管道与涂装室顶部的过滤器上。此外水中不能添加防锈剂和防腐剂。

淋水段属于加湿降温段。调节湿度的处理段还有淋水表冷器，表冷器属于减湿降温段。表冷器一般指水冷式空气表面冷却器，其中铝轧肋片水冷式空气表面冷却器质量轻、热交换效率高、使用寿命长。

加热段使用的加热器可以是板状散热片或管状散热片。热源一般使用蒸气或温水，使用较多的加热器是钢管绕皱褶钢片的加热器，散热翅片与散热排管旋绕接触紧密，具有传热性能良好、空气阻力小等优点，适用于蒸气（压力≤6MPa）或热水（温度≤130℃）两种热媒。风机段安装送风风机和消声装置。为减小风机噪声，送风机一般安装在远离涂装室的户外，而且配有相应的消声装置，消声管腔一般由双层微孔板组成若干短形消声通道，微孔具有较大的声阻，吸声性能良好，不起尘，摩擦阻力小。设计正确的消声通道可降低 5~15dB 噪声。

水旋式涂装处理装置由水旋器和溢水底板组成。溢水底板上的水层垂直于涂装室内空气的流向，成为过滤漆雾的一道水帘，初步收集空气里的较大漆粒。水旋器（图 3-29）由洗涤板、管子、锥体、冲击板等组成。水和空气按一定比例同时进入圆管子，水由洗涤板溢入圆管，在圆管中形成中空的螺旋圆柱水面。空气在风机的抽力下从螺旋圆柱水面进入水旋器，空气进入水旋器的风速推荐为 15～20m/s，空气在锥体出口的风速推荐为 20～30m/s，由于水和空气的速度相差很大，根据有关气液两相混合物的雾化原理，水在空气中很好地被雾化，与空气中漆雾充分接触、凝聚，然后混合物以 20～30m/s 的速度冲向冲击板，水和漆雾的粒子进一步接触凝聚，空气冲向冲击板后突然转向，水和漆雾被留在水中，然后对水进行进一步处理。

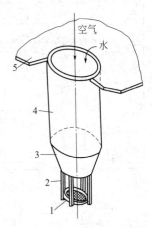

图 3-29　水旋器
1—冲击板；2—冲击板支架；
3—锥体；4—管子；5—洗涤板

废漆清除装置是从水旋涂装室的循环水中除去漆渣的装置。从水中除去沉积的废漆泥和飘浮的废漆的工作是一件既脏又累的工作，如不及时清除或清除不净，容易在管道和喷嘴中沉积，使喷嘴和管管堵塞，造成涂装室除雾效率严重下降，并增加以后的清除维修工作难度，所以一般在涂装室附近或在室外设置废漆沉淀池，并在水中添加凝聚剂使漆雾尽量完全沉淀或完全漂浮在液面上，以便清除漆渣、延长循环水的使用周期。

凝聚剂可以破坏漆雾粒子的黏性，使之凝聚而结块，保证设备正常运转，避免经常挖渣，水可以循环使用，大大减少了废水排放量，进一步保护环境。凝聚剂控制管理简单，只须检查 pH 值。不同漆料所控制的 pH 值略有区别，一般控制在 9～13 之间。

为了进行废漆清除工作，国外开发了一种叫 Hydropac 的高效率的清除废漆装置。其工作原理是运用固液分离和漆雾具有聚集的性质，使漆雾粒子黏附在微小气泡上凝聚悬浮，将此种含漆雾的水引到 Hydropac 废漆清除装置的蓄水器中，靠液位差或带有多孔塑料袋的筐，将筐子提起，把废渣倒入储存桶中，以利于处理或利用。这种方法的废漆清除率可达 95%。Hydropac 废渣清除装置有常压式和真空式两种（图 3-30）。这种装置与一般的沉淀池相比具有占地面积小、设备结构简单、维修工作量小、节省水和化学药品、减轻污水处理工作量、清除废漆容易等优点。

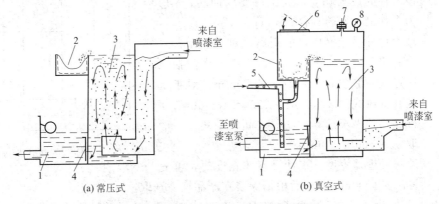

图 3-30　Hydropac 废漆清除装置简图
1—水位控制罐；2—收集器；3—蓄水器；4—闸门；
5—水利喷射管；6—盖子；7—真空控制件；8—真空计

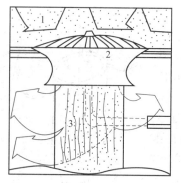

图 3-31 E.T.涂装室漆雾捕集装置
1—涂装室内被漆雾污染的空气；
2—带水幕的风管；3—分离室

E.T.涂装室由美国 Binks 公司开发，其工作原理与水旋涂装室的工作原理相似（见图 3-31），主要区别是旋风管的水幕不是溢流形成的，而是用喷嘴喷出伞形水幕，能保证每个旋风管的除漆雾效率相似，而水旋式喷漆室的溢水波动和各个水旋器口的水平精度都可能影响部分水旋器的漆雾处理效率。E.T.喷漆室的漆雾处理效率可达 99.6%。

3.3.4 涂装室的有关计算

3.3.4.1 涂装室尺寸计算

涂装室本体大小与被涂物大小、作业方式、捕集漆雾形式、通风方式等有关。

（1）作业间长度计算

通过式涂装室长度按下式计算：

$$L = (Ftu + 2e) \times 1000 \tag{3-54}$$

式中 L——通过式涂装室的长度，mm；

F——被涂件最大涂装面积，m^2；

t——喷涂每平方米工件所需的时间，对于手工涂装，取 $t = 1 \sim 5 min/m^2$；

u——输送机移动速度，m/min；

e——被涂件至出入口的距离，一般取 $e = 0.6 \sim 0.8 m$。

间歇式输送（工件涂装时静止）涂装室长度按下式计算：

$$L = e + 2e_1 \tag{3-55}$$

式中 L——涂装室的长度，mm；

e——被涂件的最大长度，mm；

e_1——被涂件至涂装室出入口的距离，一般取 $e_1 = 1000 \sim 1500 mm$。

（2）涂装室作业间宽度

涂装室的宽度（图 3-32）按下式计算：

$$B = b + b_1 + b_2 + b_3 \tag{3-56}$$

式中 B——涂装室的宽度，mm；

b——被涂件的最大宽度，若工件要求回转，b 应为工件最大回转直径，mm；

b_1——被涂件外沿至操作口的距离，对于小型台式涂装室，$b_1 = 300 \sim 400 mm$，对于横向抽风通过式涂装室，$b_1 = 500 \sim 650 mm$，对于上送底抽风式涂装室，$b_1 = 1200 \sim 1500 mm$；

b_2——被涂件外沿至漆雾过滤器之间的距离，一般取 $b_2 = 500 \sim 850 mm$；

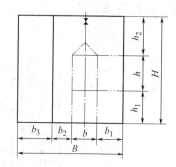

图 3-32 室体宽度和高度的计算图

b_3——漆雾处理器宽度，在计算室体宽度时，可先取 $b_3 = 1000 mm$，然后根据涂装室产品尺寸选取。

对于上送下抽风式涂装室，宽度按 $B = b + 2b_1$ 计算。如果被涂物在涂装过程中旋转，则按下式计算：

$$B = (b^2 + e^2)^{1/2}$$

式中 b——被涂件的最大宽度，mm；

e——被涂件的最大长度，mm。

（3）涂装室作业间高度计算

悬挂链涂装室高度（图 3-32）按下式计算：

$$H = h + h_1 + h_2 \qquad (3\text{-}57)$$

式中 H——涂装室的高度，mm；

h——吊挂后被涂件的最大高度，mm；

h_1——被涂件底部至涂装室地坪的距离，一般 $h_1 = 500\text{mm}$；若采用台车运送被涂件或固定转台时，h_1 为台车的高度或固定转台的高度；

h_2——被涂件顶部至悬挂输送机轨顶之间的距离，一般取 $h_2 = 600 \sim 1200\text{mm}$，汽车等大型工件取 1500mm 以上，若采用台车运送被涂件或固定转台时，h_2 为被涂件顶部至室顶的距离，根据操作方便和满足气流流向的要求决定。

地面链输送时，涂装室高度按下式计算

$$H = h + h_1 + h_2 \qquad (3\text{-}58)$$

式中 H——涂装室的高度，mm；

h——吊挂后被涂件的最大高度，mm；

h_1——被涂件底部至涂装室地坪的距离，$h_1 = 300 \sim 500\text{mm}$；

h_2——工件离顶棚的距离，对上送风下抽风式涂装室取 1500~2000mm，对侧抽风式涂装室取 600~1200mm。

（4）涂装室外形尺寸

涂装室外形尺寸计算如下：

总高度＝涂装室作业间高度＋动、静压室高度（约 3m 左右）＋ 地坑深度或漆雾捕集装置高度（与漆雾捕集方法有关）

总宽度＝涂装作业间宽度＋壁板厚度[（70~80mm）×2]

还要考虑灯箱和检修通道的宽度、分段排风场合宽度、排风机的位置等。

总长度＝涂装作业间长度＋壁板厚度[（70~80mm）×2]

（5）门洞尺寸计算

门洞的宽度（图 3-33）按下式计算：

$$b_0 = b + 2b_1 \qquad (3\text{-}59)$$

式中 b_0——门洞的宽度，mm；

b——被涂工件的最大宽度，当被涂件对称吊挂时，b 为工件的实际最大宽度，若不对称吊挂时，b 按吊挂中心至工件外沿的最大距离的 2 倍计算，mm；

b_1——被涂件与门洞之间的间隙，一般取 $b_1 = 100 \sim 200\text{mm}$。

门洞的高度（图 3-33）按下式计算：

$$h_0 = h + h_1 + h_2 \qquad (3\text{-}60)$$

式中 h_0——门洞的高度，mm；

h——被涂件的最大高度，mm；

h_1——被涂件下部至门洞底边的间隙，一般 $h_1 = 100 \sim 150\text{mm}$；

h_2——被涂件顶部至门洞上边的间隙，一般取 $h_2 = 80 \sim 120\text{mm}$。

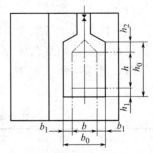

图 3-33 门洞宽度和高度的计算图

3.3.4.2 涂装室风速与供、排风量

（1）风速

喷涂作业区风速是喷涂室的重要指标，原则上，风速不应小于溶剂蒸气的扩散速率（0.2m/s），确保操作工位处于新鲜的流动空气中，并将在喷涂作业中产生的漆雾、溶剂迅速排出。在设计时，应使涂装室内气流定向均匀流动，不留死角，风速过大，浪费动能且影响喷涂质量。

不同涂装方法及不同工位的风速一般为：手工喷涂区，0.35～0.50m/s，自动静电喷涂区0.25～0.30m/s，擦净间换气30～40次/h，点补间、注蜡间供、排风量2000m³/(m·h)，PVC车底涂料喷涂间供、排风量为2000m³/(m·h)（其作业面宽5mm），晾干室换气30次/h以上。

（2）风量计算

供风量按式(3-61)计算：

$$Q = 3600Av \tag{3-61}$$

式中　Q——供风量，m³/h；

　　　A——气流通过部位的截面积，m²；

　　　v——风速，m/s。

排风量一般略小于供风量，使涂装室内处于微正压状态以避免涂装室外未经净化的空气进入涂装室。

对没有供风装置的涂装室，考虑到风阻等因素，在式(3-61)基础上增加10%～20%。也可以按喷涂作业间换气次数计算涂装室供、排风量。一般的，单位时间喷涂量少的作业间换风量不小于120次/h，喷涂量大的作业间应不小于300次/h，自动静电涂装室不小于200次/h。

对于体积很大的工件，如货车车厢、大客车等涂装用涂装室的供、排风量很大，为节约能源，可采用分段供、排风。

（3）供风装置

供风装置是向涂装室供给经调温、调湿、除尘后的新鲜空气的设备，又称为空调供风系统。在像汽车车身等高装饰性涂层涂装线上，供风系统设备费、设备所占面积约占喷涂设备的一半。

尘埃、温度、湿度是供风质量的主要因素。空气中的尘埃容易引起涂层颗粒弊病，其大小、多少要求因涂层质量要求而异，需选择不同质量的过滤器。过滤网孔径越小，风机的静压越高，电力和噪声越大，因此需要综合考虑选择最适宜的参数。温度包括加热温度和冷却温度，加热用蒸汽或热水最安全，在无蒸汽或热水的时，也可以选用天然气直接燃烧或电加热。在室外气温低于5℃时，使供气温度加热至15～20℃，夏季气温为30℃时，需采用制冷系统冷却降温。水性涂料涂装对湿度要求较高，一般控制在70%左右，溶剂型涂料要求不高，但需注意避免高湿度结露和低湿度产生静电现象。

供给涂装室系统空调风的质量基准：温度最佳范围20～25℃，冬季不低于15℃，无降温条件时，夏季应低于35℃，湿度RH=50%～80%（因涂料要求而定）。具体含尘量指标见表3-21。

表3-21　供给涂装室空调风的质量指标

名称	粒径/μm	粒子数/(个/cm³)	尘埃浓度/(mg/m³)
一般涂装	<10	<600	<7.5

名称	粒径/μm	粒子数/(个/cm³)	尘埃浓度/(mg/m³)
装饰性涂装	<5	<300	<4.5
高级装饰性涂装	<3	<100	1.5

供风装置的布置方式有连体式和分离式两种。

连体式供风装置是涂装室的附属装置，是最简易和普及的形式。将过滤器安装在涂装室的顶棚或侧面，借助供风机压入空气，设备费用低、运行经济，但是大型涂装室过滤材料更换困难，也不能进行冷却与湿度管理。

分离式供风装置与涂装室分离，成为独立的空调供风系统，供风机、过滤器与调温调湿装置等设置在厢（室）内，维修保养容易，但设备费用贵和设置空间大。

3.3.4.3 涂装室总给水量计算

涂装室给水量大小与漆雾捕集效果密切相关。

① 水空比计算法 湿式涂装室的给水量与排风量，漆雾捕集装置类型、结构等有关，给水量与排风量的比例称为水空比，即洗涤 1m³ 空气的用水量。水空比与水洗方式有关，喷射式水洗的水空比为 1.2~2.0kg/m³，水幕式水洗的水空比为 1.5~3.0 kg/m³，中型瀑布喷淋式水空比为 1.5~2.5kg/m³，多级水帘式水空比为 1.6~2.5kg/m³，大型水旋式水空比为 1.4~1.6kg/m³，大型文丘里式水空比 3~3.3kg/m³。湿式涂装室的总给水量可按式(3-62)计算：

$$W = Qe/1000 \qquad (3\text{-}62)$$

式中　W——涂装室的总给水量，m³/h；

Q——涂装室总排风量，m³/h；

e——水空比，kg/m³。

② 按涂装室长度（或水幕长度）计算：

$$W = 60LK \qquad (3\text{-}63)$$

式中　W——涂装室的总给水量，m³/h；

L——涂装室或水幕的长度，m；

K——经验数据，其值大小取决于水幕漆雾捕集装置的结构，文丘里式比水旋式大，单侧旋涡式及侧面水幕式比两侧双排式旋涡式小，一般取 0.2~0.45m³/(min·m)。

③ 水幕（瀑布）式捕集漆雾装置的供水计算方法：

$$W = 3600Lvh \qquad (3\text{-}64)$$

式中　W——涂装室的总给水量，m³/h；

L——涂装室（供水槽、淌水板）长度，m；

h——溢流水槽或淌水板上水层的平均厚度，约 3~5mm；

v——水流速度，约 0.4~1.0m/s。

涂装室的水循环利用，由于蒸发等原因，需定时补加新鲜水。喷淋式每小时补充循环水量的 1.5%~3%，其他方式每小时补加 1%~2%，因环境温度、风量等因素而变化。

3.3.4.4 水旋式涂装室水旋动力管设计举例

水旋动力管的工作原理是在抽风系统的作用下，使含有漆雾的气体和水流在水旋动力管内高速旋转的同时充分混合，随后急速扩散和冲击，使漆粒、水滴与空气分离，落到槽底的水中，将空气中的漆雾滤掉。其关键在于气水的混合，混合得越充分，过滤效果就越好。根据流体力学的理论，当某一流体在管道内达到一定流速时就会产生横向运动，从而形成湍流（或称紊流）产生旋涡，决定流态的这一物理量叫作雷诺数（Re）。其函数关系式为：

$$Re = D\omega\rho/\mu \tag{3-65}$$

式中　D——水旋动力管管径，m；

　　　ω——流体在水旋动力管内的平均流速，m/s；

　　　ρ——流体的密度，kg/m^3；

　　　μ——流体的黏度。

当 $Re \leqslant 2000$ 时，流态属于层流；当 $Re \geqslant 4000$ 时，流态属于湍流；当 $2000 < Re < 4000$ 时，流态是不稳定的，可能是层流也可能也是湍流，属于过渡流。显然，决定流态的是雷诺数。

由此可知，在水旋动力管内，当 $Re \geqslant 4000$ 时流态属于湍流。只要保证雷诺数的值不变，水旋动力管内的流态就不变，过滤漆雾的能力就保持不变。流体在水旋动力管内弥漫得才最充分、捕捉漆雾的能力才最强。

通过水旋动力管的流体有两种：水和含漆雾的空气。如果两种流体都处于层流状态，那么两种流体的速度方向均为沿管道方向。此时，含有漆雾的空气将在水流的间隙间流过，两种流体以各自的流速运动。当水旋动力管内的流体处于湍流状态时，由于流体产生横向运动使两种流体互相碰撞，在旋涡碰撞过程中大颗粒的水变成了小颗粒的水而弥漫了整个水旋动力管，这样水与含漆雾的空气充分混合，此时两种流体合二为一，以共同的速度运动。则此时混合流体的平均流速：

$$\omega = (Q_气 + Q_水)/F \tag{3-66}$$

式中　$Q_气$、$Q_水$——气体、水的流量，m^3/h；

　　　F——管道横截面积，m^2。

由于该涂装室的水空比 $e = 1.4 \sim 1.6$，取水空比 $e = 1.5$，即 $G_水/G_气 = 1.5$。由：

$$G_气 = Q_气 \rho_气 = Q_气 \times 1.2$$

$$G_水 = Q_水 \rho_水 = Q_水 \times 1 \times 10^3 = eQ_气 \times 1.2 = 1.5Q_气 \times 1.2$$

则：$Q_气/Q_水 = 1 \times 10^3/(1.2 \times 1.5) = 556$

由此可见，$Q_气$ 比 $Q_水$ 大得多，下面的计算只考虑空气的因素而忽略水的因素。这样混合流体的平均流速 $\omega = Q_气/F$。为了保证水旋动力管的雷诺数不变，即 $Re = D\omega\rho/\mu =$ 常数。其中介质参数 ρ、μ 几乎没有什么变化，可以认为是常数，则得出结论 $D\omega =$ 常数。这样我们可以根据水旋动力管的特定工艺参数，计算出 $D\omega$ 这一常数值，从而求出任意工艺条件下水旋动力管的几何尺寸。

设计必须参数的确定：水空比 e 根据水旋动力管的特性，确定取 $e = 1.5$。

水旋动力管内的必须风速：由于在水旋动力管内水流和气流在高速通过时，才能产生湍流，达到清洗气流中的漆雾的目的，所以确定管内的气流速度需大于 20m/s。

排风机风压：由于水旋动力管内混合流体的流速很高，故需要风压较高的风机，根据所要确定的风速，所选用风机的风压需要在 $150mH_2O$ 左右。

水旋动力管内水膜的必须厚度：由于水旋动力管是用水来清洗漆雾的，故必须保证水旋动力管的管壁上的水膜具有一定的厚度，否则就会因水量不足而达不到清洗的效果，因此确定水旋动力管壁上的水膜平均厚度为 $3 \sim 4mm$。

通过水旋动力管的风量 $Q_气$：由于水旋式涂装室主要用于汽车涂装行业，故该水旋动力管就针对目前通用的汽车涂装室进行设计。目前汽车涂装室中，涂装室的室体宽通常为5000mm，涂装室内的平均截面风速为0.5m/s。水旋动力管沿涂装室长度方向的中轴线布置，一般为每1000mm布置一个水旋动力管。

3.4 电泳涂装设备与设计

电泳涂装生产线由前处理设备、电泳涂装设备、水洗设备、输送被涂物设备、烘干室等组成。根据输送被涂物的方式不同，电泳涂装生产线分为连续通过式、间歇固定式与小型手动式三大类。电泳涂装设备是指电泳涂装的专用设备，一般由电泳槽、水洗设备、超滤系统、循环搅拌过滤装置、槽液补加装置、电极装置与阳极系统、纯水设备等组成。图3-34为电泳涂装设备示意图。

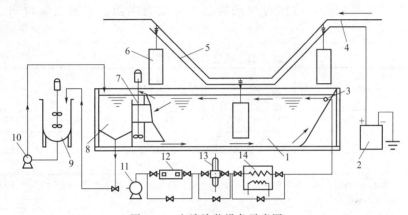

图3-34 电泳涂装设备示意图

1—主槽；2—直流电源；3—喷嘴；4—输送链；5—供电机构；6—工件；7—搅拌器；
8—溢流槽；9—涂料补充槽；10—泵；11—循环泵；12—磁性过滤器；13—过滤器；14—热交换器

在设计和考虑电泳涂装设备时，必须首先确定被涂工件的尺寸、质量、生产量、电泳涂料特性、工艺条件等。有了这些参数，就能较好地考虑电泳涂装设备的选择和设计。

3.4.1 电泳主槽与辅槽

电泳槽的功能是存装电泳工作液，槽体通常由主槽和溢流槽组成。根据工件输送方式，槽体分为船形槽和矩形槽。船形槽适用于连续通过式电泳涂装生产线，矩形槽一般适用于间歇固定式与小型手动式电泳涂装生产线。

主槽必须有足够的强度，槽内壁要能耐电泳液的酸、碱。大型电泳槽一般采用6～10mm普通钢板双面焊接而成，槽内可用PVC、PP、橡胶、改性环氧树脂或不饱和聚酯玻璃钢（涂层总厚度为2～3mm）等材料衬里，起到防腐与绝缘作用。电泳槽外表面经喷砂处理后，涂2～3遍锌铬黄环氧底漆防腐。小型槽可直接采用PVC、PP等材料制作，必须采用加强筋增强。

阳极电泳槽内表面在不采用隔膜电极的场合，可不用绝缘衬里。由于阴极电泳槽液呈酸性和易发生阳极金属溶出的现象，故电泳槽内表面及所有裸露金属表面都必须进行绝缘防腐处理，以防止电泳槽壁穿孔腐蚀。要求击穿电压为≥20kV，槽体安装好后，一般在干态经过 15kV 绝缘耐压试验，确保系统的安全性。确保槽体与槽液之间的绝缘很重要，不然电泳时槽内壁或裸露金属处会泳上漆，不电泳时漆膜又会碎落溶下，成为颗粒杂质，影响涂膜质量。为防止漏电和电沉积，与电泳槽连接的槽液循环管、排列管在靠近电泳槽 1m 左右或阀门前也要进行绝缘处理。

槽体容积在满足各种要求的前提下应尽可能小，以缩短更新期和减少配槽投料的资金。尤其极间距不宜放大，否则增加投料成本，致使电泳电压增高，泳透力降低。主槽横断面形状应与槽液流向相适应，以提高搅拌效果。为避免死角造成电泳涂料沉淀，槽底和转角都要求采用抛物面或圆弧过渡。在断面预留好安装电极位置，使罩面与槽底圆弧相切，避免构成死角而造成沉淀。

船形槽与矩形槽的内部大小取决于被涂物（或装挂挂具）的大小、形状、电泳施工条件。船形槽两端的斜坡长度取决于被涂物出入槽的角度（30°或 45°）、悬链轨道升角与弯曲半径等，平段的长度根据生产线速度（链速）、工件长度与电泳时间确定。为保证槽液较好的搅拌状态和最佳极间距，槽体与被涂物之间要留有间隙，典型电泳槽间隙尺寸详见表 3-22。

表 3-22　典型电泳槽间隙尺寸　　　　　　　　　　　　　　　单位：mm

项目	A	B	C	D	E
汽车车身	200～250	250～300	450～500	250～300	500～550
建材	150～200	200～250	100～150	250～300	450～500
家用电器	125～150	150～200	400～450	200～250	350～450
零件	125～150	125～150	375～400	125～200	300～350

注：A 为液面到槽上边沿的距离，B 为被涂物上表面到液面的距离，C 为被涂物下表面到槽底的距离，D 为电泳槽底座的高度，E 为被涂物侧面到槽内侧面的距离。

溢流槽在电泳槽的一侧或出口端，也称辅槽。其功能是控制主槽内槽液的高度，盛接电泳槽表面流带入的泡沫和尘埃，并有消除泡沫的功能。设计时应考虑的原则如下：① 主槽与溢流槽之间设一可调堰，以调节槽液位及表面流动状态。槽液到溢流槽的落差最大不许超过 150mm（一般为 50mm 以内），以防起泡。②溢流槽的体积一般为主槽的 1/10，否则，不能保证槽液的正常循环。③溢流槽上可安装滤网，以除去槽液的杂质与产生的泡沫。滤网通过量可按 $40\sim50\text{m}^3/(\text{h}\cdot\text{m}^2)$ 流量计算，网孔大小为 $40\sim80$ 目，其材料可采用尼龙丝或不锈钢丝等制造。滤网的面积与网孔大小必须选择适当，否则会产生大量泡沫。④设置在出口端时，可以回收工件带出的余漆，但溢流的泡沫会随工件出槽黏附在涂膜表面，引起涂膜恶化。设置在主槽一侧时，有利于减少泡沫的黏附，其结构可做成几个相互连通的槽子。⑤槽底为锥形，其锥角应小于 120°。在锥顶安装循环管道，以消除漆液在槽内的沉淀。

备用槽是供清理、维修电泳槽时储存电泳槽液使用，故又称转移槽。其形状取决于安置的场所，可以是长方形、槽车或圆柱形。其容量应能容纳全部槽液，并留有足够的余量。备用槽内表面涂层不需要绝缘性，仅需防腐处理；槽底要倾斜并设最低点排放口，用以排除槽内的清洗液。备用槽应具有足够的强度和刚度，防止装满液体后产生变形。

（1）电泳主槽长度的计算

固定式电泳涂装设备的主槽长度（图 3-35）按式(3-67)计算：

$$L = l + 2(l_1 + l_2 + \delta + l_3) \tag{3-67}$$

式中　L——主槽长度，mm；

l——挂件最大长度，mm；

l_1——挂件至电极间的距离，应根据挂件大小、电极装置要求和挂件输送方式等具体情况确定，以挂件安全出入槽为准，mm；

l_2——电极至槽内壁间的距离，一般 $l_2=0\sim80$mm；

δ——槽壁夹套厚度，一般 $\delta=150\sim300$mm；

l_3——槽外壁至支撑型钢外沿的距离，mm。

连续式电泳槽长度计算参见图 3-8 及相关计算。为了使浸没在漆液中工件表面的水珠有一定的扩散时间（一般为 10s 左右），须相应加长一定距离。

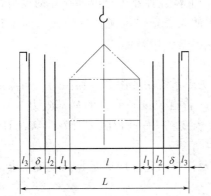

图 3-35　固定式电泳涂装设备主槽长度计算图

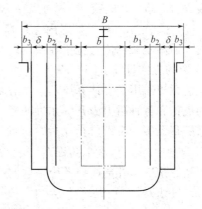

图 3-36　固定式电泳涂装设备主槽宽度计算图

（2）电泳主槽宽度计算（通过式和固定式设备相同）

电泳涂装设备的主槽宽度（图 3-36）按式(3-68)计算：

$$B=b+2(b_1+b_2+\delta+b_3) \tag{3-68}$$

式中　B——主槽宽度，mm；

b——挂件最大宽度，mm；

b_1——挂件至电极间的距离，对通过式，一般 $b_1>150$mm，对固定式，应根据挂件大小、电极装置要求和挂件输送方式等具体情况以挂件安全出入槽为准；

b_2——电极至槽内壁间的距离，一般 $b_2=0\sim80$mm；

δ——槽壁夹套厚度，一般 $\delta=150\sim300$mm；

b_3——槽外壁至支撑型钢外沿的距离，mm。

（3）主槽高度的计算（通过式和固定式设备相同）

电泳涂装设备的主槽高度按式(3-69)计算：

$$H=h+h_1+h_2+h_3+h_4 \tag{3-69}$$

式中　H——主槽高度，mm；

h——挂件最大高度，mm；

h_1——浸渍式设备槽体底面最高点与底座最低点之间的距离，与底面断面形式和底座尺寸有关，应根据具体情况确定，mm；

h_2——最大高度的挂件距槽底（槽底最高点）的最小距离，一般为 $200\sim400$mm，对于磷化设备，h_2 可适当加大；

h_3——最大高度的挂件浸没在槽液中的最小深度，一般为 $100\sim200$mm；

h_4——槽沿至漆面的距离，一般为 $150\sim200$mm。

（4）循环搅拌系统的计算

① 离心泵或混流搅拌器总流量的计算

离心泵或混流搅拌器的总流量按式（3-70）计算：

$$Q=Vn \qquad (3\text{-}70)$$

式中　Q——离心泵或混流搅拌器的总流量，m^3/h；

V——电泳涂漆设备主槽的有效容积，m^3；

n——循环次数，次$/h$。

对于单独采用离心泵进行外部搅拌的设备，一般取 $n=4\sim10$ 次$/h$（当搅拌水溶性环氧铁红底漆时，取 $n=5\sim7$ 次$/h$ 为宜）。对于单独采用混流搅拌器进行内部搅拌的设备，一般取 $n=10\sim15$ 次$/h$。对于采用内、外搅拌配合使用的设备，混流搅拌器的流量与单独使用时相同，而离心泵的流量比单独使用时小，一般取 $n=2\sim3$ 次$/h$。

② 泵扬程的计算

混流搅拌器不需要计算扬程。离心泵的扬程取决于系统中的阻力，而阻力又与漆液在管道中的流速和各种阻力因素（如过滤器、热交换器、管道长度和管件的局部阻力等）有关。当管道的直径等于泵出口直径时，可取漆液流速为 2m/s 左右进行阻力计算。实际计算时，可在 2.5～4MPa 选择水泵扬程。

当超滤系统与外部搅拌系统串联时，水泵流量及扬程的计算应满足超滤装置要求。

（5）过滤器

电泳槽液通过过滤去除颗粒物与油污。槽液中的尘埃颗粒包括外界与被涂物带入的脏物，凝聚颗粒（前处理带来的杂质与槽液反应生成的脏物）以及其他机械污染物。要求通过过滤器的槽液量最小不能低于槽容量。

电泳槽液中的油污是造成缩孔的主要原因，国外已经开发出吸油过滤器，一种是装在标准带式过滤器内，使用时必须降低流速以取得最佳效果；PPG 公司开发了一种轻便的不需要装在管路中的吸油过滤器，每个吸油器的最大流量约为 38L/min。

常用的过滤器有滤袋式和滤芯式，滤袋式由纺织物和无纺布制成，安装在金属结构的支撑筒中，滤袋的清洗与更换视过滤器进出口压力而定，压差控制在 0.05～0.08MPa。滤芯由纤维质或塑料烧结而成，压差大于 0.08MPa 时需要更换。

汽车车身等在切割、焊接等工序后进行涂装，电泳槽内有铁粉、焊渣等蓄积，需使用磁性过滤装置除去槽液中的铁粉。

3.4.2　电泳涂装室

电泳涂装室的功能是防止灰尘与油烟等污染电泳槽液、防止溶剂蒸气扩散、防止触电等，并提供悬挂输送装置的支撑。一般大型槽必须设有涂装室，小型槽可不设。

电泳涂装室的基本结构是以型钢为骨架，以薄钢板组成的封闭结构。一般用镀锌钢板，最好用铝合金或不锈钢材料制成，若用普通钢板，表面涂环氧涂层防腐。室内设照明装置，可以方便观察操作情况，设排风换气系统，可以排出有机溶剂蒸气，一般换气次数为 15～30 次$/h$。设有玻璃窗和出入门，门上装有安全保护链锁装置，可以防止非工作人员误入，发生触电事故。骨架必须具有足够的强度和刚度，以支撑悬挂输送装置、工件和自身的质量。

（1）通过式电泳涂装设备通风装置的计算

每小时的通风量按式（3-71）计算：

$$Q = 3600Fv \tag{3-71}$$

式中　Q——通过式电泳涂装设备的通风量，m^3/h；

　　　F——通过式电泳涂装设备通风室挂件出入口面积之和，m^2；

　　　v——挂件出入口的空气流速，一般 $v=0.2\sim0.4m/s$。

由于电泳涂装设备通风装置阻力较小，因此根据风量选择低压离心通风机即可满足要求。

（2）固定式电泳涂装设备通风装置的计算

对于小型间歇生产的固定式电泳涂装设备，通常采用槽边抽风。有关槽边抽风的计算可参见浸渍式前处理设备关于通风装置计算的有关内容。对于汽车车身等大型工件间歇式矩形槽通常采用全封闭式电泳涂装室，采取顶部集中抽风，控制截面风速为 $0.2\sim0.3m/s$。

3.4.3　电泳槽液温度调节装置的计算

在漆液温度调节装置的热力计算时，必须计算下列热量：电沉积过程中电能转换的热量；循环搅拌机械摩擦产生的热量；挂件带入（或带走）电泳槽内的热量；槽壁的传热（吸热或散热）以及由于槽中水蒸发而散失的热量等。

在计算热交换器时，一方面须计算工作时即热平衡状态的总热量，另一方面还须计算槽中漆液初始温度与工作温度差值的热焓量（按每小时计算，对于大型电泳涂漆设备可按 2h 计算）。两者相比，取其大值，作为热交换器的计算热量。

另外，对于既需要冷却又需要加热电泳漆液的温度调节装置，因通常采用同一热交换器，计算时，选取其最大热交换量作为热交换器的计算热量。

（1）工作（热平衡状态下）总热量的计算

漆液冷却时：
$$Q_h = Q_{h_1} + Q_{h_2} + Q_{h_3} + Q_{h_4} - Q_{h_5} \tag{3-72}$$

漆液加热时：
$$Q_h = Q_{h_5} - Q_{h_1} - Q_{h_2} - Q_{h_3} - Q_{h_4} \tag{3-73}$$

式中　Q_h——工作时的总热量，W；

　　　Q_{h_1}——电沉积过程中电能转换的热量，W；

　　　Q_{h_2}——循环搅拌机械摩擦产生的热量，W；

　　　Q_{h_3}——挂件带入电泳槽内的热量，W；

　　　Q_{h_4}——槽壁传递的热量，W；

　　　Q_{h_5}——槽中水分蒸发而散失的热量，W。

① 电沉积过程电能转换的热量　按式(3-74)计算：
$$Q_{h_1} = \frac{860IU}{1000} \tag{3-74}$$

式中　I——电泳时的电流强度，A；

　　　U——电泳时的工作电压，V。

此外，Q_{h_1} 也可按概略指针计算：
$$Q_{h_1} = q_h F \tag{3-75}$$

式中　q_h——每平方米工件表面积在电泳过程中放出的热量，一般 $q_h=160\sim170J/m^2$；

　　　F——按涂漆表面积计算的生产率，m^2/h。

② 循环搅拌机械摩擦产生的热量　按式(3-76)计算：
$$Q_{h2} = \sum P \times 860\eta_1\eta_2 \tag{3-76}$$

式中 $\sum P$——电机的总功率，kW；

η_1——电机效率；

η_2——搅拌器效率。

③ 挂件带入电泳槽内的热量 按式（3-77）计算：

$$Q_{h_3} = Gc(t_{c_1} - t_c) \tag{3-77}$$

式中 G——按质量计算的生产率，kg/h；

c——工件的比热容，J/(kg·℃)；

t_{c_1}——工件初始温度，℃；

t_c——槽中漆液工作温度，℃。

④ 槽壁传递的热量 按式（3-78）计算：

$$Q_{h_4} = KF(t_{c_0} - t_c) \tag{3-78}$$

式中 K——电泳槽的传热系数，$K = 9.3 \sim 17.5 \text{W}/(\text{m}^2 \cdot \text{℃})$；

F——电泳槽壁的表面积，m^2；

t_{c_0}——车间温度，℃。

⑤ 槽中漆液由于水分蒸发而散失的热量 按式（3-79）计算：

$$Q_{h_5} = g_w F_2 r \tag{3-79}$$

式中 g_w——每平方米漆液面每小时蒸发的水分量，一般 $g_w = 0.18 \sim 0.22 \text{kg}/(\text{m}^2 \cdot \text{h})$；

F_2——电泳槽的工作液表面积，m^2；

r——水的蒸发焓，$r = 2259 \text{kJ/kg}$。

（2）热含量计算

槽中漆液初始温度与工作温度差值的热含量可按式（3-80）计算：

$$Q'_h = \frac{V \rho_y c_1 \Delta t_e}{t} \tag{3-80}$$

式中 Q'_h——漆液初始温度与工作温度差值的热焓量，W；

V——电泳槽的有效容积，L；

ρ_y——电泳漆液的密度，kg/L；

c_1——电泳漆液的比热容，J/(kg·℃)；

Δt_e——槽中工作液初始温度与工作温度的差值，当工作液需加热时，Δt_e 应为槽中工作液工作温度与初始温度的差值，℃；

t——槽中工作液从初始温度冷却（或加热）到工作温度时所需要的时间，h。

（3）水消耗量计算

热交换器的水消耗量按式（3-81）计算：

$$G_w = 3600 \frac{Q_{h,\max} k}{c_2 (t_{e_3} - t_{e_2})} \tag{3-81}$$

式中 G_w——热交换的水消耗量，kg/h；

$Q_{h,\max}$——热交换器的计算热量，W；

k——其他未估计到的热量系数，一般取 $k = 1.1$；

c_2——水的比热容，J/(kg·℃)；

t_{e_3}——热交换器出口水的温度，℃；

t_{e_2}——热交换器进口水的温度，℃。

（4）热交换器的面积

按式（3-82）计算：

$$F = \frac{Q_{\text{h,max}}}{k(t_{e_m} - t_{e_{m}'})} \tag{3-82}$$

$$t_{e_m} = \frac{t_{e_4} + t_e}{2} \tag{3-83}$$

$$t_{c_m'} = \frac{t_{e_2} + t_{e_3}}{2} \tag{3-84}$$

式中　F——热交换器的面积，m^2；

　　　k——热交换器的传热系数，$k = 116 \sim 349 W/(m^2 \cdot ℃)$；

　　t_{e_m}——漆液的平均温度，可按式（3-83）计算，℃；

　　t_{e_4}——槽中漆液的初始温度，℃。

　　$t_{e_m'}$——冷却（或加热）介质的平均温度，可按式（3-84）计算，℃。

3.4.4　电泳涂装超滤系统

3.4.4.1　超滤系统的结构

电泳涂装超滤系统主要由供漆装置、预滤器、超滤器、控制及检测装置、反清洗装置五部分组成。图 3-37 为超滤系统示意图。控制及检测装置主要检测并控制超滤膜的压力，以保证膜的寿命。反清洗装置清洗超滤膜表面黏附的物质，保证膜的透过量稳定。下面主要介绍供漆装置、预滤器和超滤器。

（1）供漆装置

根据超滤器本身的结构特性，在保证超滤器内部电泳涂料一定流速和流量的前提下选择供漆泵。小型电泳槽采用直供式，即供漆和超滤循环共用一台泵。大型槽可专设供漆泵，其流量一般为超滤器透过量的 20 倍，从超滤器装置回到电泳槽的电泳涂料量为超滤液量的 19 倍。这一数量要准确把握，否则会堵塞超滤膜。

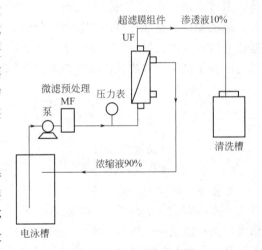

图 3-37　超滤系统示意图

（2）预滤器

预滤器是预先将电泳工作液中的机械杂质清除，以防止机械粒子进入超滤器，划伤或堵塞超滤膜，从而延长其寿命。预滤器的结构有很多种，常见的是圆筒预滤器，由筒体和圆筒形过滤袋（芯）等组成。漆液从预滤器上部进入，经过滤袋（芯）过滤后，从下部出口排出。目前常用的过滤袋（芯）是尼龙高纺布过滤袋、PP 熔喷滤芯等，其过滤精度为 $25 \sim 50\mu m$。随着过滤袋（芯）逐渐堵塞，压力损失逐渐增加，必须及时清洗或更换滤袋（芯）。

（3）超滤器

超滤器是整个超滤系统的关键部件，结构形式有管式、中空纤维式、卷式和板式四种。其中中空纤维式超滤膜，以进液方式不同，可分为内压式和外压式两种。图 3-38 为内压式电泳专用中空纤维膜组件。

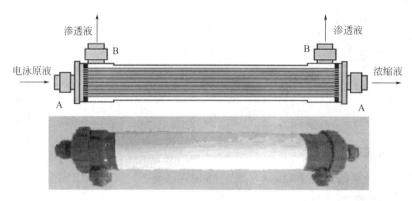

图 3-38　内压式电泳专用中空纤维膜组件

超滤膜的材料有聚丙烯、聚丙烯腈、改性聚氯乙烯、聚砜、聚偏氟乙烯、乙酸乙烯等。一些电泳涂料对超滤膜的种类和规格有选择性。

透过率与截留率是衡量超滤器性能的重要参数。透过率是单位面积超滤膜在一定时间内所能透过液体的量，单位为 $L/(m^2 \cdot h)$。槽液的压力、温度和流速越高，其透过率越大。此外，透过率还与槽液的固体分及电泳涂料的种类有关。在上述条件相同的情况下，透过率越高，超滤器性能越好。截留率是超滤膜阻止槽液中高分子成膜物通过的能力，截留率愈高，超滤透过液水质愈好。影响截留率的因素除与超滤膜自身材料的性能有关外，还与槽液中成膜物的分子量大小有关。截留率按下式计算：

$$R = \frac{C_O - C_{UF}}{C_O} \times 100\% \tag{3-85}$$

式中　R——截留率；

$\quad C_O$——工作液的固体分；

$\quad C_{UF}$——超滤液的固体分。

根据多个超滤器的连接方式不同，管式超滤器可分为串联、并联或串并联相结合的组合方式。串联方式一般采用水平安装，所需要的水泵流量小，流量相等，压力不等，但占地面积大，透过液量小，维修不方便。目前已较少采用。并联方式容易调节各个超滤器的压力、工作液流量和流速，使之趋于相等，结构紧凑，占地面积小，透过液量大，但要求水泵流量也大，目前采用较多。

3.4.4.2　超滤系统的组装形式

根据超滤装置流量与电泳槽搅拌循环流量的关系，超滤系统又可组装成三种形式。

（1）独立组装形式

独立组装形式（图 3-39）是超滤系统和电泳槽的搅拌系统各自独立。这种组装形式超滤泵选择方便，仅需考虑超滤装置的压力和流量的需要，不必考虑对电泳槽搅拌的影响。此种形式适用于电泳槽大，生产批量小，即电泳槽液的搅拌量远远大于超滤系统供液量的情况。

（2）超滤系统和搅拌系统相结合的组装形式

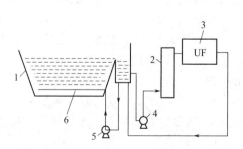

图 3-39　超滤系统独立组装形式

1—电泳槽；2—预滤器；3—滤器；
4—超滤器；5—搅拌泵；6—搅拌管道

这种组装形式(图 3-40)是将超滤系统和电泳槽的搅拌系统组合在一起。该组装形式不需要专门设置搅拌泵,用一台超滤泵即可同时满足超滤和电泳槽液搅拌的需要,结构紧凑,动力消耗较小,运行较为经济,主要适用于超滤流量和搅拌量相当的条件。

(3) 馈给-泄流组装形式

这种组装形式(图 3-41)是在超滤系统中另外设置超滤循环泵,使漆液在管路中馈给循环以增大超滤装置的供液量。此种组装形式超滤循环泵的流量完全取决于超滤装置所需的流量,而循环搅拌量因采用了涂料供给泵而不受超滤流量的影响,结构紧凑,但系统较复杂,适用于生产批量大,电泳槽小,即所需透过液量大而循环搅拌量小的情况。

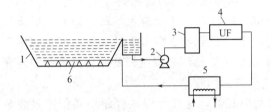 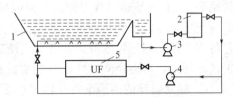

图 3-40 超滤系统和搅拌系统相结合的组装方式
1—电泳槽;2—泵;3—预滤器;
4—超滤器;5—热交换器;6—搅拌管道

图 3-41 馈给-泄流组装形式
1—电泳槽;2—预滤器;3—循环搅拌泵;
4—过滤循环泵;5—超滤器

3.4.4.3 超滤系统的维护与管理

① 整个超滤系统在投产前,应对超滤器、所有管路、供漆装置、预滤器、反清洗装置等均进行彻底清理杂物与清洗。尤其是新配置的超滤器已加入了防冻、防霉菌等药液,先放净药液,然后用纯水冲洗,再加入 0.2%～0.5%的溶剂配成清洗液,若有油污可酌情加入适量的洗洁精,启动超滤泵(不装滤芯)运行 1～2 h,在运行中应反复开、闭阀门 5～8 次,以洗净阀门内部。完毕后排放,用纯水清洗 2 次。

② 对于超滤装置,严格按照使用说明书和超滤厂家要求操作,启动设备时,阀门的开启、关闭动作要缓慢,以免造成较大的压力波动而损伤膜元件,或反冲洗时,防止因反冲洗液浓度太高而损坏超滤膜。

③ 超滤器进出口压力要稳定,并在要求的范围之内。超滤器漆液返回管路压力较低,应在使用中防止受到影响,以免超滤器受到背压而损坏膜管。

④ 应根据过滤系统的压差及时更换过滤袋,以免影响超滤膜管的进口压力。

⑤ 超滤膜的出水率随运行时间而呈下降趋势,在超滤器透过液流量低于设计量的 70%时,应对超滤膜进行清洗。如果延误了清洗,则会产生膜面及膜孔吸附与堵塞现象,以至于再清洗后也很难恢复到原透过液量。一般平均每 30～40 天需要清洗一次,以保证超滤浸洗和冲洗所需的超滤水。超滤膜的清洗方法、清洗液配方、清洗程序可由超滤器供应商提供。

⑥ 为保证超滤系统的正常运行,要对系统运行状态、参数进行记录,如超滤器进出口压力,每根膜管的流量,超滤液的清澈程度,过滤袋的进出口压力等,并作相应调整。

⑦ 超滤系统一经运行后,应连续运行,严禁间断运行,以防超滤膜干枯。

⑧ 在夏季(特别在 28～30℃时)超滤管极易滋生芽孢杆菌、酵母菌与白地霉菌等,影响超滤膜透过液量和槽液和涂膜质量,堵塞冲洗喷嘴,故停用时要及时清洗后加入防霉菌药液(0.2%的甲醛溶液或 5mg/L 的次氯酸钠溶液等)作系统灭菌处理。长时间停机时,用纯水清洗后,加入 80%的甘油与纯水溶液进行保护。

⑨ 为防止超滤器冻裂，可增加保温层；或用时间继电器控制，定期启动超滤供液泵，每 30min 开动 10min。在长假期间，可清洗干净后，加入甘油溶液防冻。

⑩ 关机前先用超滤液反冲洗超滤器，再用纯水清洗后封闭超滤膜，最后关机。

⑪ 当超滤液电导过高时，可排放部分超滤液，添加新鲜去离子水，并及时向槽液中添加部分助溶剂、电泳漆和色浆加以调整。

3.4.4.4 超滤系统的选择与计算

（1）超滤系统设计或选用的原则

① 根据每小时的最大涂装面积，计算与选择 UF 装置（即超滤装置）的滤液量。系统设计一定要有为每平方米涂装面积提供 $1.2 \sim 1.5L$ 超滤液的能力，另外还应考虑 $3\% \sim 4\%$ 的系数。UF 装置透过液量随运行时间延长而下降，所以设计流量应大一些，即使在低流量的情况下，也能保证每平方米涂装面积 1.2L 的要求。如果超滤膜出水量太低，不能满足工艺所需水量，则用超滤液来冲洗和浸洗工件得不到保证，超滤液浸洗槽的固体分无法控制在工艺范围内，从而会降低漆膜外观质量和减少电泳漆的回收率。

② 超滤装置的供给泵吸口建议设置在电泳副槽底部，这样可以减轻超滤系统中过滤装置的负荷。泵及管路的配置安装应保证管路中漆液处于湍流状态，干管流速不应低于 3m/s（管式 UF 每排通路流速不小于 3.5m/s），以避免出现漆液沉积和堵塞现象。管式超滤装置的过滤精度应不低于 $50\mu m$，卷式、板式与中空纤维超滤装置的过滤精度应不低于 $25\mu m$。良好的过滤，可以去除电泳槽液中的机械杂质，保证漆膜质量和超滤膜不被机械杂质堵塞或损坏。

③ 超滤器与电泳槽相互位置的高低在设计中也应充分考虑，一般超滤器设置位置高于电泳槽液位，一方面超滤器清洗时可以将其中的漆液很顺利地排放至电泳槽；另一方面，超滤液可以依靠液位差自动实现转移。

④ 分别设计超滤系统、循环（过滤）系统和反冲洗系统，并且三个系统都应独立操作，这样可以进行连续化的大生产。

⑤ 系统有温度和压力的声光报警与安全保护装置。

⑥ 轴封液箱采用浮球液位计控制，若液位过低，各相关泵停止运行，并报警。

⑦ 对于卷式超滤，每只膜组件上的透过液，均配备流量计，整个系统的透过液配备总流量计。每个膜组件进出口均有排放阀，以排净元件内的漆液及残液，方便膜的清洗。配备的清洗系统，可进行整个超滤系统的单支清洗，也可整机清洗。

⑧ UF 系统的管路、阀门等采用不锈钢或塑料制成，其储液槽和清洗槽可采用不锈钢、玻璃钢或塑料制备，UF 储液槽容积应能储存 UF 装置的 3h 的透过液量。

⑨ 为防止霉菌的生成，设计时尽量减少超滤液与空气接触，循环冲洗区的冲洗水储水槽体积尽可能小，使冲洗水的回收期短，抑制霉菌的繁殖。

⑩ UF 膜与电泳涂料的品种或助溶剂有一定的匹配性，故在选购时要向供货商说明所采用电泳涂料品种、型号与所属系列。

⑪ 熟悉各制造厂 UF 装置的性能及规格，根据价格和兄弟厂使用经验，综合评价后选购。

⑫ 在设计中必须考虑能方便地清洗更换过滤袋（芯）或超滤器，另外，由于过滤袋较软，必须将其固定在不锈钢网支撑体上。

⑬ 超滤器应尽量设计成并联形式，以保证每组超滤器均具有相同的压力和漆液流速。在制造时管道必须密封严实，完全杜绝渗漏液的不良现象。

（2）超滤系统的计算

① 计算依据

超滤系统的计算包括超滤系统冲洗级数、最大生产率（按涂装表面计算，m^2/h）、电泳槽容积（m^3）、电泳漆液的固体含量（%）、末级冲洗水的固体含量（%）。

② 透过液量计算

一级冲洗系统透过液量按式(3-86)计算：

$$Q_p = \frac{C_B - C_{R_1}}{C_{R_1} - C_F} q'$$ (3-86)

$$q' = q_0 F$$ (3-87)

式中　Q_p——所需的透过液量，L/h；

C_B——电泳漆液的固体含量，一般取 $C_B = 10\% \sim 15\%$；

C_{R_1}——一级冲洗水的固体含量，一般取 $C_{R_1} = 1\% \sim 1.5\%$；

C_F——透过液的固体含量，随超滤膜的种类、槽液的浓度、膜面流速等参数的不同变化，一般取 $C_F = 0.3\%$；

q'——工件表面带出的涂料量（不包括成膜涂量），L/h；

q_0——单位表面所带出的涂料量，对不同涂料、不同形状和尺寸的工件，其表面带出的涂料量是不同的，一般应根据实际使用情况测出，在没有实测数据情况下，可参照表 3-23 选取，L/m^2；

F——按涂料表面积计算的生产率，m^2/h。

表 3-23　工件的涂料带出量

工作特征	带出量/(mL/dm²)	工作特征	带出量/(mL/dm²)
垂直悬挂工件		除水很干净	0.326
除水很干净	0.16	除水很差	4.070
除水一般	0.814	环形工件	
除水很差	1.628	除水很干净	3.26
水平工件		除水很差	9.80

二级冲洗系统透过液量按式(3-88)计算：

$$Q_p = \left(\sqrt{\frac{1}{4} + \frac{C_B - C_{R_2}}{C_{R_2} - C_F}} - \frac{1}{2} \right) q'$$ (3-88)

式中　Q_p——所需的透过液量，L/h；

C_{R_2}——第二级冲洗水的固体含量，一般 C_{R_2} 取 $1\% \sim 1.5\%$。

若将二级冲洗和一级冲洗所需的透过液量比较可以看出，一级冲洗所需的透过液量约为二级冲洗所需的透过液量的 3~4 倍。因此在系统设计中，在工艺布置许可情况下，采用二级循环冲洗系统是比较合理的。

③ 透过液排放量的计算

为了净化电泳工作液，需要排放部分透过液，以排除影响电泳涂料性能的有害离子，其排放量按式(3-89)计算：

$$Q_r = \frac{C_1}{C_1'} q'$$ (3-89)

式中 Q_r——透过液的排放量，L/h；

C_1——工件从前处理工序中带入电泳槽中的有害离子浓度，mg/L；

C_1'——透过液中的杂质离子浓度，对磷酸根离子，$C_1' = \dfrac{C_1}{0.5 \sim 0.6}$，mg/L。

实际确定电泳漆中有害离子浓度是比较困难的，这是因为除了工件带进前处理工序中的杂质离子外，外界空气中的杂质也会落入电泳工作液中。在实际应用中，透过液的排放量，可根据电泳漆液电导率来确定。电泳漆液的电导率一般控制在 2.5～3.0mS/cm 范围内，若电泳漆的电导率太高，透过液的排放量就需增大，反之可减小排入量。

④ 超滤器数量的计算

超滤器数量按式(3-90)计算：

$$n = \frac{Q_p + Q_r}{F_o q_p} \tag{3-90}$$

式中 n——超滤器的数量，台；

Q_p——透过液的需要量，L/h；

Q_r——透过液的排放量，在电泳漆液管理较好的情况下，Q_r 值很小，对 n 值影响不大，可以忽略不计 L/h；

F_o——单台超滤器的有效超滤膜面积，可根据国内生产的超滤器性能予以确定，m^2；

q_p——超滤膜透过率，L/($m^2 \cdot h$)。

⑤ 计算举例

计算依据：以二级超滤封闭循环冲洗系统为例。最大生产率（按涂装槽面积计算）：128m^2/h；电泳槽容积：18m^3；电泳漆液的固体含量：12%；末级冲洗的固体含量：1.0%；超滤膜透过率：25L/($m^2 \cdot h$)。

透过液量计算：

$$Q_p = \left(\sqrt{\frac{1}{4} + \frac{C_B - C_{R_2}}{C_{R_2} - C_F}} - \frac{1}{2} \right) q'$$

式中，$C_B = 12\%$，$C_{R_2} = 1.0\%$，取 $C_F = 0.3\%$，则 $q' = q_0 F$，取 $q_0 = 0.35\%$ L/m^2，$F = 128m^2$/h，则：

$$q' = 0.35 \times 128 = 44.8 \ (\text{L/h})$$

$$Q_p = \left(\sqrt{\frac{1}{4} + \frac{0.12 - 0.01}{0.01 - 0.003}} - \frac{1}{2} \right) \times 44.8 = 156.6 \ (\text{L/h})$$

超滤器数量的计算：

$$n = \frac{Q_p + Q_r}{F_o q_p}$$

若选用 W_4 型超滤器，则 $F_o = 2.5m^2$，$Q_p = 251$L/($m^2 \cdot h$)。若 Q_r 忽略不计，则：

$$n = \frac{156.6}{2.5 \times 25} = 2.5$$

取 $n = 3$ 台。

3.4.5 电极装置与阳极系统

电极装置的作用是使被涂物之间在电泳槽液内形成电场，使槽液中的涂料离子移向被涂物表面形成涂层。根据不同使用条件，电极装置可分为极板（裸）电极、隔膜电极和辅助电极等。在大批量连续生产中均用隔膜电极。

（1）极板（裸）电极

极板材料根据电泳涂料的种类不同而异。阳极电泳极板常采用普通钢板或不锈钢板，厚度为 $1\sim2mm$；阴极电泳极板常采用 3mm 以上的 316 不锈钢板（管）、石墨板或钛合金板，在阳极电泳板表面镀有钌的氧化物镀层，其使用寿命要比不锈钢长几倍，但初期投资较大。

阴极电泳极比一般控制在 $(4:1)\sim(5:1)$，阳极电泳极比为 $(0.5\sim2):1$。铝阳极氧化的工件表面进行阴极电泳涂装时，极比控制在 $1:1$ 效果更佳。在阴极电泳中，为保持酸度一定，极板（裸）电极面积不能太大，一般按隔膜电极：极板（裸）电极＝ $(3\sim5):$ $(1\sim2)$ 设计。

极板（裸）电极一般适用于槽液 pH 值变化不大的情况，如小型电泳槽、涂漆量小与停留时间长的情况。在大型槽中一般作为槽底阳极。

（2）隔膜电极

隔膜电极除具有极板（裸）电极的作用外，还具有除去槽液中的有害离子，调节 pH 值等的特殊作用。

对于阴极电泳，阳极隔膜可分为板式、管式与弧形等形式。板式阳极的电场分布不均匀，维护困难；管式和弧形阳极的电场分布较均匀，易维修。关于阳极面积，管式阳极为浸入有效面积，板式、弧形式为浸入的正面面积。由于管式阳极消除了裸电极或板式阳极上析出或沉积颗粒现象，最为常用。管式阳极隔膜外形如图 3-42 所示，其内部由不锈钢钢板与不锈钢管焊接成一体，既降低了成本，又减轻了电极重量，如图 3-43 所示。

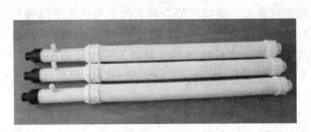

图 3-42　管式阳极隔膜电极

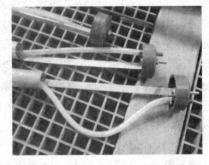

图 3-43　管式电极内部结构示意图

（3）辅助电极

随着高泳透力电泳涂料的开发，辅助电极几乎已被淘汰。当被涂物结构复杂且又不能开工艺孔时，已采用高电压、高泳透力的电泳涂料但内腔仍涂不上漆的场后，仍需采用辅助电极。

（4）阳极布置

阴极电泳的阳极布置方式如下：

① 阳极沿着槽壁布置，浸入槽液中的深度不得小于槽垂直壁的槽液深度的 40%。

② 在全浸泳涂时间≥3min 场合，阳极从出槽口向前排，一般在入槽端靠近入槽车身部位不布置阳极。

③ 对较大的工件（如汽车车身），可在底部和顶部也布设阳极，以使涂层厚度均匀，通常安装在第二段电压区，若安装在第一段电压区则可能会因为电压低而导致效果不佳。

④ 在分段供电场合，为防止涂料在电压较低的阳极和极罩上沉积，要求分段电极的间距至少要大于一个极罩的间隙。如分段电压差≥75V时，要留3个极罩的间隙。如果采用了防止回流的二极管，留一个极罩间隙即可。

3.4.6　电泳整流器的计算与选择

整流器的容量根据电泳的电压和电流进行选择。

电泳电压可根据涂料特性和工件材质进行选择，电泳电流可以根据不同通电方式进行计算，也可以按式(3-91)估算整流器的电流，再乘以系数1.2。

$$I = JF \tag{3-91}$$

式中　I——整流器的电流，A；

J——电泳涂漆的电流密度，一般 $J = 10 \sim 50 \text{A/m}^2$；

F——在有效电泳时间内进行电泳的涂漆面积，m^2。

3.5　静电粉末涂装设备

静电粉末涂装设备由喷粉室、回收装置、送排风装置、筛网过滤器、涂装机（含涂料供给装置）、高压静电发生器、静电喷枪等组成。高压静电发生器、静电喷枪、涂料供给装置等趋于标准化，可以咨询专业制造商。

微处理式高压静电发生器一般最高输出电压为100kV，最大允许电流为 $200 \sim 300 \mu\text{A}$，采用恒流-反馈保护电路，当线路发生意外造成放电打火时，即会自动切断高压，保证安全。

静电喷枪的衡量标准是应能保证喷射出的粉末充分带电，出粉均匀，喷出的粉末能均匀地沉积在工件表面；雾化程度好，无积粉和吐粉现象，能喷涂复杂的表面；能适应不同喷粉量的喷涂，喷出的粉末几何图形可以调节；结构轻巧，使用方便，安全可靠；通用性强，能方便地组合成固定式多支喷枪的喷涂系统。喷枪的技术性能包括：最高工件电压为100kV，喷粉量为 $50 \sim 400 \text{g/min}$，喷粉几何图形的直径大约在 $150 \sim 450 \text{mm}$ 之间，沉积效率大于80%，环抱效应好。

常用的静电喷粉喷枪分手提式(图3-44)和固定式两种，还有一些结构独特新颖的喷枪，如栅式电极喷粉喷枪、转盘式粉末自动喷枪和钢管内壁专用喷枪。这些喷枪的主要特点是具有较高带电效应，操作简便、安全，能长时间连续工作，适用于喷涂流水线。枪柄设有空气清洗按钮的喷枪，打开清洗气流可减少枪管内积粉和涌粉，对喷涂易结块或易撞击熔融的粉末特别有效。设有标准气洗功能的喷枪，采用低速清洁空气流防止粉末积累在电极上，能明显改善金属粉和低温固化粉的喷涂质量。此外不需要高压静电发生器的摩擦静电喷枪也已成功地应用于喷粉生产线。

供粉器的作用是将粉末涂料连续、均匀、定量地供给静电喷粉喷枪，它是粉末静电喷涂取得高效率、高质量的关键部件。多数静电喷涂设备都采用抽吸式流化床供粉器（图3-45）。

抽吸式流化床供粉器是利用文丘里泵的抽吸作用来输送粉末的，其原理是在压缩空气通过（正压输送）的管路中设置文丘里射流泵（又称粉泵），空气射流会使插入粉层的吸粉管口产生低于大气压的负压，处于该负压周围的粉末就被吸入管道中并输送至喷枪。由于流化床内流动的粉末具有液体特性，使粉泵吸粉管口不断有粉末补充，保证喷出的粉雾均匀、连续，流化床内气流速度以 $0.8 \sim 1.3 \text{m/min}$ 为好。静电喷粉施工中常用的有横向抽吸式和纵

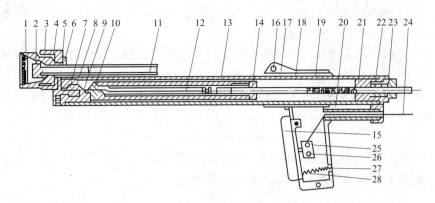

图 3-44　手提式静电喷粉喷枪结构

1—喷杯；2—塞头；3—喷头；4—套筒；5—导电螺钉；6—喷嘴；7—导电柱；8—顶头；
9，28—弹簧；10—电阻套盖；11—送粉管；12—高压合成电阻；13—电阻套管；14—锁紧螺钉；
15—扳机；16，22，27—螺钉；17—手柄；18—锁套；19—枪身；20—低压导线套管；
21—枪尾塞；23—高压电缆；24—低压导电线；25—微动开关；26—开关固定螺钉

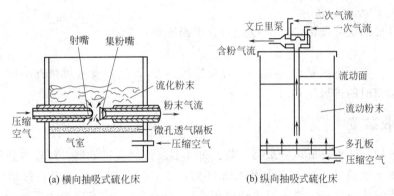

图 3-45　供粉器结构示意

向抽吸式流化床供粉器，如图 3-45 所示，后者在生产中应用得最多。图中所示一次气流（主气流）射入粉泵后，吸粉管口产生负压，将流化床粉末吸至输粉管中。二次气流（稀释气流）用于调节喷出的粉末的几何图形，同时使粉末的成雾性更好。这种供粉器的优点是供粉均匀稳定，供粉精度高，一个供粉桶可装置多个粉泵，粉泵清理和更换方便。

容量为 40kg 的抽吸式流化床供粉器的规格如下：供粉器容量为 $0.04m^3$，供气压力为 $0.01\sim0.2MPa$，供粉量为 $50\sim300g/min$（可调），输粉管长度为 8m。

3.5.1　喷粉室及其设计

喷粉室可用金属板或塑料板加工，大小取决于被涂物的大小、工件传送速度和喷枪的喷粉量，喷粉室设计的关键是空气流通的状况。

喷粉室中空气流通的方式有三种：空气向下吸走；空气水平方向吸走；两种方式的结合。大型的喷粉柜在底部制成漏斗状向下的吸风口。背部通风型喷粉室的优点是粉末通过被涂物后水平方向被吸走，适用于直线通过喷粉柜的传输带的喷涂。底部和背部两个方向抽风的优点是空气流通较为均匀。喷粉室按结构可分为敞口型与密闭送风型。

喷粉室的基准尺寸：工件上端离悬挂链的距离约为 1200mm，离喷粉室顶的高度为

600mm；工件下端离喷粉室底部为 300mm，离室壁的距离为 200～300mm，离操作口的距离中自动喷涂为 600mm、手动喷涂为 1200mm。

设计喷粉室时，除了考虑便于清理和换色外，还要考虑粉末回收时的风速与风量。空气流速不能过大，避免吹掉工件上吸附的粉末，降低沉积效率；施工过程中不能让粉尘从开口处外逸，一般开口处的风速 (v_1) 为 0.3～0.7m/s，喷室内粉尘浓度应低于爆炸的下限值。

经验排风量：

$$Q_1 = 3600A_1v_1 \tag{3-92}$$

式中 Q_1 为排风量，m^3/h；A_1 为喷粉室所有开口部位面积，m^2。

从粉尘爆炸极限浓度考虑，回收装置的排风量：

$$Q_2 = \frac{60D(1-\eta)}{P} \tag{3-93}$$

式中 Q_2——喷室内粉尘浓度达到爆炸极限的排风量，m^3/h；

D——涂敷时单位时间内喷粉量，g/min；

η——粉末沉积效率；

P——粉末涂料爆炸极限的下限浓度，一般为 $30g/m^3$，为保证安全，通常控制在 $10g/m^3$。

喷粉室设计的实际使用排风量 Q 应符合下面原则：

$$Q \geqslant Q_1 > Q_2$$

上式说明，实际排风量 Q 不能小于经验排风量 Q_1，这两者的风量都必须大于粉尘爆炸极限浓度下限值时的排风量 Q_2。

3.5.2 回收装置

静电粉末回收装置有旋风分离器、袋式过滤器、烧结板过滤器，可以单独使用也可以组合使用。总体上要满足：粉末回收率达到 95% 以上，回收粉末经放电、过筛、精选后可以循环利用；连续作业性好、噪声及占地面积小；安全可靠，应有防粉尘爆炸的安全设施。

旋风分离器是一种应用广泛的分离设备，是利用离心沉降原理从气流中分离出粉末的设备，上部为圆桶形，下部为圆锥形，喷粉室内含有粉末的空气通过风机从喷粉室内抽出，送到旋风分离器的上部进风管，以切线方向进入旋风分离器，获得旋转运动，由于离心力的作用，大量粉末涂料在气流的旋转中碰向内壁，离心力消失，靠重力作用沉降至圆锥形底部而进行收集，含少量粉尘的较为干净的空气从圆桶顶的排风管排出。含粉末涂料的气体通过旋风分离器进口的速度一般为 20～25m/s，产生的离心力可分离出小于 5μm 的粉末，大约占散落粉末的 95% 左右。

旋风分离器各部分的比例见图 3-46，图 3-46 中，$A = D/2$，$B = D/4$，$D_1 = D/2$，$H_1 = H_2 = 2D$，$D_2 = D/4$，$S_1 = D/8$。现在利用旋风分离器回收粉末时，常采用多单元小旋风回收系统，就是将许多小直径旋风

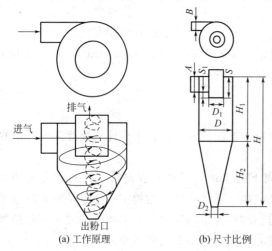

排气
进气
出粉口
(a) 工作原理　(b) 尺寸比例

图 3-46　旋风分离器工作原理与尺寸比例

分离器并联在一起，组成一个整体，分离效果比处理同量气体的大直径分离器好。设计时需注意气流的分配尽量均匀，这是多单元小旋风分离器的关键。

袋式过滤器是采用无纺布缝制而成，一般直接安装在通风系统中，可根据粉末粒径大小选择中效过滤器或高效过滤器。由于粉末对无纺布容易堵塞，清理麻烦，现在在粉末涂装中使用越来越少。

烧结板过滤器的烧结过滤板由低压聚乙烯材料构成，在外表面涂有防黏附的聚四氟乙烯材料，不受空气潮湿影响，不易堵塞，不易损坏。其结构形式与无纺布一样，为多层孔结构，越向过滤器表面孔径越小。由于过滤阻力低，单位面积承载粉末的能力强，过滤效率高达 99.9%，回收率高，过滤后的空气可直接进入供风系统循环使用。

实际工程应用中，多采用多单元旋风分离器与脉冲反吹布袋回收器及脉冲反吹烧结板过滤器组合使用，已达到最佳回收与净化效果。

思 考 题

1. 涂装前处理设备有几种形式？浸渍式与喷淋式各有什么特点？

2. 浸渍式前处理设备包括几种？如何选用？

3. 常用的浸渍式前处理设备由哪几部分组成？

4. 简述浸渍式处理设备的计算依据。

5. 简述喷淋式表面处理设备的形式、组成与计算依据。

6. 喷淋式表面处理设备水泵流量与扬程如何确定？喷嘴数量及形式如何确定？

7. 简述槽液蒸气混合气从门洞处溢出量、设备通风机通风量的计算依据。

8. 设备的热力计算需要考虑哪些因素？

9. 涂装室有什么作用？按捕集漆雾的介质分为几种？

10. 湿式涂装室按捕漆雾原理分为几种？各有什么特点？

11. 简述涂装室尺寸计算依据。

12. 涂装室风速与供排风量如何计算。

13. 简述电泳槽体尺寸、泵流量、热量的计算依据。

14. 简述电泳涂装超滤系统的组成及相关计算。

15. 简述电泳涂装超滤器的计算依据。

16. 粉末涂装室的尺寸如何确定？

17. 粉末回收系统有哪些？回收效率如何？

第4章

涂层固化设备及设计

涂层固化过程对产品质量和成本影响很大，高效率、低耗能、少污染是其发展方向。

4.1 固化设备分类

固化设备有不同的分类方法，按烘干室的形状分为通过式烘干室和间歇式烘干室。通过式烘干室分为直通式和桥式两种，通过式烘干室可以设计成多行程式，具体分类如图 4-1 所示，通常与前处理设备、涂装设备、冷却设备、机械化输送设备等一起组成涂装生产流水线。间歇式烘干室适用于非流水式涂装作业，如图 4-2 所示。

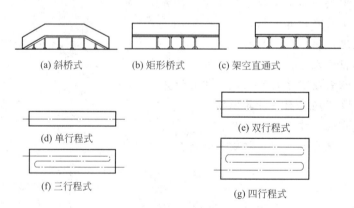

(a) 斜桥式　　　(b) 矩形桥式　　　(c) 架空直通式

(d) 单行程式

(e) 双行程式

(f) 三行程式

(g) 四行程式

图 4-1　通过式烘干室形式示意图

烘干室热源分为蒸气、电能、气体燃料（液化气、天然气等）、液体燃料（煤油、柴油）等。

烘干室按加热方式分为辐射式烘干室、对流式烘干室。

根据烘干室在涂装过程中使用目的，可分为脱水烘干室、底漆烘干室、面漆烘干室、腻子烘干室等。

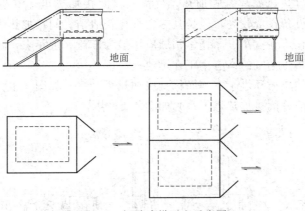

图 4-2 间歇式烘干室示意图

4.2 固化设备选用的基本原则

（1）固化设备选用的基本条件

固化设备选用的基本条件有：工件（被涂物）单位时间的数量，即单位时间台车的数量或吊挂件的数量；工件的间距或输送设备的线速度；工件的外形尺寸（台车或吊具的外形尺寸及工件的外形尺寸）；烘干室出入口输送设备的标高及输送设备的型号；安置烘干室场地的限制，如屋架下弦、厂房的柱距；涂料的固化技术条件（涂料固化的温度、时间要求）；单位时间工件涂装的面积和涂料中溶剂和稀释剂的内容；热源的种类等。

（2）烘干室选用需要注意的问题

① 涂层在烘干室内的固化过程　明确涂层在烘干室内的整个固化过程中，工件涂层的温度随时间变化情况，即升温段、保温段和冷却段的时间、温度等条件。

②热源的选择　热源的选择受需要固化涂料的温度、涂层的质量要求、当地的能源政策及综合经济效果等因素的限制，应综合考虑。

③烘干室的形状　在满足工艺布局需要的前提下，应尽可能考虑节省能耗、缩小烘干室有效烘干区的温差、减少占地面积、节约设备的用材、方便设备的安装运输及设备将来改造扩建的可能性。

4.3 热风循环固化设备

热风循环固化设备一般按加热空气介质的方式分为直接加热烘干室和间接加热烘干室。

直接加热烘干室是将燃油或燃气在燃烧室燃烧时所生成的高温空气送往混合室，在混合室内高温空气与来自烘干室内的循环空气混合，混合空气由循环风机送往烘干室加热工件涂层使之固化。直接加热的烘干室结构简单、热损失小、投资少并能获得较高的温度，但是燃烧生成的高温空气往往带有烟尘，如除尘不尽很容易污染涂层。直接加热烘干室仅适用于质量要求不高的涂层固化，如脱水烘干、腻子固化等。

间接加热烘干室是利用热源在空气加热器内加热空气，加热后的空气通过循环风机在烘干室内进行循环，通过热风循环方式加热工件涂层。间接加热烘干室与直接加热烘干室相比，其热效率较低、设备投资较高，但是其热空气比较清洁。间接加热烘干室适用于表面质量要求较高的涂层固化，在汽车、摩托车领域应用最为广泛。近年来，随着市场对涂层质量要求的提高，间接加热烘干室的占有率正在迅速提高。

直接加热通过式热风循环烘干室（简称直接加热烘干室）如图4-3所示，间接加热通过式热风循环烘干室（简称间接加热烘干室）如图4-4所示。

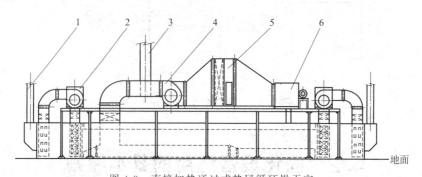

图 4-3　直接加热通过式热风循环烘干室

1—排风管；2,4—密闭式风机；3—排气分配室；5—过滤器；6—燃烧室

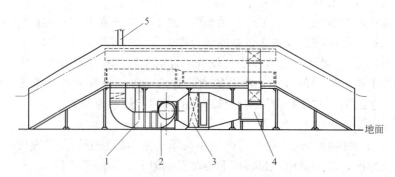

图 4-4　间接加热通过式热风循环烘干室

1—排风分配室；2—风机；3—过滤器；4—电加热器；5—排风管

4.3.1　热风循环固化设备设计的一般原则

在进行热风循环固化设备设计时，应考虑以下原则。

① 必须减少烘干室内有效烘干区的温差，按目前的技术一般可控制在±5℃以内。

② 合理确定烘干室的升温时间，烘干室的升温时间应首先按照烘干室加热器运行功率进行选择，兼顾实际生产的需要和操作工人的作息安排。

③ 尽可能减少烘干室不必要的热量损耗。

④ 应尽可能减少烘干室的外壁面积　采用桥式结构，准确确定烘干室的通风风量，合理选择循环风机的风量、风压；正确计算加热器的迎风速度；减小烘干室出入口尺寸；优化循环风管和送风口的布置等。

⑤ 烘干室内循环热空气必须清洁　应选择耐高温（一般250℃以下）的过滤器，过滤器的过滤精度可根据涂层的要求确定。正确安排过滤器的位置，以方便过滤器的维护和过滤材料的更换。合理选择循环风管和烘干室内壁的材料，涂层镀锌钢板是比较可靠理想的材料，其经济性也较好。

⑥ 必须满足消防、环保和劳动卫生法规 应根据单位时间进入烘干室的溶剂内容（种类、数量）确定烘干室的通风量，以确保烘干室的安全运行。对于密闭的间歇式烘干室和较庞大的连续式烘干室，须考虑增设泄压装置，泄压面积按每立方米烘干室工作容积设置 $0.05 \sim 0.22 m^2$ 设计。对于设有中央控制系统和自动消防装置的生产线，烘干室可设置火警装置。火警装置应优先使用可燃气体浓度报警器，循环管路及通风管路上均应设置消防自动阀。

溶剂型涂料的固化烘干室运行时会排放含有大量有机溶剂的废气，因此这类烘干室的排放空气须经过废气处理后才能排空。

由于热风循环烘干室的热空气循环是以加热器的循环风机为动力，因此热风循环烘干室相对其他形式的烘干室而言，其噪声的控制显得相当重要。必须确保设备的整体设计，使工人操作区的噪声符合 GB/T 50087—2013《工业企业噪声控制设计规范》的规定。应减少风机的震动、隔断风机与循环风管间的硬联结及选择低转速、耐高温的风机。

⑦ 涂层烘干室设备的设计文件内容 按照国家标准 GB 14443—2007《涂装作业安全规程 涂层烘干室安全技术规定》，涂层烘干室的设备设计文件需包括：烘干室的工作容积、加热功率、最高允许工作温度、烘干室的工件装载量、涂层溶剂的名称、进入烘干室的最大溶剂量及需补充的新鲜空气量；必须在烘干室的醒目位置安置安全技术铭牌、铭牌中应包括此烘干室所烘干涂层的适用溶剂、最大允许溶剂量、最高工作温度、额定排气量、设计单位名称、制造厂名称及制造年月。

4.3.2 热风循环固化设备的主要结构

各种类型的热风循环固化设备，一般由烘干室的室体、加热器、空气幕和温度控制系统等部分组成，如图 4-5 所示。

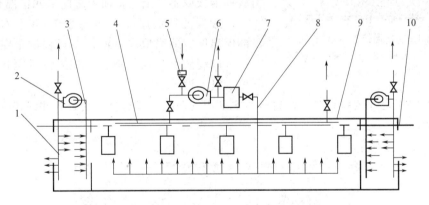

图 4-5 热风循环烘干室结构组成示意图

1—空气幕送风管；2—空气幕送风机；3—空气幕吸风管；4—循环回风管道；5—空气过滤器；
6—循环风机；7—空气加热器；8—循环送风管；9—室体；10—悬挂输送机

烘干室室体是由骨架（槽轨）和护壁（护板）所构成的箱式封闭空间结构，一般有框架式和拼装式两种形式。

框架式是采用型钢构成烘干室的矩形框架，框架应具有足够的强度和刚度。室体的主要作用是隔绝烘干室内的热空气，使之不与外界交流，维持烘干室内的热量，使室内温度维持在一定的工作范围之内。室体也是安装烘干室其他部件的基础。

全钢结构有较高的承载能力，在构架上铆接或焊接钢板安装保温材料，也有将保温板预先制作好后安装在框架上的。框架式也可设计成一段一段的进行现场组合。框架式烘干室整体性好、结构简单，但使用材料较多、运输及安装均不方便，也不利于设备将来的改造扩建。目前框架式烘干室已趋于淘汰。

拼装式是采用钢板沿烘干室长度折成槽轨形式，将保温护板预先制作好，在安装现场拼插成烘干室，拼装形式如图 4-6 所示。

槽轨相当于烘干室的横梁，要求槽轨有一定的刚性和强度，槽轨的变形量与烘干室的支柱间距有关。常用槽轨形式如图 4-7 所示。

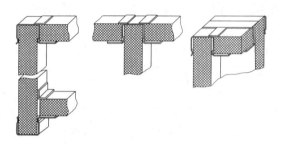

图 4-6　保温护板拼装形式

图 4-7　常用槽轨的形式

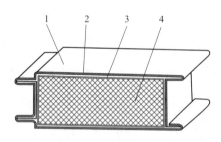

图 4-8　保温护板示意图

1—面板；2—石棉板；
3—框架；4—保温材料

保温护板由护板框架、保温材料、面板构成，如图 4-8 所示。护板框架采用 1~2mm 的钢板经冲压或折边成槽钢形杆件经焊接或铆接构成，高大的护板框架应增加中间横梁来提高刚度。面板铺设在护板框架两侧，面板一般采用 1~2mm 的钢板，通常内面板采用镀锌钢板或不锈钢板，面板之间铺塞保温材料隔热。

一般保温层的厚度在 80~200mm 左右，烘干室顶部保温层应适当取厚一些。多行程烘干室中间纵向隔板可以利用循环风管取代，如果设置隔板时，中间隔板也可不设保温层。

护板与护板之间的联结要求密封。通常采用的联结方式有直接啮合式和间接啮合式，如图 4-9 所示。

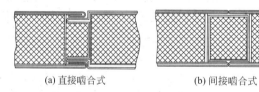

(a) 直接啮合式　　　　　　　　(b) 间接啮合式

图 4-9　保温护板的联结方式

直接啮合式由于结构简单、拼装方便和热量泄漏较少，使用更为普遍。

烘干室的进出口端是浪费热量的主要部分，从进出口端散出的热量不仅造成了烘干室能耗的增加，而且也容易恶化车间的工作环境。为防止和减少烘干室进出口端热量的散出，在室体设计上一般采用桥式结构。桥式结构的工作原理是：由于热空气的自然对流，较轻的热空气聚集在上部，通过桥板的阻留作用使其不易向外散出。

桥式烘干室的桥段有两种结构：斜桥和矩形桥。斜桥一般采用框架式结构，矩形桥可参照保温护板设计成拼接式（啮合式）。

由于矩形桥的缓冲区域较大，防止热量散失效果比斜桥更好。而且为改善车间工作环境，现在越来越多地在桥段出口（进口）端进行排风，矩形桥的缓冲区域较大，对烘干室循环气流的影响较小，较适合这种场合的应用。对于三行程以上的烘干室，采用矩形桥结构，会使得烘干室的外观线条流畅，结构也变得更为简单。

悬挂输送机可利用保温护板的拼接部分进行安装，对于较宽的烘干室可以在室体内壁的拼接部分设置斜撑。多行程（三行程以上）或吊挂较重工件的烘干室需要在烘干室中央安置立柱，以确保烘干室结构不受影响。

对于断面较小的烘干室，考虑到安装、调试及维护人员进出的可能和方便，必须在人员方便进出的位置设置保温密封门。架空的直通式烘干室或桥式烘干室如果保温密封门位置较高，应设置人员进出平台，高度超过 2m 的平台周围需安装防护栏杆。

护板内保温层的作用是使室体密封和保温，减少烘干室的热量损失，提高热效率。保温层必须采用非燃材料制作。保温层所用的材料及保温层厚度应根据烘干室的温度、结构确定。一般要求烘干室正常运行时，烘干室保温护板 90%～95% 面积的表面温度不高于环境温度（车间温度）10～15℃，型钢骨架的表面温度不超过环境温度 30℃。

保温材料是烘干室的重要组成部分，它对降低热能损耗、改善操作环境有着重要作用。应该从以下几方面来对保温材料进行选择：

（1）保温材料的绝热性

保温材料的绝热性即隔热能力，通常用热导率 λ 来表示。它与热损耗量 Q 的关系可用式（4-1）表示：

$$Q = \frac{\lambda F(t_m - t_B)}{\delta} \tag{4-1}$$

式中　Q——单位小时内通过保温材料壁板散失的热损耗量，W；

　　　δ——保温材料的厚度，m；

　　　F——保温材料导热面积，m^2；

　　　t_B——车间环境温度，℃；

　　　t_m——烘干室工作温度，℃；

　　　λ——保温材料的热导率，W/（m·℃）。

由式（4-1）可知，烘干室护板散失的热损耗量与保温材料的热导率 λ 成正比，因此希望保温材料的 λ 值低一些。不同的保温材料具有不同的热导率，即使对于同一种保温材料，随着材料的结构、密度、温度、湿度及气压的变化其热导率一般也有差异。

（2）保温材料的耐热性

由于烘干室的保温层长期处于高温环境下，因此它必须具有一定的耐热性。要求保温材料在受热后本身的组织结构不被破坏，绝热性不会降低；同时在升温和降温过程中能经受温度的变化。根据使用温度的不同，保温材料可分为高温材料（800℃以上）、中温材料（400～800℃）、低温材料（400℃以下）三种。涂装烘干室一般工作温度在 200℃以下，属于低温加热设备。

（3）保温材料的力学性能

烘干室的保温材料主要是填充使用，要求其具有一定的弹性，收缩率小。

（4）保温材料的密度

密度是保温材料的主要性能指标之一。其计算公式如下：

$$\gamma = \frac{G}{V_0} \tag{4-2}$$

式中　γ——保温材料的密度，kg/m^3；

　　　G——保温材料的质量，kg；

　　　V_0——保温材料在自然状态下的体积，m^3。

保温材料的密度越小，保温材料的保温性能就越好，因此应该采用密度小的保温材料。这样既可节约能源，又可减小烘干室的自重。对于安装上楼的设备，可降低楼板和基础的承载能力。

（5）保温护板厚度的确定

保温护板的厚度既要满足烘干室的工艺要求、保证良好的操作环境及节约热能，又要尽量减少设备的投资，因此在选择保温护板的厚度时，应根据保温护板的温差进行计算。保温护板厚度可按式(4-3) 进行计算：

$$\delta = \frac{\lambda(t_m - t_n)}{\alpha_n(t_m - t_B)} \tag{4-3}$$

$$\alpha_n = 1.43\sqrt{t_m - t_B} + 4.4\left[\frac{(273+t_n)^4 - (273+t_B)^4}{100^4(t_n - t_B)}\right] \tag{4-4}$$

式中　δ——保温材料的厚度，m；

　　　α_n——保温护板外壁的放热系数，$W/(m^2 \cdot ℃)$；

　　　t_B——车间环境温度，$℃$；

　　　t_m——保温护板内壁温度，$℃$；

　　　t_n——保温护板外壁温度，$℃$；

　　　λ——保温材料的热导率，$W/(m \cdot ℃)$。

λ 值与保温层的平均温度成线性变化关系。其中保温材料的平均温度（t_p）可用式(4-5)进行计算。

$$\lambda = \lambda_0 + bt_p \tag{4-5}$$

$$t_p = \frac{t_m + t_n}{2} \tag{4-6}$$

式中　λ——保温材料的热导率，$W/(m \cdot ℃)$；

　　　λ_0——保温材料在 $0℃$ 时的热导率，$W/(m \cdot ℃)$；

　　　b——每升高 $1℃$ 时，热导率增加的常数；

　　　t_p——保温材料的平均温度，$℃$。

4.3.3　加热系统

热风循环烘干室的加热系统是加热空气的装置，它能把进入烘干室内的空气加热至一定的温度范围，通过加热系统的风机将热空气引入烘干室内，并在烘干室的有效加热区形成热空气环流，连续地加热工件，使涂层得到固化干燥。为了保证烘干室内的溶剂蒸气浓度处于安全范围内，烘干室需要排除一部分含有溶剂蒸气的热空气，同时需要吸入一部分新鲜空气予以补充。

4.3.3.1　加热系统的分类

直接加热系统是应用于燃油或燃气型的加热系统中，燃烧后的高温气体直接参与烘干室的空气循环。

用天然气作为热源的直接加热系统如图4-10所示。

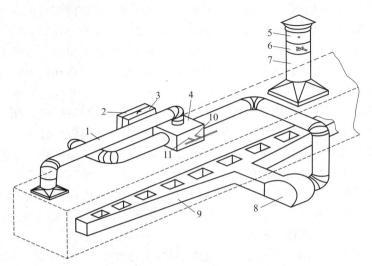

图 4-10　热风循环烘干室天然气直接加热系统
1—吸风管；2—空气过滤器；3—调节器；4—燃烧器；5—止回阀；6—蝶阀；
7—废气排放管；8—风机；9—送风管；10—烧嘴；11—燃气调节阀

工作时，天然气在燃烧室中燃烧产生高温生成物，它与经吸风管从烘干室中吸出的热空气及从空气过滤器引进的新鲜空气相混合。混合的热空气用风机经送风管送入烘干室内，对工件涂层连续加热。

间接加热系统见图4-4和图4-5。为了满足热风循环烘干室各区段的热风量的不同需要，可设置多个不同风量的互相独立的加热系统，也可仅设置一个加热系统。在热风循环烘干室的升温段中，工件从室温升到烘干温度需要大量热量，而且大部分溶剂蒸气在此段迅速挥发，要求较快地排出含有溶剂蒸气的空气，因此这个区段要求加热系统能供给较大的热风量。在烘干室的保温段，涂层主要起氧化或缩聚作用而形成固态薄膜，同时也有少量溶剂蒸发，因此不但需要热量，而且还需要新鲜空气，但此区段所需的热量比升温区段要少。热风循环烘干室的加热系统，应根据室内各区段的不同要求，合理地分配热量。

4.3.3.2　加热系统的组成

热风循环烘干室的加热系统一般由空气加热器、风机、调节阀、风管和空气过滤器等部件组成。

（1）风管

加热系统的风管引导热空气在烘干室内进行热风循环，将热量传给工件。风管由送风管和回风管组成。

经过加热器加热的空气经送风口进入烘干室内，与工件和烘干室内的空气进行热量交换后由回风口回到加热器，这样必定引起烘干室内空气的流动，形成某种形式的气流流型和速度场。送回风管（口）的任务是合理组织烘干室内空气的流动，使烘干室内有效烘干区的温度能更好地满足工艺要求。送回风管（口）布置得是否合理，不仅直接影响烘干室的加热效果，而且也影响加热系统的能耗量。

送回风（口）的位置对保证整个烘干室温度的均匀性有很大影响。送回风口的位置应能保证热空气在烘干室内形成合理的气流组织，使烘干室内有效烘干区温度均匀。

影响烘干室内空气组织的因素很多，如送风口的位置和形式、回风口的位置、烘干室的几何形状及烘干室内的各种扰动等。其中以送风口的空气射流及其参数对气流组织的影响最为重要。当加热后的空气从送风口送进烘干室后，该射流边界与周围气体不断进行动量、热量及质量交换，周围空气不断被卷入，由于烘干室内壁的影响而导致形成回流，射流流量不断增加，射流断面不断扩大。而射流速度则因与周围空气的能量交换而不断下降。应该注意到，相邻间送风口的射流也会互相影响。因此送风口的开设应考虑到烘干室内有效烘干区的温差控制、送风口的安装位置、有效烘干区的最大允许送风速度和气流射程长度。

风管应合理敷设，在满足烘干室要求的条件下，应尽量减少风管的长度、截面和方向的变化，以减少管道中的热损失和压力损失。风管的室外部分表面应敷设保温层。为了保证较长的烘干室内各送风口的风量基本相同，送风管需要设计成变截面风管。考虑到制作和安装的方便，也可将送风管制成等截面的矩形风管，通过各送风口的阀门进行送风风量调节。风管之间用法兰或咬口连接，当用法兰连接时，为了提高连接的密封性，减少漏风量，需在连接法兰之间放入衬垫，衬垫的厚度为 3～5mm。如果风管内气流的温度大于 70℃时，法兰之间要衬垫石棉纸或石棉绳进行密封。

风管一般采用镀锌钢板制成，钢板的厚度可根据风管的尺寸大小来选定。不同风管尺寸所需要的钢板厚度见表 4-1 和表 4-2。送回风管（口）在烘干室内布置的方式较多，常用的有下送上回式、侧送侧回式和上送上回式（表 4-3）。送回风管（口）在烘干室内布置方式的选择必须根据涂层的要求、设备的结构进行合理选择。送回风管（口）各种布置的特点如表 4-3 所示。

表 4-1　圆风管钢板厚度选择

外径/mm	钢板制风管	
	外径允许偏差/mm	壁厚/mm
100～200	±1	0.5
220～500	±1	0.75
560～1120	±1	1.0
1250～2000	±1	1.2～1.5

表 4-2　矩形风管钢板厚度选择

外边长 $A \times B$/mm×mm	钢板制风管	
	外边长允许偏差/mm	壁厚/mm
120×120～200×200	约2	0.5
250×120～500×500	约2	0.75
630×250～1000×1000	约2	1.0
1250×2000～2000×1250	约2	1.2～1.5

表 4-3　送风管各种布置方式的特点

送回风管布置方式	布置位置	特点	适用范围
下送上回式	送风管沿烘干室底部设置，送风口一般设在工件下部。回风管利用烘干室上部余空间设置。利用热空气的升力，送风风速低，送风温差较小	送风经济性好，气流组织合理，工件加热较均匀。烘干室内不易起灰，可保障涂层质量。须占用烘干室底部大量空间，烘干室体积相对较大	工件悬挂式输送，涂层质量要求较高，桥式烘干室更适用
侧送侧回式	单行程烘干室送回风管沿保温护板设置；多行程烘干室送回风管沿保温护板和工件运行中间空间布置	送风经济性好，工件加热较均匀。烘干室内不易起灰，可保障涂层质量。气流组织设计要求较高	涂层质量要求较高，多行程烘干室可使其体积设计得相对较小，因此更适用
上送上回式	送回风管均设计在烘干室上部，送风口侧对工件送风。一般送风风速较高，射程长，卷入的空气量大，温度衰减大，送风温差也大	一般是为了利用烘干室的空余空间，因此烘干室体积相对较小，热损耗较小，但风机能耗较大。送风风速较高以防止气流短路，烘干室内容易起灰	因各种原因不能在烘干室下部布置风管的场合。桥式烘干室应用较少

送风口的形式一般有插板式、格栅式、孔板式、喷射式及条缝式。插板式是在送风管开设矩形风口，风口的送风量可用风口闸板进行调节。插板式结构简单制作方便，一般下送上回式结构应用较多，但送风管的风速和送风口的风速必须选择合理，应尽量避免风口切向气流的产生。格栅式是在矩形风口设置格栅板引导气流的方向，一般下送上回式和侧送侧回式均可使用，但要增加烘干室的空间。孔板式是在送风管的送风面上开设若干小孔，这些小孔即为送风口，一般下送上回式和侧送侧回式均可使用。它的特点是送风均匀，但气流速度衰减得很快。喷射式是一个渐缩圆锥台形短管，它的渐缩角很小。它的特点是紊流系数小、射程长，适用于上送上回式结构。条缝式在上送上回式结构中也有应用，一般是为了得到较高的送风风速，但它的压力损失较大。

送风气流方向要求尽量垂直于送风管，一般是依靠送风管的稳压层与烘干室内之间的静压差将空气送出。稳压层内的空气流速越小，送风口流出方向受其影响也就越小，从而保证气流被垂直送风管送出。若稳压层空气流速过小，送风管截面尺寸增大，影响烘干室体积，送风管内静压也可能过高，漏风量会增大。出风速度过高时，会产生风口噪声，而且直接影响加热系统的压力损失。因此一般限制插板式和格栅式、孔板式出风速度在 $2\sim5m/s$ 范围内，限制喷射式及条缝式出风速度在 $4\sim10m/s$ 范围内。为了保证送风均匀，则需要保证送风管内的静压处处相等。实际上，空气在流经送风管的过程中，一方面由于流动阻力使静压下降；另一方面，在送风管内由于流量沿程逐渐减少，从而使动压逐渐减少和静压逐渐增大。总之，送风管内的空气静压是变化的。为保证均匀送风，通常限制送风管内的静压变化不超过 10%。因此，在设计送风管时应尽量缩短送风管的长度。

（2）空气过滤器

烘干室空气中的尘埃不仅直接影响涂层的表面质量，而且还会影响烘干室内壁的清洁及加热器的传热效果，因此烘干室需要采用空气过滤器进行除尘净化。补充新鲜空气的取风口位置应设在烘干室外空气清洁的地方，使吸入的新鲜空气含尘量较少。

热风循环烘干室主要使用的是干式纤维过滤器和黏性填充滤料过滤器。

干式纤维过滤器由内外两层不锈钢（或铝合金）网和中间的玻璃纤维（或特殊阻燃滤料制成的滤布）组成。滤布的特点是由细微的纤维紧密地错综排列，形成一个具有无数网眼的稠密的过滤层，通过接触阻留作用、撞击作用、扩散作用、重力作用及静电作用进行滤尘。干式纤维过滤器的过滤精度较可靠，而且市场上也有产品供应，应该是首选设备。

黏性填充滤料过滤器由内外两层不锈钢（或铝合金）网和中间填充的玻璃纤维、金属丝或聚苯乙烯纤维制成。当含尘空气流经填料时，沿填料的空隙通道进行多次曲折运动，尘粒在惯性力作用下，偏离气流方向并碰到黏性油上被粘住捕获。黏性填充滤料过滤器的黏性油要求耐烘干室的工作温度，而且不易挥发和燃烧。在实际使用中，由于黏性油不易选择，绝大部分的填充滤料过滤器都不采用，因此其过滤效果较差，在涂层质量要求较高的场合不能采用。

4.3.3.3 空气加热器

空气加热器用来加热烘干室内的循环空气和烘干室外补充的新鲜空气的混合空气，使进入烘干室内的混合气体保持在一定的工作温度范围内。空气加热器按其所采用热媒的不同可以分为燃烧式空气加热器、蒸汽（或热水）式空气加热器以及电热式空气加热器。

（1）燃烧式加热器

燃烧式加热器分为直接加热式和间接加热式两种。

① 直接加热式空气加热器（图 4-11）通常称作燃烧室，是将燃气或燃油通过燃烧器（烧嘴）在燃烧室内燃烧，然后将燃料燃烧生成物和热空气的混合气体送入烘干室加热工件涂层。这种加热器的优点是热效率高，缺点是热量不易调节，占地面积大，明火也不够安全。另外，混合热空气所含的烟尘较多，会影响过滤器的使用寿命和涂层的质量。这种加热器一般不能用于质量要求高的涂层烘干。

② 间接加热式空气加热器（图 4-12）是热源通过热交换器加热烘干室的循环空气，这种空气加热器的特点是安全，热空气清洁，热量容易调节，占地面积相对较小，但热效率相比直接加热式空气加热器要低一些。

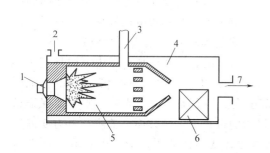

图 4-11　直接加热式空气加热器示意图
1—喷嘴；2—新鲜空气入口；3—排气管；
4—混合室；5—燃烧室；6—循环空气入口；
7—循环空气出口

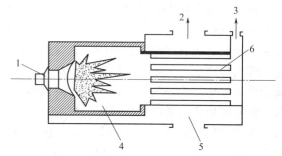

图 4-12　间接加热式空气加热器示意图
1—喷嘴；2—循环空气出口；
3—排气管；4—燃烧室；
5—循环空气入口；6—热交换器

通常认为间接加热式空气加热器的效率是直接加热式空气加热器的 70%～80% 左右。一般直接加热式空气加热器用于腻子或有后处理的底漆烘干室，间接加热式空气加热器可以用于面漆及罩光漆的烘干室。

燃烧式加热器燃料供给系统必须设置紧急切断阀。直接加热式空气加热器，烘干室的空气循环系统的体积流量应大于加热系统燃烧产物体积流量的 10 倍。燃烧式加热器如使用直接点火装置，燃烧室应该安装火焰监测器，在意外熄火时可自动关闭燃料供给。

（2）蒸气（或热水）式空气加热器

蒸气（或热水）式空气加热器是利用蒸气或热水通过换热器加热空气的装置。这类加热器中肋片式换热器得到了广泛的应用。其构造如图 4-13 所示。

空气换热器一般垂直安装，也可以水平安装或倾斜安装。但对于蒸气作热媒的空气加热器，为了便于排除凝结水，水平安装时应考虑有一定的坡度。

按空气流动的方向，换热器可以串联也可以并联。采用什么样的组合方式应根据通过空气量的多少和需要的换热量的大小来决定。一般来说，通过空气量多时应采用并联；需要的空气温升大时应采用串联。对于热媒管路来说，也有并联与串联之分，但是对于使用蒸气作热媒的换热器，蒸气管路与各台换热器之间只能并联。对于热水作热媒的换热器而言，并联、串联或串、并联结合安装均可。但一般相对空气而言，并联的换热器，其热水管路也必须并联；串联的换热器，其热水管路也应串联。在热媒的管路上应有截止阀以便调节或关闭换热器，还应设压力表（和温度计）。此外，对蒸气系统，在回水管上还应安装疏水器。疏水器的连接管上应有截止阀和旁通管以利于运行中的维修。为了保证换热器的正常工作，在

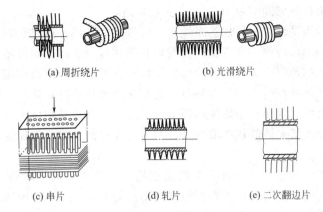

(a) 周折绕片　　　　　(b) 光滑绕片

(c) 串片　　　　(d) 轧片　　　　(e) 二次翻边片

图 4-13　肋片式换热器的构造

水管的最高点要设排空气装置，而在最低点要设泄水和排污阀门。

（3）电热式空气加热器

电热式空气加热器如图 4-14 所示。电热式空气加热器是利用电能加热空气的装置，它具有加热均匀、热量稳定、效率高、结构紧凑和控制方便等优点，因此在热风循环烘干室中应用较多。电热式空气加热器有两种基本的电热元件（换热器），一种是裸线式，另一种是管式。裸线式是由裸电阻丝构成，这种电加热器的外壳是由中间填充保温和绝缘材料的双层钢板组成，在钢板上安装固定电阻丝的陶瓷（或其他耐高温的）绝缘子，电阻丝的排数数量根据设计需要决定。在定型产品中，常把电加热器做成抽屉式，维护、检修比较方便。裸线式电加热器热惰性小、加热迅速、结构简单，但容易断丝漏电，安全性差。所以，在使用时必须有可靠的接地装置，并与循环风机联锁运行，以免造成事故。

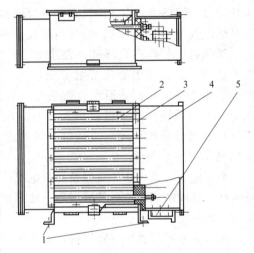

图 4-14　电热式空气加热器示意图
1—支座角钢；2—电热元件；
3—法兰；4—外壳；5—接线盒

管式电加热器是由管状电热元件组成。这种电热元件是将电阻丝装在特制的金属套管中，中间填充导热性好但不导电的材料，如结晶氧化镁等。电阻丝两端有钢质引出棒伸出管外，用来接通电源。当电流通过电阻丝时电阻丝产生热量，均匀地加热通过电热元件表面的空气。电热元件在电热式空气加热器中均为错列布置。为了控制方便，加热器的电热元件分为常开组、调节组和补偿组。常开组的安装功率一般是加热器设计功率的 50%～70%；调节组的作用是通过接触器或可控硅精确控制烘干室的温度；在多种烘干温度的烘干室加热器中需设补偿组。

电热式空气加热器安装时要求加热器与金属支架间有良好的电气绝缘，其常温绝缘电阻必须大于 1MΩ。

通过加热器的质量速度不宜取得过大或过小。过大时，空气阻力过大，因而消耗能量过多；过小时，阻力过小，但所需加热面较大，初建费用增加。当使用电热式空气加热器时，风速在 8～12m/s 较合适，风速过高会使压力损失增加，过低时会影响效率。电热式空气加热器的电热元件应错排，管间的距离为 40mm 较合适。

空气加热器在热风循环烘干室加热系统中，可以安置在循环风机后的送风段内，也可以安置在循环风机前的回风段内。空气加热器安置在循环风机后时，经过循环风机的空气温度较低，但热风容易从加热器中逸出，影响操作环境。在某些场合可以利用风机后空气加热器前的高压区排放烘干室的废气；空气加热器安置在循环风机前时，外部空气容易从加热器中渗入，这时经过风机的空气在整个热风循环中温度最高，不能利用风机后的高压区排放烘干室废气，否则会造成大量无谓的热能浪费。目前采用较多的是将空气加热器安置在循环风机前的回风段内。

正确合理选择空气加热器，应首先根据涂层的质量要求、烘干室的工作温度及加热风量，在熟悉各形式空气加热器的热工特性和结构特点的基础上，结合现场和使用的性质进行必要的技术经济分析，选用热效率高、安全性好、体积小、易控制、易维护和造价低的空气加热器。

4.3.3.4 通风机

加热系统通风机的作用是：输送供干室内的空气进入加热器得到加热，使之达到需要的工作温度，使烘干室内的空气在空气过滤器的作用下改善其洁净度；组织烘干室内的气流，提高热空气与工件涂层之间的热量传递。

通风机按其作用原理可分为轴流式和离心式两种，热风循环烘干室加热系统通常使用离心式通风机。对于固化溶剂型涂层的烘干室，为了防火、防爆，通风机须选用防爆型产品。由于一般离心式通风机输送介质的最高允许温度不超过 80℃，因此一般热风循环烘干室加热系统的通风机都需要有耐高温的特殊要求。通风机的外壳要求保温，以减少热损耗和改善操作环境。通风机与风管之间的连接应该严密，防止由于连接不严造成的漏风现象发生。

为了防止震动，通风机以及配套电机应该采取减震措施。通常在通风机和电机座下安装减震垫、橡胶减震器或弹簧减震器。减震器应该根据工作负荷和干扰频率进行选择，必须避免共振的发生。

由于管路系统连接不够严密，会产生一些漏风现象，因此设计空气加热系统的空气量及压力损失时，应该考虑必要的安全系数。一般采用的安全系数为：附加漏风量 0～10%，附加管道压力损失 10%～15%。离心式通风机的性能一般均指在标准状况下的性能。所谓标准状况是指大气压力 $p = 0.1\text{MPa}$，大气温度 $t = 20℃$，相对湿度 $\varphi = 50\%$ 时的空气状态。而热风循环烘干室空气加热系统通风机的使用工况（温度、大气压力、介质密度等）均是在非标准状况下，因此设计选择离心式通风机所产生的风压、风量和轴功率等均应按表 4-4 中有关公式进行计算。在烘干室的安装调试中，常常要对通风机的风压或风量进行调节。设计时可以在通风机送风管道或进风管道上设置调节阀，通过调整调节阀来改变通风机在管网上的工作点。在送风管道上减小调节阀开启度时，阻力增加、风量减小，这个方法简单，但风量的调节范围较小，而且容易使通风机进入不稳定区工作；在进风管道上减小调节阀开启度时，通风机出口后的管网特性曲线不变，因此具有较宽的风量调节范围。

表 4-4　离心式通风机性能参数换算公式

改变密度 γ、转数 n 时的换算公式	改变转数 n、大气压 p、气体温度 t 时的换算公式
$\dfrac{L_1}{L_2} = \dfrac{n_1}{n_2}$	$\dfrac{L_1}{L_2} = \dfrac{n_1}{n_2}$

改变密度 γ、转数 n 时的换算公式	改变转数 n、大气压 p、气体温度 t 时的换算公式
$\dfrac{H_{q_1}}{H_{q_2}}=\dfrac{\gamma_1 n_1^2}{\gamma_2 n_2^2}$	$\dfrac{H_{q_1}}{H_{q_2}}=\dfrac{(273+t_2)p_1 n_1^2}{(273+t_2)p_1 n_2^2}$
$\dfrac{H_1}{H_2}=\dfrac{\gamma_1 n_1^3}{\gamma_2 n_2^3}$	$\dfrac{H_1}{H_2}=\dfrac{(273+t_2)p_1 n_1^3}{(273+t_2)p_1 n_2^3}$
$\eta_1=\eta_2$	$\eta_1=\eta_2$

4.3.3.5 空气幕装置

对于连续式烘干室，一般工件连续通过，工件进出口门洞始终是敞开的。为了防止热空气从烘干室流出和外部空气流入，减小烘干室的热量损失，提高热效率，除了将烘干室设计成桥式或半桥式之外，通常在烘干室进出口门洞处或单个门洞处设置空气幕装置。空气幕装置是在烘干室的工件进出口的门洞处，以风机喷射高速气流形成的空气幕。

热风循环烘干室的空气幕一般是在工件进、出口门洞处两侧设置（双侧空气幕），空气幕的通风系统一般单独设置，即具有两个独立通风系统的空气幕，并分别设置在烘干室的进、出口门洞处。空气幕出口风速要求适当，一般为 10～20m/s。对于烘干溶剂型涂层的烘干室，应注意空气幕装置以及配套电机的防爆问题。对于烘干粉末涂层的烘干室，工件的进口门洞处不能设置空气幕，这时可考虑在工件出口处单独设置空气幕。

4.3.3.6 温度控制系统

温度控制系统的目的是通过调节加热器热量输出的大小，使热风循环烘干室内的循环空气温度稳定在一定的工作范围内，温度控制系统应设置超温报警装置，确保烘干室安全运行。

（1）测温点和控温点的选择

通常烘干室温度的测量是采用热电偶温度计或热电阻温度计。一般常用的测温方法有单点式和三点式两种。

单点式是最简单的测温方法，将温度计插入烘干室侧面的保温护板，一般插入位置是在烘干室有效烘干区的中间，在保证不碰撞工件的条件下，应尽可能靠近工件，此测温点测得的温度被认为是烘干室的平均工作温度，该测温点也用作烘干室的控温点。

三点式的测温方式是将温度计Ⅰ插入烘干室的保温护板，插入方法与单点式测温方法相同。温度计Ⅱ插入加热器的前端，该测温点测得的温度被认为是烘干室的最低工作温度。温度计Ⅲ插入加热器的后端，该测温点测得的温度被认为是烘干室的最高工作温度。必须注意：插入加热器前后端的温度计与加热器的燃烧室或换热器之间必须保持一定的距离，否则会影响温度计测温的正确性。三点式测温法的优点是可以观察到烘干室的平均温度和加热器的加热能力，能够比较全面准确地反映烘干室的实际工作情况，可以避免单点式测温法由于温度计的测温误差或故障而造成的控温失常。三点式测温法所采用的控温点一般是插入加热器前端的温度计Ⅱ或插入烘干室保温护板中间的温度计Ⅰ。

（2）燃料型加热器的温度控制

当使用燃油或燃气作为加热热源时，可通过调整供应燃油和燃气的阀门或烧嘴来调整燃料的燃烧量，从而控制循环空气的温度。

（3）蒸气加热器的温度控制

对于蒸气作为热媒的热风循环烘干室，温度控制主要是通过温控仪控制蒸气电磁阀或蒸气气动阀的开关或开启大小，调节通过加热器的蒸气流量大小来实现的。蒸气作为热媒的热风循环烘干室的温度控制也可以通过调节蒸气压力的大小来控制烘干室的循环空气温度，但这种控温方法较少采用。

（4）电热式空气加热器的温度控制

电热元件一般总是按三相四线制的 Y 接法连接，因此，电热元件接线时必须注意对电源三相的平衡，电热元件的总数应该是 3 的整数倍。电热式空气加热器的电热元件可分为常开组、调节组和补偿组。常开组和补偿组一般在开关烘干室时由手工启闭接触器开关，在非常情况下也能通过电气线路联锁切断，通常要求常开组单独开启时，烘干室的升温量是设计总升温量的 50%～70%。调节组需要通过温控仪自动控制，电热式空气加热器调节组的温度控制主要有两种方法：开关法、调功法。

① 开关法

采用带控制触点的温度控制仪表，当被控参数烘干室温度偏离设定值时，温控仪输出"通"或"断"两种输出信号启闭接触器，使调节组电热元件接通或断开，从而使烘干室温度保持在一定的范围内。

位式控制过程"通"或"断"两种输出信号是在某一设定值附近的振荡过程，在控制对象和检测元件等环节的滞后及时间常数都比较小的情况下，振荡过程频率过高，非常容易使接触器疲劳。因此要求设定的烘干室工作温度范围不能太窄，以保障电气元件的使用寿命。由此可以看出，开关法适用于烘干室控温精度要求不高的场合。

② 调功法

在电热式空气加热器调节组接线完成后，调节组电热元件的电阻就是一个固定值。这时电热元件的功率与加在它两端的电压平方成正比，即 $P = U^2/R$。所以调整电热元件的输入电压，可以方便地调整它的输出功率，目前普遍采用的是晶闸管调压。晶闸管调压由主回路和晶闸管触发回路两部分组成，常用的触发回路又可以分为移相触发回路和过零触发回路。

4.3.4 热风循环固化设备相关计算

4.3.4.1 计算依据

热风循环固化设备的相关计算依据包括：采用设备的类型；传热的形式；最大生产率（m^2/h 或 kg/h）；挂件最大外形尺寸，如长度（沿悬挂输送机移动方向，m）、吊挂间距（m）、宽度（m）、高度（m）；输送机的技术特性，型号、速度（m/min）、移动部分质量（包括挂具，kg/h）；涂料及溶剂稀释剂的种类，进入烘干室的涂料消耗量（kg/h）、进入烘干室的溶剂稀释剂消耗量（kg/h）；固化温度（℃）；固化时间（min）；车间温度（℃）；热源种类；主要参数，如蒸气压力、电压、燃油后燃气的热值及密度等。

4.3.4.2 主体尺寸的计算

（1）连续式烘干室室体长度的计算

① 单行程烘干室室体的长度按式(4-7)计算：

$$L = l_1 + l_2 + l_3 \tag{4-7}$$

$$l_1 = vt \tag{4-8}$$

式中　L——连续式烘干室的室体长度，m；

　　　l_1——烘干区长度，m；

　　　v——悬挂输送机速度，m/min；

　　　t——固化时间，min；

l_2——进口区长度，m；

l_3——出口区长度，m。

当设备为直通式烘干室时，l_2、l_3一般为2～4m；当设备为桥式烘干室时，l_2、l_3需要按照悬挂输送机升降段（桥段）的水平投影长度来进行计算。悬挂输送机升降段的水平投影计算可以参考式(4-9)：

$$l_2(l_3)=h\cot\alpha+2R\tan\left(\frac{\alpha}{2}\right) \qquad (4-9)$$

式中 h——悬挂输送机的升降高度差，m；

R——悬挂输送机垂直弯曲段的弯曲半径，一般取0.6m或0.8m；

α——悬挂输送机垂直弯曲段的升角，一般取30°或45°。

② 多行程烘干室室体的长度按式(4-10) 计算：

$$L=2(l_k+R_s+\delta)+\frac{l_2+l_3+vt-2(l_k+R_s)-(n-1)\pi R_s}{n} \qquad (4-10)$$

式中 L——连续式烘干室的室体长度，m；

l_k——悬挂输送机水平转弯处最远点距烘干室内壁的距离，m；

v——悬挂输送机速度，m/min；

t——固化时间，min；

R_s——悬挂输送机水平转弯段的弯曲半径，m；

n——行程数；

l_2、l_3——进、出口区长度，当设备为直通式烘干室时，一般 $l_2(l_3)=2$～3m，当设备为桥式烘干室时，$l_2(l_3)$可按照式(4-9)计算。

δ——烘干室保温护板厚度，一般取0.1～0.15m。

（2）连续式烘干室室体宽度的计算

连续式烘干室室体的宽度按式(4-11)进行计算：

$$B=b+2R(n-1)+2b_1+2b_2+2\delta \qquad (4-11)$$

式中 B——连续式烘干室的室体宽度，m；

b——挂件的最大宽度，m；

n——烘干室的行程数；

R——悬挂输送机水平转弯轨道半径，m；

b_1——挂件与循环风管的间隙，应根据挂件的转向情况等因数确定，m；

b_2——风管宽度，m；

δ——烘干室保温护板厚度，一般取0.1～0.15m。

（3）连续式烘干室室体截面高度的计算

连续式烘干室室体高度计算示意图如图4-15所示，室体截面的高度按式(4-12) 计算。

$$H=h+h_1+h_2+h_3+\delta_1+\delta_2 \qquad (4-12)$$

式中 H——连续式烘干室的室体截面高度，m；

h——挂件的最大高度，m；

h_1——挂件顶部至烘干室顶部内壁的距离，m；

h_2——挂件底部至循环风管的距离，一般取

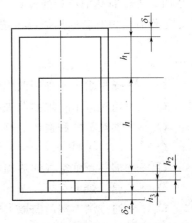

图 4-15 连续式烘干室室体
截面高度计算示意图

$0.25\sim0.4m$，当在高度方向不设风管时，h_2就是挂底部至烘干室底部内壁的距离，一般取$0.5\sim0.6m$；

  h_3——循环风管截面高度，当在高度方向上不设置风管时，$h_3=0$；

  δ_1——烘干室顶部保温层厚度，一般取$0.1\sim0.2m$；

  δ_2——烘干室底部保温层厚度，一般取$0.1m$。

4.3.4.3 门洞尺寸的计算

（1）门洞宽度的计算

工件通过处门洞的宽度按式（4-13）计算

$$b_0=b+2b_3 \tag{4-13}$$

式中 b_0——工件通过处门洞的宽度（通常指烘干室门洞宽度），m；

  b——工件的最大宽度，m；

  b_3——工件与门洞侧边的间隙，一般取$0.1\sim0.2m$。

挂具通过处门洞的宽度按式（4-14）计算：

$$b_0'=b'+2b_3' \tag{4-14}$$

式中 b_0'——挂具通过处门洞的宽度，m；

  b'——挂具的最大宽度，m；

  b_3'——挂具与门洞侧边的间隙，一般取$0.1m$。

（2）工件通过处门洞高度的计算

工件通过处门洞的高度按式（4-15）计算：

$$h_0=h+h_4+h_5 \tag{4-15}$$

式中 h_0——门洞的高度，m；

  h——工件的最大高度，m；

  h_4——工件底部至门洞底边的间隙，一般取$0.1\sim0.2m$；

  h_5——工件顶部至门洞顶边的间隙，一般取$0.08\sim0.15m$。

设置空气幕的进出口门洞应考虑空气幕管道的安装位置。

4.3.4.4 热损耗量的计算

热风循环烘干室设计时，热损耗量的计算一般按工作时单位时间热损耗量计算，然后再按升温时间的要求计算升温时热损耗量，两者进行比较，取其大值进行功率计算。

（1）工作时热损耗量的计算

工作时单位时间的热损耗量按式（4-16）计算：

$$Q=k(Q_1+Q_2+Q_3+Q_4+Q_5+Q_6+Q_7) \tag{4-16}$$

式中 Q——工作时总的热损耗量，W；

  Q_1——通过烘干室外壁散失的热损耗量，W；

  Q_2——通过烘干室地面散失的热损耗量，W；

  Q_3——加热工件和输送机移动部分的热损耗量，W；

  Q_4——加热涂料（或水分）和涂料中溶剂（或水分）蒸发的热损耗量，W；

  Q_5——加热新鲜空气的热损耗量，W；

  Q_6——通过烘干室外部循环风管散失的热损耗量，W；

  Q_7——通过烘干室门洞散失的热损耗量，W；

  k——考虑到其他未估计到的热损耗量的储备系数，一般取$1.1\sim1.3$。

（2）通过烘干室外壁散失的热损耗量的计算

每小时通过烘干室外壁散失的热损耗量按式(4-17)计算：

$$Q_1 = KF(t - t_0) \qquad (4\text{-}17)$$

式中　K——烘干室保温护板的传热系数，$W/(m^2 \cdot ℃)$，可按表 4-5 选取；

F——烘干室保温护板的表面积之和，对于桥式或架空的直通式烘干室就是烘干室的外表面积，对于落地式烘干室即为烘干室外表面积除去底部面积，m^2；

t——烘干室的工作温度，℃；

t_0——车间（环境）温度；取车间全年最低温度月份的平均温度，℃。

表 4-5　保温护板传热系数 K 值表

保温护板厚度/m	0.08	0.1	0.12	0.15
传热系数/[W/(m²·℃)]	1.4	1.6	1.2	1.0

（3）通过烘干室地面散失的热损耗量的计算

直接安装在地面（一般铺设耐火砖）上的烘干室，热空气直接与地面接触，每小时通过烘干室地面散失的热损耗量按式(4-18)计算：

$$Q_2 = K_1 F_1 (t_e - t_{e0}) \qquad (4\text{-}18)$$

式中　K_1——地面材料的传热系数，一般取经验数据 $2.9 W/(m^2 \cdot ℃)$；

F_1——烘干室所占的地面面积，m^2；

t_e——烘干室的工作温度，℃；

t_{e0}——车间（环境）温度，℃。

（4）加热工件和输送机移动部分的热损耗量的计算

每小时加热工件和输送机移动部分的热损耗量按式(4-19)计算：

$$Q_3 = (G_1 c_1 + G_2 c_2)(t_{e2} - t_{e1}) \qquad (4\text{-}19)$$

式中　G_1——按质量计算的工件每小时最大生产量，kg/h；

c_1——工件的比热容，$J/(kg \cdot ℃)$；

G_2——每小时加热输送机移动部分（包括挂具）的质量，kg/h；

c_2——输送机移动部分的比热容，$J/(kg \cdot ℃)$；

t_{e2}——工件或输送机移动部分在烘干室出口的温度，一般取 $t_{e2} = t_e$，℃；

t_{e1}——工件或输送机移动部分在烘干室进口处的温度。一般取 $t_{e1} = t_{e0}$，℃。

（5）加热涂料（或水分）和涂料中溶剂（或水分）蒸发的热损耗量的计算

每小时加热涂料（或水分）和涂料中溶剂（或水分）蒸发的热损耗量按式(4-20)计算：

$$Q_4 = G_3 c_3 (t_e - t_{e0}) + G_4 r \qquad (4\text{-}20)$$

式中　G_3——每小时进入烘干室的最大涂料消耗量，kg/h；

c_3——涂料的比热容，$J/(kg \cdot ℃)$；

t_e——烘干室的工作温度，℃；

t_{e0}——车间（环境）温度，℃；

G_4——每小时进入烘干室的涂料中含有的最大溶剂质量，kg/h；

r——溶剂的汽化潜热，J/kg。

（6）加热新鲜空气的热损耗量的计算

每小时加热新鲜空气的热损耗量按式(4-21)计算：

$$Q_5 = G_5 c_4 (t_e - t_{e0}) \tag{4-21}$$

式中 G_5——每小时进入烘干室的新鲜空气的质量，kg/h；

$\quad$ c_4——空气的比热容，J/(kg·℃)；

$\quad$ t_e——烘干室的工作温度，℃；

$\quad$ t_{e0}——车间（环境）温度，℃。

① 无溶剂的被涂物烘干 G_5 的计算

可按式(4-22)估算：

$$G_5 = K_0 F_0 \tag{4-22}$$

式中 G_5——每小时进入烘干室的新鲜空气的质量，kg/h；

$\quad$ F_0——烘干室敞开门洞的面积，m²；

$\quad$ K_0——经验数据，直通式无空气幕时，K_0 取 0.2～0.4，桥式或有空气幕时，K_0 取 0.1～0.15。

② 溶剂型涂层烘干室 G_5 的计算

确定新鲜空气量的原则是保证在烘干室内可燃气体最高体积浓度不能超过其爆炸下限值的 25%，烘干室内粉末最大含量不能超过爆炸下限浓度的 50%。各种类型及工作温度的烘干室，按表 4-6 选取烘干室内可燃气体爆炸下限计算值。

表 4-6　可燃气体爆炸下限计算值

烘干室类型	可燃气体爆炸下限计算值	
	烘干温度<120℃	烘干温度≥120℃
间歇式	取室温时爆炸下限值	取室温时爆炸下限值的 0.7
连续式	取室温时爆炸下限值	取室温时爆炸下限值

③ 间歇式烘干室新鲜空气量的计算

新鲜空气量 G_5 可按式(4-23)计算：

$$G_5 = \frac{4 G_{溶剂} \, \rho_{空气}}{t_{蒸发} \, \alpha_{下限}} \tag{4-23}$$

式中 $G_{溶剂}$——一次装载带入烘干室内的溶剂质量，g/次；

$\quad$ $\rho_{空气}$——车间内空气的密度，kg/m³；

$\quad$ $t_{蒸发}$——以最大挥发率计算的溶剂蒸发时间，烘干金属薄壁工件时推荐 0.11 h；

$\quad$ $\alpha_{下限}$——溶剂蒸气的爆炸下限计算值，g/m³；

$\quad$ 4——保证溶剂蒸气浓度低于爆炸下限值的 25% 的安全系数。

已知溶剂峰值挥发率时，新鲜空气量按式(4-24)计算：

$$G_5 = \frac{4 R_{分钟} \, \rho_{空气} \times 60}{\alpha_{下限}} \tag{4-24}$$

式中 $R_{分钟}$——峰值溶剂蒸发率，g/min；

$\quad$ $\rho_{空气}$——车间内空气的密度，kg/m³；

$\quad$ $\alpha_{下限}$——溶剂蒸气的爆炸下限计算值，g/m³；

$\quad$ 4——保证溶剂蒸气浓度低于爆炸下限值的 25% 的安全系数。

已知溶剂每小时的最大蒸发量时，新鲜空气量按式(4-25)计算：

$$G_5 = \frac{10 R_{小时} \, \rho_{空气}}{\alpha_{下限}} \tag{4-25}$$

式中 $R_{小时}$——烘干过程中溶剂每小时的最大蒸发量,当烘干周期小 1 h 时,$R_{小时}$ 为间歇装载的 1 h 平均蒸发量,例如,烘干周期为 40min,40min 周期中溶剂蒸发量为 $R_{40}(g)$,则 $R_{小时}=R_{40}×60/40$,g/h;

$\rho_{空气}$——车间内空气的密度,kg/h;

$\alpha_{下限}$——溶剂蒸气的爆炸下限计算值,kg/m^3;

10——经验系数。

④ 连续式烘干室新鲜空气量的计算

$$G_5=\frac{4G_{溶剂}\ \rho_{空气}}{t_{蒸发}\ \alpha_{下限}}\tag{4-26}$$

式中 $G_{溶剂}$——每小时带入烘干室内的溶剂质量,g/h;

$\rho_{空气}$——车间内空气的密度,kg/m^3;

$\alpha_{下限}$——溶剂蒸气的爆炸下限计算值,g/m^3;

4——保证溶剂蒸气浓度低于爆炸下限值的 25% 的安全系数。

(7) 通过烘干室外部循环风管散失的热损耗量的计算

每小时通过烘干室外部循环风管散失的热损耗量按式(4-27)计算:

$$Q_6=K'K_2F_2(t'_e-t_{e0})\tag{4-27}$$

式中 K_2——外部循环风管的传热系数,可按表 4-6 选取,W/(m^2·℃);

F_2——外部循环风管的面积,m^2;

t'_e——风管内的热空气温度,$t'_e=t_e$,℃;

t_e——车间(环境)温度,℃;

K'——考虑外部循环风管的热风泄漏及保温层铺设困难的补偿系数,一般取 $K'=1.5$。

(8) 通过烘干室门洞散失的热损耗量的计算

每小时通过烘干室门洞散失的热损耗量按式(4-28)计算:

$$Q_7=C_0F_0\phi\left[\left(\frac{T_1}{100}\right)^4-\left(\frac{T_2}{100}\right)^4\right]\tag{4-28}$$

式中 C_0——绝对黑体辐射常数,C_0 取 5.7W/(m^2·K^4);

F_0——烘干室敞开门洞的面积,m^2;

T_1——烘干室内空气的热力学温度,K;

T_2——车间(环境)的热力学温度,K;

ϕ——孔口修正系数,ϕ 取 0.65~0.86。

(9) 升温时热损耗量的计算

升温时单位时间的热损耗量按式(4-29)计算:

$$Q'_h=K_s(Q'_{h_1}+Q'_{h_2}+Q'_{h_3}+Q'_{h_4}+Q'_{h_5})\tag{4-29}$$

式中 Q'_h——升温时总的热损耗量,W;

Q'_{h_1}——通过烘干室外壁散失的热损耗量,W;

Q'_{h_2}——通过烘干室地面散失的热损耗量,W;

Q'_{h_3}——加热与热风接触的金属部分的热损耗量,W;

Q'_{h_4}——烘干室保温护板的保温层吸热时的热损耗量,W;

Q'_{h_5}——加热烘干室内空气的热损耗量,W;

K_s——考虑到其他未估计到的热损耗量的储备系数，一般取 $1.25 \sim 1.35$。

① 通过烘干室外壁散失的热损耗量的计算

每小时通过烘干室外壁散失的热损耗量按式（4-30）计算：

$$Q'_{h_1} = \frac{Q_1}{2} \tag{4-30}$$

式中，Q_1 为工作时通过烘干室外壁散失的热损耗量，W。

② 烘干室地面散失的热损耗量的计算

每小时通过烘干室地面散失的热损耗量按式（4-31）计算：

$$Q'_{h_2} = \frac{Q_2}{2} \tag{4-31}$$

式中，Q_2 为工作时通过烘干室地面散失的热损耗量，W。

③ 加热与热风接触的金属部分的热损耗量的计算

每小时加热与热风接触的金属部分的热损耗量按式（4-32）计算：

$$Q'_{h_3} = \frac{G_6 c_5 (t_e - t_{e0})}{t} \tag{4-32}$$

式中　G_6——被加热的金属部分质量，kg；

c_5——被加热金属的比热容，J/(kg·℃)；

t_e——烘干室的工作温度，℃；

t_{e0}——车间（环境）温度，℃；

t——从车间温度加热到工作温度时所要求的时间，h。

④ 烘干室保温护板的保温层吸热时的热损耗量的计算

每小时烘干室保温护板的保温层吸热时的热损耗量按式（4-33）计算：

$$Q'_{h_4} = \frac{G_7 c_6 \Delta t_e}{t} \tag{4-33}$$

$$\Delta t_e = \frac{t_e + t_{e3}}{2} - t_{e0} \tag{4-34}$$

式中　G_7——保温材料的质量，kg；

c_6——保温材料的比热容，J/(kg·℃)；

t——从车间温度加热到工作温度时所要求的时间，h；

Δt_e——工作温度和外壁的平均温度与车间温度之差，℃；

t_e——烘干室的工作温度，℃；

t_{e3}——烘干室外壁的温度，℃；

t_{e0}——车间（环境）温度，℃。

⑤ 加热烘干室内空气的热损耗量的计算

每小时加热烘干室内空气的热损耗量按式（4-35）计算：

$$Q'_{h_5} = \frac{G_8 c_4 (t_e - t_{e0})}{t} \tag{4-35}$$

式中　G_8——被加热的空气质量，kg；

c_4——被加热的空气比热容，J/(kg·℃)；

t_e——烘干室的工作温度，℃；

t_{e0}——车间（环境）温度，℃；

t——从车间温度加热到工作温度时所要求的时间，h。

4.3.4.5 热能消耗量和循环空气量的计算

(1) 燃料作为热源时热能消耗量的计算

最大燃料消耗量按式(4-36) 计算：

$$G_z = \frac{k_r Q_{h,max}}{Q_r \eta_b \eta_r} \tag{4-36}$$

式中　G_z——燃料的最大消耗量，kg 或 m^3；

$Q_{h,max}$——烘干室的最大热损耗量，W；

Q_r——燃料的热值，J/kg 或 J/m^3；

k_r——燃料加热系统的补偿系数，与燃烧器（燃烧机）的燃烧效率、燃烧生成物的温度及燃烧室排放烟气的余热是否回用等诸多因数有关，主要取决于燃烧器的技术参数，一般直接加热式取 1.0～1.05，间接加热式取 1.1～1.3；

η_b——燃烧器的工作效率，一般取 80%～95%；

η_r——燃烧器烟气的利用率，烟气不回用取 60%～70%，回用取 80%～95%。

(2) 蒸气作为热源时热能消耗量的计算

最大蒸气消耗量按式(4-37) 计算：

$$Q_z = \frac{k_z Q_{h,max}}{r_z} \tag{4-37}$$

式中　Q_z——蒸气的最大消耗量，kg/h；

$Q_{h,max}$——烘干室的最大热损耗量，W；

r_z——蒸气的潜热，J/kg；

k_z——蒸气加热系统的补偿系数，一般取 1.2～1.3。

(3) 电能作为热源时热能消耗量的计算

加热器消耗的最大功率按式(4-38) 计算：

$$P = \frac{k_d Q_{h,max}}{3.6 \times 10^6} \tag{4-38}$$

式中　P——加热器消耗的最大功率，kW/h；

$Q_{h,max}$——烘干室的最大热损耗量，J/h；

3.6×10^6——1kW·h 功率的热当量，J/(kW·h)；

k_d——电加热系统的补偿系数，一般取 1.1～1.3。

(4) 再循环空气量的计算

① 每小时再循环空气量　按式(4-39) 计算：

$$Q_x = \frac{Q_{h,max}}{1000\Delta t_e} \tag{4-39}$$

式中　Q_x——每小时再循环空气量，kg/h；

$Q_{h,max}$——烘干室的最大热损耗量，W；

1000——空气的比热容，J/(kg·℃)；

Δt_e——加热器出口和进口的空气温度差，℃。

Δt_e烘干温度在 200℃ 左右时，一般取烘干室工作温度的 30%～35%；烘干温度在 150℃ 左右时，一般取烘干室工作温度的 20%～30%；烘干温度小于 120℃ 时，一般取烘干室工作温度的 10%～20%。

② 风机循环风量 V 按式（4-40）计算：

$$V = \frac{G_x + G_5}{\rho} \tag{4-40}$$

式中　V——循环风量，m^3/h；

　　G_x——每小时再循环空气量，kg/h；

　　G_5——每小时进入烘干室的新鲜空气的质量，kg/h；

　　ρ——再循环空气的密度，kg/m^3。

③ 烘干室的热风循环次数 N 按式（4-41）计算：

$$N = \frac{60V}{V_0} \tag{4-41}$$

式中　N——烘干室的热风循环次数，次/h；

　　V——循环风量，m^3/h；

　　V_0——烘干室的室内体积，m^3。

烘干室的热风循环次数，对烘干室有效烘干区的温差有很大的影响。一般涂层烘干室的 N 值取 4~7 次/min；脱水烘干室的 N 值取 5~10 次/min。

4.3.4.6　烘干室设计举例

（1）设计基础资料

被涂物：金属制品。尺寸：600mm×100mm×1200mm。质量：15kg；输送链和挂具质量：10kg。挂距：1.5m。输送链速度：1.5m/min。生产纲领：10000 个/月。

确认烘干时间：20min（即通过烘干室的时间，含升温时间和保温时间）。

烘干温度：160℃。

热源：液化石油气。

（2）设计程序

① 烘干室室体设计。20min（通过时间）×1.5m/min（输送链速度）＝30m；取桥式出入口都为 4m；直线长度为 40m，选用双行程，长度 20m。

确定断面面积就可以决定烘干室的尺寸，如图 4-16 所示。

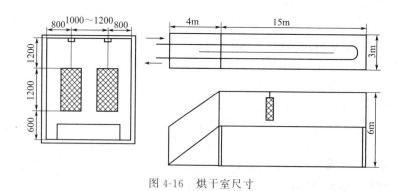

图 4-16　烘干室尺寸

② 加热方式的选定　燃料用天然气和液化石油气，采用直接热风循环，热风属于下送上回式。

③ 循环风机的能力确定　烘干室内容积，200m³；循环次数，2 次/min；应选用风机的能力，400m³/min；静压，500Pa。

④ 循环风机和机种选定　按机种产品目录样板所需范围内的风机进行选择，并查出吸入口和吐出口的尺寸。因耐热性轴承部分采用空冷式(如在250℃以上，使用水冷式轴承部件)，故燃烧空气温度最高为250℃以下。

⑤ 燃烧机种的选定　燃烧器：按热量计算选用容量为1000MJ/h的空气加热形式；控制方法：比例控制（PID）。

⑥ 决定过滤器的方式　在循环系统设置过滤箱，插入耐热过滤器。烘干室吹风设置铝制金属过滤网（500mm×250mm）。

烘干室设计计算结果见表4-7。生产运行时的热量计算结果见表4-8。燃烧器选用1000MJ，有100%的富裕。

表 4-7　烘干室设计计算结果

项目		规格型号
本体	尺寸	15m(L)×3m(W)×3m(H)，出入口(气封室)5m
	材质	内壁板为1.0mm厚的镀锌钢板
		外板为0.6mm厚的钢板
		保温层为150mm厚的玻璃棉
燃烧装置	燃烧器	液化石油气用，1000MJ/h
	燃烧风机	10m³/min×2MPa×0.75kW
	燃烧炉	卧式循环形式
循环风机		400m³/min×500Pa×5.5kW，限载空冷式
循环风管	尺寸	600mm×900mm，30m长
	材质	内外板为0.6mm厚的镀锌钢板
		保温层为50mm厚的玻璃棉
过滤器	材质	(500mm×500mm×100mm)×20枚，玻璃纤维制(耐热200℃)
温度控制	比例控制	PID控制仪，(160±5)℃

表 4-8　烘干室热量计算

项目	热量/MJ	百分比/%	项目	热量/MJ	百分比/%
被涂物加热	75	15	风管散热	80	16[②]
输送链、挂具加热	75	15	排气热损失[①]	60	12
容积蒸发	30	6	出口排气热损失	60	12
炉体散热	120	24[②]	合计	500	100

① 可理解为补充新鲜空气的加热。

② 炉体、风管的热损失大，宜加强保温措施。

4.3.4.7　热风循环固化设备的安全与节能措施

(1) 热风循环固化设备的安全措施

溶剂型（或粉末）涂层烘干室内部以及工件进、出口外3m的半球空间均处于爆炸危险区，必须保障烘干室内任何部位在工作状态下可燃气体（或粉末）的浓度都低于爆炸下限。其中可燃气体最高体积浓度不应超过其爆炸下限的25%，空气中粉末最大含量不应超过爆炸下限浓度的50%。只有当烘干室设置了可燃气体浓度报警器，报警器设定浓度在可燃气体爆炸下限的50%以内，而且报警器与加热系统进行联锁运行时，烘干室内的可燃气体浓度才允许高于爆炸下限的25%。涂层烘干室不宜采用自然通风，机械通风的排气位置尽量靠近可燃气体浓度最高的区域，对于连续式固化室，该区域一般在挂件加热5～10min。

间歇式烘干室加热器表面温度不能超过工件涂层溶剂引燃温度的80%（设置安全通风监测装置后不能超过溶剂的引燃温度），连续式烘干室加热器表面温度一般也不能超过溶剂的引燃温度。只有当烘干室采取可靠的安全保障措施时才能适当提高。使用机械强度不高的石英管、陶瓷管远红外线辐射器时，可在辐射器前安装保护杆以防止工件的碰撞、跌落引起火灾和触电事故。电加热器与金属支架间必须有良好的电气绝缘，加热器的连线必须接触良好、连接可靠。采用燃料燃烧系统加热时，燃烧装置必须符合工业用火焰炉的有关安全技术规定。

烘干室必须采用非燃材料制作，周围禁止存放易燃、易爆物品。烘干室附近应按消防要求设置灭火装置。烘干室每立方米工作容积宜设置$0.05～0.22m^2$的泄压面积，泄压装置移动部分单位面积的质量不宜大于12.5kg。一般可以利用设备的门洞及啮合式结构的搁顶板作为泄压面积，但泄压装置的泄压面不能朝向工人的操作区域。在烘干室顶部安装加热器时，钢平台周围要设置安全栏杆，并注意循环风管、排风风管的保温，以免烫伤维护人员。烘干室的人员进出门须向外开设，并注意室内也必须能够开启。

烘干室应设置静电保护接地，接地电阻小于100Ω，安装电器设备的室体外壳接地电阻应小于10Ω。室体内部电气导线应有耐高温绝缘层（一般采用陶瓷绝缘子），并需要经常进行检查。

烘干室的加热系统与风机系统必须联锁，应先启动循环风机和排风风机，排风量超过烘干室容积的四倍以后才能启动电加热器；电加热器关闭5～10min以后才能关闭循环风机和排风风机，对于燃烧加热器，风机的延时时间需要30min左右。大型烘干室的排风管道上应安装防火阀，当火灾发生时能与循环风机、排风风机和输送系统一起自动关闭。

烘干室的循环风机和排风风机，应按固化温度和涂料类型选择耐高温及防爆等级，还应尽可能选择低噪声的风机，使操作区的作业环境噪声符合GB/T 50087—2013的规定。

溶剂型涂层烘干室的排出的废气须经净化处理后才能排放，要求排放废气符合环保部门规定的大气排放标准。有机溶剂废气的处理方法主要有活性炭吸附法、催化燃烧法和直接燃烧法。

（2）热风循环固化设备的节能措施

热风循环固化设备应符合以下内容：选择隔热效果好的保温材料，合理选择保温护板的厚度；尽可能减少设备进出口门洞的尺寸，在场地条件许可时尽量采用桥式和多行程形式，提高室体的密封性；正确计算设备的排气风量，避免不必要的能源浪费；在满足涂层质量要求的前提下，选择固化温度较低的涂料，以整体减少固化的热损耗；合理设计输送机构和工件载具，减少设备运行的能耗；采用热效率高的加热形式和加热器，根据涂层固化的特点优化加热系统的热量分布，使热量的利用率达到最佳状态；合理利用燃烧烟气的热量，提高燃烧式加热器的换热效率；加强设备的维护工作，使设备始终在最佳状态下稳定运行；尽量采用两班或三班的生产制度，增加设备的连续运行时间，减少设备升温的热损耗。

4.4 辐射固化设备

辐射与传导或对流有着完全不同的本质。传导和对流传递热量要依靠传导物体或流体本身，而辐射是电磁能的传递，不需要任何中间介质的直接接触，真空中也能进行。

辐射是一切物体固有的特性，所有物体包括固体、液体和气体，只要物体的温度在绝对零度以上，就会向外辐射能量，不仅是高温物体把热量辐射给低温物体，而且低温物体也向高温物体辐射能量。所以，辐射换热是物体之间相互辐射和吸收过程的结果，只要参与辐射的各物体温度不同，辐射换热的差值就不会等于零，最终低温物体得到的热量就是热交换的差额。因此，辐射即使在两个物体温度达到平衡后仍在进行，只不过换热量等于零，温度没有变化而已。辐射与吸收辐射的能力可用黑度表示，不同物质的黑度见表 4-9。

表 4-9　各种物体在不同温度下的黑度

材料名称	温度/℃	黑度 ε	材料名称	温度/℃	黑度 ε
表面磨光的铝	50～500	0.04～0.06	水、雪	室温	0.96
严重氧化的铝	50～500	0.20～0.30	光面玻璃	室温	0.94
钢	300	0.64	刨光的木材	室温	0.80～0.90
镀锌钢板	室温	0.28	石棉纸	40～400	0.94～0.93
铁	500～1200	0.85～0.95	木材	20	0.8～0.92
氧化铁	100	0.75～0.80	硬橡皮	室温	0.95
铸铁	360	0.94	红砖	20	0.88～0.93
湿的金属表面	室温	0.98	各种颜色的漆	室温	0.80～0.90

物体中带电微粒的能级发生变化，就会激发向外发射能量。物体把本身的内能转化为对外发射的辐射能的过程称为热辐射。涂装干燥利用的电磁波的波长如图 4-17 所示。

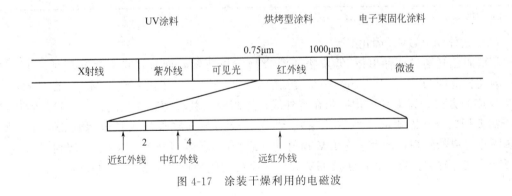

图 4-17　涂装干燥利用的电磁波

4.4.1　辐射固化分类

辐射固化分为红外线固化、紫外线（UV）固化、电子线固化、双固化。

（1）红外线固化

热辐射效应最显著的射线主要是红外线（0.76～1000μm）。按波长不同，红外线可分为近红外线（0.75～2.0μm）、中红外线（2.0～4.0μm）和远红外线（4.0～1000μm）。近红外线、中红外线能使涂膜、被涂物两者同时加热，达到缩短时间的目的，远红外线与涂料树脂的吸收波长相匹配，可产生共振作用。辐射的波长取决于辐射体的温度（表 4-10）及材质。

表 4-10　红外线辐射加热器元件的区分

名称	近红外线波长/μm	辐射体温度/℃	最大能量的波长/μm	元件启动时间/min	备注
远红外线(长波长)	4～15 以上	400～600(650 以下)	约 1.2	约 15	暗式
中红外线(中波长)	2.0～4	800～900(650～1100)	约 2.6	1～1.5	亮式
近红外线(短波长)	0.75～2.0	2000～2200(1100 以上)	约 1.2	1～2s	亮式

与热风烘干相比，辐射加热能大幅度缩短升温时间，远红外烘干室和热风烘干室的实际比较如表 4-11 所示。红外辐射加热具有以下特点：

① 热能靠光波传导，被涂膜和被涂物易吸收，升温速度快。如在热风对流加热场合，被涂物从室温升到 150℃ 左右约需 10min，而辐射加热仅需 1～3min。

② 基于被涂物吸收红外线而升温，往往被烘干物的温度会高于室温，因而热量会从物体和涂膜由内向外传，与涂膜干燥过程中溶剂蒸发方向一致。对消除易在涂膜表面固化、产生溶剂气泡针孔状的涂膜缺陷有利。

③ 红外辐射加热对结构、外形复杂的被涂物的加热均匀性较热风对流加热差。辐射加热的均匀性受辐射距离、辐射源的温度、被辐射面的照射强度和吸收性等的影响较大。

表 4-11　远红外烘干室和热风烘干室的比较

项目	热风循环室	远红外线烘干室	项目	热风循环室	远红外线烘干室
加热效率	△	◎升高 50%	机器寿命	◎	○
设备费用	○	○	安全性	◎	◎
设备空间	△	◎因烘干时间短,烘干室缩短	加热升温	◎	○仅需 1/2 的时间
温度控制性	○	◎应变迅速	CO_2 排出	○	◎减少 30%～50%
可操作性	◎	◎	节能	○	◎减少 20%

注：◎代表优良；○代表良好，△代表一般。

（2）紫外线（UV）固化

UV 固化是通过一种单体/低聚物的混合物的快速聚合而获得可交联涂膜的一种工艺。UV 的波长范围为 200～400μm，是短波长的不可见光。UV 干燥不是靠热能．而是利用 UV 固化反应的方式，即 UV 固化树脂在紫外线灯下瞬时（数秒钟）固化的性质。UV 固化仅适用于需要用紫外线固化的涂料（油漆）、油墨、胶黏剂（胶水）或其他灌封密封剂。影响 UV 固化材料的物理性能因素有 UV 辐射度（或密度）、光谱分布（波长）、辐射量（或 UV 能量）、红外辐射。UV 固化法及 UV 固化型涂料的优缺点列于表 4-12 中。

表 4-12　UV 固化型涂料的优缺点

优点	缺点
固化时间短	复杂形状不适用
固化温度低	耐候性不足
固化无公害(CO_2 少)	变黄性
排出溶剂量(VOC)减少(有可能为 0)	附着力不足(固化时的残留应力大)
涂膜外观平滑、鲜艳	本色漆固化不良(UV 光遮断)
硬度高	弹性不足
设备费用低	涂料对皮肤有刺激性

注：采用 UV 和双固化法及清漆，表中所列缺点基本上能消除。

（3）电子线固化

电子线固化适用于能极短时间加热的电子线固化涂料，是利用电子线照射短时间（10～60s）可以固化的性质。UV、电子线固化涂料几乎不含 VOC，在环保、节能方面有优势，被涂物无须高温，因而广泛应用于塑料、纸、厚壁钢管等的涂装干燥。

（4）双固化

双固化指 UV 固化和热固化并用（混合使用）的涂膜固化法。此法仅适用于 UV 固化和热固化清漆。双固化工艺在节能、环保和降低涂装成本方面都有较强的竞争优势。

双固化法克服了 UV 固化型涂料及 UV 固化作为外涂装的罩光涂料时，阴影部的涂膜固化不足、涂膜变黄性和耐候性不足等缺点。复杂形状被涂物阴影部的 UV 照射量（能量）不足，由热固化成分的交联来弥补，使涂膜性能达标；UV 固化时的变黄量由 UV 成分及所加光引发剂量决定，借助于 UV 固化与热固化并用，来减少 UV 成分量及所加光引发剂量，抑制了变黄性；耐候性不足，采用减少光引发剂量解决，以抑制 UV 照射后干涂膜中残留的光引发剂量；开裂问题靠 UV 固化与热固化并用的方法解决，可使由 UV 固化时的基团聚合产生的涂膜中残留应力得到缓和。双固化法的固化工艺如图 4-18 所示。

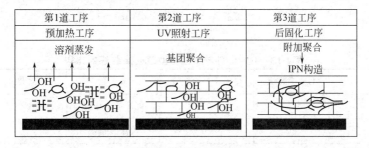

图 4-18　双固化法的固化工艺

图 4-18 中，第 1 道工序是蒸发涂膜中所含的溶剂的预加热工序，它在双固化法固化工艺中起着非常重要的作用。如涂膜中有残存溶剂，在 UV 照射场合仅涂膜表面层 UV 固化，内部未固化。严重时，涂膜起皱，用手指抓压，涂膜有凹陷、柔软的感觉，这种涂膜缺陷表明固化不足。而在轻微蒸发不足的场合，看不出表面上的涂膜缺陷。可是，在长期耐湿性、耐候性试验时，与溶剂完全蒸发后 UV 照射的涂膜相比，有着显著的涂膜物性差异。第 1 道工序必须充分蒸发掉涂膜中所含有的溶剂。

第 2 道工序是照射 UV 工序，使涂膜中 UV 固化成分形成基团聚合物的网状结构，充分供给 UV 固化所需的 UV 能量。

第 3 道工序是使热固化成分靠热能形成附加聚合（聚氨酯结合）的网状结构的后加热工序。

如以上工序所示，先使 UV 成分固化，再在 UV 固化的网状结构间使热固化成分附加聚合，形成 IPN 结构。总之，工序不能逆布置，在热固化→UV 固化场合，将产生以下两个问题。一是 UV 成分固化受阻，热固化成分的网状结构形成后，再进行 UV 照射，由于涂膜高分子化，迁移性下降，使 UV 成分达不到所规定的聚合率。二是外观装饰性降低，选用 UV 固化型罩光涂料的目的之一是提高外观装饰性，按图 4-18 的固化工艺执行，UV 照射后能形成镜面那样平滑的外观，可是，在热固化→UV 固化场合，受热固化成分对外观装饰性的影响，易形成橘皮。

图 4-19 是 UV 罩光涂装生产线的布置设计。其特征是被涂物（摩托车汽油箱）在涂装、固化过程中旋转。"旋转"可使汽油箱各部位照射的 UV 光（照射能量）均一、无阴影。涂装时"旋转"，可防止产生垂流、涂装不均、流痕等涂装缺陷。另外，可厚膜涂装，改善外观装饰性，不需要熟练的喷漆工，采用机械手实现自动涂装，在一条涂装线上可生产大小不同、形状复杂的摩托车汽油箱 50 种以上。UV 涂料与热固化型罩光涂装线的比较列于表 4-13 中。UV 涂装线的全长、工程时间约为原有热固化型涂装线的 1/3，非常紧凑。测定涂膜的鲜映性，以 PGD 值评价涂膜的外观装饰性，UV 罩光涂膜外观呈镜面状态，PGD 值为 1.0。

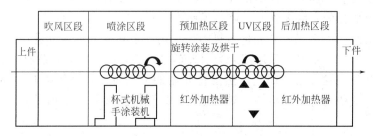

图 4-19　摩托车 UV 固化型罩光涂装布置

表 4-13　UV 涂料与热固化型罩光涂装线的比较

参　　数	UV 涂装线	热固化型涂装线	参　　数	UV 涂装线	热固化型涂装线
生产线总长/m	21	53	能源成本指数	40	100
工程时间/min	20	66	再涂装指数	70	100
外观(PGD 值)	1.0	0.5	尘埃不合格指数	70	100
人员数(喷漆工、抛光工)	0(无人)、1	2、3			

喷涂实现了无人涂装（机械手自动喷涂），从表 4-13 中可知，其他三项指数都以热固化型罩光为 100 计，单位被涂物（油箱）的加工成本（含涂料成本）可降低 50% 以上。

4.4.2　影响辐射烘干的因素

在辐射烘干过程中，涂层材料、辐射波长、介质、辐射距离、辐射器的表面温度及辐射器的布置及反射装置等因素都会对辐射烘干产生影响。

（1）涂层材料对辐射烘干的影响

涂层材料对辐射烘干的影响主要是指材料黑度的影响，若涂层材料的黑度大则吸收辐射能亦大，黑度小则吸收辐射能亦小。黑度不仅因材料的种类而异，而且还因材料的表面形状及温度而异。对辐射烘干来说，应尽量选择黑度大的涂料。

（2）辐射波长对辐射烘干的影响

辐射器发射的波长对于被干燥物的影响很大。对于涂料，尤其是高分子树脂型涂料，它们在远红外波长范围内有很宽的吸收带，在不同的波长上有很多强烈的吸收峰。若辐射器所发射的波长在远红外波长区域有较宽的吸收带，并有与涂层的吸收率相符的单色辐射强度率，即辐射器的辐射波长与涂料的吸收波长完全匹配，就能够提高辐射烘干的效率与速度。但实际上要做到波长的完全匹配是不可能的，只能做到相近。对于涂料烘干，辐射器的辐射波长应处于远红外辐射范围内。

（3）介质对辐射烘干的影响

干燥的过程主要是被涂物的水分或溶剂挥发，使涂料固化或聚合。挥发的水分及绝大多数溶剂的分子结构均为非对称的极性分子，它们的固有振动频率或转动频率大都位于红外波区内，能强烈吸收与其频率相一致的红外辐射能量。这样，不仅辐射器的一部分能量被吸收，而且这些水分及溶剂的蒸气在烘干室内发生散射，使辐射器的辐射通量衰减，从而减弱了被涂物得到的辐射能量。因此这些介质蒸气对辐射烘干是不利的，应尽可能减少。另外，辐射器表面的积尘会直接影响辐射能的传递，因此要求烘干室的工作环境应比较干净，辐射器表面要定期清理。

（4）辐射距离对辐射烘干的影响

实践证明，被加热物体吸收辐射器发射的辐射能的能量与它们之间的距离有关，辐射距离小，物体吸收辐射能量多，反之则少。对于平板状工件辐射距离可取 $80\sim100mm$，对于形状比较复杂的工件，辐射距离需要放大，一般取 $250\sim300mm$。

（5）辐射器表面温度对辐射烘干的影响

辐射器表面温度对辐射烘干有很大的影响。根据斯蒂芬-玻尔兹曼定律，辐射器的辐射能力与辐射器表面温度的四次方成正比，就是说辐射器表面温度增加很少，而辐射器发射的辐射能却增加很多，提高辐射器表面的温度，能获得很高的辐射能量。

但是根据维恩位移定律，辐射器表面的温度与其辐射能力最大波峰值时的峰值波长的乘积是一个常数，即峰值波长与辐射器表面的温度成反比。这样，辐射器表面的温度越高，峰值波长就越短，其趋势是向近红外线和可见光方向移动，这对涂层吸收辐射能是不利的。而且，任何辐射烘干室的传热都伴随着对流和传导，而自然对流的传热量是同辐射器表面温度与烘干室室内温度之差成正比的，因此，如果想要提高工件涂层在远红外线烘干室内吸收辐射热的比例、减少对流热的影响，不能将辐射器表面温度升得过高。

选择辐射器表面温度的要求是在满足辐射器峰值波长在远红外线范围内的条件下，尽可能升高其表面温度。按照这个要求，用于涂层烘干的远红外线烘干室的辐射器表面温度一般在 $350\sim550℃$。

（6）辐射器的布置及反射装置对辐射烘干的影响

根据兰贝特定律，物体吸收辐射能的大小与物体和辐射器的法线方向夹角的余弦成正比。因此，对于板式辐射加热器，工件的涂层表面应尽可能在辐射器表面的法线方向上。对于管式辐射器，则应该安装反射率高、黑度低的反射板，使远红外线通过反射板汇聚后向工件反射，安装抛物线形反射装置的管式远红外线辐射器的辐射能力要比安装反射平板的同类辐射器高出 $30\%\sim50\%$。

4.4.3 远红外线辐射固化设备的主要结构

各种类型的远红外线辐射固化设备，归纳起来一般由烘干室的室体、辐射加热器、空气幕和温度控制系统等部分组成。常用的辐射加热器有电热式辐射器和燃气式辐射器，电热式辐射器又可分为旁热式、直热式和半导体式三种。

（1）旁热式电热远红外线辐射器

旁热式电热远红外线辐射器中电热体的热能要经过中间介质才能传给远红外线辐射层，被间接加热的辐射层向外辐射远红外线。旁热式电热远红外线辐射器按外形不同可分为管式、灯泡式和板式三种。

① 管式辐射器

管式辐射器（图 4-20）是在不锈钢管中安装一条镍铬电阻丝，用导热性及绝缘性良好的结晶态的氧化镁粉紧密填充电阻丝与管壁的空隙，管壁外涂覆一层远红外线辐射涂料，当通电加热后，管子表面温度在 500～700℃，远红外线辐射涂层会发出一定波长范围的远红外线。管式辐射器在管子背面通常安装抛物线形反射装置，抛物线的开口大小可根据工件的形状及大小设置平行、扩散或聚集射线，由于抛光铝板的黑度 ε 较小（0.04 左右）、反射率较高，因此一般采用较多。但烘干室内的尘埃及涂料烘干时的挥发物的污染，会影响反射装置的反射效率，因此要经常进行清理。如果采用石英管或陶瓷管时，一般电阻丝与管壁间不填充导热绝缘材料。陶瓷管一般采用碳化硅、铁锰酸稀土金属氧化物烧结而成，其中铁锰酸稀土金属氧化物本身在远红外线波区有非常高的辐射

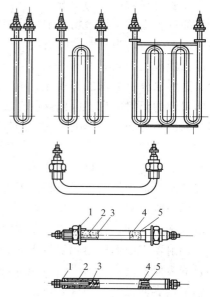

图 4-20　各种管式辐射器
1—连接螺母；2—绝缘套管；3—电阻丝；
4—金属外壳；5—氧化镁粉

能力（不必在表面涂覆远红外线涂层），因此可显著提高烘干的效率。

② 灯泡式辐射器

灯泡式辐射器（图 4-21）外形与一般红外线灯泡相似，但不是真空或充气式发热器，通常是由电阻丝嵌绕在碳化硅或其他稀土陶瓷与金属氧化物的复合烧结物内制成。灯泡式辐射器辐射的远红外线更容易通过反射装置汇聚，以平行线方向发射。它的特点是受照射距离影响较小，照射距离为 200～600mm 处的温差小于 20℃，因此，比较适用于较大型和形状相对复杂的工件，在同一个烘干室内能够处理大小不同的工件。

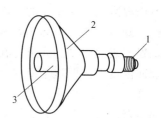

图 4-21　灯泡式辐射器
1—灯头；2—发射罩；3—辐射元件

③ 板式辐射器

板式辐射器（图 4-22）是采用涂有远红外线辐射涂料的碳化硅板作辐射元件，在碳化硅板内预先设计好安装电阻丝的沟槽回路。碳化硅板的厚度一般为 15～20mm，为减少辐射器背面的热损耗，一般在其背面放有绝缘保温材料。板式辐射器的热辐射线是垂直于其平面的平行射线和扩散射线，因此温度分布比较均匀，适合平板状工件的烘干。但板式辐射器由于其背面的热能利用率较低，因此热效率不高。板内

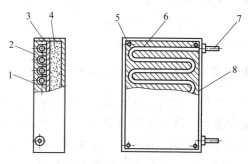

图 4-22　板式辐射器
1—远红外辐射器；2—碳化硅板；3—电阻丝压板；
4—保温材料；5—安装螺母；6—电阻丝；
7—接丝装置；8—外壳

的电阻丝直接暴露在空气里，容易氧化损坏。

（2）直热式电热远红外线辐射器

直热式电热远红外线辐射器是将远红外线发射涂料直接涂覆在电热体上，其特点是加热速度快、热损失较小。目前采用较多的是电阻带型直热式电热远红外线辐射器，它的加热原理与电阻丝型相同。

常用的电阻带一般用镍铬不锈钢制成，厚度为0.5mm左右。在其表面采用等离子喷涂法或用搪瓷釉涂料烧结成远红外线涂层。电阻带本身就是电热体，远红外线涂料直接涂覆在它上面取消了中间介质的传热，辐射器的热容量大大减少，因此减少了辐射器升温过程中本身的热消耗，辐射器升温速度快、热惯性小，适用于间歇加热的场合。

电阻带型直热式电热远红外线辐射器的缺点是远红外线涂层与电阻带之间的附着力和受热膨胀系数的配合尚有问题，涂层容易脱落，电阻带在使用过程中热变形较大，有时容易产生短路危险，因此需要经常检查和维修。

（3）半导体式远红外线辐射器

半导体式远红外线辐射器（图4-23）是较新型的辐射器，辐射器是以高铝质陶瓷材料为基体，中间层为多晶半导体导电层，外表面涂覆高辐射力的远红外线涂层，两端绕有银电极。通电后，在外电场作用下，辐射器能形成以空穴为多数载流子的半导体发热体。它对有机高分子化合物以及含水物质的加热非常有利，特别适合300℃以下的烘干室。它的特点是不使用电阻丝，发热层仅几微米，而且以薄膜形式固熔于基体表面和辐射层之间，功率密度均匀分布，无可见光损失，热效率高。但辐射器的机械强度没有金属管高，使用要求比较严格。

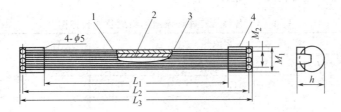

图4-23　管式半导体远红外线辐射器

1—陶瓷基体；2—半导体涂层；3—绝缘远红外线涂层；4—金属电极封闭套

（4）燃气式辐射器

燃气式辐射器是利用煤气燃烧时产生的高温来加热陶瓷或金属基体的远红外线辐射涂层，使辐射器发射远红外线，所以也称为煤气远红外线辐射器。除了采用煤气的直接火焰加热辐射器外，还可以利用燃烧后的高温烟气在辐射器内流动而加热，这种方式使得燃烧式加热器的烟气得以回用。

煤气远红外线辐射器按燃烧基体的材料不同，分为金属网或多孔陶瓷板式两种。金属网或多孔陶瓷板式煤气远红外线辐射器的结构如图4-24所示。它主要由燃烧器喷嘴、引射器、气体分流板、反射罩、点火装置和外壳等组成，其工作原理是利用煤气喷嘴的煤气射流引入助燃空气。煤气和空气在引射器中充分混合，然后进入燃烧器的壳体中间，再均匀地压入燃烧器头部的小孔向外扩散。混合气体点火后在两层网面间（或多孔陶瓷板上）形成稳定的无焰燃烧，网面温度迅速上升至800～900℃，赤热的金属网（或多孔陶瓷板）向外辐射红外线，燃烧的总热量中约有50%能量转化为红外线辐射热。由于金属网或多孔陶瓷板式煤气远红外线辐射器表面温度很高，其总的辐射能量要比电热式辐射器大得多。一般煤气远红外线辐射器的辐射能量为 $3.35\sim4.19J/(m^2\cdot h)$，而电热式辐射器的辐射能量为 $0.42\sim1.26J/(m^2\cdot h)$。但金属网或多孔陶瓷板辐射的红外线波长比较靠近近红外线波区（$2\sim4\mu m$），为了加大辐射光谱中远红外线的份额，必须采取一些措施。一是控制金属网或多孔陶瓷板面的燃烧温度，根据维恩位移定律峰值波长与辐射器表面的温度成反比，因此降低燃烧面温度可以使辐射线波长向远红外线波区移动。二是可以在金属网或多孔陶瓷板前面放置涂覆远红外线辐射涂层的陶瓷或金属板，利用辐射涂层来改变峰值波长。必须注意的是，无焰燃烧并不是没有火焰，而是火焰较短不易被肉眼看见，因此火焰稳定性较差，须注意防止回火。

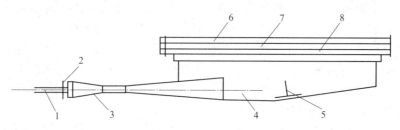

图 4-24　红外线无焰燃烧器

1—喷嘴；2—空气调节板；3—引射板；4—燃烧器壳体；
5—气体分流板；6—外网压盖；7—外网；8—内网

（5）远红外线辐射材料

化学元素周期表第二、三、四、五周期的大多数元素（多为金属）的氧化物、碳化物、氮化物、硫化物及硼化物等，在加热时都能不同程度地辐射出不同波长的红外线。表 4-14 为各种远红外线涂料的组成及波长范围。

表 4-14　各种远红外线涂料的组成及波长范围

涂料系名称	主要成分	温度/℃	辐射波长范围/μm
钛-锆系	$TiO_2,ZrO_2+(MnO_2,Fe_2O_3,NiO,Cr_2O_3,CoO$ 等）	450	$5\sim25$
黑化锆系	$ZrO_2,SiO_2+(MnO_2,Fe_2O_3,NiO,Cr_2O_3,CoO$ 等）	500	>5
氟化镁系	$MgF_2+(TiO_2,ZrO_2,NiO,BN$ 等）	450	$2\sim25$
铁系	Fe_2O_3	450	$3\sim9$
氧化钴系	$Co_2O_3+(TiO_2,ZrO_2,Fe_2O_3,NiO,Cr_2O_3)$	450	$1\sim30$
氧化硅系	SiO_2+金属氧化物、碳化物、硼化物	450	$3\sim50$
碳化硅系	$SiC+$少量金属氧化物	450	$1\sim25$

远红外线辐射涂料的涂覆方法有手工涂刷法、复合烧结法和等离子喷涂法。采用手工涂刷的远红外线涂层 $3\sim6$ 个月就开始剥落，辐射效率大大降低。后两种方法寿命较长，但一年或更长些时间辐射效果也会明显下降，这时需要更新辐射涂层。比较理想的办法是将这些金属氧化物或碳化物与陶瓷材料烧结在一起，并使得烧结物具有稳定的工作性能，可延长辐射器的工作寿命。

（6）辐射器的布置

辐射器在烘干室内的布置应该使工件涂层各个面的受热均匀。从远红外线辐射烘干室烘干的特点可以知道，烘干室内布置辐射加热器的原则是由下而上数量递减，尽量保证工件涂层同时加热。一般高度超过 1.5m 的烘干室沿高度方向分为三个区，下区辐射器的功率为总功率的 $50\%\sim60\%$，中区为 $30\%\sim40\%$，上区为 $5\%\sim15\%$。

工件涂层吸收辐射能的大小和受热面与辐射器之间的距离平方成反比，辐射器不能距离工件太远，一般常用的距离为 120～300mm。

4.4.4　通风系统

辐射烘干室的通风系统主要有两个作用：第一是确保溶剂型涂层烘干室内可燃气体最高体积浓度不能超过溶剂爆炸下限值的 25%，通风量的计算可参照对流烘干室的相关内容。第二是排除烘干室内的水蒸气，以减少水气对辐射能的吸收。

4.4.5　温度控制系统

温度控制系统的目的是通过调节辐射器热量输出的大小，使得工件涂层的温度稳定在一定的工作范围内。温度控制系统应设置超温报警装置，确保烘干室安全运行。

（1）测温点和控温点的选择

通常烘干室温度的测量是采用热电偶温度计或热电阻温度计。一般远红外线辐射烘干室常用的测温方法为单点式。温度计一般插入烘干室有效烘干区中间侧面的保温护板内，注意不宜安置在辐射器附近。此测温点测得的温度被认为是烘干室的平均工作温度。该测温点也用作烘干室的控温点。

（2）燃气式辐射器的温度控制

当使用燃气式辐射器时，可通过调整供应煤气的阀门或烧嘴来调整煤气的燃烧量，从而控制辐射器表面温度，调节辐射能量。

（3）电热式辐射器的温度控制

远红外线辐射器都配置有接线头，可直接与电源线的接线盒或汇流排连接。在功率较大的场合，一般在烘干室的侧面安排铜排供电，铜排上须设保护罩。在接近烘干室或烘干室室内的接线须用耐热电线。电线与辐射器间用陶瓷（或其他耐高温的材料）绝缘子绝缘。电热式辐射器接线时必须注意对电源三相的平衡。通常将烘干室安装的辐射器分为常开组、调节组和补偿组。常开组和补偿组一般在开关烘干室时由手动启闭接触器开关，在非常情况下也能通过电气线路联锁切断，通常要求常开组单独开启时，烘干室的升温量是设计总升温量的 50%～70%。调节组需要通过温控仪自动控制。调节组的温度控制主要有两种方法：开关法、调功法。

4.4.6　远红外线辐射烘干室的计算

（1）计算依据

采用设备的类型；最大生产率，按面积计算（m^2/h），按质量计算（kg/h）；挂件最大外形尺寸，长度（沿悬挂输送机移动方向，m），吊挂间距（m），宽度（m），高度（m）；输送机的技术特性，型号、速度（m/min）、移动部分质量（包括挂具，kg/h）；涂料及溶剂稀释剂种类，进入烘干室的涂料消耗量（kg/h），进入烘干室的溶剂稀释剂消耗量（kg/h）；固化温度（℃）；固化时间（min）；车间温度（℃）；热源种类；主要参数（如电压，燃气的热值、密度和压力等）。

（2）室体尺寸的计算

① 远红外线辐射烘干室室体长度的计算

单行程烘干室室体的长度按式(4-42)计算：

$$L = l_1 + l_2 + l_3 \tag{4-42}$$

$$l_1 = vt$$

式中　L——通过式烘干室的室体长度，m；

　　　l_1——烘干区长度，m；

　　　v——悬挂输送机速度，m/min；

　　　t——固化时间，min；

　　　l_2——进口区长度，m；

　　　l_3——出口区长度，m。

当设备为直通式烘干室时，一般取 $l_3 = 2 \sim 3$m；当设备为桥式烘干室时，l_2 需要按照悬挂输送机升降段（桥段）的水平投影长度来进行计算。悬挂输送机升降段的水平投影按式（4-43）计算：

$$l_2 = h_{\text{升降}} \cot\alpha + 2R_{\text{垂直}} \tan\left(\frac{\alpha}{2}\right) + \delta \tag{4-43}$$

式中　$h_{\text{升降}}$——悬挂输送机的升降高度差，m；

　　　$R_{\text{垂直}}$——悬挂输送机垂直弯曲段的弯曲半径，一般 $R_{\text{垂直}}$ 取 0.6m 或 0.8m；

　　　α——悬挂输送机垂直弯曲段的升角，一般 α 取 $30°$ 或 $45°$；

　　　δ——烘干室保温护板厚度，一般取 $\delta = 0.1 \sim 0.15$ m。

当设备为直通式烘干室时，一般取 $l_3 = 2 \sim 3$m；当设备为桥式烘干室时，l_3 同样需要按照悬挂输送机升降段（桥段）的水平投影长度来进行计算。

多行程烘干室室体的长度按式（4-44）计算：

$$L = 2l_k + \frac{l_2 + l_3 - 2l_k + vt}{n} + 2\delta \tag{4-44}$$

式中　L——通过式烘干室的室体长度，m；

　　　l_k——悬挂输送机水平转弯处最远点距烘干室内壁的距离，m；

　　　v——悬挂输送机速度，m/min；

　　　t——固化时间，min；

　　　n——行程数；

　　　δ——烘干室保温护板厚度，一般取 $\delta = 0.1 \sim 0.15$ m；

　　　l_2——进口区长度，m；

　　　l_3——出口区长度，m。

当设备为直通式烘干室时，$l_2 = 1.5 \sim 2$；当设备为桥式烘干室时，l_2 需要按照悬挂输送机升降段（桥段）的水平投影长度来进行计算。悬挂输送机升降段的水平投影计算可按式（4-45）计算：

$$l_2 = h_{\text{升降}} \cot\alpha + 2R_{\text{垂直}} \tan\left(\frac{\alpha}{2}\right) \tag{4-45}$$

式中　$h_{\text{升降}}$——悬挂输送机的升降高度差，m；

　　　$R_{\text{垂直}}$——悬挂输送机垂直弯曲段的弯曲半径，m；

　　　α——悬挂输送机垂直弯曲段的升角，一般 α 取 $30°$ 或 $45°$。

当设备为直通式烘干室时，$l_3 = 1.5 \sim 2$；当设备为桥式烘干室时，l_3 同样需要按照悬挂输送机升降段（桥段）的水平投影长度来进行计算。

②　通过式烘干室室体宽度的计算

通过式烘干室室体的宽度按下式进行计算：

$$B = b + 2R(n-1) + 2(b_1 + b_2 + b_3 + \delta) \qquad (4\text{-}46)$$

式中　B——通过式烘干室的室体宽度，m；

　　　b——挂件的最大宽度，m；

　　　n——烘干室的行程数；

　　　R——悬挂输送机水平转弯轨道半径，m；

　　　b_1——挂件与辐射器之间的距离，b_1 由挂件的转向情况等因数确定，一般取 $b_1 =$ 0.12～0.3 m；

　　　b_2——辐射器的厚度，m；

　　　b_3——辐射器与室体侧部内壁的距离，一般取 $b_3 = 0.08 \sim 0.12$ m；

　　　δ——烘干室保温护板厚度，一般取 $\delta = 0.1 \sim 0.15$ m。

③ 通过式烘干室室体截面高度的计算　图 4-25 是通过式烘干室室体截面高度计算示意图。

室体截面的高度按下式计算：

$$H = h + h_1 + h_2 + h_3 + h_4 + \delta_1 + \delta_2 \qquad (4\text{-}47)$$

式中　H——通过式烘干室的室体截面高度，m；

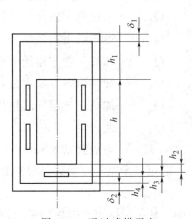

图 4-25　通过式烘干室
室体截面高度计算示意图

　　　h——挂件的最大高度，m；

　　　h_1——挂件顶部至烘干室顶部内壁的距离，m；

　　　h_2——挂件底部至底部辐射器表面的距离，一般取 $h_2 = 0.25 \sim 0.3$ m，为了消防安全，一般只有脱水烘干室才能在底部布置辐射器，当在高度方向不设辐射器时，h_2 就是挂件底部至烘干室底部内壁的距离，一般取 $h_2 = 0.3 \sim 0.4$ m；

　　　h_3——辐射器厚度，当在高度方向不设置辐射器时，$h_3 = 0$；

　　　h_4——辐射器至室体底部内壁的距离，当在高度方向不设置辐射器时，$h_4 = 0$；

　　　δ_1——烘干室顶部保温层厚度，一般取 $\delta_1 = 0.1 \sim 0.2$ m；

　　　δ_2——烘干室底部保温层厚度，一般取 $\delta_2 = 0.1$ m。

（3）门洞尺寸的计算

① 工件通过处门洞宽度的计算　工件通过处门洞的宽度按式（4-48）计算：

$$b_0 = b + 2b_3 \qquad (4\text{-}48)$$
$$b_0' = b' + 2b_3' \qquad (4\text{-}49)$$

式中　b_0——工件通过处门洞的宽度，通常 b_0 即指烘干室门洞宽度，m；

　　　b——工件的最大宽度，m；

　　　b_3——工件与门洞侧边的间隙，一般取 $b_3 = 0.1 \sim 0.2$ m，挂具通过处门洞的宽度按式（4-49）计算；

　　　b_0'——挂具通过处门洞的宽度，m；

　　　b'——挂具的最大宽度，m；

　　　b_3'——挂具与门洞侧边的间隙，一般取 $b_3' = 0.1$ m。

② 工件通过处门洞高度的计算　工件通过处门洞的高度按式（4-50）计算：

$$h_0 = h + h_4 - h_5 \qquad (4\text{-}50)$$

式中　h_0——门洞的高度，m；

h——工件的最大高度，m；

h_4——工件底部至门洞底边的间隙，一般 $h_4=0.1\sim0.2m$；

h_5——工件顶部至门洞顶边的间隙，一般取 $h_5=0.08\sim0.15m$。

设置空气幕的进出口门洞应考虑空气幕管道的安装位置。

（4）采用热平衡计算法计算热损耗量

远红外线辐射烘干室设计时通常按照热平衡法计算热损耗量。一般计算工作时单位时间的热损耗量。

① 电热式辐射器工作时单位时间的热损耗量按式（4-51）计算：

$$Q_h=K(Q_{h_1}+Q_{h_2}+Q_{h_3}+Q_{h_4}+Q_{h_5}+Q_{h_6}) \tag{4-51}$$

式中 Q_h——工作时总的热损耗量，W；

Q_{h_1}——通过烘干室外壁散失的热损耗量，W；

Q_{h_2}——通过烘干室地面散失的热损耗量，W；

Q_{h_3}——加热工件和输送机移动部分的热损耗量，W；

Q_{h_4}——加热涂料（或水分）和涂料中溶剂（或水分）蒸发的热损耗量，W；

Q_{h_5}——加热新鲜空气的热损耗量，W；

Q_{h_6}——通过烘干室门洞散失的热损耗量，W；

K——考虑到其他未估计到的热损耗量的储备系数，一般取 $K=1.1\sim1.3$。

通过烘干室外壁散失的热损耗量按式（4-52）计算：

$$Q_{h_1}=KF(t_e-t_{e_0}) \tag{4-52}$$

式中 K——烘干室保温护板的传热系数，可按表 4-6 选取，$W/(m^2\cdot℃)$；

F——烘干室保温护板的表面积之和，对于桥式或架空的直通式烘干室，F 是烘干室的外表面积，对于落地式烘干室，F 是烘干室外表面积除去底部面积，m^2；

t_e——烘干室的工作温度，℃；

t_{e_0}——车间（环境）温度，t_{e_0} 取车间全年最低温度月份的平均温度，℃。

通过烘干室地面散失的热损耗量按式（4-53）计算：

$$Q_{h_2}=K_1F_1(t_e-t_{e_0}) \tag{4-53}$$

式中 K_1——地面材料的传热系数，一般取经验数据 $K_1=2.5W/(m^2\cdot℃)$；

F_1——烘干室所占的地面面积，m^2；

t_e——烘干室的工作温度，℃；

t_{e_0}——车间（环境）温度，℃。

每小时加热工件和输送机移动部分的热损耗量按式（4-54）计算：

$$Q_{h_3}=(G_1c_1+G_2c_2)(t_{e_2}-t_{e_1}) \tag{4-54}$$

式中 G_1——按质量计算的工件最大生产率，kg；

c_1——工件的比热容，$J/(kg\cdot℃)$；

G_2——每小时加热输送机移动部分（包括挂具）的质量，kg/h；

c_2——输送机移动部分的比热容，$J/(kg\cdot℃)$；

t_{e_2}——工件或输送机移动部分在烘干室出口处的温度，一般取 $t_{e_2}=t_e$，℃；

t_{e_1}——工件或输送机移动部分在烘干室进口处的温度，一般取 $t_{e_1}=t_{e_0}$，℃。

加热涂料（或水分）和涂料中溶剂（或水分）蒸发的热损耗量按式（4-55）计算：

$$Q_{h_4} = G_3 c_3 (t_e - t_{e_0}) + G_4 r \qquad (4\text{-}55)$$

式中　G_3——每小时进入烘干室的最大涂料消耗量，kg/h；

　　　c_3——涂料的比热容，J/(kg·℃)；

　　　t_e——烘干室的工作温度，℃；

　　　t_{e_0}——车间（环境）温度，℃；

　　　G_4——每小时进入烘干室的涂料中含有的最大溶剂质量，kg/h；

　　　r——溶剂的汽化潜热，J/kg。

加热新鲜空气的热损耗量按式(4-56)计算：

$$Q_{h_5} = G_5 c_4 (t_e - t_{e_0}) \qquad (4\text{-}56)$$

式中　G_5——每小时进入烘干室的新鲜空气的质量，kg/h；

　　　c_4——空气的比热容，J/(kg·℃)；

　　　t_e——烘干室的工作温度，℃；

　　　t_{e_0}——车间（环境）温度，℃。

新鲜空气量的计算请参照对流烘干室的相关内容。

通过烘干室门洞散失的热损耗量按式(4-57)计算：

$$Q_{h_7} = C_0 F_0 \phi \left[\left(\frac{T_1}{100} \right)^4 - \left(\frac{T_2}{100} \right)^4 \right] \qquad (4\text{-}57)$$

式中　C_0——绝对黑体辐射常数，一般取 5.7W/(m²·K⁴)；

　　　F_0——烘干室敞开门洞的面积，m²；

　　　T_1——烘干室内空气的热力学温度，K；

　　　T_2——车间（环境）的热力学温度，K；

　　　ϕ——孔口修正系数，一般取 $\phi = 0.65 \sim 0.86$。

② 燃气式辐射器工作时单位时间的热损耗量按式(4-58)计算：

$$Q_h = K(Q_{h_1} + Q_{h_2} + Q_{h_3} + Q_{h_4} + Q_{h_5} + Q_{h_6} + Q_{h_7}) \qquad (4\text{-}58)$$

式中　Q_h——工作时总的热损耗量，W；

　　　Q_{h_1}——通过烘干室外壁散失的热损耗量，W；

　　　Q_{h_2}——通过烘干室地面散失的热损耗量，W；

　　　Q_{h_3}——加热工件和输送机移动部分的热损耗量，W；

　　　Q_{h_4}——加热涂料（或水分）和涂料中溶剂（或水分）蒸发的热损耗量，W；

　　　Q_{h_5}——加热新鲜空气的热损耗量，W；

　　　Q_{h_6}——通过烘干室门洞散失的热损耗量，W；

　　　Q_{h_7}——通过烟气散失的热损耗量，W；

　　　K——考虑到其他未估计到的热损耗量的储备系数，一般取 $K = 1.1 \sim 1.3$。

Q_{h_1}、Q_{h_2}、Q_{h_3}、Q_{h_4}、Q_{h_5}、Q_{h_6} 项计算同电热式辐射器的热损耗量计算，Q_{h_7} 是煤气加热所产生烟气所散失的热量，烟气的产生及其成分非常复杂，Q_{h_7} 可按式(4-59)估算：

$$Q_{h_7} = B V_r c_p (t_p - t_{e_0}) \qquad (4\text{-}59)$$

式中　B——煤气消耗量，结合热能消耗量的计算最后求出，m³/h；

　　　V_r——燃烧 1m³ 煤气所生成的烟气量，m³/m³；

　　　t_p——烟气温度，℃；

t_{e_0}——车间（环境）温度，℃；

c_p——煤气的平均定压容积比热，J/（m³·℃）。

（5）采用估算法计算热损耗量

估算法计算热损耗量公式如下：

$$Q_h = Q_{h_3} - \Gamma_1 F + \Gamma_2 F_0 + \Gamma_3 V \qquad (4\text{-}60)$$

式中 Q_h——工作时总的热损耗量，W；

Q_{h_3}——加热工件和输送机移动部分的热损耗量，W；

F——烘干室保温护板的表面积之和，m²；

F_0——烘干室敞开门洞的面积，m²；

V——烘干室容积，m³；

Γ_1——经验系数，一般取 $\Gamma_1 = 1256 \sim 2093$ kJ/（m²·h）；

Γ_2——经验系数，一般取 $\Gamma_2 = 62802 \sim 83736$ kJ/（m²·h）；

Γ_3——经验系数，一般取 $\Gamma_3 = 1675 \sim 3349$ kJ/（m³·h）。

（6）热能消耗量的计算

① 燃料作为热源时热能消耗量的计算　燃料最大消耗量按式（4-61）计算：

$$G_Z = \frac{K_r Q_{h,max}}{Q_r \eta_b} \qquad (4\text{-}61)$$

式中 G_Z——燃料的最大消耗量，kg/h 或 m³/h；

$Q_{h,max}$——烘干室的最大热损耗量，J/h；

Q_r——燃料的热值，J/kg 或 J/m³；

K_r——燃料加热系统的补偿系数，一般 $K_r = 1.05 \sim 1.2$；

η_b——燃烧器的工作效率，一般取 80%～95%。

② 电能作为热源时热能消耗量的计算　加热器消耗的最大功率按式（4-62）计算：

$$P = \frac{K_d Q_{h,max}}{1000} \qquad (4\text{-}62)$$

式中 P——加热器消耗的最大功率，kW；

$Q_{h,max}$——烘干室的最大热损耗量，W；

K_d——电加热系统的补偿系数，一般取 $K_d = 1.2 \sim 1.4$。

思 考 题

1. 热风循环固化设备设计的一般原则是什么？
2. 热风循环烘干室加热系统由哪几部分组成？
3. 画出直接加热式和间接加热式燃烧器的结构示意图。
4. 简述热风循环固化设备相关计算依据。
5. 辐射固化分几类？加热原理是什么？
6. 远红外线辐射固化设备的主要结构、器件有哪些？各有什么利弊？

第5章

电镀车间工艺设计

　　电镀车间工艺设计是根据被镀物的特点、镀层质量标准、生产纲领、物流以及国家清洁生产要求等各项方针政策与法规，结合能源、资源状况等设计基础资料，通过工艺方案评选、电镀标准及非标设备选用、电镀车间平面布置与厂房设计，并结合三废治理确定出切实可行的电镀车间工艺设计综合性、规范性的文件。

　　在进行电镀车间工艺设计时，除了全面掌握机械工程设计的基础知识外，还必须熟悉电镀工艺，并遵循以下基本原则。

　　（1）合理选址

　　电镀车间易产生大气污染，需布置在全厂主导风向的下风侧，以免对其他车间造成有害影响。车间位置还应便于工厂协调整个工艺流程，为缩短车间之间的运输距离，电镀车间一般靠近机械加工车间和装配车间。

　　（2）认真贯彻清洁、节能、先进的生产理念

　　根据基材性质及电镀层质量要求，从生产装备、生产工艺、节水、资源利用指标、镀件带出液污染物产生指标和环境管理要求等方面采取改进措施以符合清洁生产需求。认真贯彻、执行国家及部门、行业、地方等的有关安全、卫生、环保使用的法律、法规、政策和职业安全生产标准，选择可靠、经济、先进、合理的生产工艺与设备，提高原材料的利用率，降低资源消耗，尽可能减少或避免有毒、有害的三废排放，以降低其处理成本。根据国家 2015 年第 25 号《电镀行业清洁生产评价指标体系》三级技术指标规定，努力推广无毒、低浓度、低温等清洁生产工艺，禁止选用限制和淘汰的生产工艺。在设备的选用上要尽可能避免选用能耗大、污染严重的设备，所选生产设备应与生产规模、生产工艺相适应。大批量的电镀生产规模可采用自动或半自动生产线，以提高产品质量和生产效率，减轻劳动强度，改善生产环境。

　　在节能方面，应积极贯彻国家及地方的能源政策，积极应用各种节电、节水等技术，提高能源及材料的利用效率。如逆流漂洗、喷淋、空气刀技术等在电镀节水方面的应用；金属回用技术在降低排放量和废弃物处理以及提高材料利用率方面得到了可喜的成果；高浊点温度镀液选择、超声波、吹吸、喷射等搅拌方式下辅以的较大电流密度施镀对部分镀种生产效率及产品质量的提升均带来了有利的作用；热泵技术及空调机组在加热设备（如加热槽液、清水洗的设备）、烘干设备及送风设备等系统设计中的应用有效地减少热损耗，提高热能的

利用率。

在建筑结构方面，可采用二层建筑，其中表面处理生产线主体布置在第二层（设施为暗铺设），相关管线（如抽风、给排水、压缩空气、蒸汽管路和电路等及配套设施）布置在第一层（设施为明铺设），并与第二层的槽体相连接。二层设计既美观大方，又便于及时排除污染物泄漏隐患，并能节省用地，能较好地满足清洁生产的要求。电镀车间的室外构筑物（如污水处理池等）最好放置在主厂房的背向，以免影响厂区主要道路两旁的绿化和总图的设计。

（3）注重防腐设计，兼顾安全生产

车间设计应在防毒、防腐蚀、防尘、防噪声、防机械伤害以及电气安全等方面采取必要的防范措施和设施。如在槽体设计、车间布置及通风设计、地面防腐处理等方面要充分考虑酸、碱等化学品对设备及构筑物可能造成的腐蚀。

新型的电镀线封闭式一体化设计既保证了整体美观大方，又可减少污染物挥发量。设计中在槽体上安装槽盖可有效控制污染物挥发。槽盖可手工或自动开启，可采用 PP 塑料经注塑方法成型，拼装式结构，各部可设计成不同颜色，以提高表面处理生产线的感观度。槽盖轴和轴承座采用尼龙材料，提高防腐功能。槽侧安装护板，用于统一生产线外形，安装控制显示终端和控制线路，此设计也可防止意外撞击槽体。

（4）统筹考虑各专业的综合设计

在工艺线平面布置设计时，需统筹考虑各种管线的敷设位置、走向，预留适当的供安装、检修等操作的空间；留出所需的各种用室，如配电室、药品库、分析室、挂具室、维修室、车间办公室等；室外排风装置及废气净化、废水处理等的用地；要保证人流和物流的通畅，工艺有调整的灵活性，运输的路线要距离最短，尽可能避免交差或迂回，尤其要注意笨重工件和大量工件的运输路线。此外，还应考虑车间的扩建和生产发展的可能性，预留一定的发展空间。

5.1　镀层体系设计与依据

不同的电镀产品对镀层质量有不同的要求，但就其共性而言，最基本的要求是镀层与基体要有良好的结合力、均匀细致的结构、规定的厚度和尽可能小的孔隙，此外镀层还应达到规定的各项性能指标，如光亮度、色彩、硬度、耐蚀性等。

镀层体系及镀层厚度的选择依据除了要考虑基体金属自身的性质外，还要考虑镀层的使用目的、耐蚀要求及其功能需求。不同基体的不同用途镀层及镀层组合的选择可参见表 5-1。

表 5-1　不同基体材料镀层的选择

基体金属种类	镀层用途							
	防护性镀层	防护装饰性镀层	涂装底层	耐磨镀层	导电镀层	钎焊镀层	润滑镀层	绝缘镀层
钢铁、不锈钢含铬<18%（质量分数）	镀锌、镀镉、镀锌镍合金、镀锡锌合金、镀锡（有机酸环境）、氧化、磷化	镀铜/镍/铬（仿金、黑镍、哑光、枪色等）、镀镍/铬、镀铜锌合金/铬、镀锌后钝化等	磷化	镀硬铬、镀松孔铬、化学镀镍、镀铁后渗碳、镀锡镍合金、镀铬镍合金	镀铜、镀锡、镀铜/银（金）、镀金钴合金	镀铜、镀锡、镀镍、镀银、镀铅锡合金	磷化后浸肥皂液	磷化

基体金属种类	镀层用途							
	防护性镀层	防护装饰性镀层	涂装底层	耐磨镀层	导电镀层	钎焊镀层	润滑镀层	绝缘镀层
锌合金压铸件	镀铜/镍/铬等	镀铜/镍/铬（仿金、黑镍、哑光等）	磷化					
铝及铝合金	阳极氧化、化学氧化	阳极氧化着色、镀铜/镍/铬等	化学氧化、铬酸阳极氧化、硫酸阳极氧化、阿洛丁处理	硬质阳极氧化、镀硬铬、镀松孔铬、化学镀镍	镀铜、镀锡、镀铜/银（金）、镀铜/镍/铑	化学镀镍、化学镀铜、镀镍、镀铜/镍、镀锡、镀锡铅合金	镀铜、镀锡、镀铜/热浸锡、镀铜/锡铅合金	草酸阳极氧化、硬质阳极氧化
镁合金	磷化、化学氧化、阳极氧化、微弧阳极氧化、处理后进行涂装、化学镀镍铜磷合金	镀铜/银/金	磷化、化学氧化、阳极氧化	镀硬铬、化学镀镍	镀铜、镀锡、镀金			
铜及铜合金	镀锌、镀镉、镀铬、钝化（或再涂清漆、虫胶漆）	镀镍、镀镍/铬、化学氧化（或再经涂油或涂清漆）	化学氧化、钝化	镀硬铬、化学镀镍	镀锡、镀银、镀金、镀金-钴合金等	镀锡、镀银、镀铅-锡合金、镀锡-铋合金、化学镀锡		

5.1.1 防护性镀层厚度选择及耐蚀等级要求

以锌及锌镍合金镀层为例，在国标 GB/T 9799—2011/ISO 2081：2008 规定了电镀锌钝化处理后的耐蚀性，其中表 5-2 为电镀锌及铬酸盐钝化后的耐蚀性（中性盐雾试验开始出红锈的时间）。表 5-3 为滚镀、挂镀条件下，电镀锌不同铬酸盐转化膜的耐蚀性（中性盐雾试验开始出白锈的时间）。

表 5-2 电镀锌及铬酸盐钝化后的耐蚀性（中性盐雾试验开始出红锈的时间）

电镀层标识	中性盐雾试验开始出红锈的时间/h	适用环境
Fe/Zn5/A Fe/Zn5/B Fe/Zn5/F	48	干燥室内环境，完全用于装饰
Fe/Zn5/C Fe/Zn5/D Fe/Zn8/A Fe/Zn8/B Fe/Zn8/F	72	温暖、干燥的室内
Fe/Zn8/C Fe/Zn8/D Fe/Zn12/A Fe/Zn12/F	120	可能发生凝露的室内

电镀层标识	中性盐雾试验 开始出红锈的时间/h	适用环境
Fe/Zn12/C Fe/Zn12/D Fe/Zn25/A Fe/Zn25/F	192	室温条件下的户外(对于某些重要的应用,锌镀层的最小厚度建议由 $14\mu m$ 代替 $12\mu m$,对于直径不到 20mm 的螺纹件,最小厚度建议为 $10\mu m$;对于铆钉、锥形针、开口销和垫片之类的工件,其镀层的最小厚度建议为 $8\mu m$)
Fe/Zn25/C Fe/Zn25/D	360	腐蚀严重的户外(如:海洋环境或工业环境)

表 5-3　电镀锌不同铬酸盐转化膜的耐蚀性 (中性盐雾试验开始出白锈的时间)

铬酸盐 转化膜代号	膜层 名称	膜层 典型外观	膜层表面密度 $\rho_A/(g/m^2)$	中性盐雾试验开始出白锈的时间/h	
				滚镀	挂镀
A	光亮膜	透明至浅蓝色	$\rho_A \leqslant 0.5$	8	16
B[①]	漂白膜	带轻微彩虹的白色	$\rho_A \leqslant 1.0$	8	16
C	彩虹膜	偏黄的彩虹色	$0.5 < \rho_A < 1.5$	72	96
D	不透明膜	橄榄绿	$\rho_A > 1.5$	72	96
F	黑色膜	黑色	$0.5 \leqslant \rho_A \leqslant 1.0$	24	48

① 为两步骤工艺。

注:1. 此表中对铬酸盐膜层的描述不一定是指色漆或清漆附着的改善。

2. 所有的铬酸盐膜可能含有或不含六价铬离子。

JB/T 12855—2016 规定钢铁上的镍含量(质量分数)为 5%～10%(低镍)和 10%～17%(高镍)的锌镍合金电镀层的技术要求和试验方法,适用于汽车、航天、兵器等产品零(部)件的锌镍合金电镀层,不适用于抗拉强度大于 1200MPa 或维氏硬度大于 370HV 的零件、质量等级大于 10.9 的紧固件(螺栓、螺母等)以及与镁材料接触的零件。表 5-4 为锌镍合金镀层合金比例、厚度和耐蚀性的关系。锌镍合金电镀层三价铬(蓝)白色钝化、彩色钝化或黑色钝化,经封闭后,三者耐腐蚀性能指标基本接近。表中耐腐蚀性能是指锌镍合金电镀层三价铬(蓝)白色钝化、彩色钝化或黑色钝化,经封闭后应达到的最低标准。

表 5-4　锌镍合金镀层合金比例、厚度和耐蚀性的关系

适用条件			最低白锈时间/h		最低红锈 时间/h
			滚镀	挂镀	
合金比例 (质量分数)	低镍:5%～10%	防腐要求较低的零件	96	144	480
	高镍:10%～17%	防腐要求高的零件	144	240	720
镀层厚度/μm	≥5	总成内部或螺纹区域	96	144	480
	≥8	偶尔接触雨雪等侵蚀 的一般环境零件	144	240	720
	≥12	雨雪等直接侵蚀的 恶劣环境零件	144	240	1 000

注:镀层中性盐雾试验允许钝化层变色和出现白雾;对于装饰性的外观零件不允许出现白锈;非外观工件允许出现不大于 5% 面积的白锈,但不允许出现红锈;铸铁工件允许出现不大于 5% 面积的白锈和不大于 3% 面积的红锈;安装后不可见的螺纹区域允许出现不大于 10% 面积的白锈和不大于 5% 面积的红锈。

5.1.2 防护装饰性镀层的厚度选择及耐蚀等级要求

电镀镍、多层镍、镍/铬体系、铜/镍/铬体系以及铜/镍/装饰层体系常用于满足基材的防护装饰性要求。GB/T 9797—2005/ISO 1456:2003 规定了在钢铁、锌合金、铜和铜合金、铝和铝合金上，提供装饰性外观和增强防腐蚀性的镀层服役条件号与工件需要保护的级别关系，如表5-5所示。

表5-5 服役条件号与工件需要保护的级别之间的关系

服役条件号	服役工作环境	需要保护的级别
5 （ASTM No. SC5）	极其严酷	在极严酷的户外环境下服役，要求长期保护基体。如：汽车外部零件，可能存在自压痕、刮痕和磨蚀等破坏
4 （ASTM No. SC4）	非常严酷	在非常严酷的户外环境下服役，如：可能存在自压痕、刮痕和磨蚀等破坏
3 （ASTM No. SC3）	严酷	在室外海洋性气候或经常下雨潮湿的户外环境下服役，如：暴露在雨水、露滴、强清洗剂、盐溶液或偶尔润湿的环境下的门廊、地上使用的器械、自行车、手推车、医院的设备等
2 （ASTM No. SC2）	中度	在可能产生凝露的室内环境下服役，如：有潮气凝结的厨房和浴室
1 （ASTM No. SC1）	温和	在气氛温和干燥的室内环境下服役

其中电镀镍适用于防止使用中的摩擦或触摸导致的镀层变色或取代铬作面层的镀件，也适用于对变色要求不高的镀件，耐蚀性取决于覆盖层的种类和厚度。一般来讲，相同厚度的多层镍比单层镍具有更好的防护性能。GB/T 9798—2005/ISO 1458:2002《金属覆盖层 镍电沉积层》规定了不同服役条件下的镍镀层厚度及多层组合设计，如表5-6所示。

表5-6 不同服役环境下镍镀层及组合设计镀层厚度选择指南

服役条件号	钢铁[2]	锌合金[3]	铜及铜合金	铝及铝合金[4]
3	Fe/Ni 30b（p、s、d） Fe/Cu 20a Ni 25b（p、s、d）[1]	Zn/Ni 25b（s、d） Zn/Cu 15a Ni 20b（s） Zn/Cu 15a Ni 15d	Cu/Ni 20b（p、s、d）	Al/Ni 30b（p、s、d）
2	Fe/Ni 25b Fe/Ni 20p（s） Fe/Cu 15a Ni 20b（p、s） Fe/Ni 15d Fe/Cu 15a Ni 15d	Zn/Ni 15b（s） Zn/Cu 10a Ni 15b（s）	Cu/Ni 10b（p、s）	Al/Ni 25b（p、s）Al/Ni 20d
1	Fe/Ni 10b（s） Fe/Cu 10a Ni 10b（s）	Zn/Ni 10b（s） Zn/Cu 10a Ni 10b（s）	Cu/Ni 5b Cu/Ni 5s	Al/Ni 10b

① 镀层标识中的阿拉伯数字表示镀层应达到的最小局部厚度（μm），铬镀层厚度默认为最小厚度 0.3μm。a 表示从酸性镀铜液中镀出延展、整平性铜；b 表示全光亮镍；p 表示机械抛光的暗镍或半光亮镍；s 表示非机械抛光的暗镍，半光亮镍或缎面镍；d 表示双层或三层镍。

② 钢铁件电镀前通常用氰化镀铜打底，厚度在 5～10μm 以提高镀层与基体的结合力，用铜作最底层（闪铜）时，氰铜不能被表中规定的延展酸铜代替。

③ 锌合金必须先镀铜以保证后续镍镀层结合强度。最底镀层通常是电镀氰铜或无氰碱性镀铜，最小厚度应为 8～10μm。对于形状复杂的工件，最底铜层的最小厚度要增加到 15μm，以保证充分覆盖主要表面外的低电流密度区域。当规定最底镀层厚度大于 10μm 时，最底铜层上通常采用从酸性溶液中获得的延展、整平铜镀层。

④ 对浸镀锌或锡的铝和铝合金，按本表采用镍镀层时，为了保证结合强度，应先电镀铜或其他底层做预处理。

其中 GB/T 9797—2005/ISO 1456：2003 规定了在钢铁、锌合金、铜和铜合金、铝和铝合金上，提供装饰性外观和增强防腐蚀性的金属覆盖层镍＋铬和铜＋镍＋铬多层组合镀层，服役工件号与工件暴露在服役环境中的严酷性相对应。表 5-7 规定了不同基体暴露在不同服役环境下镀层种类与厚度的选择指南，但不适用于未加工成型的薄板、带材、线材的电镀以及螺纹紧固件或螺旋弹簧上的电镀。

表 5-7　不同服役环境下镀层种类与厚度的选择指南

服役条件号	钢铁[①]	锌合金[②][④]	铜及铜合金	铝及铝合金[③][⑤]	塑料
5	Fe/Cu 20a Ni 30d Cr mc(mp) Fe/Ni 35d Cr mc(mp)	Zn/Cu 20a Ni 30d Cr mc(mp) Zn/Ni 35d Cr mc(mp)		Al/Ni 40d Cr mc(mp)	PL/Ni20dp Ni20d Cr mp(mc) PL/Ni20dp Ni20d Cr r PL/Cu15a Ni30d Cr mp(mc) PL/Cu15a Ni30d Cr r
4	Fe/Cu 20aNi 30d(p) Cr r Fe/Ni 40d(p) Cr r Fe/Cu 20a Ni 25d(p) Cr mc(mp) Fe/Ni 30d(p) Cr mc(mp) Fe/Cu 20a Ni 30b Cr mc(mp)	Zn/Cu 20a Ni 30d(p) Cr r Zn/Ni 35d(p) Cr r Zn/Cu 20a Ni 20d(p) Cr mc(mp) Zn/Ni 25d(p) Cr mc(mp) Zn/Cu 20a Ni 30b Cr mc(mp) Zn/Ni 35b Cr mc(mp)	Cu/Ni 30d(p) Cr r Cu/Ni 25d(p) Cr mc(mp) Cu/Ni 30b Cr mc(mp)	Al/Ni 50d Cr r Al/Ni 35d Cr mc(mp)	PL/Ni20dp Ni20b Cr mp(mc) PL/Ni20dp Ni15d Cr r PL/Cu15a Ni25d Cr mp(mc) PL/Cu15a Ni25d Cr r
3	Fe/Cu 15a Ni 25d(p) Cr r Fe/Ni 30d(p) Cr r Fe/Cu 15a Ni20d(p) Cr mc(mp) Fe/Ni 25d(p) Cr mc(mp) Fe/Cu 20a Ni 35b Cr r Fe/Ni 40b Cr r Fe/Cu 20a Ni 25b Cr mc(mp) Fe/Ni 30b Cr mc(mp)	Zn/Cu 15a Ni 25d(p) Cr r Zn/Ni 25d(p) Cr r Zn/Cu 15a Ni 20d(p) Cr mc(mp) Zn/Ni 20d(p) Cr mc(mp) Zn/Cu 20a Ni 30b Cr r Zn/Ni 35b Cr r Zn/Cu 20a Ni 20b Cr mc(mp) Zn/Ni 25b Cr mc(mp)	Cu/Ni 25d(p) Cr r Cu/Ni 20d(p) Cr mc(mp) Cu/Ni 30b Cr r Cu/Ni 25b Cr mc(mp)	Al/Ni 30d Cr r Al/Ni 25d Cr mc(mp) Al/Ni 35p Cr r Al/Ni 30p Cr mc(mp)	PL/Ni20dp Ni10d Cr r PL/Cu15a Ni20d Cr mp(mc) PL/Cu15aNi15b Cr r
2	Fe/Cu 20a Ni 10b(p,s) Cr r Fe/Ni 20b(p,s) Cr r(mc,mp)	Zn/Ni 15b(p,s) Cr r	Cu/Ni 10b(p,s) Cr r	Al/Ni 20d Cr r(mc,mp) Al/Ni 25b Cr r(mc,mp) Al/Ni 20p Cr r(mc,mp) Al/Ni 20s Cr r(mc,mp)	PL/Cu15a Ni10b Cr mp(mc)

服役条件号	钢铁①	锌合金②④	铜及铜合金	铝及铝合金③⑤	塑料
1	Fe/Cu 10a Ni 5b(p) Cr r Fe/Cu 10a Ni 20b Cr mp Fe/Ni 10b(p、s) Cr r	Zn/Ni 8b(p、s) Cr r	Cu/Ni 5b(p、s) Cr r	Al/Ni 10b Cr r	PL/Ni20dp Ni7d Cr r PL/Cu15a Ni7b Cr r

① 镀层标识中的阿拉伯数字表示镀层应达到的最小局部厚度（μm），铬镀层厚度默认为最小厚度 $0.3\mu m$。a 表示从酸性镀铜液中镀出延展、整平性铜；b 表示全光亮镍；p 表示机械抛光的暗镍或半光亮镍；s 表示非机械抛光的暗镍，半光亮镍或缎面镍；dp 表示延展性镍；d 表示双层或三层镍；r 表示普通铬（常规铬），厚度为 $0.3\mu m$；mc 表示微裂纹铬，镀件任意方向上每厘米长度应有 250 条以上的裂纹，在整个主要表面上构成一个紧密的网状结构，厚度为 $0.3\mu m$。某些工序为达到所需要的裂纹样式，要求坚硬、较厚的铬层（约 $0.8\mu m$），在这种情况下，需在镀层标识中指明铬层厚度；mp 表示微孔铬，在镀件的每平方厘米内至少应有裸视或较正视力不可见的 10000 个孔隙，厚度为 $0.3\mu m$。

② mp 或 mc 铬镀层，使用一段时间会失光，在某些不能接受的应用情况下，可通过增加 $0.5\mu m$ 厚度的铬镀层来缓解。

③ 钢铁表面电镀酸性延展铜前，需预镀 $5\sim10\mu m$ 氰铜，提高镀层与基体的结合力。

④ 锌合金必须先镀铜以保证后续镀铜层结合强度。最底镀层通常是电镀氰铜或无氰碱性镀铜，最小厚度应为 $8\sim10\mu m$。对于形状复杂的工件，最底铜层的最小厚度要增加到 $15\mu m$，以保证充分覆盖主要表面外的低电流密度区域。当规定最底镀层厚度大于 $10\mu m$ 时，最底铜镀层上通常采用从酸性溶液中获得的延展、整平铜镀层。

⑤ 对浸镀锌或锡的铝和铝合金，按本表采用镍镀层时，为了保证结合强度，应先电镀铜或其他底镀层做预处理。

双层镍或多层镍组合设计是提高防护装饰性镀层耐蚀性的重要手段。在不同镍层的厚度，施镀顺序上都有相应的说明。表 5-8 为双层及三层镍镀层的要求。

表 5-8 双层及三层镍镀层的要求

层次 （镍镀层类型）	延伸/%	含硫量（质量分数）/%	厚度占总镍层厚度的百分比/%	
			双层	三层
底层（s）	≥8	<0.005	≥60	50～70
中间层（高硫）	—	>0.15	—	≤10
面层（b）	—	>0.04 和<0.15	10～40	≥30

防护装饰性镀层的耐蚀能力通常以人工加速盐雾试验的方法加以评定，表 5-9 给出了不同基体金属已镀零件服役条件号与对应的腐蚀试验持续时间的要求。镀件经恰当的腐蚀试验后，应按 GB/T 6461—2002 的规定进行检查和评级，腐蚀试验后最低评级应为 9 级。

表 5-9 腐蚀试验与服役条件号对应关系

基体金属	服役条件号	腐蚀试验的持续时间/h		
		CASS 试验 (GB/T 10125—2012)	CORR 试验 (GB/T 6465—2008)	ASS 试验 (GB/T 10125—2012)
钢、锌合金、铝及铝合金	4	24	2×16	144
	3	16	16	96
	2	8	8	48
	1	—	—	8

基体金属	服役条件号	腐蚀试验的持续时间/h		
		CASS 试验 (GB/T 10125—2012)	CORR 试验 (GB/T 6465—2008)	ASS 试验 (GB/T 10125—2012)
铜及铜合金	4	16	—	96
	3	—	—	24
	2	—	—	8
	1	—	—	—

注：—表示无试验要求。

5.1.3 功能性镀层厚度选择要求

（1）工程用铜镀层厚度的选择

GB/T 12333—1990《金属覆盖层 工程用铜电镀层》规定了金属基体上工程用铜电镀层的有关技术要求。如在热处理零件表面起阻挡作用的铜电镀层；拉拔丝加工过程中起减磨作用的铜电镀层；作锡镀层的底层防止基体金属扩散的铜电镀层等；不适于装饰性用途的铜电镀层和铜底层及电铸铜镀层。

工程用铜最小局部厚度要求及应用实例如表 5-10 所示。

表 5-10　工程用铜厚度与应用实例

铜镀层的最小局部厚度/μm	应用实例
25	热处理阻挡层
20	渗碳、脱碳的阻挡层；印刷电路板通孔镀铜；工程拉拔丝镀铜
12	电子、电器零件镀铜；螺纹零件密合性要求镀铜[①]
5	锡覆盖层的底层，阻止基体金属向锡层扩散
按需求规定	上述类型用途或其他用途

① 螺纹零件镀铜时，为避免螺纹的牙顶厚度超过允许的最大厚度值，可以允许其他表面上的镀层的厚度比规定值略小。

（2）工程用镍镀层厚度的选择

电镀镍层在工程领域的应用主要是为提高镀层的硬度、耐磨性、耐蚀性、承载性能、抗热氧化性能、抗腐蚀疲劳性能等。电镀镍层也可用于修复磨损的或超差的机加工件以及与其他金属覆盖层组合为扩散阻挡层。工程用电镀镍层一般含镍高于 99%。镀液通常采用瓦特镀镍液或氨基磺酸镍液。如需在镀层的硬度、耐磨性、减缓应力、整平性方面有更高的要求，也可向溶液中加入碳化硅、碳化钨、氧化铝、碳化铬的微粒子及其他物质。当镀层最终的使用温度为低温或中温时，可添加含硫的有机添加剂以提高镀层硬度和减小残余内应力。含硫的镍及镍合金电镀层在高于 200℃ 时加工或使用可能会导致镀层变脆和开裂，其影响与温度及此温度下的使用时间有关。表 5-11 为不同类型的镍电镀层的符号、硫含量、延展性及槽液成分与镀层性能说明。GB/T 12332—2008/ISO 4526：2004《金属覆盖层　工程用镍电镀层》规定了黑色和有色金属基体上工程用镍和镍合金电镀层的要求，但不适用于镍为小组分的二元镍合金电镀层。镍镀层的厚度取决于具体的工程应用，局部厚度通常为 5～200μm。

表 5-11　不同类型的镍电镀层的符号、硫含量、延展性、槽液成分及镀层性能说明

镍电镀层的类型	符号	硫含量（质量分数）/%	延展性/%	槽液组成说明	镀层性能
无硫	sf	<0.005	>8	不含硬化剂、光亮剂和减少应力的添加剂	暗镍层
含硫	sc	>0.04	——	可能含有硫或其他共沉积元素或化合物	硬度改善、粗糙度降低、内应力减小
镍母液中分散着微粒的无硫镍	pd	<0.005	>8	分散着无机化合物微粒子或其他物质、分散剂等	减缓镀层腐蚀、减小应力、增加硬度和耐磨性等

电镀镍在工程上选用时还需考虑以下几个方面：

① 当存在接触滑动时，镍与包括镍表面和钢在内的某些金属，即使经过很好的润滑，也易磨损。镍与铬和磷青铜接触滑动也不能形成好的磨合。为避免此问题，可用其他金属作为镍层的表面镀层。

② 在锌、锌基合金、含锌量超过 40% 的铜合金电镀镍前需镀铜底层（最小厚度为 8～10μm）。

③ 在铝及其合金电镀镍前通常在锌酸盐或锡酸盐中浸镀，然后在浸镀层上电镀铜或其他中间层。

（3）工程用铬镀层厚度的选择

工程用铬镀层与装饰铬一样，通常采用六价铬镀液电镀。其铬镀层厚度一般比装饰性铬镀层厚，分为常规铬、松孔铬、裂纹铬、尺寸镀铬和双层铬等。工程用铬电镀层常在基体金属上直接电镀，以提高耐磨性，增强抗摩擦腐蚀能力，减小静摩擦力或动摩擦力，减小"咬死"或黏结，增强耐蚀性以及修复尺寸偏小或磨损的工件或用于储油，提高材料使用寿命。为防严重腐蚀，电镀铬前可采用镍或其他金属底镀层，或采用合金电镀来提高铬镀层的耐蚀性，如：铬钼合金电镀。GB/T 11379—2008/ISO 6158：2004《金属覆盖层　工程用铬电镀层》给出了工程用铬镀层的厚度选择，如表 5-12 所示。硬铬层的厚度选择如表 5-13 所示。

表 5-12　工程用铬电镀层的厚度选择

典型厚度 δ/μm	应用
$2 \leqslant \delta \leqslant 10$	用于减小摩擦力和抗轻微磨损
$10 < \delta \leqslant 30$	用于抗中等磨损
$30 < \delta \leqslant 60$	用于抗黏附磨损
$60 < \delta \leqslant 120$	用于抗严重磨损
$120 < \delta \leqslant 250$	用于抗严重磨损和抗严重腐蚀
$\delta > 250$	用于修复

表 5-13　硬铬层厚度的选择（供参考）

镀件或制品名称		镀层厚度/μm	镀件或制品名称		镀层厚度/μm
刀具	钻头	1.3～13	轴和轴径	泵轴	13～75
	铰刀	2.5～13		一般机械用轴	20
	螺纹铣刀、扦齿刀	30～32		内燃机轴	50
	拉刀	13～75		一般轴径	50
	切削刀具	3	轧辊	高分子化合物用	20
	丝锥、板牙	2～20		造纸用（轧光机类）	30
量具(卡板、塞规)及平面零件		5～40		纺织用	20
金属模具	一般模具	10～20		非铁金属加工用	30
	塑料模具	5～50		钢铁加工用	50
	拉丝模	13～205		一般机械	20
	拉深凸模及冲头	38～205	用于减少摩擦力和抗轻微磨损		2～10
	锻造用模具	30	用于抗中等磨损		10～30
	玻璃用模具	50	用于抗黏附腐蚀		30～60
	陶瓷工业用模具	50	用于抗严重磨损		60～120
滚筒及线盘		6～305	用于抗严重磨损及抗严重腐蚀		120～250
液压凸轮		13～150	用于修复		＞250

（4）锡镀层厚度的选择

GB/T 12599—2002《金属覆盖层　锡电镀层技术规范和试验方法》按锡镀层厚度分类，规定了用于不同的使用环境时，各类镀锡层的最小厚度值，如表 5-14 所示。

表 5-14　电镀锡层使用条件号与最小厚度需求

使用条件号	需要保护的级别	铜基体金属镀锡层最小厚度/μm	其他基体金属镀锡层最小厚度/μm
4（极严酷）	在严酷腐蚀条件的户外使用，或同食物饮料接触，在此条件下必须获得一个完整的锡镀层以抗御腐蚀或磨损	30	30
3（严酷）	在一般条件下的户外使用	15	20
2（中等）	在一定潮湿的户内使用	8	12
1（轻度）	在干燥大气中户内使用，或用于改善可焊性	5	5

如果基体金属为锌铜合金，镀锡前应根据材料是否需要防止扩散、保持可焊性、保持附着强度以及提高耐蚀性等具体要求而合理选择打底镀层。对于某些特定的基体材料，如磷青铜合金、镍铁合金等由于其表面氧化膜的特性，使其在镀锡前难于进行化学清洗，如果要求锡镀层的可焊性，可适当加镀最小厚度为 2.5μm 的镍层或铜底层。对于铝、镁和锌合金基体材料，由于其容易受到稀酸或碱的侵蚀，在镀锡前可沉积一层厚度为 10～25μm 的厚铜、黄铜或镍底镀层。表 5-15 列举了常见用途下不同基体材料镀锡层厚度的选择。

表 5-15　常见用途下不同基体材料镀锡层厚度的选择

基体材料	规格	锡镀层厚度或镀锡量	说明	用途
铜包钢线[①]	直径 0.400～1.830mm	5～10μm	其他直径的镀锡铜包钢线对镀层厚度不作要求	铜包钢线为基线的电子产品
钢带[②]	公称厚度为 0.14～0.80mm 的一次冷轧以及公称厚度为 0.12～0.36mm 的二次冷轧钢板及钢带	等厚镀锡量/(g/m^2) 1.1/1.1，2.2/2.2，2.8/2.8，5.6/5.6，8.4/8.4，11.2/11.2[④]	盛放酸性内容物的素面镀锡量 5.6/2.8g/m^2 以上	普通用途；制作二片拉拔罐、盛装酸性内容物的素面食品罐、盛装蘑菇等要求低铬钝化处理的食品罐
		差厚镀锡量/(g/m^2) 2.8/1.1，5.6/1.1，5.6/2.8，8.4/2.8，8.4/5.6…15.1/5.6[④] 1.1/2.1，1.1/2.8，1.1/5.6，2.8/5.6，2.8/8.4…5.6/15.1[④]		
铜及铜合金、覆铜钢、铁族合金[③]	公称直径为 0.1～2mm	酸性镀锡 3.0～12.0μm	锡的纯度≥99.5%，对于铁族合金为引线的应先镀铜底镀层；对于铜铁磷锌合金、铜铁磷钴锡合金、铜锌铝钴合金及有关规定的其他成分为引线的必须至少先镀 2.5μm 的铜或镍为底镀层。	以钎焊或熔焊组装的各种电子元器件引线

① GB/T 36102—2018《电子产品用镀锡铜包钢线》。

② GB/T 2520—2017《冷轧电镀锡钢板及钢带》。

③ GJB 1437—92《电子元器件引线》，SJ/T 11091—1996《电子元器件用镀锡圆引线通用技术条件》。

④ 镀锡量中，斜线上面的数字表示钢板上表面或钢带外表面的镀锡量，斜线下面的数字表示钢板下表面或钢带内表面的镀锡量。

（5）铁镀层厚度的选择

镀铁工艺具有镀速快、镀层硬度高、成本低、产生的废液对环境的污染小等优点，已在机械磨损件修复、模具制造、表面强化等方面得到了广泛应用。典型工程用镀铁层厚度选择如表 5-16 所示。

表 5-16　工程用铁电镀层的厚度选择

镀层应用领域	铁镀层单面厚度/μm	作用
印刷制版	10～100	提高活字铅板的耐磨性和使用寿命；保护铜板免受印刷染料的腐蚀
机械零件修复	100～2000	恢复磨损和腐蚀严重的钢零件尺寸
机械零件制造	30～200	提高零件表面硬度
材料表面预处理	5～10	改变铸铁镀锡、镀锌、镀铬的结合力；高合金钢氧化前镀铁；提高防护装饰性镀铬性能（镀铜前镀铁）

（6）银镀层厚度的选择

利用银优越的导热性、导电性、反光性及防黏结性，银镀层可在电子工业、通信设备、航空、仪器仪表、光学仪器等方面广泛应用。利用其银色的金属光泽可作装饰性镀层的外表面使用（如乐器、首饰、装饰品及工艺品等）。表 5-17 为银镀层厚度及应用范围。

表 5-17　银镀层厚度及应用范围

基体材料	使用条件	镀层厚度/μm	应用范围
铜及其合金	装饰品①	≥2	用于装饰品,也可用于锡合金、锌合金、镁合金等金属基体
	室内	8	用于电子零部件②,根据不同的基体材料和使用环境,对底镀层有不同的要求
	室外	15	
	良好环境	5～8	用于提高导电性、稳定接触电阻和高度反射率的零件;要求插拔、耐磨性能的零件
	一般环境	8～12	
	恶劣环境	12～18	用于要求导电且受摩擦较大的零件;要求高频导电的零件
钢铁	良好环境	3～5(螺距≤0.8mm 的螺纹零件)	用于防高温黏结零部件
	一般环境	5～8(螺距>0.8mm 的螺纹零件)	
	恶劣环境	8～15	用于高温钎焊、高频焊接或导电零部件
	良好环境	Cu3～5/Ag5～8	
	一般环境	Cu5～8/Ag8～12	
	恶劣环境	Cu8～12/Ag12～19	
铝及铝合金	一般环境	12～18	用于高频导电的航空、航天、电子、通信等军民品领域
	恶劣环境	18～25	

① 轻工业标准 QB/T 4188—2011《贵金属覆盖层饰品　电镀通用技术条件》。

② 电子行业军用标准 SJ 20818—2002《电子设备的金属镀覆及化学处理》。

（7）金镀层厚度的选择

金镀层耐蚀性强,且具有金色的光泽和良好的抗变色能力,可作为装饰性镀层的表层使用（如首饰、钟表零件、艺术品、工艺品等）。利用金的较低的接触电阻、优越的导电性、易于焊接、耐高温等优点可在精密仪器仪表、印刷版、集成电路电接点等要求电参数性能长期稳定的零件上使用。需要硬金的镀层,可采用电镀含银、铜、锡、钴、镍等的金合金。表5-18 为金镀层厚度及应用范围。

表 5-18　金镀层厚度及应用范围

使用条件	镀层厚度/μm	应用范围
装饰性镀层①	薄金 0.05～0.5 金≥0.5	用于装饰品,也可适用于锡合金、锌合金、镁合金等金属基体。
功能性镀层	1～3	减少接触电阻镀金
	3～5	波导管和多导线接线柱的接点
	5～8	耐磨导电零件,如:电器回路等
	8～12	用于防腐蚀和耐磨条件下导电和耐磨的零件

① 轻工业标准 QB/T 4188—2011《贵金属覆盖层饰品　电镀通用技术条件》

（8）化学镀镍-磷合金镀层厚度的选择

化学镀镍-磷合金镀层是磷含量最多为 14% 的镍-磷过饱和固溶体的热力学亚稳合金。化学镀镍-磷的结构、物理和化学性质取决于镀层的组成、化学镀镍槽液的化学成分、基材预处理和镀后热处理。一般而言,当镀层中磷含量增加到 8%（质量分数）以上时,耐腐蚀性能将显著提高；随着镀层中磷含量减少至8%以下时，耐磨性能会得到提高。化学镀镍-磷合金镀层热处理后，镀层显微硬度大为提升，可作代硬铬层使用。

在化学镀镍-磷合金镀层时，为了减少沉积过程中那些会降低沉积效率的元素的污损危害，可在化学镍-磷前作电镀打底层，如电镀 $2\sim5\mu m$ 的镍底层可用于含锑、砷、铋、铜、铅或锡的基体金属（黄铜和青铜除外）；电镀 $2\sim5\mu m$ 的镍或铜底层可用于含微量镁和锌的基体金属；可在铜底层和化学镀镍-磷镀层之间闪镀镍层。电镀 $1\sim2\mu m$ 的镍底层可用于含微量铬、铅、钼、镍、锡、钛或钨的基体金属。此外，电镀底层还能阻止杂质从基体金属扩散到化学镀镍-磷合金镀层，并有助于提高结合力。

GB/T 13913—2008/ISO 4527：2003《金属覆盖层 化学镀镍-磷合金镀层规范和试验方法》中推荐了不同使用条件的镍-磷合金镀层的种类和磷含量说明，如表 5-19 所示。表 5-20 则提供了满足耐磨性使用要求的化学镀镍-磷合金镀层的最小厚度要求。

表 5-19 不同使用条件下推荐采用的镍-磷合金镀层的种类和磷含量

种类	含磷量（质量分数）/%	应用范围
1	对磷含量无特殊要求	一般要求镀层
2（低磷）	1~3	具有导电性、可焊性（如：集成电路、引线链接）
3（低磷）	2~4	较高的镀层硬度，以防止黏附和磨损
4（中磷）	5~9	一般耐磨和耐腐蚀要求
5（高磷）	≥10	较高的耐腐蚀性、非磁性、可扩散焊、较高的延展柔韧性

表 5-20 满足耐磨性使用要求的最小化学镀镍-磷合金镀层的最小厚度要求

使用环境条件号	需要保护的级别	最小镀层厚度/μm	
		铁基体材料	铝基体材料
5（极度恶劣）	在易受潮和易磨损的室外环境，如：油田设备	125	—
4（非常恶劣）	在海洋和其他恶劣的室外环境，极易受到磨损，易暴露在酸性溶液中，高温高压	75	—
3（恶劣）	在非海洋性的室外环境，由于雨水和露水易受潮，比较容易受磨损，高温时会暴露在碱性盐性环境中	25	60
2（一般条件）	在室内环境下，表面会凝结水珠，在工业条件下使用会暴露在干燥或油性环境中	13	25
1（温和）	在温暖干燥的室内环境，低温焊接和轻微磨损	5	13
0（非常温和）	在高度专业化的电子和半导体设备、薄膜电阻、电容器、感应器和扩散焊中使用	0.1	0.1

当用于修复磨损工件和挽救超差的工件，化学镀镍-磷合金镀层的厚度可以 $\geqslant125\mu m$，当镀层厚度超过 $125\mu m$ 时，需要预电镀镍底层。大于 $2.5\mu m$ 的化学镀镍-磷镀层可用于提高诸如铝以及其他难焊接的合金的可焊性。

（9）铜锡合金镀层厚度的选择

低锡青铜含锡质量分数在 5%~20%，镀层呈黄色，对钢铁基体为阴极镀层，硬度较低，有良好的抛光性，在空气中易氧化变色而失去光泽，表面套铬后有很好的耐蚀性，是优良的防护装饰性底镀层或中间镀层。单独使用时可作为抗氮化层，可代替锌作为热水中工作零件。

高锡青铜含锡质量分数超过 40%，镀层呈银白色，亦称白青铜或银镜合金。其硬度介于镍、铬之间，抛光后有良好的反光性能、在大气中不易氧化变色，在弱酸及弱碱溶液中很稳定，它还具有良好的钎焊和导电性能，可作为代银和代铬镀层，常用于日用五金、仪器仪表、餐具、反光器械等。该镀层较脆，有细小裂纹和孔隙，不适于在恶劣条件下使用，产品不能经受变形。

JB/T 10620—2006《金属覆盖层 铜-锡合金电镀层》规定了不同环境下使用的铜-锡合金镀层厚度的要求，如表 5-21 所示。

表 5-21 不同使用环境下铜-锡合金镀层厚度要求

使用环境条件	最小厚度/μm	
	高锡青铜 （锡含量 30%～50%，质量分数）	低锡青铜 （锡含量 5%～20%，质量分数）
室外湿热环境	30	15
室外干燥环境	15	8
室内湿热环境	8	5
室内干燥环境	5	2

5.2 生产节拍与生产方式确定

在设计之初，首先要明确车间的任务和生产纲领，熟知电镀车间进行处理的零件的品种、数量和产品图样，列出零件加工任务（表 5-22），分别注明需加工的零件的名称、图号、材料、外形尺寸、质量、表面积和处理类别（包括覆盖层的种类、厚度、抛光或钝化、着色要求等），并计算出单位产品各种不同处理类别的任务量。

表 5-22 电镀车间零件加工任务表

产品名称						部件名称			
零件名称	图号	零件规格				每一产品的零件		加工类别 及要求	备注
		材料	外形尺寸 /mm	质量 /kg	表面积 /dm²	数量/件	质量 /kg	表面积 /dm²		

电镀车间的生产纲领是车间在一年或一个月中的总产量，是自动线设计时确定理论生产节拍的依据。把表 5-22 中的镀层种类及零件面积和质量汇总后，可编制出车间生产纲领表，如表 5-23 所示。计量单位用 m²（表面积）或 t（质量）表示。由于不同工段承担的任务不同，可对具体工段编写更为详尽的生产纲领计算明细表，见表 5-24。

表 5-23 电镀车间生产纲领计算明细表

产品（部件） 名称	型号及技术 规格	年产纲领产品 （部件）产量	质量/t		电镀面积/m²	
			每台产品	年生产纲领	每台产品	年生产纲领

表 5-24　电镀车间（工段）年生产纲领计算明细表

零件图号	部件	工艺组编号	零件(部件)特征				每台产品			年生产纲领						挂具或小车配套数			
			材料	外形尺寸/mm	质量/kg	面积/m²	数量/件	质量/kg	面积/m²	数量/件		质量/t		电镀面积/m²		第一工段		第二工段	
										基本纲领	合计(包括备件)	基本纲领	合计(包括备件)	基本纲领	合计(包括备件)	每个挂具上零件数	全年挂具数	每个挂具上零件数	全年挂具数

车间工作制度可根据产量需求和生产条件确定，有一班制、二班制或三班制。一般情况下，磨、抛光车间及其他车间、科室等为一班制，电镀车间为二班制，大型电镀机组可考虑三班制。

年时基数即每年实际生产时数，根据国家双休及节假日制度，工人及设备年时基数均以每年 251 个工作日来计算。电镀设备设计年时基数（GB/T 51266—2017）需考虑年时基数的损失率，实际设计年时基数见表 5-25。

表 5-25　电镀设备设计年时基数

设备类别及名称	工作性质	每周工作日/d	全年工作日/d	每班工作时间/h			公称年时基数损失率[②]/%			实际设计年时基数[③]/h		
				一班制	二班制	三班制	一班制	二班制	三班制	一班制	二班制	三班制
一般电镀设备	间断生产	5	251	8	8	6.5	2	4	6	1970	3860	5310
		5	251	6	6	6	2	4	5	1480	2890	4290
复杂设备	间断生产	5	251	8	8	6.5		8	11	1930	3700	5030
电镀自动生产线	短期连续生产[①]	5	251	8	8	8			11			5360

① 短期连续生产是指除节假日生产外，其余时间昼夜连续生产。

② 公称年时基数损失率是指设备故障、检修、保养、停机等而造成的损失。

③ 实际设计年时基数=每天工作总时间×全年工作日×（1-公称年时基数损失率），结果取整数。

5.2.1　生产节拍的计算

生产节拍（T）是指在一定时间长度内，总有效生产时间与客户需求数量的比值，是客户需求一件产品的市场必要时间。如果节拍为 5min，说明每 5min 就会投入或产出一件产品。在电镀流水线上节拍时间就是上、下挂（或筒）工件所需要的时间，又称线速，是控制生产速度的指标。

明确生产节拍，就可指挥整个工厂的各个生产工序，保证各个工序按统一的速度生产加工出零件、半成品和成品，达到生产的平衡和同步化，杜绝过剩制造。生产节拍可由式（5-1）计算。

$$节拍时间=可用工作时间/客户需求数量$$

$$节拍时间=\frac{（60×工作时间/天）×（1-公称年时基数损失率）}{每天客户需求量} \tag{5-1}$$

生产节拍的单位为 min/件或 min/筒。上式中公称的年时基数是扣除病、产、事假及其他时间损失后的有效工作时间（GB/T 51266—2017），如表 5-26 所示。

表 5-26　电镀工人实际年时基数

工作环境类别	每周工作日/d	全年工作日/d	每班工作时间/h				公称年时基数损失率[②]/%	实际设计年时基数/h			
			第一班	第二班	第三班			第一班	第二班	第三班	
					间断生产	连续生产				间断生产	连续生产
二类[①]	5	251	8	8	6.5	8	11	1790	1790	1450	1790

① 电镀属于二类生产环境，是指生产过程中会产生一定量的有害物质，经治理后，其含量虽不超过国家规定的允许量，但对人体有可能产生某种程度的危害，甚至会有轻度的职业病发生的工作环境。

② 是由职工的各类休假、病假、事假等而造成的时间损失。

例如，采用两班制生产，每天产量为 258 件，则生产节拍时间为：

$$T = \frac{60 \times 16 \times (1 - 11\%)}{258} = 3.312 (\text{min/件})$$

此外在设计工人年时基数时还应考虑工人是否为少数民族、企业是否为外资或合资企业以及厂区是否地处于月平均温度＞32.5℃的区域等，需根据具体情况进行相应的调整。

在实际生产中，不仅要考虑人的因素，还要考虑的设备的因素，如设备的故障、检修、保养、停机等而造成的损失，以及出现的不合格产品的返工（通常设备的开动率取 85%，零件的返修率一般在 2%。）因此每天的产量要比实际客户的需求量要多。由此，实际节拍需要应该更短一些才可以。

由此可知，生产的节拍时间越短，单位时间内生产出的挂数（或筒数）就越多，在电镀的某个工序中，如果其时间大于生产的节拍，势必要通过增加镀槽的工位数来实现与生产节拍的统一。由此会带来生产线过长以及电镀电源、导电铜排、加温能耗的增加。由于每台行车均需升降进退一步一个动作的进行，节拍时间越短，每台行车控制的范围就越狭窄，需要的行车数量也随之增多，即成本更大。因此，节拍时间应按实际需要确定，并非越短越好。原则上生产节拍是相对稳定的，如直线形自动化生产的节拍时间一般≥4.5min，最短可达 3min；对于环形电镀生产线来说，节拍的时间一般≥1min，最短可达 35s。

生产节拍确定后，可依据节拍的时间分配每个工序的作业内容。如节拍是 5min，则每个工序按照作业时间为 5min 进行作业分配。

5.2.2　每挂（或每筒）镀件量计算

如果已知一个车间的年生产量，则在已知年生产量的条件下，可根据工作制度（每天工作多少小时或每年工作多少小时）及零件的返修率与设备利用率算出每小时的产量（Q）：

$$Q = \frac{年产量 \times (1 + 零件返修率)/设备利用率}{实际设计年时基数}$$

例 5-1　设计采用两班制生产，年产量为 120 万的挂镀零件，零件的返修率为 2%，设备利用率为 85%，则每小时的产量为多少？

$$Q = \frac{1200000 \times (1 + 2\%)/85\%}{1790 + 1790} = 403 (\text{件})$$

例 5-2　如例 5-1 所述生产，按生产节拍（T）为 4min 计算，每挂的镀件数量（G）为多少？

每小时的产量等于每挂镀件量×60/节拍时间或每筒镀件量×60/节拍时间。

$$G = \frac{Q \times T}{60} = \frac{403 \times 4}{60} = 27 (\text{个})$$

注：此为正常运行时的产量，不含重新开机时第一批上挂至下挂所需要占用的时间。

根据每挂镀件数量设计镀槽的宽度和高度。反之，如果对于已有生产线，当镀槽的尺寸已知后，可根据槽体的宽度和高度设计挂具的数量，并根据零件的尺寸计算每槽的产量，进而根据总产量、设计生产的节拍和生产线的数量。

零件在挂具上的排放范围应考虑管路的安置和阴极移动的运动走向。水平向应比槽体尺寸小 200～300mm，高度应比槽体小 350～450mm。在镀槽宽度及深度设计上，需考虑镀槽越宽（最宽可达 7m）越深，产量越大，但所需设备、辅材、能耗也越大。一个工位若电流超过 2000A，就需要考虑采用水冷、大电流的导电极座、加厚加强的阴极极杆，成本亦增大。镀槽过深，对槽壁也需加强，而且也占用了行车运行的节拍时间（镀件先进的后出，后进的先出，对镀层质量不利）。直线形挂镀生产自动线镀槽的宽度一般为 1500～3000mm 之间。高度一般多在 1100～1600mm 之间。

对于滚镀来讲，滚镀每筒镀件量与滚筒的大小和零件的材质有关，一般以质量来计算。零件的装载量一般不超过滚筒总容量的三分之一（清洗、磷化除外）。滚镀槽与滚筒大小一般是相匹配的，镀槽的容积大可保持镀液较长时间的稳定性。

例 5-3 采用一班制滚镀生产螺母件，年产量 5000t，生产节拍 T 为 4.5min。设备负荷率为 90%，返修率为 2%。则每小时的产量 Q 为多少？每筒的镀件量 G 为多少？

$$Q = \frac{5000 \times (1+2\%)/90\%}{1790} = 3.2(t)$$

$$G = \frac{Q \times T}{60} = \frac{3.2 \times 4.5}{60} = 0.24(t)$$

对于不同的生产产品，零件的尺寸及质量也有所差异。生产中应根据零件的电镀加工量、镀层质量要求、镀种工艺特点及镀件特点等实际情况来选择或设计滚筒的大小。表 5-27 为不同镀种滚镀的装载量选择（供参考）。

表 5-27　滚镀装载量选择（供参考）

类别	滚筒装载量
滚镀锌	多为 50～60kg
滚镀镍、铜	≤30kg，滚筒容积一般≤40L
滚镀锡	5～10kg
滚镀金、银	0.5～5kg
滚镀铬	当滚筒尺寸为 400mm×φ400mm，其装载质量一般约 5kg
化学滚镀镍	3～5kg

滚镀装载量的选择既要考虑产能，又要兼顾不同镀种的施镀电流密度范围、镀液的导电性、镀层厚度要求，还要考虑其对零件混合周期产生的影响。在滚镀尺寸较大的零件尤其是体积大而质量轻的零件、加工量很大且镀层质量要求不高以及具有良好的电镀工艺性能的零件时，可以使用更大的滚筒，如玛钢件、双头毛栓等的滚镀锌常会使用装载质量 100kg 甚至更大的滚筒。装载量的增大，表面上看能增大产能，但可能带来零件混合周期的加长致使电镀时间延长，生产效率未必能够提高。此外，对于易钝化的镀层以及特殊材料的滚镀，装载量的增大，会导致镀层质量难于满足生产的要求。如钕铁硼零件脆性大、易氧化，其滚镀的装载质量一般在 3～5kg；二极管、导针或类似的易缠绕零件，装载量不超过 10kg。

如果滚镀线和滚筒已经确定，则可以根据滚筒的装载量计算每槽的产量，进而根据总产量，设计生产的节拍及需要滚筒的数量。

当直线自动线采用每工位双挂，其产量可翻一番。但由于镀槽内两挂间距不可过小，这就需全线的水洗等辅槽加宽，因此生产线长度增长。这种方法只适合于镀槽多而辅槽少的情况。

5.2.3　镀槽的数量计算

如果知道设备装载量（如：挂镀时每挂有多少工件），以及设备的年时基数、生产纲领，则可通过表 5-28 计算所需镀槽的个数。

表 5-28　镀槽的计算表

镀槽名称	内部尺寸/mm	年生产纲领(P)/m^2	设备装载量(y)/m^2	每年负荷次数$(x=p/y)$/次	每次处理时间/min	全部工作所需时间$(t_n=t_x/60)$	设备年时基数/h	设备数量/台		设备负荷率$(k_2=n/n_1)$/%
								计算数$(n=t_nk_1/t)$	采用数$(n_1)$$(n_1>n)$	

注：1. 每次处理所需时间，包括零件在槽中的生产时间 t_1 和零件装入取出镀槽时所需的辅助时间 t_2，一般 $t_2=3\sim5\text{min}$，或者根据具体条件而定。

2. 计算数中，k_1 为系数，考虑到上下班前后零件表面准备和镀后工序所需的时间，一般一班制时 $k_1=1.06\sim1.10$，二班制时 $k_1=1.03\sim1.05$，三班制时 $k_1=1.02\sim1.04$。

如果确定了生产的节拍和电镀的时间，也可按照下面的方法计算所需镀槽的个数。

如工件在槽内所需要受镀时间 t 小于节拍时间 T 时，只需一个工位便可满足要求，$n=1$。

如工件在槽内所需要受镀时间 t 大于节拍时间 T 时，只能以增加该槽的工位数来满足其受镀时间，即 $n=t/T$（向上取正整数）。

例如：$t=15\text{min}$、$T=5\text{min}$ 时，该槽则需设置 $15/5=3$ 个工位。此槽的 3 个工位是在不停地受镀。顺序为：第一个节拍时，行车将第 1 个工位镀好的挂具取出，再放入未镀的挂具；第 2 个节拍时，行车将第 2 个工位镀好的挂具取出，再放入未镀的挂具……；第 4 个节拍时，行车又回到第 1 个工位重复工作。此时，第 1 个工位的挂具已经完成了 $5\times3=15\text{min}$ 的受镀时间了（实际上还需减去一次空间所占用的时间，当工位数多时亦可忽略不计）。

5.2.4　电镀生产时间的计算

根据法拉第定律，可推导出电镀时间的计算公式为：

$$t=\frac{60\delta\rho}{100D_k K\eta_k} \tag{5-2}$$

式中　t——电镀时间，min；

　　　　δ——镀层厚度，μm；

　　　　ρ——镀层金属密度，g/cm^3；

　　　　D_k——电流密度，A/dm^2；

　　　　K——镀层金属的电化当量，g/(A·h)；

　　　　η_k——电流效率，%。

式中的镀层厚度为平均厚度。镀层厚度实际是不均匀的，所以应根据具体情况调整电镀时

间。电镀时间是计算镀槽尺寸的主要依据，必须计算无误。表 5-29 为不同镀种的电流效率。

表 5-29　镀种的电流效率

电镀金属	镀液类型	阴极电流效率/%	电镀金属	镀液类型	阴极电流效率/%
金（Au$^+$）	氰化物镀液	60~80	锡（Sn^{2+}）	酸性镀锡	90~100
银（Ag$^+$）	氰化物镀液	95~100		甲基磺酸盐镀锡	>95
铬（Cr^{6+}）	六价铬酸性镀液	12~18	锡（Sn^{4+}）	碱性锡酸盐镀锡	60~70
铜（Cu$^+$）	氰化物镀液	40~70	锌（Zn^{2+}）	硫酸盐镀锌	95~100
铜（Cu^{2+}）	酸性硫酸盐镀铜	95~100		钾盐镀锌	>95
	焦磷酸盐镀铜	>90		碱性锌酸盐镀锌	70~85
	羟基亚乙基二磷酸镀铜	90 左右	铁（Fe^{2+}）	氯化物镀铁	90~95
镍（Ni^{2+}）	硫酸盐镀镍	95~98		硫酸盐镀铁	90~98
	氨基磺酸盐镀镍	80 左右		氨基磺酸盐高速镀铁	80~93

5.2.5　镀件面积的计算

电镀生产中对于规则零件可应用几何公式计算施镀件的面积。有些镀件可以采用经验公式或通过一些物理量的相互关系求算出施镀的近似面积。

（1）由板材、线材、带材等制成的零件表面积计算

由板材、线材、带材等制成的零件面积可通过下面的经验公式来计算。

由板材模压制成的镀件：

$$S = \frac{23m}{\delta \rho}$$

由线材制成的镀件：

$$S = \frac{40m}{d \rho}$$

由带材制成的镀件：

$$S = \frac{20m(\delta + b)}{\delta b \rho}$$

式中　S——镀件的表面积，cm^3；

m——零件的质量，kg；

δ——零件板材或带材的厚度，mm

ρ——零件金属的密度，g/cm^3；

d——线材直径，mm；

b——带材宽度，mm

（2）螺栓、螺帽、垫圈零件的表面积计算

对螺栓、螺帽、垫圈零件的表面积可通过图 5-1 进行粗略的计算。只要知道零件的直径，就可从图 5-1 中查出单位质量的零件表面积。通过称量预施镀零件的质量，便可算出施镀零件的总表面积。

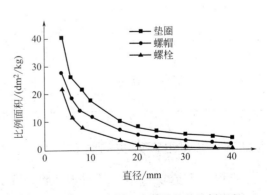

图 5-1　螺栓、螺帽、垫圈零件的比例面积

（3）薄板零件表面积计算

对于此种零件表面积的计算，姜林凡归纳了四句口诀："计算面积先计重，测得厚度查密度，质量除以密度数，计算结果乘面数"。厚度为 0.1～1.0mm 的钢板 1m 的理论质量如表 5-30 所示。

表 5-30 薄钢板厚度与理论质量关系（钢板长度为 1m）

厚度/mm	0.1	0.2	0.3	0.4	0.5	0.6	0.7	0.8	0.9	1.0
理论质量/kg	0.785	1.570	2.355	3.140	3.925	4.710	5.495	6.280	7.065	7.850

（4）铜质丝（棒）材料表面积计算

在相同质量的条件下，不同直径的丝（棒）材料表面积是不同的，且相差悬殊。1kg 的直径为 0.5～2mm 的铜丝，其表面积如表 5-31 所示。

表 5-31 1kg 不同直径的铜丝表面积

直径/mm	0.5	0.6	0.7	0.8	0.9	1.0	1.1	1.2
表面积/dm^2	89.7	74.8	64.1	56.2	49.9	44.9	40.8	37.4
直径/mm	1.3	1.4	1.5	1.6	1.7	1.8	1.9	2.0
表面积/dm^2	34.5	32.1	29.2	28.0	26.4	24.9	23.6	22.4

（5）滚镀小零件表面积计算

可按表 5-32 所列的经验公式计算滚镀小零件表面积。

表 5-32 滚镀小零件表面积计算

装载量	六角柱形滚筒	圆柱形滚筒
1/2	$(2+2.356 \times 10^{-4} nd^2 a)rl$	$(2+2.467 \times 10^{-4} nd^2 a)rl$
2/5	$(1.844+2.11 \times 10^{-4} nd^2 a)rl$	$(1.97+2.22 \times 10^{-4} nd^2 a)rl$
1/3	$(1.732+1.933 \times 10^{-4} nd^2 a)rl$	$(1.927+2.04 \times 10^{-4} nd^2 a)rl$

注：1. r 为滚筒边长或半径，单位为 dm；l 为滚筒长度，单位为 dm；n 为 1dm^2 壁板上的孔眼数量，单位为个；d 为孔眼直径，mm；a 为零件的复杂系数，一般选择为 1.2～2.0。

2. 各种形状的零件复杂系数的经验取值分别为：球形零件为 2；圆柱形零件约为 1.8；棱柱形零件约为 1.4；片状零件约为 1.2，其他形状的零件复杂系数 n 可酌情增减。

（6）粉体比表面积计算

在粉体尺寸确定的条件下，通常用球体来模拟计算粉体的比表面积，单位以 dm^2/g 表示。表 5-33 列出增重率镀层厚度对照表，供粉体电镀参考。

表 5-33 增重率与镀层厚度对照表

粉体平均粒径 /μm	比表面积 /(dm^2/g)	镀层厚度/μm			
		增重率为 5%	增重率为 10%	增重率为 20%	增重率为 30%
5.0	34.29	0.0164	0.0328	0.0656	0.0984
7.5	22.86	0.0246	0.0492	0.0984	0.1476
9.0	19.05	0.0295	0.0590	0.1180	0.1770
10.0	17.14	0.0328	0.0655	0.1311	0.1965

5.2.6 电镀生产方式的确定

电镀生产方式的选择与工件的形状、尺寸、批量等因素有关，可采用挂镀、滚镀、连续镀和刷镀等。

（1）挂镀

挂镀也称"吊镀"，是将工件挂在特别设计的挂具上进行施镀，适用于一般尺寸、镀层厚度10μm以上、易划伤、易变形、数量不多的工件。如电镀汽车的保险杠、自行车的车把、五金扳手、眼镜架等。挂镀是较为常用的电镀形式，具有槽电压低、镀液温升慢、镀液带出量少、镀件均匀性好、镀层质量高等显著优势，但设备和辅助用具维修量大，工件装挂耗时耗力，生产效率低，镀件上易留存挂具印。图5-2为挂镀生产形式。

图5-2 挂镀生产形式

（2）滚镀

滚镀是将一定数量的小零件置于专用滚筒内，在滚动状态下以间接导电的方式实现电镀过程。其产量约占整个电镀加工的50%左右，并涉及单金属和合金等多种镀种，适用于尺寸较小、镀层为10μm以下批量较大的零散五金件，如弹簧、不宜变形的小五金件、紧固件、垫圈、销子等。相对于挂镀，滚镀无须进行烦琐的装挂操作，提高了生产效率并减少了设备的维修费用。但是由于零件是被封闭在多孔的滚筒内，零件与阳极间物质和电流传送受到一定阻力，沉积速度减慢，导致相同条件下滚镀时间约为挂镀的3倍，镀液分散能力下降导致镀层厚度均匀性变差，难以适用于对镀层厚度有精度要求的零件（尤其是针轴类、深孔、盲孔件），槽电压较高，电能损耗较大。

滚镀方式又可分为卧式滚镀、倾斜式滚镀和振动镀三大类。图5-3为三种滚镀形式设备外形图。滚镀的三种不同生产方式有其各自的特征和适用范围，如表5-34所示。其中，振动镀是将分散的小零件集中在料筐内，在振动状态下绕传振轴自转和公转过程中以间接导电方式受镀的一种电镀方式。振动镀虽然从外部特征上看似乎为一种新的电镀形式，但实质上仍然属于滚镀的范畴，属于一种改良的滚镀。其在接触件电镀、孔径小的深孔或盲孔件电镀领域具有一定的优势。

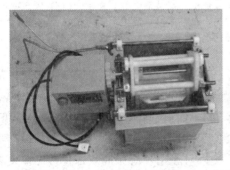

(a)卧式滚镀

图5-3

(b) 倾斜式滚镀

(c) 振动镀

图 5-3　不同滚镀形式设备外形图

表 5-34　三种滚镀生产方式的特点及应用领域

滚镀方式	优点	不足	应用范围
卧式滚镀	生产效率高、镀件表面质量好，是应用最为广泛的滚镀形式	滚筒为封闭式结构，滚镀时间长，镀层厚度不均匀，零件低电流密度区镀层质量不佳	五金、家电、汽摩、自行车、电子、仪器、手表、制笔、磁性材料等行业小零件电镀加工
倾斜式滚镀	操作轻便灵活；易于维护；镀件受损较轻	装载量小，零件翻滚强度不够，劳动效率和镀件表面质量不如卧式滚镀	易损或尺寸精度要求较高零件电镀
振动镀	电镀速度较高；镀层厚度均匀；对零件的擦伤和磨损小，成品率高；装卸料方便	振筛转载量较小，设备造价比较高。不适合单件体积稍大且数量较多的小零件电镀	适合不宜或不能采用常规滚镀的零件（薄壁、易擦伤、易变形、易损坏件）电镀；适合精度要求较高的小零件（如：针状、柱状、微小）电镀

　　生产中应根据镀件的形状、大小、批量以及质量要求等具体情况，选择合理的滚镀方式。如：对于条形镀件（接插件中的针状接触体等），如果选择绕中轴作圆周运动的振镀时，在离心力作用下其端部始终是斜向朝着阳极，会使两端镀层分布厚，尤其是细长镀件更为明显。实践表明采用滚镀方式要比振镀方式好些，所以对于用户有中间点部位镀层厚度要求的镀件应优先选择滚镀。再如，电镀小孔、深孔镀件时，对于孔径<1mm 的镀件采用振镀是最佳选择，振镀有利于镀件孔内外溶液的交换和孔内气泡的消除，电镀时溶液浓差极化不明显；而当孔直径>1mm 时，采用喷液装置的滚筒滚镀的深镀能力要大于振镀。对于那些质

量轻的小零件（如：电器上的保险丝管两端的镀镍或镀银薄铜管），非常容易漂浮在液面上，可以实现带电入槽，但无法接受入槽的冲击电流，而且还容易掉入镀槽污染槽液，因此最好采用滚镀方式。此外，由于振动电镀件会在振筛内互相挤磨最终产生类似振光的效果，因此对于形状复杂的镀件和带有台阶的镀件在镀后会出现表面镀层亮度不均匀现象，特别是在振镀锡和振镀银这种软镀层时，其电镀工艺应选择光亮电镀工艺。如果用户不需要光亮镀层，那最好采用滚镀方式。

（3）连续镀

连续镀又称卷对卷电镀，原料一般是线材或带材，如：钢带或经连续冲压后的铜及其合金带。连续镀具有镀速快、节约贵金属、自动化程度高及产品质量稳定等优点，适用于成批生产，在电子接插件、集成电路引线框架、封装载板表面金属化等方面具有广泛的应用。

连续镀按电镀区域的区别可分为点镀（选择性电镀）、浸镀，图 5-4 为连续镀部分电子产品。按材料输送模式又可分为垂直浸入式、水平运动式、缠绕式，图 5-5 为连续镀的常用模式。

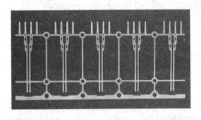
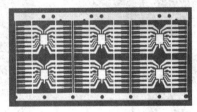

图 5-4　连续镀部分产品

(a) 缠绕式点镀　　　　　　　(b) 垂直式浸镀　　　　　　　(c) 水平单面选择镀

图 5-5　连续镀的常用模式

（4）刷镀

刷镀也称涂镀、擦镀、无槽电镀等。刷镀的优势在于镀件无须浸入槽液，因此镀件大小不受镀槽尺寸限制，在大型镀件的局部电镀、磨损和刮伤等工件的局部修复中具有广泛的应用。

5.3 电镀生产线的设计

电镀生产线按生产组织方式可分为手动生产线、半自动生产线及电镀生产自动线。

手动电镀生产线主要是技术人员手动操作各种电镀设备，如手动提升和转运被镀工件，手动调节电镀电源，定时搅拌和循环过滤，定时用化学滴定的方法检测电镀液浓度，依据检测结果和生产实际要求而人工配制符合浓度要求的电镀液倒入电镀槽中。手动线布局灵活，可同时具有2～3个工艺流程，能满足多种零件的电镀工艺，具有占地面积较小的特点，但是其生产效率低，而且因为绝大多数电镀液本身具有强腐蚀性，对操作工人的人身安全存在严重的安全隐患。手动生产线主要用于生产量少、品种复杂、零件很大或很特殊的不宜在自动线上生产的产品。

半自动电镀生产线是在生产线上设导轨，行车在导轨上运行从而输送工件在镀槽中进行加工，工人手控行车电钮进行操作，见图5-6。设计参数包括行车及挂钩的运行速度、工件数量及面积、生产节拍以及工艺参数。产品质量稳定，一致性好，产量大，设计负荷系数达85%以上，适用于精密电子、小五金件成批生产，产值大，经济效益好。但半自动电镀生产线仍不能够满足现代化生产的要求，尤其在电镀液的配比方面相对于传统的全人工方式几乎没有任何改进，这种控制策略也远没有达到整个生产线的自动控制和调节水平。

图5-6 半自动电镀生产线

电镀生产自动线按一定的电镀工艺要求，将各种电镀处理槽、电镀行车运动装置、电源设备、循环过滤设备（或空气搅拌设备、阴极移动装置）、检测仪器、加热（冷却）装置及线上污染控制设施等组合为一体，并由电气系统协调控制。

与手工操作的电镀生产线相比，电镀自动线可大幅度提高产量，具有稳定产品质量，降低劳动强度，提高劳动生产率，简化生产管理，改善车间环境，减少有害气体，减轻工人的劳动强度，设备维修方便等特点。挂镀和滚镀均可实现自动化生产，适用于各镀种及清洗、发黑、电泳、磷化及阳极氧化等表面处理工艺。表5-35为典型电镀自动线的特点及应用。

表 5-35 典型的电镀生产自动线

自动线种类	生产形式描述	优势	不足	适用
直线式电镀生产线	采用一台或数台龙门行车或单臂式行车吊运电镀零件（带挂具的极杆或滚筒）。各类电镀用槽布置成一条直线，行车沿轨道作直线运动	机械结构简单、造价较低、建造方便、投产较快；吊重大、运行平稳、设备腐蚀小、故障检查方便；可根据生产需要临时进行小的工艺变动；一条线可生产两种或两种以上的工艺零件	辅助槽的利用率较低；行车的单元动作比环形自动线多，自动控制设备比较复杂；镀槽长度较大，车间长度空间占用较大；槽宽范围也较大（最宽可达 7m）	数量多的小零件滚镀；年产量 > 10000m² 的同类镀件多镀层结构的挂镀
环形电镀生产线	由许多宽度基本相同而长度不同的固定槽、推动挂具水平前进和定点升降的机械装置（爬坡式、压板式、机械导轨式、机械悬臂式、液压导轨式、液压悬臂式等）及自动控制仪器组成，以每个节拍将镀件向前推进一个工位	挂具移位以电机或液压为动力；每一节拍可同时镀 2～3 挂，可承受质量为 3～50kg 不等；自动化程度高、辅助槽利用率高、生产效率高，减轻劳动强度，设备维修费低	不能逆向运行，变更工艺较为困难。机械结构复杂，制造安装时间较长，造价较高，只适用于中型零件生产	镀层质量要求高、大批量、形状单一、工艺成熟的中小型加工零件生产，两班制或三班制的连续生产。凡需要电镀的大批量同类零件（年产量 > 30000m²），可考虑采用环形自动线
高速连续电镀生产线	由传送装置、电镀槽系统和电器控制系统构成。电镀槽系统采用子母槽结构，将母槽的溶液由泵提升至子槽，镀材通过传送装置在子槽中依次完成前处理、电镀、清洗等工序，实现连续化生产	自动化程度高、生产效率高、原料可循环使用、对环境及人身污染小	不能逆向运行	电子元器件局部电镀；板材、线材电镀

5.3.1 直线式电镀生产自动线的设计

（1）行车

行车是直线式电镀生产线上的主要设备。目前常用的形式有门式和悬臂式两种。表 5-36 为两种行车的比较。行车的成本取决于行车的材料、跨距、提升高度、提升重量、单钩还是双钩，水平运行时单驱动还是双驱动及所需要的数量等。

表 5-36 电镀自动线行车比较

种类	悬臂式	门式
结构	轨道一般固定在镀槽后面的支架上，分为上下两条，分别承受行车及零件的重力和平衡悬臂结构的力矩；多采用单钩形式；控制元件安装在轨道后面，离槽较远	行车轨道布置在行车两侧；可采用单钩或双钩形式提升飞巴及工件
特点	生产线宽度较窄、轻巧、美观、结构简单、便于维修、造价低；工作面无遮挡	生产线宽度较大；节省水平运行时间；车体刚性好；提升力较大，生产效率高；运行平稳，停车准确

种类	悬臂式	门式
设计参数	起吊质量一般在 3～50kg（含挂具和镀件）；悬臂较短（1.2m 左右），槽宽度（1.2m 以下）；行车运行速度和升降速度均在 10m/min 以下	起吊质量一般在 500kg 以下（含挂具和镀件）；行车跨距（滚轮中心线）一般比槽体宽度大 600～800mm；镀槽宽度（自动线宽度方向）一般在 1500～2500mm；吊钩升降速度一般设计在 8～12m/min；成型框架一般采用钢板或不锈钢板；滚轮外缘压注聚氨酯橡胶
应用	适用于起吊零件质量比较轻的中、小型镀件且槽体不宽的场合；环形电镀线广为采用	适用于滚镀、挂镀及吊运大型工件电镀
行车图示	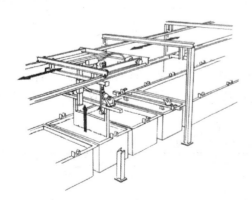	

下面以门式行车为例介绍行车的结构与设计。门式行车由行车架、车体、吊取装置、传动系统及控制系统组成。

① 车体

门式行车按其行走轮所处部位和轨道高度，分为上轨式、中轨式和下轨式三种。

上轨式行车的行走轮和传动机构均安装在行车上部，行走轮运行在行车上侧面（或顶部）的轨道上，使行车前后移动，如图 5-7 所示。由于这种行车的吊重（电镀零件和阴极杆）在行走轮下面，即重心在支点的下方，起动和停车时易产生摆动。吊钩行程愈大，重心距支点愈远，摆动距离愈大。由于摆动，容易使主动行走轮抬离轨道，使刹车失灵，降低停位精度，同时产生较大的振动。因此，这种形式的行车运行速度一般在 12～20m/min 范围内。

图 5-7　上轨式行车

上轨式的行车优点是电气控制元件可以固定在上部轨道侧面及行车上部，电镀车间内电镀液的飞溅及地面腐蚀性气体对其影响较小，提高了控制元件工作的可靠性。因此，当厂房条件适合于将轨道固定在上部时，使用这种行车较为合适。特别是厂房不太高时（5m 左右），上部轨道固定结构较简单，厂房内操作区比较开阔。由于轨道及行车重量全部由建筑物承重，对于旧厂房应进行结构验算，且安装调整较麻烦，故这种形式应用不多。

中轨式龙门行车如图 5-8 所示，特点是当行车在高速运行突然停车时，由于行车重心接近于轨道水平面，因而产生的倾覆力矩最小，从而减小了翻车和摇摆的可能性，提高了行车运行状态的稳定性，行车水平的运行速度可达到 36m/min，甚至到 46m/min。中轨式行车的轨道通常设置在 2m 左右高度，既提高了电气元件的工作可靠性，又便于工人在地面上检修更换方便。轨道间的支柱间隔可以取 3m、4m 及 6m，视选用支柱的断面而定。这种设备安装在地面上，对厂房没有承受载荷的要求，所以安装在任何类型的厂房内都可以生产，搬迁调整也较方便。中轨式行车的运行轮只起承重作用，进退传动是由一对链轮与固定在轨道上的链条实现的，无打滑的可能。为了保证起动和停车平稳，可采用变频调速电机，在起动初期、停车前的几秒钟内或水平运行距离很短即需停车的情况下使用低速，其他情况下使用高速。这样既提高了自动线产量，又较好地改进了行车水平运行的平稳性。

图 5-8　中轨式行车

下轨式行车如图 5-9 所示。行车的四个行走轮固定在行车下部，轨道支持在镀槽两侧的支架或地面上，对厂房条件没有严格的荷重要求；而且行车、轨道与镀槽成为一个整体，设备可以在设备制造厂调整后运到现场安装，与建筑物的关系不如上轨式密切；同时，电气控制元件固定到下部轨道上，检修比上轨式方便。由于该类行车的轨道及传送位置较低，机械零件及电气元件受电镀溶液的影响较大，而且行车的重心在行走轮的上部，当行车起动和停车时，由于行车及零件的惯性力作用，产生较大倾覆力矩，当速度过快时有翻车的危险。所以，设计时一般运行速度均限制在 15m/min 以下。当电器元件及机械结构采取必要的防腐

图 5-9　下轨式行车

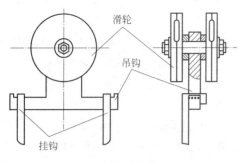

图 5-10　吊取装置

滑轮

吊钩

挂钩

措施后，这种行车的优点就能充分发挥出来。

②吊取装置

行车吊取装置包括滑轮和吊钩两部分，其中双轮双钩的吊取装置结构如图 5-10 所示。

吊钩数量可分为单钩（一对吊钩）和双钩（两对吊钩）两种。单钩行车只能一次完成装料或卸料一种工作，行车有往返空程，多工位槽中需要设空工位，增加了辅助时间，镀槽也不能充分利用；双钩行车则可同时进行装料和卸料，行车没有往返空程，前一组吊钩先将槽内已有的零件吊出，后一组吊钩即可将事先随行车吊来的零件立即装入镀槽，镀槽和行车的利用率均得以提高，行车的自动控制程序也容易灵活安排。多数工厂采用双钩行车。对装筐生产和滚镀滚筒的调运工作，由于吊运物宽度或直径较大，采用双钩结构会使吊钩外形尺寸过大，而且镀槽处理时间较长，只要不严重影响镀槽及行车的利用率，也可采用单钩结构。

对于双钩形式的行车，两组平行导轨的间距视吊运物的大小而定。对于中型零件一般为 400～600mm。选择导轨间距时应保证两组吊钩同时吊运零件（阴极杆）后互不相撞，但间距过大也会增加行车的外形尺寸和结构重量。在确定两钩间距时还需考虑两钩是否有同时工作的机会，以便节省行车时间，提高自动线产量。

③传动系统

a.减速结构　行车所采用的电动机的转速多为 1450r/min。但是行车的运转速度和行车速度多在 10～20m/min，最高也不超过 46m/min，传动系统的总速比，一般在 10～70 范围内。要达到这样高的速比，同时又要结构小巧轻便，一般采用蜗轮减速器。

b.制动机构　行车的停点位置有严格要求，同时电动机在断电后又有惯性，所以要有可靠的制动装置。采用变频调速电机进行无级变速，使停车和起动非常平稳，定位准确，能有效地提高行车运行速度，缩短行车在线上的运行周期。为增加行车运行的可靠性，减少运行噪声，多数行车的行走轮外沿压铸上一层聚氨酯橡胶，也有的采用在轨道上加装齿条或链条，在行车车架上安装齿轮或链轮驱动，以提高运行停位精度。

c.水平运行及升降传动方式　行车的平移运行多采用链传动系统将减速器输出轴的动力传送给水平运行轴，平移动作是依靠两个主动水平运行轮与轨道顶面的摩擦来实现的。主动水平轮采用聚氨酯橡胶轮，耐磨、抗震、噪声低。对于高速运行的行车，由于摩擦传动的停位精度不易保证，所以不少厂家采用链轮与轨道旁边的链条啮合来传递平移运动。这时，所有的水平运行轮都是被动轮，只起支承行车重量的作用。行车的升降结构的传动，在原有的链条拖动的基础上，开始采用尼龙片基增强纤维带拖动，使吊起工件时实现先慢后快，下降时先快后慢的软着陆运动状态。增强纤维带传动利用顶部的卷筒使吊钩上升，而下降则利用自重自然下垂。增强纤维带的使用不仅简化了行车的机械结构，也减少了传动件的受腐蚀程度，提高了行车的使用寿命。传动系统结构如图 5-11 所示。

④行车控制系统

在电镀自动线上，行车控制系统是电镀的自动控制的核心部分，是整个电镀生产线的关键，直接影响着生产的效率和产品质量。为了使行车能准确定位，就需要对行车的运行和速度进行控制。表 5-37 列出不同行车的控制方法比较。

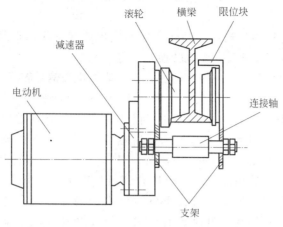

图 5-11　行车传动系统结构

表 5-37　典型行车的控制方法比较

行车控制方法	优势	不足
继电器控制	控制逻辑关系简单,易学	通用性差
步进选线器控制	工作稳定、线路简单容易实现	机械触点可靠性差
程序控制	适应性强、灵活方便、功能健全	维护复杂、造价高
微机控制系统	仅限于单行车运行的自动控制	生产线间的物料转运依靠手工完成
PLC 控制系统	具备了离散控制、连续控制和批量控制等综合控制能力,可靠性高、抗干扰能力强、控制系统易于实现、开发工作量少、维修方便	在连续控制方面效率不高,成本较高

其中 PLC(programmable logic controller,可编程逻辑控制器)控制系统在电镀生产线的自动控制中广泛应用。近年来,PLC 控制的电镀自动生产线可在自动喷淋、喷气、温控、电流调控、镀液酸度监测、试剂补给、运行状态显示、生产记录、打印报表、修改工艺参数、远程控制等多方面实现人机互动。

PLC 控制的电镀自动线一般设置三种运行模式:"手动""步进"和"自动"。相互间可进行转换。"手动"设置一般为"点动式",其速度较慢,一般供调节间距、检修、事故处理时使用。"步进"运行按一下完成一个动作,在直线上可作为人工操作使用,在环线上一般供调试设备使用。"自动"运行可设置"全自动"和"单循环"两种,"单循环"主要为验证设备调试后的效果,应根据需要来取舍。自动线正常生产时采用程控,即按照电镀工艺的要求,预先编制好一定的程序,然后程控系统按照所编制的程序,自动指挥行车上的电动机使其正转或反转,从而在完成某个指定动作后,由检测元件发出一个反馈信号,使程序转入下一个动作。这样装有工件的阴极杆或滚筒,按照电镀工艺顺序及各镀种规定的电镀时间通过各个工艺槽,完成全部过程。在直线上可设置多达数十套的工作程序;在环形线上,若条件合适,亦可设置数套的工作程序。从设备的防腐及改善工作环境方面考虑,设立单独的控制室较为合适。

PLC 程序控制需要有信号输入机构、控制单元及执行机构三个部分。信号输入机构由主令元件,现场检测元件及定时元件组成。

a. 主令元件有手动按钮、开关等电器，用以实现"手动""自动""开机""停机"等状态的转换。

b. 现场检测元件的作用是当一个动作完成后发出改变动作的信号，使自动电镀机转入下一个动作。常用的有行程开关、光电转换开关等类型。

行程开关又叫限位开关，它在撞块的配合下，能将机械信号转变为电气信号，可起到自动线行车定位的作用。根据检测对象，一个行车上应装有四种行车开关，分别控制前进、后退、上升、下降四个动作的终点。前进行程开关在行车前进过程中对行车位置进行检测发出信号，在行车后退过程则不起作用。后退行程开关作用则相反。前进及后退行程开关均安装在行车侧面接近轨道的位置，行车轨道上则安装与行程开关相对应的撞块，分别与前进及后退行程开关相配合。当撞块碰到行程开关时，开关动作，发出电气信号。上升及下降行程开关分别当吊钩上升或下降到终点时与上升及下降撞块配合发出转换信号。一个吊钩上安装一个撞块，升降行程开关分别安装在导轨上端及下端。当吊钩上升到最高位置时，撞块撞压上限行程开关；吊钩下降到最低位置时，撞块撞压下限行程开关，发出动作转换信号。当撞块离开行程开关后，行程开关复位，为下次发出信号做好准备。实际生产中，行车上还装有限位保护的行程开关，当行车出现到达自动线两端终点时未停止或两台行车相撞或吊钩升或降到终点位置未停止等故障时，为保护行程开关会自动发出停车信号，从而保护设备不被损坏。由于触压式行程开关工作较稳定可靠，安装调试简单，被大多数工厂所采用。但工作时要注意防止行程开关上的触点发生腐蚀而影响行车动作的准确性。

除了行程开关外，光电转换开关也用来实现电镀自动线上的现场信号检测。由于红外光波长位于可见光波长之外，穿透能力较强，使用红外发光二极管发出的红外线可穿透两张普通白纸，因此，在车间雾气较大时仍可采用。信号接收元件采用光敏二极管。红外发光二极管与光敏二极管间采用薄铁片进行遮挡，薄铁片在遮挡与不遮挡时，光电转换开关系统内部的电子电路处于不同工作状态。如果将薄铁片安装在行车轨道上，当行车经过时，红外发光二极管的光线被薄铁片切断，光敏二极管收不到红外光，使相应线路的状态改变，从而发出信号。采用光电耦合装置作现场检测元件，工作可靠性较高，但线路复杂，成本较高。

除以上介绍的两种现场检测元件外，还有的自动线采用无触点接近开关等装置，如电感型、电容型、超声波型和电磁感应型等。无论哪一种现场检测元件，都是由两个部分组成，一部分安装在行车或吊钩等移动物体上，另一部分安装到静止物体上，两部分相互配合发出信号工作。

c. 定时检测元件　自动电镀线行车在进行吊运零件过程中，常常需要在某些工位停留较长时间，以满足工艺的要求。如停留时间较长，大于一个节拍，可采用增加工位数量的方法加以解决。如停留时间较短，小于一个节拍，则控制系统应设有延时动作。当行车进行到该工位时控制系统发出指令，行车停车在原位置不进行任何操作。当预定时间结束后，定时检测元件发出信号，控制系统结束延时，开始下一个动作。常用的定时检测元件是时间继电器。在数字程序控制系统及微型计算机程序控制系统中，定时信号可由数字编码或程序指令来完成。

⑤ 行车周期

行车周期是指带有一挂极杆待镀零件的行车，往返一次至原地并开始吊装下一挂极杆零件所用的时间。对于单行车自动线，行车周期是指完成电镀工艺流程全部工序的时间。对于多行车自动线，行车周期指多台行车共同完成所有电镀工序的时间。由于各行车完成一次循环的全部动作时间不相等，因此，完成较早的行车就要进行延时等待其他行车。当所有行车均完成一次循环全部动作后，再同时开始下一个循环。因此，行车周期必须包括这一段等待时间。一般程序中称这段时间为"同步"。行车程序中如没有此动作，各行车间的工作秩序就会发生混乱，以至于不能进行正常工作。

行车周期由式（5-3）计算：

$$T = T_1 + T_2 + T_3 - T_4 \tag{5-3}$$

式中　T——行车的周期，min；

　　T_1——行车水平往返一次的时间，min，$T_1 = \dfrac{2L_1}{V_1}$；

　　T_2——各工序的升降时间，min，$T_2 = \dfrac{2nL_2}{V_2}$；

　　T_3——各有关工序的总延时，min，$T_3 = T_{3a} + T_{3b} + \cdots$；

　　T_4——两钩同时动作所节省的时间，min；

　　L_1——行车单程的总长度，m；

　　L_2——吊钩升降的总距离（单程），m；

　　V_1——行车的水平移动速度，m/min；

　　V_2——行车的升降速度，m/min；

　　n——行车的吊钩升降次数；

　　T_{3a}——该工序的延时时间，min；

　　T_{3b}——吊钩下降立即上升的延时时间，min。

图 5-12 为双钩双行车电镀自动线的布置图。A 行车从装卸处水平运行至工序 22 处，L_1 为 10.1m。水平速度 V_1 为 13m/min。吊钩升降次数 n 为 17 次，吊钩升降距离 L_2 为 1.4m，升降速度 V_2 为 14m/min。酸洗槽中延时 T_{3a} 为 1min，行车至热水、流动水、回收、活化等槽时，吊钩下降后立即上升，延时各为 1s，共 10 处，$T_{3b} = 10s = 0.17min$。工序 5 的换钩是在延时中进行的，节省了 0.41m 的水平移动行程，即 $T_4 = 0.41/13 = 0.03\,(min)$，$T_3 = 0.13min$。

$$T = \frac{2 \times 10.1}{13} + \frac{2 \times 17 \times 1.4}{14} + 1 + 0.17 - 0.03 \approx 6\,(min)$$

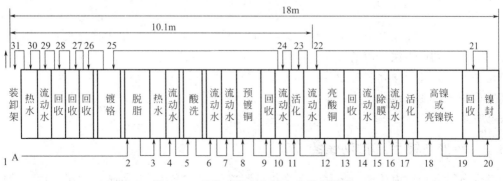

图 5-12　双钩双行车电镀自动线布置图

因此，A 行车的周期为 6min。

生产节拍确定后，行车的周期也就随之确定了，周期越短，产量越高。缩短周期的途径很多，在保证镀层质量的前提下，可采用的方法有：使用多辆双钩行车；尽可能提高车速；缩小辅助槽的宽度；尽可能缩小槽与槽之间的间隙；采用抑雾剂，省去吸风罩的占地；缩短延时时间；采用效率高、沉积速度快的电镀工艺等。

（2）镀槽的布置及尺寸

直线式电镀生产自动线上镀槽的布置顺序及尺寸的计算是设计制作过程中的重要环节，对提高自动线产量有着重要意义。

① 镀槽布置

直线式电镀生产自动线镀槽必须沿轨道呈直线布置，以使行车在镀槽上完成工序间的吊运工作。根据车间平面布置及工艺流程情况，镀槽可分为单行和双行两种布置方式。

单行布置可以在自动线同一端装卸料，也可以在两端装卸料。在一端装卸料的方式可由一组工人同时兼管，在操作不太繁忙或零件运输路线比较合理的情况下采用较多。当厂房的布置适合于一端装料另一端卸料，并且生产任务较重，一组工人不能同时兼管装卸工作而适宜分开操作时，采用两端装卸布置较为合适。

当厂房长度方向受到限制，而自动线总长度较大时，还可以布置成双行直线方式。采用门式行车时，两行直线的一端可用一个长的清水槽作横向联结，清水槽上可以设置横向运送小车，阴极杆可以在两列间相互传送。这种方式也是同时在一端装卸料，其装卸位置分别在两列镀槽的端头，操作空间较大。

对于长度较大的自动线，为了提高产量，常采用多台行车分段运行。这时，两台行车运行相交处，应设有交换极杆的工位，一般设置在清水槽或利用其他单工位辅助槽。

在进行直线式自动线镀槽排列时，还应注意各槽液的相互干扰，因直线式自动线吊运零件时难免在其他镀槽上空经过，带有各种化学成分的液体滴入镀槽后，会带来不良影响。因此，对杂质较为敏感的镀液一定不要让或少让挂具在其上空经过。有些镀种成分对其他镀液的影响较大（如镀铬溶液），一般都应设计到接近出料端的位置，这样从镀槽吊出的带有其他化学成分的挂具经过其他镀槽的上空时，经过多次的水洗及回收，对其他镀槽的影响已限制到最低程度。另外，还应注意镀液挥发的有害气体对其他镀槽的干扰，如：镀铬槽与其他镀槽一般均用除油、酸洗等辅助槽隔开。

在镀槽两侧或一侧一般设置有人行过道，过道以下可以安置排风管道、导电汇流排、上下水管道、蒸汽管道、压缩空气管道、阴极移动机构等。过道的高度应根据镀槽高度确定，以便于工人操作为原则。

② 镀槽的尺寸

在直线式电镀自动线中，由于行车运载同一尺寸的阴极杆在各槽中进行处理，因此，所有镀槽的宽度均应一致。镀槽尺寸的设计需首先根据车间生产纲领、工作制度、设备年时基数、电镀时间、每天净生产时数等，计算各镀槽的单位负荷量，然后在综合考虑镀件尺寸、各部分间距、不能使镀液过热以及保持镀液成分稳定等因素后，设计镀槽的尺寸，详细设计过程参见本书 6.2.1。

5.3.2　环形电镀生产自动线的设计

环形电镀自动线由镀槽、平移及升降机械装置、自动控制系统构成，使悬挂镀件的挂具按节拍进行前进、下降、延时、上升、前进等动作，可自动完成前处理、电镀及镀后处理等数十道工序。环形自动线适用于工艺稳定和连续作业、大量生产的中小型零件处理。在环形自动线中镀槽按照工艺流程排成 U 形，图 5-13 为某厂缝纫机零件电镀环形自动线平面布置示意图。

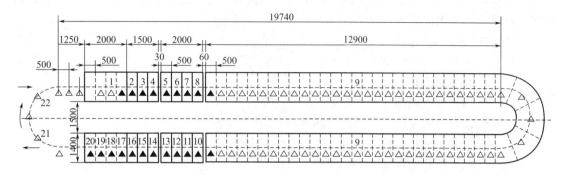

单位：mm

图 5-13 环形电镀生产自动线平面布置示意图

▲ 可升降挂具；△ 不可升降挂具

1—化学除油；2—电化学除油；3—温水洗；4,6,7,14,18—冷水洗；5—浸蚀；8—预浸（氰化溶液）；
9—氰化电镀铜锡合金；10～13,16,17—回收；15—钝化；19—热水烫洗；20—干燥；21—下挂具；22—上挂具

（1）环形自动生产线的主要参数计算方法

① 挂具在线上的全部时间 t_s

$$t_s = t_{s_1} + t_{s_2} = t_{s_1} + t_2(n+1) \tag{5-4}$$

式中　t_{s_1}——电镀生产线上所有的加工工序时间（包括装卸区的移动时间）总和，min；

t_{s_2}——挂具在各槽之间的传送时间总和，min；

t_2——挂具自一个槽传送到另一个槽的时间，min；

n——槽数。

② 挂具由自动生产线中卸出的时间 t

$$t = \frac{60Tk}{p} t_s \tag{5-5}$$

式中　T——设备的全天工作小时数（不包括修理等停工时间），h；

k——扣除自动线开始工作时准备处理所花时间和工作结束后所花时间的系数；

p——以挂具数计算的日产纲领。

③ 挂具间的节距 L

$$L = L_1 + L_2 \tag{5-6}$$

式中　L_1——在槽长度方向的挂具长度，m；

L_2——挂具间距，m。

④ 输送链的移动速度 v

$$v = L/t \tag{5-7}$$

⑤ 每种处理用槽的内部长度 L_H

$$L_H = v_1 t_0 + L_1 + 2L_3 \tag{5-8}$$

式中　v_1——输送链的实际移动速度，m/min；

t_0——槽中工序的持续时间，min；

L_3——挂具边缘与槽子端壁的间距，m。

各工艺槽的长度由工序处理时间而定，如镀件在清洗槽、回收槽中处理过程快，相应槽子的长度要短，只要能容纳一个挂具多一些即可，一般为 $500\sim600\text{mm}$，此数值可作为一个工位距离，即每一个节拍镀件水平移动的距离，以此再根据工艺槽的处理时间和一个节拍的时间，计算出各工艺槽的内部长度。

⑥ 槽的内部宽度 W_B

$$W_B = n_k W_1 + 2n_k W_2 + 2W_3 + n_y D \tag{5-9}$$

式中　n_k——挂具列数；

　　　W_1——槽宽度方向的挂具宽度，m；

　　　W_2——挂具上电镀件边缘与阳极间距离，m；

　　　W_3——阳极与槽壁的距离，m；

　　　n_y——阳极杆在槽宽度方向的根数，m；

　　　D——阳极厚度，m。

⑦ 自动线宽度 W

$$W = 2W_B + W_4 + \delta \tag{5-10}$$

式中　W_4——自动线方向上槽子行与行之间的间距，m；

　　　δ——槽壁总厚度，m。

⑧ 每个槽挂具数量 y

$$y = t_1/t \tag{5-11}$$

式中，t_1 为挂具在槽子中的工作时间，min。

⑨ 自动线总长度 L_B

$$L_B = L_W + L_C + \frac{1}{2}W = \frac{L_1 - 2\pi r}{2} + L + \frac{1}{2}W \tag{5-12}$$

式中　L_W——链轮的中心距离，m；

　　　L_C——链轮中心至槽宽中心的距离，m；

　　　r——链轮半径，m。

（2）槽子的排列

在环形自动线中，槽子的排列要根据工艺顺序与工艺规范而定。如果要改变工艺，就需改装镀槽和机件，手续繁多，所以工艺一旦确定后，不轻易改动。自动线的开口端是装卸工件的工位，要留有供零件装卸挂具的作业地。挂具只在出入槽的首尾工位上才有升降跨槽的动作，在其他工位上只做间歇水平推进；通常在多工位工艺槽的末尾工位设置空位槽，专供挂具和镀件跨越槽前准备之用。

（3）自动线传动方式

自动线上的挂具按生产节拍有规律地向前推进，需要跨越镀槽的吊臂在槽内末端工位首先提升，向前推进一个工位间距后再行下降，完成跨越动作后，在镀槽内同时有多个工位时，即按生产节拍每次向前推进一个间距，直到下一个跨槽动作。由此可见，自动线的传动分为水平运动驱动和垂直升降驱动。传动方式有机械传动和液压式传动两种。机械传动装置结构轻巧，适于轻型自动线；液压传动稳定可靠，适于较重负荷。按升降机构运行方式的不同，可将环形电镀生产自动线分为垂直升降式和摆动升降式两种。如图 5-14 所示。不同形式的自动线特点、使用范围、驱动方式及主要技术参数比较如表 5-38 所示。

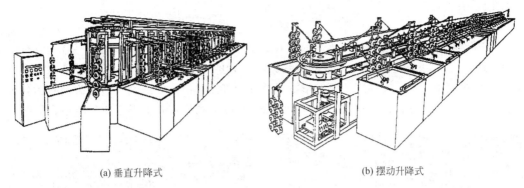

(a) 垂直升降式   (b) 摆动升降式

图 5-14 环形电镀生产自动线

表 5-38 环形电镀生产自动线的比较

环形电镀生产自动线	垂直升降式	摆动升降式	
		压板式	爬坡式
特点	机械结构复杂;但升降行程大、镀槽容积利用率高	运行平稳、产量大、工效高、占地面积小;镀槽容积利用率不高	机械结构简单、操作简便、造价低;但坡度增加会增加槽体的无效长度,工件在空间停留的时间较长。在运动过程中摆杆及工件会因为阻力产生抖动
适用范围	较长和较宽的挂具装挂和产量较大的卧式滚镀	大批量生产的中小型零件电镀	单通道及摆动时不易脱落的轻型零件挂镀及标准件滚镀
水平运动传动及升降驱动方式	水平运动传动及升降驱动靠链传动或液压驱动	水平运动传动采用机械链条传动,越槽升降驱动采用杠杆原理,靠压板上下运动实现	以导轨为导向,水平运动传动以链传动为动力;上升靠拉力实现,下降靠摆杆及工件的自重落下
主要技术参数	最大镀件:1000mm×500mm;生产节拍:30～120s;最大吊重:30～60kg/挂;提升高度:1.2～1.5m;滚镀之滚筒装载量:20kg、30kg、50kg	生产节拍:20～180s;单臂吊重:≤10kg;水平回转链轮中心距:≤20m	最大镀件:900mm×500mm;生产节拍:15～50s(可调);最大吊重:20kg/挂;提升高度:1m

（4）自动线的控制

由于环形自动线的一个节拍中，只有上升、移动、下降、延时这几个动作，所以自动控制的仪器也比较简单，不必有专人看管，但必须有专人巡视每一工序的质量状况和自动线的运行情况，当挂具落下或在槽沿搁住等意外故障发生时，必须立即停车。因生产线的一端至另一端的距离比较长，所以两端和两边都需要装停车拉线开关，当故障发生时，拉任一开关线，动作电路即被切断，传动机构全部停止运行，待故障消除后，再行开车。

5.3.3 高速连续电镀生产线的设计

高速连续电镀生产线一般由上料装置、收料装置、电镀槽、电气控制系统、传动系统、抽风系统、泵/过滤机、加热/冷却装置、干燥装置及其他辅助设施等构成。根据电镀位置的不同可实现连续全部或局部浸镀、刷镀（包括窄条式刷镀和滚筒式刷镀）、轮式点镀、带掩膜式轮镀及夹具镀等。

（1）送料

带料在镀槽中的放置方向可分水平放置式与垂直放置式。放料轴也依此水平或垂直地面安装，如图5-15所示。将卷料中心孔直接插到放料装置的中心轴上，带料开卷后呈水平或垂直方向送入各电镀工艺槽。在各工艺槽的槽沿设有导向辊或狭缝，保证带料运行方向；为保证带料运行速度与镀速一致，也可在放料平台上设计多个导向辊使带料上下弯曲呈波浪式前进。

图5-15　连续电镀生产线的送料方式

（2）工艺槽的规格设计

连续电镀的工艺槽分为上下两部分，上部为工作腔，下部为循环溶液储存槽。各工作腔的长度与处理时间成比例，全线总长度由设备生产能力决定。电镀时，过滤泵将循环过滤净化后的溶液高速送到工作腔（由于镀液高速喷射到带料上，电镀时间可以缩短）。在压力作用下溶液从工作腔端面上部的溢流管流回循环储液槽内。

下面以垂直式连续电镀铜线的设计为例介绍工艺槽设计方法。已知：电镀线路板最大尺寸为635mm×635mm，镀铜厚度为25.4μm，阴极电流密度为3.5A/dm²，每月产能为2.3万m²，每天工作22h，每月工作26天、传统系统为链条传动，场地长50m，宽5m。

设计镀铜槽的长度首先要根据客户提供的每月产能计算每分钟的产能约为0.67m²/min。由于产品的高度为635mm，设备的速度为0.67/0.635≈1.055（m/min）。根据公式$t = \dfrac{60\rho d}{100kD_k\eta_k}$，计算电镀铜所需的时间约为36min，则电镀铜槽的长度＝传动的速度×电镀的时间≈38min。如果采用3m一段的镀槽计算，则需要13个镀铜槽。

根据垂直连续电镀线的性质，电镀槽采用上下槽一体的结构。上槽喷流电镀，下槽储备电镀溶液，药水循环过滤并为上槽提供电镀溶液。每段镀槽的上下槽通过管件及阀门各自相互连通，且电镀线的两段镀铜槽设置汇流段，方便上下料药水自循环。

上槽的规格为：槽下105mm为液位点，板面高度（635mm）＋阳极遮板（165mm）的浮动高度，上槽的宽度根据传动链轮大小和各部分结构的配合关系，一般设计600mm。上槽容积＝宽×高×长＝600mm×810mm×3000mm＝1458000000mm³。按镀铜槽溶液的密度为1.1×10³kg/m³计算，上槽的容积则为1603.8L。

下槽的规格为：考虑镀液的添加与分析以及管道及其他辅助设备的预留位置，下槽的宽度设计为1420mm，下槽长度设计为1970mm，根据容积要将上槽填满的标准，则下槽的计算高度应该为520mm，因为需要预留约215mm循环液位高度确保泵吸入液位的正常状态，因此下槽的高度为715mm。设计后的镀槽规格如图5-16所示。

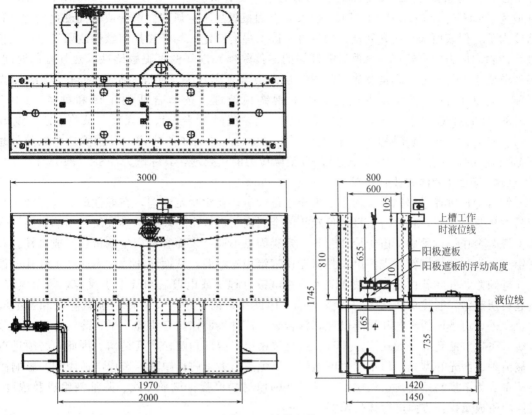

图 5-16　镀槽规格

5.4　电镀工艺流程设计及工艺参数选择

　　工艺流程的设计既要考虑镀件自身的化学性质还要考虑镀层的性质及应用场合，在选择工艺时要充分体现先进、合理、经济、可靠的原则，并大力推广节能，无污染或低污染的生产工艺和装备，使电镀车间在各项技术、经济方面都达到较为先进的水平。

　　电镀的基本工艺流程可粗略分为电镀前处理、电镀及镀后处理三大部分。

5.4.1　电镀前处理工艺的选择

　　选择什么样的电镀前处理（简称镀前处理）工艺需要考虑施镀工件自身的化学活性、表面状态及后续镀层的施镀能力。如对于化学活性较强的工件，要防止在镀液中发生自发溶解或出现置换镀层；易钝化的金属及合金的施镀要考虑去除氧化膜的问题；对于与氧亲和力强的铝及合金工件在施镀前需进行化学或电化学的表面改性以解决镀层结合力差的问题；对于含有两性金属，如：锌及其合金工件，在化学除油、电解除油及浸蚀工艺中需对碱液、酸液种类及浓度和电极的极性选择加以考虑；而不导电材料的镀前金属化是实现合格镀层的关键。

　　（1）钢铁件的镀前处理

　　钢铁件的镀前处理工艺有整平、除油、浸蚀和活化，前处理工艺的选择与顺序取决于零件的油污、锈蚀和粗糙程度等。需要说明的是，具有最大抗拉强度大于 1000MPa，相应硬度值为 300HV、303HB 或 31HRC，以及含有因机械加工、研磨、锻造或表面硬化处理（包括冷加工，但表面未经喷丸处理）的钢件，除非另有规定，均需在任何酸性或阴极电解之前进行消除内应力的热处理（电镀后需钎焊的零件除外）以降低氢脆敏感性。热处理的时间、温度取决于钢的成分、结构及涂覆的覆盖层类型与涂覆方法。可按 GB/T 19349—2012《金属和其他无机覆盖层为减少氢脆危险的钢铁预处理》选择合适的工序和种类。GB/T 13913—2008/ISO 4527：2003《金属覆盖层 化学镀镍-磷合金镀层规范和试验方法》及 SJ 20912—2004《金属覆盖层低应力镍电镀层》对此也均进行了相应说明。消除应力的热处理其标识为 SR，如在 210℃温度下进行 1h 消除应力的热处理，其标识为 [SR（210）1]。

（2）锌及合金件的镀前处理

锌合金压铸件以锌铝合金为主，由于电位较负，化学稳定性差，在酸性或碱性溶液中均容易发生化学溶解，在含有电极电位较正的金属离子镀液中易产生置换镀层，影响镀层结合力。锌合金压铸过程中，由于冷却时各元素凝固点不同，表面容易产生偏析，形成富锌相和富铝相。强酸能使富锌相先溶解，强碱能使富铝相先溶解，从而使压铸件表面产生针孔、微气孔等缺陷，并在孔内残留碱液或酸液，在电镀过程中或电镀后与锌发生反应，析出氢气，引起镀层鼓泡、脱皮或镀层不完整等缺陷。因此在镀前处理时不能使用强碱除油和强酸浸蚀。此外，由于压铸工艺和模具设计，锌合金压铸件表面往往有粗糙不平、冷纹、毛刺、分模线、飞边、缩孔等表面缺陷，并且表层是致密层，内部是疏松多孔结构。因此，必须进行机械清理、磨光和抛光，但不能过度抛磨，以免露出大量内部缺陷，造成电镀困难并影响镀层质量。为了提高后续镀层的质量需在工件的原材料检验、整平方式、除油液组成及浓度、浸蚀液组成及预镀方面进行优化选择。

① 原料检验 电镀前需首先了解原料的表面状态、材料牌号以及回料比例。常用于电镀的锌合金材料有 ZnAl-925、2ZnAl4-3、2ZnAl4-1、2ZnAl8-1。如果制造锌合金铸件选用了回料，为了达到良好的电镀效果，通常回料比例需控制在 15% 以内，不能超过 20%。实践发现，锌合金材料含铝 3.5%～4.5% 的电镀效果要好。

② 整平 锌合金铸件的整平包括去毛刺、分模线、飞边等。采用的处理方法有磨光（布轮磨光、滚动磨光、振动磨光）、抛光和喷砂等。由于压铸件外表层是厚度约为 0.05～0.1mm 的致密结构，而表层下疏松，因此采用机械方法去除缺陷时，应避免裸露疏松的部分，相应的工艺参数选择要依据材料形状及表面状态而定。

③ 除油 锌合金压铸件经磨光、抛光后，表面的大量油污、抛光膏等必须预清洗。预清洗可使用有机溶剂或进行化学除油，并且预清理工序应在抛光后尽快进行，以免抛光膏日久硬化难以除去。

也可采用市售除蜡水预除油，如：BH-20 除蜡剂、SUP-A-MERSOL CLEANER 超力除蜡水、DZ-1 超力除蜡水和 CP 除蜡水等。

经预除油后，可进行化学及电化学除油，由于锌合金化学活性较强，除油尽量采用低温、低碱度溶液（pH<10，一般不添加 NaOH）。尽量不采用阳极电解除油，以避免锌合金表面氧化或溶解产生腐蚀或生成白色胶状腐蚀物及麻点。

④ 弱浸蚀 锌合金压铸件除油后，表面会有一层极薄的氧化膜。为彻底清除此氧化膜，保证镀层的结合强度，需浸蚀除膜。强酸会使富锌相优先溶解，使工件基体表面产生孔穴，使孔内留有残液不易清洗掉，引起镀层起泡、脱皮等质量问题，因此通常采用弱酸处理。氢氟酸既能溶解锌、铝的氧化物，也能消除零件的含硅挂灰，而且对基体金属的溶解较为缓

慢，因此工艺中多含此种组分。

零件经弱浸蚀后需彻底清洗，有的可直接进入预镀工艺，有的需再进行中和处理以消除工件细孔中残留的酸，提高后续镀层结合力。

⑤ 预镀　锌合金的电极电位较负，为防止发生置换反应，影响镀层结合力，锌合金压铸件通常进行预镀处理。预镀要求镀液对基体金属浸蚀小，并能在镀件表面形成一层致密、均匀、结合力好的镀层，以保证后续镀层的质量。常用的方法有预镀氰铜（黄铜）、预镀中性镍、碱性低温化学预镀镍或碱性无氰预镀铜。

（3）铝及合金件的镀前处理

铝和铝合金的电镀难点在于如何提高镀层与基体的结合力，除了常规的除油、浸蚀、出光外，还需要进行特殊的预处理，制取一层过渡金属层或能导电的多孔性化学膜层，以保证随后的电镀层具有良好的结合力。由于铝及铝合金种类繁多，即使同一合金也可能由于热处理状态不同而影响后续的处理工艺，因此难于找到一种通用的前处理工艺，但在处理过程中一些共性的问题需引以重视。

① 整平　铝及铝合金的机械整平根据后续镀层要求不同可采用不同的方法，如要使镀层表面获得一定的粗糙度或达到亚光的效果，可采用喷砂工艺，喷射液成分为33%的碳酸钙水溶液，工作压力为0.6～0.7MPa，喷射角为90°，喷射距离为55～60mm，铝制品在经过液压式喷砂后应立即进行清洗，并烘干（温度80℃），否则表面容易产生腐蚀点。铝合金制品及铝合金型材通常采用不锈钢丸进行喷丸除掉合金表面的氧化皮。如镀后需达到高光装饰性效果，可采用抛光、刷光和振光的方式，抛光时需采用白抛光膏，抛光轮圆周速度为18～25m/s。

② 除油　对抛光零件应先用有机溶剂或专用除油剂或除蜡水进行预除油，然后进行化学或电化学除油。有机溶剂除油不能作为最后一道除油工序，且在使用的过程中需注意通风。化学除油液的选择应为弱碱性，pH值不宜超过11。在化学除油的过程中，可辅助超声波，强化除油过程，使细孔、深凹孔、不通孔的油污彻底清除，缩短除油时间，提高除油质量。当辅以超声波时可适当调低碱液的浓度，减少对零件的化学腐蚀；对压铸孔隙较多的零件，应合理采用超声波的参数，防止浸蚀扩孔。电化学除油仅适于阴极除油，阳极除油会发生零件的电化学腐蚀。

③ 浸蚀　在铝及合金的浸蚀工艺中广为使用的是碱性浸蚀液，当工件油污较少时可不经过除油直接进行碱性浸蚀。为避免零件过腐蚀，必须严格掌握浸蚀的温度和时间。当铝合金中含有铜、铁、锰、镁等，经过碱性浸蚀后会在零件的表面残留一层灰黑色的膜，需在酸性溶液中去除。

④ 过渡层处理　过渡层可选择锌（锌镍合金、镍、锡、铁）、阳极氧化膜等。根据基体材料和后续镀层要求选择适当的过渡层处理，如浸锌、浸镍、浸锌镍合金、浸锡、化学镀镍、阳极氧化等。

（4）塑料件镀前处理

塑料件的电镀关键技术在于将其表面进行金属化处理，实现这一过程需要对预镀零件进行毛坯检验、除蜡、粗化、敏化、活化及化学镀处理。

① 毛坯检验　塑料预镀件不应有碰伤、裂痕、料泡、麻点、变形等缺陷，检验时还需查看镀件是否有盲孔、兜水等部位，以判断是否需要根据具体情况设计相应的挂具及挂法。如镀件存在应力，应通过热处理或溶液浸渍消除。

② 除油（蜡）　塑料在注塑加工或经抛光处理后，表面均会残留油迹或抛光膏，需进行

除油处理。除油不仅可增加后续粗化液的使用寿命，也可避免部分产品细缝内或细角处残留小气泡，致使后续不能有效粗化，引起小圆点漏镀。除油碱液的浓度可由塑料件化学性质的不同加以调节。

③ 粗化（微蚀） 粗化的好坏直接关系到镀层的结合力，也影响到镀层的完整性及光亮度。良好的粗化能使镀件表面形成微孔状，具备亲水性，以保证胶体钯的吸附和镀层的附着。粗化的方法按后续镀层结合力由强到弱的顺序排列可依次为化学粗化、有机溶剂粗化及机械粗化。粗化后的工件要彻底中和或经还原处理并充分水洗，防止粗化残留液进入下道工序。

④ 敏化与活化 敏化是将粗化处理后的镀件浸入亚锡盐的酸性溶液中，使其表面吸附一层易氧化的亚锡离子液膜，经水洗，亚锡离子水解生成 $Sn(OH)_{1\sim5}Cl_{0\sim5}$ 胶膜，被均匀地吸附在处理过的材料表面，作为活化处理时的还原剂。

经敏化后的工件浸入含有氧化剂（硝酸银、氯化钯等）的溶液中，将具有催化性物质（如银、钯）吸附于敏感化的制件表面，作为化学镀的催化剂，这个过程称为活化。

活化后的工件水洗后即可进行化学镀处理。

⑤ 解胶 在胶体钯活化后通常还需要解胶工序，用以除去胶体钯胶团表面的二价锡，使钯得以暴露出来成为化学镀的催化活性点。

解胶处理后水洗就可进行化学镀处理。

⑥ 化学镀 塑料金属化的化学镀工艺常用的有化学镀铜和化学镀镍。化学镀层较薄，如镀化学镍约 $0.2\mu m$，然后再电镀增厚层以提高镀层的导电性。

（5）陶瓷及玻璃件镀前处理

陶瓷及玻璃件电镀前处理关键依然是表面金属化，实现这一过程需对工件进行粗化、敏化、活化、化学镀，从而实施电镀。

5.4.2 镀后处理工艺的选择

工件经电镀后，某些镀种需进一步加工处理。如：锌与镉及合金镀层的除氢及钝化处理，仿金及银镀层的抗变色处理，铝氧化膜的染色与封闭处理等，在提高镀层机械性能、耐蚀性及耐晒性等方面具有重要的作用。

5.4.3 工艺流程设计中需要考虑的其他事项

（1）清洗工艺的选择

镀前、电镀及镀后处理工序确定后，根据槽液性质和镀件形状来考虑水洗次数、水洗液温度及水洗的方式。碱性电镀及碱性除油后，应用热水洗；浸蚀及强酸性电镀后需要冷水洗；在每道电镀工序后需设置水洗回收槽并再设置两道水洗；镀铬后可加 4～5 道水洗并辅助槽边喷淋等强化水洗效果；镀多层镍时，半亮镍与亮镍电镀间可不经水洗，直接带电进入下一个镀槽；预浸的镀槽后可不经水洗直接进行下一工序。如镀层要求可焊性能，可在清洗液中加入 3％柠檬酸或酒石酸确保除去水合锡盐，保证镀层的可焊性；为防止形状复杂工件残留易引起腐蚀镀层的镀液，可考虑加中和水洗槽。

由于电镀用水的消耗量很大，在保证清洗效果的同时实现节水不仅可降低企业生产成本，而且也可以实现清洁生产。如采用逆流漂洗技术、超声波辅助清洗技术、喷浸水洗相结合或吹浸水洗相结合的水洗技术，采用清洗水的回用技术以及利用区域雨水特点实现人工蓄水等方式都可实现良好的节水效果。

（2）对氢脆敏感部件相应工艺的选择

材料自身的性质决定发生氢脆的难易程度，通常条件下弹簧钢、高强度钢、薄壁件（$\delta \leqslant 1\mathrm{mm}$）、焊接件、钎焊件、铆接件等，以及零件要求硬化或表面淬硬（维氏硬度大于 320HV）和在拉伸应力状态下使用时更容易产生氢脆失效的危险，因此在其前处理及电镀液类型的选择上应加以考虑，如镀前浸蚀液缓蚀剂的选择、酸浓度及处理时间的控制。如热处理或冷作硬化的硬度超过 385HV 或性能等级在 12.9 级以上的紧固件不适宜进行酸洗处理，可使用特殊的无酸处理方法——干磨、喷砂或碱性除锈，经最小的浸入时间清洗后再进行电镀。电镀液则要选择阴极电流效率高的，减少析氢反应，以降低氢脆的危害。

（3）预镀及预浸工艺的选择

钢铁件不能直接施镀酸铜、焦铜、铜锡合金，为提高镀层与基体的结合力需采用氰铜或暗镍作打底。铝及其合金电镀时，一定需先浸锌、预镀锌、化学镀镍或阳极氧化后才能镀覆其他金属层。铜及其合金镀铬时，不能在镀铬槽中预热，应先在热水槽中预热，并带电或用冲击电流下槽。

（4）氰化电镀

氰化镀槽注意远离酸性镀槽，活化后的零件需进行弱碱中和后方可进行氰化电镀。

5.4.4 电镀工艺流程线设计实例

以挂镀锌自动线设计为例，设计前已知条件如下：

工件：钢板冲压件，规格 $180\mathrm{mm} \times 142\mathrm{mm} \times 90\mathrm{mm}$，质量为 1.9kg，镀前经喷丸处理。

生产纲领：63 万件/年。

电镀要求：挂镀锌，厚度为 $12 \sim 15\mu\mathrm{m}$，镀后三价铬彩色钝化。

工作制度：两班制，全年工作时间 251 天。

设备设计年时基数：3860h。

挂件数：30 件，全年 2 万挂。

（1）镀槽数量的选择

根据生产纲领 63 万件/年，设备装载量 30 件/挂，则每年的负荷次数为 $\dfrac{63 \times 10^4}{30} = 21000$（次）。

根据镀层厚度要求，选择碱性锌酸盐镀锌工艺，如镀锌电流效率以 75% 计算，则电镀的时间为 $t_{\text{工艺时间}} = \dfrac{60\rho d}{100k D_k \eta_k} = \dfrac{60 \times 7.17 \times 15}{100 \times 1.22 \times 3 \times 0.75} = 23.5(\mathrm{min})$（假如厚度取 $15\mu\mathrm{m}$，阴极电流密度取 $3\mathrm{A/dm}^2$，电流效率取 75%），可粗略取工艺时间为 30min。电镀实际每次处理的时间应为工艺时间加上辅助时间（3min），则为 33min。全部工作所需时间 $t = \dfrac{33 \times 21000}{60} = 11550(\mathrm{h})$。

已知设备设计年时基数为 3860h，设备数量计算数 $n = \dfrac{11550 \times 1.05}{3860} = 3.14$（两班制系数取 1.05），取整数 4，采用 4 台镀槽。设备负荷率 $k = \dfrac{3.14}{4} \times 100\% = 78.5\%$。

（2）电镀工艺流程设计

1 人工上料→2 化学除油（预）（5min）→3 化学除油（5min）→4 漂洗三联（0.2min×3）

→5 酸腐蚀（5min）→6 漂洗二联（0.2min×2）→7 电解浸蚀（2.5min）→8 漂洗三联（0.2min×3）→9 活化（0.2min）→10 清洗转移（0.5min）→11 电镀锌1→12 电镀锌2→13 电镀锌3→14 电镀锌4→15 镀液回收（0.1min）→16 漂洗三联（0.2min×3）→17 出光（0.1min）→18 漂洗二联（0.2min×2）→19 彩色（三价铬）钝化（0.1～0.5min）→20 漂洗二联（0.2min×2）→21 热水清洗（0.2min）→22 干燥（5min）→23 封闭（0.2min）→24 真空干燥（7min）→25 真空干燥（7min）→26 人工下料。

（3）工艺平面布置

图 5-17 为电镀锌平面布置图。布置图要求按照工艺程序布置，同时还需标出各槽的中心轴线间尺寸。为了适应车间条件，工艺设备布置成矩形排列。

（4）行车运行周期

行车运行周期如图 5-18 所示。

① 原始参数和要求

根据计算需设 A、B、C、D 四台行车，行车采用龙门单钩行车，升降速度为 10m/min，平移速度 2～20m/min（可能），行车短距离平移速度为 16m/min。行车长距离平移速度为 18m/min，生产节拍为 8min。行车原始距离为 A1、B1、C1、D1。其中电镀锌 1，电镀锌 2，电镀锌 3，电镀锌 4，两位四个节拍交替使用。真空干燥 1、真空干燥 2，两位两个节拍交替使用。

② 电镀锌行车运行周期说明

a. 行车 A：

第一步：行车空钩低位平移至上料位置（9s）。

第二步：行车向上捞起工件（12s）。

第三步：行车带工件高位平移至化学除油槽（预）（42s），再向下放下工件（12s），同时转移小车至下料架位置。

第四步：行车空钩低位平移至漂洗三联1中槽（13s），再向上捞起工件（12s）。

第五步：行车带工件高位平移至漂洗三联1（左槽）（2.4s），再向下放下工件（12s）。

第六步：行车空钩低位平移至化学除油槽位置（9s），再向上捞起工件（12s）。

第七步：行车带工件高位平移至漂洗三联1（右槽）（5s），再向下放下工件（12s），行车等待 12s。

第八步：行车带工件高位平移至漂洗三联1（中槽）（2.4s），再向下放下工件（12s）。

第九步：行车空钩低位平移至化学除油槽（预）（11s），行车等待 60s，再向上捞起工件（12s）。

第十步：行车带工件高位平移至化学除油槽（6s），再向下放下工件（12s）。

第十一步：行车空钩低位平移至原始位置（55s），等待下一周期开始。

b. 行车 B：

第一步：行车空钩低位平移至漂洗三联1（左槽）（45s）。

第二步：行车向上捞起工件（12s）。

第三步：行车带工件高位平移至酸腐蚀槽（11s），向下放下工件（12s），行车等待 60s（0～60s 可调）后，再向上捞起工件（12s）。

第四步：行车带工件高位平移至漂洗二联1（右槽）（4s），向下放下工件（12s），行车等待 60s 后，再向上捞起工件（12s）。

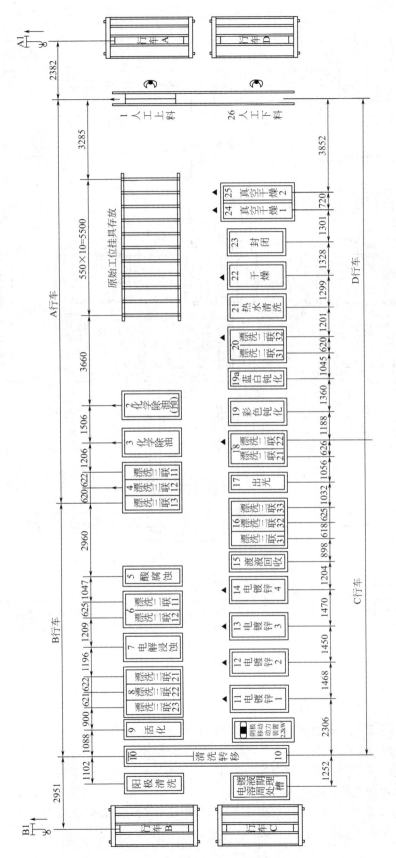

图 5-17　电镀锌平面布置图

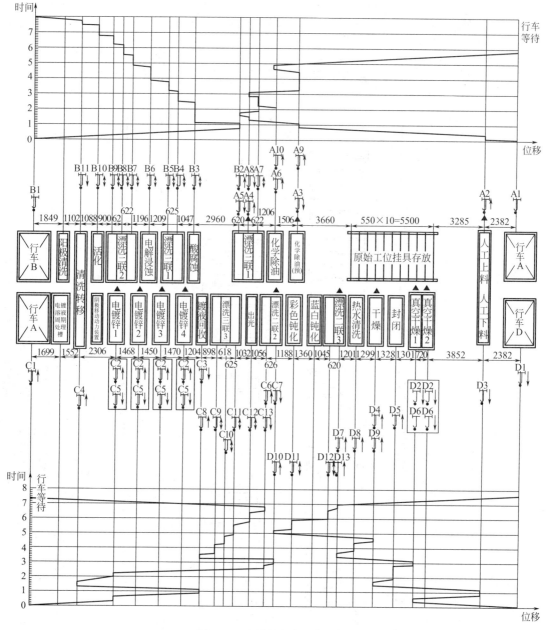

图 5-18　电镀锌行车运行周期

第五步：行车带工件高位平移至漂洗二联 1（左槽）（2.4s），向下放下工件（12s），行车等待 12s 后，再向上拎起工件（12s）。

第六步：行车带工件高位平移至电解浸蚀槽（4.6s），向下放下工件（12s），行车等待 30s 后，再向上拎起工件（12s）。

第七步：行车带工件高位平移至漂洗三联 2（右槽）（4.6s），向下放下工件（12s），行车等待 12s 后，再向上拎起工件（12s）。

第八步：行车带工件高位平移至漂洗三联 2（中槽）（2.6s），向下放下工件（12s），行车等待 12s 后，再向上拎起工件（12s）。

第九步：行车带工件高位平移至漂洗三联2（左槽）（2.4s），向下放下工件（12s），行车等待12s后，再向上拎起工件（12s）。

第十步：行车带工件高位平移至活化槽（3s），向下放下工件（12s），行车等待15s后，再向上拎起工件（12s）。

第十一步：行车带工件高位平移至清洗转移槽（2s），向下放下工件（12s），行车空钩低位平移离开工位后，转移小车带工件转移至行车C清洗转移槽工位。

第十二步：行车空钩低位平移至原始位置（12s），等待下一周期开始。

c.行车C（电镀锌1，电镀锌2，电镀锌3，电镀锌4，两位四个节拍交替）：

第一步：行车空钩低位平移至电镀锌1槽（20s）。

第二步：行车向上拎起工件（12s）。

第三步：行车带工件高位平移至镀液回收槽（21s），向下放下工件（12s）。

第四步：行车空钩低位平移至清洗转移槽（30s），再向上拎起工件（12s）。

第五步：行车带工件高位平移至电镀锌1槽（9s），向下放下工件（12s），同时转移小车转移至行车B清洗转移槽工位。

第六步：行车空钩低位平移至清洗二联2（左槽）（33s），再向上拎起工件（12s）。

第七步：行车带工件高位平移至漂洗二联2（右槽）（2.4s），向下放下工件（12s）。

第八步：行车空钩低位平移至镀液回收槽（18s），再向上拎起工件（12s）。

第九步：行车带工件高位平移至漂洗三联3（左槽）（3s），向下放下工件（12s），行车等待12s后，再向上拎起工件（12s）。

第十步：行车带工件高位平移至漂洗三联3（中槽）（2.4s），向下放下工件（12s），行车等待12s后，再向上拎起工件（12s）。

第十一步：行车带工件高位平移至漂洗三联3（右槽）（2.4s），向下放下工件（12s），行车等待12s后，再向上拎起工件（12s）。

第十二步：行车带工件高位平移至出光槽（4s），向下放下工件（12s），行车等待15s后，再向上拎起工件（12s）。

第十三步：行车空钩高位平移至漂洗二联2（左槽）（4s），再向下放下工件（12s）。

第十四步：行车空钩低位平移至原始位置，等待下一周期开始。

d.行车D（真空干燥1、真空干燥2，两位两个节拍交替。）：

第一步：行车空钩低位平移至真空干燥1槽（26s）。此时真空状态说明如下：

ⅰ.行车空钩低位平移至真空干燥1槽时，真空干燥门盖处在真空干燥2工位，即真空干燥2执行真空干燥工艺。

ⅱ.真空干燥1工件支架呈高位状态，等到行车低位平移提升工件转移。

第二步：行车到达真空干燥1位置后，再向上拎起工件（12s）。此时真空状态说明：行车提升工件高位转移后，工件支架V形座保持在高位状态，等待下一轮工件。

第三步：行车带工件高位平移至人工下料位置（18s），再向下放下工件（12s）。

第四步：行车空钩低位平移至干燥槽（24s），同时干燥槽门打开，行车向上拎起工件（12s）后，干燥槽门关闭。人工下料后，转移小车至上料架位置人工上料。

第五步：行车带工件高位平移至封闭槽（5s），向下放下工件（12s），行车等待封闭15s，再向上拎起工件（12s），行车等待工件滴干（30s）。

第六步：行车带工件高位平移至真空干燥1槽（5s），工件支架呈高位状态，行车向下放下工件（12s）后，行车空钩低位平移离开工位，工件支架下降就位。

第七步：行车空钩低位平移至漂洗二联3（左槽）（20s），行车向上拎起工件（12s）。

第八步：行车带工件高位平移至热水清洗槽（4.5s），向下放下工件（12s），行车等待12s后，再向上拎起工件（12s）。

第九步：行车带工件高位平移至干燥槽（5s），同时干燥槽门打开，行车向下放下工件（12s）后，干燥槽门关闭。

第十步：行车空钩低位平移至漂洗二联3（右槽）（24s），行车向上拎起工件（12s）。

第十一步：行车带工件高位平移至彩色钝化槽（4.5s），行车向下放下工件（12s），行车等待12s后，再向上拎起工件（12s）。

第十二步：行车带工件高位平移至漂洗二联3（左槽）（9s），行车向下放下工件（12s），行车等待15s后，再向上拎起工件（12s）。

第十三步：行车带工件高位平移至漂洗二联3（右槽）（2.4s），行车向下放下工件（12s）。

第十四步：行车空钩低位平移至原始工位（40s），等待下一周期的开始。

5.5　车间人员组成

电镀车间的工作人员包括：生产工人、辅助工人、工程技术人员、行政管理人员和勤杂人员等。在计算和统计车间人员时，可按工作位置配备或按劳动量计算出生产工人的数量，其他各类人员按生产工人的一定比例配备。

（1）生产工人

生产工人一般按工作岗位配备。在金属的磨光、抛光工段，基本上每台磨光机、抛光机在一班内配备一名工人，但需根据工人的年时基数考虑候补工。例如：月产计划数量为3000件，人均产能为1.73件/（人·8h），年平均每月工作22.5天，则：

$$磨光所需的人力 = \frac{3000\,件}{1.73\,件/（人·8h）\times 22.5 \times 8h/天} = 770.7\,人$$

根据计算，需要配备磨光人数为771人。

装卸挂具所需人数，视工件装卸挂具难易程度和工件数量多少而定。电镀操作工人数，因生产线的自动化程度、电镀持续时间而异。当设备负荷过低时，亦可用1名工人兼管数个槽。滚镀机电镀时间较长时，可以考虑1名生产工人管理数台机器。有自动线或有自动机的车间应考虑安排值班电工。

（2）辅助工人

辅助工人包括槽液分析化验员、设备维修员、挂具制造员、镀件收发工、运输工、车间检修员等，可按需要或同类工厂人数配备，一般不超过生产工人的30%，有自动生产的车间其比例应略高。

（3）检验人员

检验人员人数根据产品的质量要求及检验工作量而定。

（4）工程技术人员及行政管理人员

工程技术人员及行政管理人员可按车间规模及生产性质实际需要决定，一般控制在工人总数的18%以下，但自动化程度特别高的，可以增加。勤杂人员的人数不超过全部工人的1%～2%。

5.6 水消耗量的计算

（1）水质的要求

电镀用水分为工艺用水、清洗用水和设备冷却或加热用水。按照金属表面处理水质的要求，可将电镀用水分为 AA、A、B、C 四级，如表 5-39 所示。

表 5-39 电镀用水分级

指标名称	单位	水的级别			
		AA[①]	A[②]	B[②]	C[②]
电阻率(25℃)	Ω·cm	≥15000000	≥100000	≥7000	≥1200
电导率(25℃)	$\mu s/cm$	0.05	≤10	≤140	≤800
总溶性固体(TDS)	mg/L	——	≤7	≤100	≤600
二氧化硅	mg/L	<0.01	≤1		
pH 值	——	6.8~7.2	5.5~8.5	5.5~8.5	5.5~8.5
氯离子	mg/L		≤5	≤12	

① 原航天工业部标准 HB 5472—1991《金属镀覆和化学覆盖工艺用水水质规范》。
② 原电子工业部制定的高纯水水质试行标准以及高纯水水质标准。AA 级标准还对细菌、微粒、有机物及一些金属离子的浓度有相关的规定。

AA 级属于超纯水，仅用于有特殊要求的电子产品电镀清洗工序中，如集成电路芯片的铜互连电镀。A 级水通常用于配制镀液和一些无特殊要求的电子电镀产品清洗液。B 级水属于除盐水的定义范围。C 级水技术指标相当于城市自来水的水质标准。但某些水源水质条件差的地区，自来水需经过适当处理后才能达到 C 级水质标准。金属表面处理各工艺用水要求如表 5-40 所示。

表 5-40 金属表面处理水质要求

电镀工艺	配液用水	清洗用水	电镀工艺	配液用水	清洗用水
电镀锌	B 级	C 级	电镀铁	C 级	C 级
电镀铜、黄铜、青铜	B 级	C 级	电镀锡	B 级	C 级
电镀镍、黑镍	A 级	C 级	电镀铅锡	A 级	C 级
化学镀镍	A 级	C 级	铝合金硫酸阳极氧化	A 级	B 级
电镀铬	B 级	C 级	钢铁件磷化	A 级	B 级,干燥前洗 A 级
电镀黑铬	A 级	C 级	钢铁件发蓝	C 级	C 级,干燥前洗 B 级
电镀银	A 级	B 级	引线框架、凸点、印刷线路	A 级	A 级,间距及孔径 ≤50μm AA 级

（2）清洗用水消耗量

清洗槽可按水温分为冷水槽（室温）、温水槽和热水槽。清洗槽水消耗量及直线式、程控门式行车自动线清洗槽的水消耗量，按每小时消耗水槽有效容积数的水来计算。纯水消耗量略小于一般清洗水消耗量，平均消耗量为维持生产时的用水量，最大消耗量为空水槽注水时的用水量。清洗槽水消耗定额如表 5-41 所示。

表 5-41 清洗槽水消耗定额

清洗槽名称	温度	槽子有效容积/L				
		≤400	401~700	701~1000	1001~2000	2001~4000
		平均消耗定额/(槽容积/h)或平均换水次数(次/h)				
冷水槽	室温	1~3	1~2	1	0.5~1	0.3~0.5
温水槽	50~60℃	0.5~1	0.5	0.3	0.3	0.2~0.3
热水槽	70~90℃	0.5~1	0.3~0.5	0.3	0.3	0.2~0.3
纯水槽	室温或60℃	0.5~1	0.3~0.4	0.2~0.3	0.2~0.3	0.1~0.3
清洗槽名称		最大消耗定额/(槽容积/h)或最多换水次数(次/h)				
冷水槽、温水槽、热水槽		3~4	2~3	2	1~2	1
纯水槽		3~4	2~3	2	1~2	0.5~1

清洗采用多级逆流漂洗时，水消耗量可按式（5-13）进行计算：

$$Q = D^n \sqrt{\frac{c_o}{c_n \mu}} \tag{5-13}$$

式中　Q——每小时用水量，L/h；

　　　D——每小时溶液带出水量，L/h；

　　　n——逆流漂洗清洗水槽数；

　　　c_o——镀液的原始浓度，g/L；

　　　c_n——要求末级清洗槽中达到的溶液浓度，g/L；

　　　μ——清洗效率，两槽采用0.8，三槽采用0.65。

每小时用水量根据生产班制而定，一班制每小时平均消耗水量＝(7h维持消耗量＋1h最大消耗量)/8；二班制每小时平均消耗水量＝(15h维持消耗量＋1h最大消耗量)/16。

式（5-13）中 D 可根据零件及挂具面积乘以 $1m^2$ 面积的溶液带出量来计算。单位面积带出量与达到生产方式有关，可参照表5-42。选用时可再结合镀件的排液时间、悬挂方式、镀液性质、挂具制作等情况而定。

表 5-42 镀件单位面积的镀液带出量

电镀方式	镀件带出量/(L/m²)			
	简单	一般	较复杂	复杂
手工挂镀	<0.2	0.2~0.3	0.3~0.4	0.4~0.5
自动线挂镀	<0.1	0.1	0.1~0.2	0.2~0.3
滚镀(吊起后停留25s)	0.3	0.3~0.4	0.4~0.5	0.5~0.6

C_n 中间层采用10mg/L，最后镀层采用20~30mg/L。

为简化计算，设计中常用的估计方法是，无论是二联还是三联逆流漂洗槽，其水平均消耗量，均按一联槽子容积考虑，水最大消耗量按二联或三联容积考虑。

（3）前处理连续线（喷淋、浸渍）用水消耗量

前处理连续线的喷淋清洗用水量略大于浸渍清洗用水量，按设备技术规格性能说明书中的数值，当缺乏资料时，可按下列方法进行估算。

中小型前处理连续（喷淋、浸渍）线，水槽单独补水，每道清洗水平均消耗量约为

$10\sim15L/m^2$；逆流清洗（逆工序补水），清洗水平均消耗量约为 $4\sim6L/m^2$；浸渍式清洗的水平均消耗量约为喷淋清洗的 1/2。

（4）槽液冷却水消耗量

某些镀槽，如：酸性镀锡、铝硬质阳极氧化等需要采用冷冻水（制冷水、制冷设备提供）冷却槽液。

以铝硬质阳极氧化为例，槽液在生产中生产的热量主要来源于输入槽内的电量（电流、电压）、车间温度对槽液的影响及化学反应产生的热量等。其中最主要的来源是由电产生的热，故一般只按槽内通过的电流和电压来计算，再乘以附加系数。由此，冷却水消耗量可按式（5-14）计算：

$$G = \frac{3.6VIK}{1000rC\Delta t} \tag{5-14}$$

式中　G——冷却水消耗量，m^3/h；

　　　　V——槽上平均工作电压，V；

　　　　I——槽内工作电流，A；

　　　　K——未计入热量的附加系数，即为冷量附加系数，$K=1.1\sim1.3$；

　　　　r——冷却介质的重度，水的重度为 1kg/L；

　　　　C——冷却介质的热容量，水的热容量为 4.1868，$kg/(kg\cdot℃)$；

　　　　Δt——冷却水进出冷却管的温差，近似取值为 $2\sim4℃$，如采用冷冻水冷却时，温差可取 5℃（进水 7℃，出水 12℃），℃。

（5）设备冷却用水消耗量

水冷整流器冷却水用量可依据产品说明，也可参照表 5-43 进行粗略选择。

表 5-43　水冷整流器冷却水消耗量粗略统计

整流器技术规格		冷却水消耗量 /m³	整流器技术规格		冷却水消耗量 /m³
直流输出电流/A	直流输出电压/V		直流输出电流/A	直流输出电压/V	
100	0～24	0.2	800	0～24	0.6
200	0～24	0.3	1000	0～24	0.7
300	0～24	0.4	2000	0～24	0.8
500	0～24	0.5	3000	0～24	0.9

此外，如：液体喷砂机用水量，当外接水源管径为 1/2in（1in=25.4mm），水平均消耗量约为 $0.05\sim0.08m^3/h$；刷光机用水量按每轴计，平均用 $0.05\sim0.1m^3/h$；配制调整溶液及盐溶液蒸发而补充用水的用水量需根据实际生产工艺要求确定，一般使用纯水的要配备纯水制造设备，如：部分可用城市自来水，且这部分用水量不大，可忽略不计，用水时，可从旁边水槽的上下水管取水，冲洗地板用水量可按每昼夜 $3L/m^2$ 计算。

5.7　热能消耗量的计算

（1）蒸汽加热方式与升温时间

电镀车间生产蒸汽主要用于各种溶液槽及热水槽等的加热、烘干设备加热（干燥槽或低温烘干箱等）、送风装置加热等，加热使用的蒸汽压力一般为 $0.2\sim0.3MPa$，若温度较高的镀槽，如：钢铁件高温发蓝等，用蒸汽加热时所需蒸汽压力为 0.6MPa，加热的方式可根据设备的结构形式和工艺要求确定，见表 5-44。

表 5-44　各种设备常用的加热方式

设备名称	加热方式	设备名称	加热方式
温水槽、热水槽	蛇管、排管、活气[①]	肥皂溶液槽	蛇管、排管
纯水槽	蛇管、排管	磷化槽	蛇管、排管、槽外热交换器加热
除油槽、碱浸蚀槽	蛇管、排管	退镀层槽	蛇管
酸浸蚀槽、电解浸蚀槽	蛇管	镀铬槽	水套加热、蛇管
电解抛光槽	水套加热、蛇管	电镀槽、滚镀槽	蛇管、排管
锌酸盐处理槽	蛇管、排管	干燥槽	排管、热风循环

① 活气加热是指将蒸汽通过管道直接放进水中加热。

　　槽子加热升温时间的长短除了影响设备的利用率外，还影响到升温时的动力消耗量。在工艺允许的情况下，可延长加热升温时间，使最大消耗量与平均消耗量相差不至于很大。槽子升温时间与槽容积的大小等因素有关，升温时间较长时，可上班前提前加热。溶液槽、热水槽和温水槽的升温时间如表 5-45 所示。其他设备如烘干箱（室）等的加热升温时间一般采用 1～2h，大型设备加热升温时间可适当延长。

表 5-45　溶液槽、热水槽及温水槽的升温时间

槽子容积/L	≤720	721～1500	1501～2000	2001～3000	3001～4000	>4000
升温时间/h	1	1.5	2	2.5	3	>3

注：镀铬槽容积为 1500～3500L 时，升温时间为 2h。

（2）蒸汽消耗量计算

　　为了在设计时快速地统计出各设备所用加热蒸汽量，有关设计手册归纳整理出每 100L 溶液采用不同加热形式时的蒸汽消耗量定额。其中表 5-46 为采用蛇管加热时的蒸汽消耗量，表 5-47 为采用水套加热时的蒸汽消耗量，供参考。对于热水槽、温水槽，加热时的蒸汽消耗量可按 100L 清洗水加热的蒸汽消耗量额计算，如表 5-48 所示。

表 5-46　每 100L 溶液采用蛇管加热时的蒸汽消耗量

工作温度 /℃	加温时蒸汽消耗量（最大消耗量）/(kg/h)								保温时蒸汽消耗量（平均消耗量） /(kg/h)	
	≤200L 的槽子		>200～3000L 的槽子				>3000L 的槽子			
	加热升温时间/h								<3000L 的槽子	>3000L 的槽子
	0.5	1	0.5	1	1.5	2	2.5	3		
40	12.24	6.24	7.09	3.71	2.57	2.02	1.68	1.37	0.49	0.39
45	14.64	7.44	9.20	4.78	3.30	2.57	2.11	1.69	0.62	0.49
50	17.10	8.69	11.38	5.93	4.11	3.20	2.65	2.11	0.78	0.54
55	19.54	9.94	13.60	7.10	4.94	3.85	3.20	2.51	0.97	0.61
60	22.01	11.21	15.80	8.24	5.72	4.72	3.72	2.90	1.18	0.74
65	24.48	12.48	17.55	9.23	6.45	5.07	4.24	3.25	1.44	0.90
70	26.94	13.74	20.28	10.63	7.47	5.82	4.86	3.68	1.72	1.03
75	29.45	15.05	22.49	11.80	8.27	6.47	5.41	4.10	2.05	1.22
80	31.97	16.37	25.22	13.26	9.27	7.28	6.08	4.59	2.44	1.44

工作温度/℃	加温时蒸汽消耗量（最大消耗量）/(kg/h)								保温时蒸汽消耗量（平均消耗量）/(kg/h)	
	≤200L 的槽子		>200～3000L 的槽子					>3000L 的槽子		
	加热升温时间/h									
	0.5	1	0.5	1	1.5	2	2.5	3	<3000L 的槽子	>3000L 的槽子
85	34.44	17.64	27.95	14.69	10.27	8.06	6.73	5.10	2.95	1.71
90	36.96	18.96	30.21	15.91	11.15	8.76	7.35	5.51	3.44	1.98
95	39.50	20.30	32.95	17.62	12.16	9.56	8.00	6.05	4.05	2.38
98	41.04	21.12	34.70	18.41	12.94	10.22	8.58	6.36	4.49	2.70
100	42.05	21.65	35.75	18.82	13.18	10.37	8.68	6.54	4.78	2.91

注：1. 加热的蒸汽压力（表压）为 0.2～0.3MPa。

2. 对于容积≤200L 的槽子，加温时溶液的起始温度采用15℃。

3. 对于容积>200L 的槽子，加温时溶液的起始温度按停止供蒸汽16h后的溶液温度计。

表 5-47　每 100 升溶液采用水套加热时的蒸汽消耗量

工作温度/℃	加热时间/h	槽体容积/L	蒸汽消耗/(kg/h)	
			加热（最大）	保温（平均）
60	1	≤200	16.80	1.70
		200～450	14.64	
		450～600	13.32	
		600～720	12.60	
	1.5	720～1500	9.78	
	2	1500～3000	6.72	
70	1	≤200	20.64	2.47
		200～450	18.97	
		450～600	17.04	
		600～720	15.72	
	1.5	720～1500	11.40	
		1500～3000	7.92	

表 5-48　每 100L 清洗水采用蛇管或排管加热时的蒸汽消耗量

工作温度/℃	加温时蒸汽消耗量（最大消耗量）/(kg/h)						保温时蒸汽消耗量（平均消耗量）/(kg/h)			
	≤3000L 的槽子					>3000L 的槽子	流动清水洗，水平均消耗定额/（槽容积/h）			
	加热升温时间/h						1	0.5	0.3	0.2
	0.5	1	1.5	2	2.5	3				
60	21.92	11.12	7.52	5.81	4.62	3.76	11.99	6.59	4.81	3.35
70	26.35	13.39	9.07	6.91	5.62	4.59	14.69	8.21	6.05	4.32
80	30.89	15.77	10.65	8.15	6.63	5.35	17.45	9.89	7.37	5.36
90	35.32	18.04	12.29	9.40	7.67	6.16	20.33	11.69	8.83	6.51
95	37.58	19.22	13.12	10.04	8.21	6.59	21.84	12.66	9.59	7.17

注：1. 加热的蒸汽压力（表压）为 0.2～0.3MPa。

2. 表中消耗量也适于活气加热（即蒸汽直接通入镀槽加热）。

3. 表中数据以起始温度为10℃考虑。

蒸汽烘干室一般采用热风循环加热形式，用于工件的低温烘干，烘干温度一般不超过90℃。其加热的蒸汽概略消耗定额如表5-49所示，供参考。

表5-49　蒸汽烘干箱（室）的蒸汽概略消耗定额

烘干室烘干形式	工作特点	烘干温度/℃	蒸汽压力/MPa	每吨工件烘干的蒸汽消耗量/kg
热风循环加热	间歇专业	90	0.3	80～10
	连续专业	90	0.3	50～80

注：烘干箱（室）内零件的重量包括输送装置及小车的重量。

当无法查到设备的蒸汽用量，而仅知道设备进汽管管径时，按其管径的蒸汽流量，依据设备用蒸汽的情况及使用系数计算出蒸汽消耗量。计算公式如下：

$$平均蒸汽消耗量＝蒸汽流量×设备使用系数$$
$$最大蒸汽消耗量＝蒸汽流量×设备同时使用系数$$

不同管径的蒸汽流量见表5-50。

表5-50　不同管径的蒸汽流量表

蒸汽管径/mm	流速/(m/s)	蒸汽压力（表压）/MPa						
		0.07	0.1	0.2	0.3	0.4	0.5	0.6
		蒸汽流量/(kg/h)						
15	20	13.4	15	22.7	29.8	36.8	43.7	50.5
20	20	24.3	28.2	41.4	54.2	67.0	79.6	92
25	25	49	57.3	83.3	110	136	161	186
32	25	85.6	100	147	193	238	282	325
40	25	113	132	194	258	311	354	428
50	25	168	197	287	377	465	554	636
70	25	317	374	542	715	880	1052	1200
80	25	454	528	773	1012	1297	1480	1713
100	25	673	784	1149	1502	1856	2201	2547
125	25	1034	1205	1762	2310	2852	3380	3910
150	25	1515	1768	2584	3380	4169	4960	5737
200	35	4038	4710	6880	9020	11250	13212	15290
250	35	6300	7370	10800	14120	17450	20680	23930

5.8　压缩空气消耗量的计算

电镀车间所需的压缩空气主要适用于喷砂清理零件、吹干零件、搅拌溶液等。

（1）压缩空气用于搅拌溶液的消耗量计算

压缩空气搅拌溶液一般用于对空气稳定的槽液，如光亮镀镍槽、光亮酸性镀铜槽、阳极氧化槽以及清洗水槽等。其消耗量与搅拌的强弱程度有关，搅拌槽液时，不同搅拌强度的压缩空气消耗量可参照表5-51的数据。

表 5-51 搅拌槽液用压缩空气的消耗量

搅拌强度	空气压力/MPa	压缩空气消耗量/[m³/(min·m)]
轻微的搅拌	0.1~0.2	0.4
中等程度的搅拌	0.1~0.2	0.8
高强度的搅拌	0.1~0.2	1.0

注：此压缩空气消耗量数据为溶液每平方米液面面积每分钟所需的压缩空气量。

所需压缩空气压力可按每米深度 0.016MPa 计算。

由于搅拌的强度影响镀液的传质与浓度极化作用，强度的增大通常可以开大电流，因此有些企业压缩空气的消耗量也依据电流密度而定，一般 1L 溶液每分钟的消耗量为 0.25~1L，电流密度大时采用上限。

（2）压缩空气用于喷砂清理及吹干时的消耗量

压缩空气用于喷砂清理时的消耗量计算见表 5-52。

表 5-52 喷砂清理用压缩空气的消耗量   单位：m³/min

空气压力/MPa	喷嘴口径/mm				
	4	6	8	10	12
0.3	0.62	1.33	2.42	4.25	5.33
0.6	1.03	2.25	4.17	6.42	9.17

压缩空气用于喷砂清理时消耗量不仅与压缩空气的工作压力、喷嘴口径有关，还与空气和砂粒的混合比等因素有关，空气和砂粒的混合比为 1:4.5 时，空气消耗量比表 5-51 中的空气消耗量要减少 30%~60%。因此，建议当缺乏产品资料的时候，喷砂的压缩空气量以表 5-51 中的消耗量减少约 30% 来计算。

压缩空气用于吹干零件时的消耗量见表 5-53。

表 5-53 吹干用压缩空气的消耗量   单位：m³/min

空气压力/MPa	喷嘴口径/mm			
	3	4	5	6
0.2	0.25	0.42	0.70	1.00
0.3	0.28	0.50	0.80	1.17

需要指出的是，在计算压缩空气的最大消耗量和平均消耗量时，应考虑用气设备的使用系数和同时使用系数。

压缩空气最大消耗量=设备数量×每台设备连续工作时自由空气消耗量×同时使用系数

压缩空气的平均消耗量=设备数量×每台设备连续工作时自由空气消耗量×使用系数

$$使用系数 = \frac{工作班内实际用气时间}{工作班时间}$$

使用系数根据用气设备的生产负荷、工作条件等具体情况确定，一般用气设备的使用系数为吹嘴 0.1~0.3；搅拌溶液 0.5~0.8；喷丸 0.9。

同时使用系数与用气设备的用气特点、数量、使用系数等因素有关，一般为 0.4~0.6。

思 考 题

1. 结合电镀清洁生产，说明在镀前、电镀及镀后处理方面可采用哪些措施？

2. 如何根据镀件的特点选择电镀的生产方式？

3. 如何根据镀件要求进行镀层的种类选择与镀层体系的确定？

4. 某轴心进行修复性六价铬镀铬，要求直径增加 0.3mm，阴极电流密度为 $50A/dm^2$，已知阴极电流效率为 13%，求电镀需要多少时间（已知铬的原子量为 52，密度为 $7.1g/cm^3$）？

5. 说明直线形与环形电镀生产线的特点，在设计上有何不同？

6. 如何根据镀件性质选择适宜的前处理工艺？

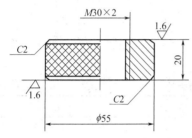

图 5-19 螺母尺寸（mm）

7. 镀后处理包括哪些内容，请举例说明什么样的电镀工件需要镀后处理。

8. 某公司需对一批紧固件（螺母）进行滚镀锌生产，工件外形尺寸如 5-19 图所示。已知：镀件材质为 Q235 钢，要求在工业环境下使用，镀件内、外表面均有镀层，并进行彩色钝化处理。生产采用一班制，每月产 3 万件。设备负荷率为 95%，返修率为 2%。请根据题意确定电镀生产节拍、每筒镀件量，并设计镀锌工艺流程。

9. 在锌合金零件上进行仿金电镀，请设计电镀工艺流程并说明各主要工序作用。

10. 在铝合金基体上进行防护-装饰性镀铬处理，请设计工艺路线，并分别说明各主要工序的槽液组成及工序的作用。

11. ABS 塑料电镀前处理工序有哪些？各有何作用？

第6章

电镀主要设备设计及选型

电镀工艺设备不仅包括直接对零件进行加工处理的生产设备,也包括用于电镀生产的辅助设备。如:前处理中的各种整平设备,电镀生产中的各类镀槽、电镀电源,镀后处理中采用的干燥设备和除氢设备等。除此之外还有保证工艺顺利实施的辅助设备,如:加温或降温设备、阴极移动或搅拌设备、镀液循环或过滤设备以及镀槽的必备附件如电极棒、电极导线、阳极和阳极篮、电镀挂具等。

6.1 电镀前处理工艺设备设计与选型

零件的表面精整工艺包括磨光、抛光、滚光、喷砂、喷丸等,针对零件材料、形状、表面状况和加工要求,选择适当的工艺对零件表面进行必要的修整,使零件具有平整光洁的表面,是获得优质镀层的重要环节之一。

6.1.1 磨光

磨光是借助粘有磨料的磨光轮(或带),在高速旋转下磨削零件表面的过程。磨光适用于加工一切金属材料和部分非金属材料。磨光轮是用棉布、特种纸、皮革、毛毡或呢绒等制成的圆片,外面包以牛皮,用压粘法、胶合法或缝合法制成。根据磨光轮的材质,可分为硬轮和软轮两种。对表面较硬、形状简单的零件,宜选用硬轮磨光;对表面较软、形状复杂的零件,宜选用软轮磨光。常用的磨料特性及其用途见表6-1。

表6-1 常用磨料的特性和用途

磨料名称	成分	外观	粒度	用途
人造金刚砂	SiC	紫黑色闪光砂粒	24~320	黄铜、锌、锡、铸铁等脆性、低强度材料的磨光
人造刚玉	Al_2O_3	白至灰色的砂粒	24~280	可锻铸铁、锰青铜等韧性、高强度材料的磨光
天然金刚砂(杂刚玉)	Al_2O_3 或 Fe_2O_3	灰红至黑色的砂粒	24~240	一切金属的磨光
石英砂	SiO_2	白至黄色砂粒	24~320	通用磨光、抛光、滚光、喷砂材料
硅藻土	SiO_2	白至灰红色粉末	240	通用磨光、抛光材料,宜抛光软金属及其合金
浮石	—	灰黄海绵状物质或粉末	120~320	软金属材料及木材、皮革、橡胶、玻璃、塑料等

磨光时，一般先用人造金刚砂、刚玉等较硬材料进行粗磨，金属的硬度越大，磨光时所采用磨料的尺寸应越大，即目数越低。硬金属一般选用 120 目左右的金刚砂；中硬质金属一般选用 180 目左右的金刚砂；软质金属一般选用 240 目左右的金刚砂。然后用细粒的金刚砂等进行细磨。或者根据金属制件表面的粗糙程度及加工要求选择磨料粒度。粗磨粒度为 12～40 目，磨削量大，用于除去厚的旧镀层、严重的锈蚀及磨削很粗的表面；中磨粒度为 50～150 目，用于切削中等或尺寸较小的零件，可以消除粗磨后的痕迹及轻度的锈蚀层；精磨的粒度为 180～360 目，磨削量小，可得到平整的表面，为镜面抛光作准备。电镀前磨光处理通常使用 120～320 目粒度不同的磨料，依次加大磨料的目数，由粗到细经过 2～4 道操作工序，以获得电镀所要求的表面质量。磨光时可添加润滑剂（由动物油、脂肪酸和蜡制成），也可以使用抛光膏。

磨光带磨光也称带式磨光或砂带磨光，靠磨光带高速运行与工件接触而进行磨削加工。它可替代磨光轮的磨光工序，具有生产效率高、磨削面积大，工作时冷却较快、工件变形可能性小的特点。可对不同零件及复杂零件进行磨光，选用合成树脂胶黏剂粘接磨料的磨光带，可以带水湿磨等。

使用磨光带磨光时，应根据材料种类、磨光类型选择磨光带的参数，如表 6-2 所示。

表 6-2　磨光带磨光参数的选择

材料	磨光类型	磨料	粒度/mm	磨带速度/(m/s)	润滑剂	接触轮	接触轮硬度
普碳钢	粗磨	ZrO_2,Al_2O_3	0.256～0.850	4～7	干磨	轮齿、锯齿	70～95
	中磨	ZrO_2,Al_2O_3	0.101～0.191	4～7	干磨或稀油	平面橡胶、帆布	40～70
	细磨	Al_2O_3	0.013～0.086	4～7	稠油或抛光油	平面橡胶、帆布	软
不锈钢	粗磨	ZrO_2,Al_2O_3	0.256～0.492	3～5	干磨	轮齿、锯齿	70～95
	中磨	ZrO_2,Al_2O_3	0.101～0.191	3～5	干磨或稀油	平面橡胶	40～70
	细磨	Al_2O_3,SiC	0.065～0.086	3～5	稠油或抛光油	平面橡胶、帆布	软
铸铁	粗磨	ZrO_2,Al_2O_3	0.256～0.750	2～5	干磨	轮齿、锯齿	70～95
	中磨	ZrO_2,Al_2O_3	0.101～0.191	2～5	干磨	轮齿、平面橡胶	40～70
	细磨	ZrO_2,Al_2O_3	0.065～0.106	2～5	稀油	平面橡胶	30～50
铝	粗磨	ZrO_2,Al_2O_3	0.191～0.750	4～7	稀油	轮齿、锯齿	70～95
	中磨	ZrO_2,Al_2O_3	0.086～0.150	4～7	稀油	轮齿、平面橡胶	40～70
	细磨	Al_2O_3,SiC	0.013～0.069	4～7	稀油或稠油	平面橡胶、帆布	软
铜	粗磨	Al_2O_3,SiC	0.191～0.492	3～7	稀油	轮齿、锯齿	70～95
	中磨	Al_2O_3,SiC	0.101～0.150	3～7	稀油	平面橡胶、帆布	40～70
	细磨	Al_2O_3,SiC	0.013～0.086	3～7	稀油或稠油	平面橡胶、帆布	软
非铁金属模铸件	粗磨	ZrO_2,Al_2O_3	0.191～0.750	5～7	稀油	锯齿、平面橡胶	70～95
	中磨	Al_2O_3,SiC	0.086～0.150	5～7	稀油	平面橡胶、帆布	40～70
	细磨	Al_2O_3,SiC	0.013～0.069	5～7	稀油或稠油	平面橡胶、帆布	软

6.1.2 机械抛光

抛光利用高速旋转的抛光轮与周期性涂抹的抛光膏的作用对制件表面进行轻微切削和研磨，以除去工件表面的细微不平，达到整平表面、提高表面光洁度的目的。

抛光轮是由粗布、细布、绒布和无纺布以及特种纸等软材料通过不同的缝合方法或叠压方法制成的。

抛光膏由磨料、胶黏剂及辅助材料制成。常用的抛光膏有白抛光膏、黄抛光膏、红抛光膏、绿抛光膏等几种。白抛光膏（白油）是由无水且纯度较高的氧化钙和少量的氧化镁以及硬脂酸、石蜡等组成的固体软块，适用于没有切削能力的精抛光和用于软金属（锌、铝、铜及其合金）、塑料、胶木、塑料等的抛光。黄抛光膏是由氧化铁、硬脂酸，长石粉、油脂和松香等组成，适用于一般钢铁基体及铝、锌、铜的粗抛。红抛光膏是由精制氧化铁粉以及硬脂酸、白蜡等组成，其抛光性能好而切削能力低，对基体损耗较小，适用于金、银等贵金属的精细抛光及钢铁基体磨后的"油光"。绿抛光膏是用三氧化二铬、少量氧化铝及硬脂酸、脂肪酸等组成，适用于铬、镍、不锈钢、硬质合金钢等的抛光。生产中为提高生产效率，减少抛光轮的磨损和抛光剂在零件上的滞留，也可使用抛光液。

6.1.3 滚光

（1）滚筒的形状与尺寸

为了便于零件的翻滚及装卸料，常采用多边形滚筒，如：六边形、八边形。如图 6-1 所示为六边形滚光机的外形图。滚筒一般为 300～600mm，滚筒的直径与长度之比一般控制在（1:1.25）～（1:2.5）。若滚筒间隔成多个腔室，每个腔室的长度不能小于滚筒直径的 75%，否则不利于零件翻动，造成内外两层零件表面的光洁度不均匀。圆形滚筒外形圆滑简洁，但不利于加工工件的翻动，为此需要在内壁设置凸起肋条，以提高滚磨效率。

图 6-1　六边形滚光机示意图

（2）滚光（光饰）的磨料与化学药品

滚光（光饰）的磨料一般为石英砂、金刚砂、铁屑、锯末、细沙、碳化硅、棕刚玉、白刚玉、陶瓷、氧化硅、高铝瓷、塑料磨块等，一般有三角、扇形、圆柱、菱形、圆球、圆锥、V 形、椭圆、三星、四星、颗粒等形状，多种多样，应有尽有。不同磨料特点见表 6-3。

表 6-3　不同磨料特点

磨料类型	举例	特点
天然磨料	金刚砂、花岗岩、大理石、石灰石颗粒、建筑用砂	金刚砂磨削力强、硬度高,应用较多;其余几种容易破碎,造成堵塞,应用不多
烧结磨料	氧化铝、碳化硅	磨削力强,能得到光饰质量高的表面
预成型模料	烧制陶瓷磨料、树脂黏结成型磨料	有球形、环形、三角形、圆柱形、楔形等形状以适应不同零件,粘接磨料比烧结磨料硬度低,不耐磨,但能得到更平滑的表面

磨料类型	举例	特点
钢材磨料	钢珠、钉头、型钢头	不易破碎,光饰质量好多
动植物磨料	玉米芯、胡桃壳、锯末、碎毛毡、碎皮革	多用于光饰后零件的干燥

磨料硬度根据零件材质、加工效率与磨损消耗(磨耗)选择,粗加工时选择粒度较粗的磨料,对滚光与光饰质量要求较高的零件进行精加工时,通常采用形状较圆滑、刻度较细、尺寸较小的磨料。加工小件时磨料不宜过大,加工大件时磨料不宜过小。加工带孔、槽工件时,磨料要比孔、槽大 1.5 倍,不宜选用外形尺寸与孔径相近的磨料,以防造成孔、槽的堵塞。通常选择几种不同尺寸的磨料混合使用,以利于对零件表面的不同部位进行加工。

为了提高磨削效率,减少研磨石的磨损消耗,清除油污,防止工件的锈蚀,保护与提高工件表面的金属光泽,减少研磨石对工件的冲击,软化工件表面等,通常根据零件的材质与表面状态选择加入合适的化学药品。当零件表面有少量油污时,可加入少量的碳酸钠、氢氧化钠、磷酸钠、皂角粉、乳化剂等;当零件表面有少量锈蚀时,可加入稀硫酸、稀盐酸、缓蚀剂等。铜及铜合金滚光,一般采用稀硫酸溶液;锌合金的滚光,一般采用弱碱溶液;钢铁零件一般加入少量亚硝酸钠或其他缓蚀剂,可避免其生锈。目前国内许多厂家专业生产研磨剂、清洗剂、光亮剂等,并得到广泛应用,配制时只要按其要求冲稀若干倍加入即可,使用十分方便,也可根据需要自己配制。

零件在滚筒内的装载量一般占其体积的 60%～75%,实际生产中装载量可控制在 35%～75%。零件、磨料、化学溶液的总装载量一般控制在滚筒体积的 90% 左右。粗抛磨时,零件与磨料装载量比例可选择 1:(2～3),中精抛磨时选择 1:(3～5),精抛磨时选择 1:(4～6)。

滚筒的转速应根据零件的质量、滚筒的直径来制定,一般控制在 20～60r/min。滚筒的设计转速可按如下公式计算选用。

轻小工件的转速: $$n = \frac{28.1}{\sqrt{D}} \tag{6-1}$$

中等工件的转速: $$n = \frac{21.9}{\sqrt{D}} \tag{6-2}$$

较重工件的转速: $$n = \frac{15.9}{\sqrt{D}} \tag{6-3}$$

式中,n 为滚筒的转速,r/min;D 为滚筒的直径,m。

若转速过高,离心力加大,零件与磨料会贴附在筒壁上,随其一起旋转,无法产生翻动,使滚磨作用减弱,滚光效果较差;若转速过低,滚磨作用减弱,磨削量较小,造成零件表面的光洁度不好。表 6-4 为一些滚筒的参数和电机功率,供参考。

表 6-4 一些滚筒的主要参数和电机功率

主要技术参数	滚筒截面形状				
	六边形			八边形	
滚筒截面内切圆直径/mm	350	400	530	500	600
滚筒工作长度/mm	600	1200	1200	1200	820

主要技术参数	滚筒截面形状				
	六边形			八边形	
滚筒工作容积/L	63.6	165.5	291	248	244
滚筒转速/(r/min)	36	26	22	40	36
电动机功率/kW	1.1	2.2	2.2	3.0	3.0

6.1.4 振光

振动光饰（振光）是在滚筒滚光基础上发展起来的较先进的光饰方法。如振动研磨机、振动光饰机、离心振动光饰机等。按工作原理可分为振动式、流动式，离心式和滚筒/回转式光饰机。

光饰振动频率为15～50Hz，一般采用20～30Hz，振幅范围是2～10mm，一般采用3～6mm。零件、磨料、化学溶液的总装载量一般控制在滚筒体积的70%～90%，磨料与零件的比例按工艺要求可控制在2:1～10:1范围内。加工时间可按技术要求选择，清除零件表面的氧化皮、毛刺、毛边等粗加工时间一般为0.5～3h，要得到表面粗糙度更低的光洁表面，进行精加工的时间一般为3～8h。此外，还应适当加入滚磨液（约占磨料和工件体积的0.2%～0.5%）和水（3%～5%）。

圆形径向振动光饰机的规格，按零件与光饰介质的总装载量分，一般有 $1.5m^3$、$3m^3$、$4.6m^3$、$6.1m^3$ 等几种，其振动频率一般为750～3500次/min，可调，振幅一般为0.4～10mm，可调。表6-5为振光机主要技术规格，供参考。

表6-5 振光机主要技术规格（供参考）

型号	容量/L	电机功率/kW	机器质量/kg
HQ系列	150～750	2.25～9	460～1660
HM系列	40～600	0.5～7.5	50～1200
STZD系列	240～2800	2×1.1～2×9.0	450～4000
YJZD系列	30～1200	0.25～15	55～3000
VFM系列	50～900	1.1～11	180～2000

6.1.5 液体喷砂

以砂（磨）液泵作为砂液（砂料和水的混合液）的供料动力，通过砂液泵将搅拌均匀的砂液输送到喷枪内；压缩空气作为砂液的加速动力，对喷枪内的砂液加速，并经喷嘴射出到被加工表面，实现对工件的光饰加工。液体喷砂最显著的特点是减少了对环境的污染和对操作人员健康的损害。此外还具有的优点为：生产效率高，操作工人劳动强度低。通过表面强化提高工件表面质量，能够完成高精度、高光度、形状复杂零件光饰加工，对磨料消耗少，生产成本低，工艺适应性强，经济效果好。

液体喷砂可分为雾化喷砂、水-气喷砂和水喷砂三种类型，目前生产中普遍采用的是水-气喷砂。

液体喷砂所用的砂料与干喷砂相同，可将砂料与水混合成砂浆，砂液配比一般为重量比

1∶7～1∶5（干燥砂料∶水）。对钢铁零件可在砂浆中加入缓蚀剂，避免加工过程中生锈。压缩空气压力一般控制在0.5～0.7MPa，喷射时间应根据零件表面状态、加工要求等具体情况而定，一般为20～60min。表6-6为湿喷砂机主要技术规格（供参考）。

表6-6　湿喷砂机主要技术规格（供参考）

主要技术规格	设备型号		
	SS-1C	SS-2	SS-3
工作台直径/mm	700	500	500
喷枪数量/个	1	1	1
喷嘴直径/mm	12.5	12.5	9.5
压缩空气压力/MPa	0.5～0.7	0.3～0.6	0.3～0.6
压缩空气消耗量/（m³/min）	≤1.5	≤1.0	≤1.4
电力安装容量/kW	4.46	1.53	1.56
外形尺寸（长×宽×高）/mm	2200×2200×240	1044×905×1564	1265×1000×1965
设备总质量/kg	470	160	300

6.2　电镀用槽

电镀用槽作为电镀车间中主要设备，用来盛装电解液、酸液、碱液和水。不同的电镀方式，如：挂镀、滚镀和浸镀等都离不开镀槽；镀前处理的清洗、中和、化学抛光、电化学抛光、酸洗、除油及镀后处理中的出光、钝化、着色、清洗也是在此类槽中实现的；化学镀、氧化、磷化等表面处理工艺也需要在类似的槽中进行。根据所盛溶液及处理工艺的差异，可选择不同槽体材质及配置，如：加热、冷却、导电或搅拌等。

6.2.1　槽体结构及设计

（1）槽体

电镀用槽的主要结构是槽体，槽体有时直接盛装溶液，有时作衬里的基体或骨架。对槽体的基本要求是不渗漏和具有一定的刚度与强度，以免由于槽体变形过大造成槽子或衬里层的破坏。

① 槽体材料的选择

槽体材料要根据槽液的成分、浓度、工艺温度、所需槽子的规格大小与结构形式、加工成本等加以选择。由于电镀工艺中的各种槽子始终处于各种化学药品的液相或气相腐蚀中，因此必须选择适当的耐腐蚀材料来制备，且材料要不污染槽液，不影响工件处理质量，有一定的机械强度和刚度。

普通低碳钢（含碳量的质量分数<0.3％,）由于具有在碱性溶液中耐腐蚀、材料供应充足、价格低廉、坚固耐用、结构成型容易等特点，在电镀车间中应用较多，可适合于水槽、油槽及大部分碱性溶液槽以及加热管及机械构件等的制造，常用钢号为A3和A3F。

不锈钢制造技术成熟、机械强度高、使用寿命长，但价格较贵。耐蚀性较高的06Cr18Ni11Ti不锈钢普遍用作硝酸槽、磷酸槽、磷化槽、发蓝槽、轻金属及合金的化学抛光槽及氧化槽以及部分槽体的衬里和相关的加热管、冷却管和搅拌管等附件。用于化学镀镍的不锈钢槽体材料通常为 904L、316L 不锈钢及其他奥氏体不锈钢。如果作为电镀槽，为防止施镀槽壁，施镀时最好对槽壁施加阳极保护，常用的阳极保护电流密度为 $1mA/dm^2$。

去应力的聚丙烯（PP）塑料是电镀用槽的理想材料，优点在于具有优良的耐蚀性、绝热和耐热性、材料价格低、加工方便，用于 100℃ 下非强氧化剂、非铜盐溶液环境，作为槽体材料需有足够强度的加强筋或钢铁外槽支撑，也可制作抽风罩、抽风管道等。该材质槽缺点在于聚丙烯塑料的抗光老化、抗氧化性较差，使用两三年后容易硬化开裂，寿命有限。

硬聚氯乙烯（PVC）塑料在室温或低于 50℃，能耐各种浓度的酸、碱和盐类溶液的腐蚀，但不耐强氧化剂腐蚀。由于其价格便宜，经常代替钢材用来作槽体、衬里、滚筒、抽风罩、通风管、供排水管、吊篮等。软聚氯乙烯（PVC）塑料具有较好的弹性、耐冲击性和一定机械强度，用作常温和中温（60～80℃）的槽体衬里以及套管等。

钛价格高，但国内资源丰富，且坚固、耐用，核算起来还是比较经济的，可以考虑采用。

化工陶瓷耐蚀性优异，除氢氟酸、氟硅酸等含氟的酸类，高浓度高温的磷酸和浓碱外，几乎能耐各种浓度的无机酸、有机酸和有机溶剂的腐蚀。其缺点是性脆、不可骤冷骤热，一般用作独立槽体或置于金属槽内作防腐蚀内套槽用。水套可加热和冷却用。由于花岗岩耐腐蚀，价格低廉，可以就地取材。

铅在稀硫酸中耐蚀性优越，在亚硫酸、磷酸、铬酸中较稳定，由于质软不适合单独作为结构材料使用，一般作为衬里材料，常用牌号为 Pb-4，因为其价格昂贵，施工时有毒，尽可能不用。常用槽子的材料及附加装置如表 6-7 所示。

表 6-7 常用槽子的材料及配置

槽子名称	溶液性质	温度/℃	槽体或衬里材料	加热或冷却	加热或冷却管材料	极杠	保温	搅拌移动	循环过滤	通风	溢流口	排水口
冷水洗	—	室温	碳钢、PP、硬 PVC、化工陶瓷或搪瓷	—	—	—	—	±	—	—	+	+
热水槽	—	50～90	碳钢、耐酸不锈钢、PP、化工陶瓷	+	碳钢、耐酸不锈钢、聚四氟乙烯、石英玻璃	—	+	±	—	—	+	+
纯水槽	—	室温	铝、耐酸不锈钢、PP、硬 PVC、化工陶瓷或搪瓷	—	—	—	—	±	—	—	+	+
纯水槽	—	50～70	铝、耐酸不锈钢、PP、化工陶瓷或搪瓷	+	耐酸不锈钢、聚四氟乙烯、石英玻璃	—	+	±	—	—	+	+
化学除油	碱性	70～90	碳钢、耐酸不锈钢、PP、化工陶瓷	+	碳钢、耐酸不锈钢、聚四氟乙烯	—	+	±	—	+	+	+
电解除油	碱性	70～90	碳钢、耐酸不锈钢、PP、化工陶瓷	+	碳钢、耐酸不锈钢、聚四氟乙烯	+	+	±	—	+	+	+

槽子名称	溶液性质	温度/℃	槽体或衬里材料	加热或冷却	加热或冷却管材料	极杠	保温	搅拌移动	循环过滤	通风	溢流口	排水口
浸蚀槽 硫酸	酸性	室温	耐酸不锈钢、铅、PP、硬PVC、化工陶瓷或搪瓷	—	—	—	—	±	—	+	—	—
硫酸	酸性	50～60	耐酸不锈钢、钛、铅、PP、化工陶瓷或搪瓷	+	耐酸不锈钢、钛、铅锑合金、聚四氟乙烯、石英玻璃	—	—	—	—	+	—	—
盐酸	酸性	室温	PP、硬PVC、化工陶瓷或搪瓷	—		—	—	±	—	+	—	—
氢氟酸	酸性	室温	PP、硬PVC	—	—	—	—	±	—	+	—	—
硫酸＋盐酸	酸性	室温	PP、硬PVC、化工陶瓷或搪瓷	—		—	—	±	—	+	—	—
硫酸＋硝酸	酸性	室温	硬PVC、钢衬软聚氯乙烯	—		—	—	±	—	+	—	—
硫酸＋氢氟酸	酸性	室温	硬PVC、钢衬软聚氯乙烯	—		—	—	±	—	+	—	—
硫酸＋铬酸	酸性	室温	耐酸不锈钢、硬PVC、钢衬软聚氯乙烯、化工陶瓷	—		—	—	±	—	+	—	—
硫酸＋盐酸＋硝酸	酸性	室温	硬PVC、钢衬软聚氯乙烯	—		—	—	±	—	+	—	—
硝酸出光槽	酸性	室温	耐酸不锈钢、钛、硬PVC、钢衬软聚氯乙烯	—		—	—	±	—	+	—	—
钢化学抛光槽（硫酸＋氢氟酸）	酸性	60	硬PVC、钢衬软聚氯乙烯	+	聚四氟乙烯	—	+	—	—	+	—	—
不锈钢化学抛光槽（盐酸＋硝酸＋磷酸）	酸性	15～40	硬PVC、钢衬软聚氯乙烯、化工陶瓷或搪瓷	+	聚四氟乙烯	—	+	—	—	+	—	—
铜化学抛光槽（硝酸＋硫酸＋铬酸）	酸性	室温	硬PVC、钢衬软聚氯乙烯、化工陶瓷或搪瓷	—		—	—	—	—	+	—	—
铝化学抛光（磷酸＋硫酸＋硝酸）	酸性	100～120	耐酸不锈钢、化工搪瓷	+	耐酸不锈钢、聚四氟乙烯、石英玻璃	—	+	—	—	+	—	—

槽子名称		溶液性质	温度/℃	槽体或衬里材料	加热或冷却	加热或冷却管材料	极杠	保温	搅拌移动	循环过滤	通风	溢流口	排水口
钢电化学抛光槽（磷酸＋硫酸＋铬酐）		酸性	70~90	铅、化工陶瓷或搪瓷	+	铅锑合金、聚四氟乙烯、石英玻璃	+	+	-	-	+	-	-
不锈钢电化学抛光槽（磷酸＋硫酸＋铬酐）		酸性	55~65	铅、化工陶瓷或搪瓷	+	铅锑合金、聚四氟乙烯、石英玻璃	+	+	-	-	+	-	-
铜化学抛光槽（磷酸＋铬酐）		酸性	室温	硬PVC、钢衬软聚氯乙烯、化工陶瓷或搪瓷	-		+	-	-	-	+	-	-
铝电化学抛光槽（磷酸＋硫酸＋硝酸）		酸性	70~90	铅、化工陶瓷或搪瓷	+	铅锑合金、聚四氟乙烯、石英玻璃	+	+	-	-	+	-	-
镀锌槽		酸性	室温	PP、硬PVC、钢衬软聚氯乙烯	-	耐酸不锈钢、聚四氟乙烯	+	-	±	-	+	-	-
		碱性		碳钢、耐酸不锈钢、PP、硬PVC	-	耐酸不锈钢	+	-	±	-	+	-	-
镀铜槽	硫酸盐镀铜	酸性	18~40	PP、硬PVC、钢衬软聚氯乙烯	±	聚四氟乙烯	+	±	+	+	+		
	氰化物镀铜	碱性	18~40		±	耐酸不锈钢	+	±	+	-	+		
	焦磷酸盐镀铜	碱性	20~40		+	耐酸不锈钢、聚四氟乙烯	+	±	+	+	+		
镀镍槽	暗镍	酸性	室温	钛、PP、硬PVC、钢衬软聚氯乙烯、化工陶瓷或搪瓷	-		+	-	+	-	+	-	
	光亮镍	酸性	50~60		+	钛、聚四氟乙烯	+	+	+	-	+	-	
	黑镍	酸性	室温		-		+	-	+	-	+	-	
镀铬槽	六价铬镀铬	酸性	50~70	钛、铅、硬PVC、钢衬软聚氯乙烯	+	钛、铅锑合金、聚四氟乙烯、石英玻璃	+	+	-	-	+	±	±
	含氟镀铬液	酸性	45~70	硬PVC、钢衬软聚氯乙烯	+	聚四氟乙烯	+	+	-	-	+	±	±
	三价铬镀铬	酸性	20~55	硬PVC、钢衬软聚氯乙烯	+	聚四氟乙烯	+	+	-	-	+	±	±
	黑铬	酸性	40	铅、硬PVC、钢衬软聚氯乙烯、化工陶瓷	+	铅锑合金、聚四氟乙烯	+	+	-	-	+	±	±

槽子名称		溶液性质	温度/℃	槽体或衬里材料	加热或冷却	加热或冷却管材料	极杠	保温	搅拌移动	循环过滤	通风	溢流口	排水口
镀锡槽		酸性	0~室温	PP、硬 PVC、钢衬软聚氯乙烯	+	耐酸不锈钢、聚四氟乙烯	+	+	±	±	+	-	-
		碱性	70~80	碳钢、耐酸不锈钢、PP	+	耐酸不锈钢	+	+	±	±	+	-	-
氰化镀铜合金槽		碱性	25~65	碳钢、耐酸不锈钢、PP、硬 PVC、钢衬软聚氯乙烯	+	耐酸不锈钢	+	+	-	-	+	-	-
镀铁槽	氯化亚铁镀铁	酸性	30~50	PP、硬 PVC、钢衬软聚氯乙烯	+	铅锑合金、聚四氟乙烯、石英玻璃	+	+	-	-	+	-	-
			70~90	化工陶瓷或搪瓷	+	铅锑合金、聚四氟乙烯、石英玻璃	+	+	-	-	+	-	-
	硫酸亚铁镀铁	酸性	70~90	耐酸不锈钢、铅	+	耐酸不锈钢、铅锑合金、聚四氟乙烯	+	+	-	-	+	-	-
镀银槽		碱性	室温	PP、硬 PVC、钢衬软聚氯乙烯	-		+	-	-	-	+	-	-
镀金槽	酸性镀金	酸性	40~70	PP、硬 PVC、钢衬软聚氯乙烯、化工陶瓷	+	聚四氟乙烯、石英玻璃	+	+	-	-	+	-	-
	氰化镀金	碱性	20~70	耐酸不锈钢、PP、硬 PVC、钢衬软聚氯乙烯	+	耐酸不锈钢	+	+	-	-	+	-	-
铝件阳极氧化槽	硫酸	酸性	13~23	铅、PP、硬 PVC、钢衬软聚氯乙烯、化工陶瓷	-	-	+	-	-	-	+	-	-
			-2~5		+	耐酸不锈钢、铅锑合金	+	+	-	-	+	-	-
	铬酸		40	钛、铅、PP、硬 PVC、钢衬软聚氯乙烯、化工陶瓷	+	钛、铅锑合金、聚四氟乙烯	+	-	-	-	+	-	-
	草酸		17~25	PP、硬 PVC、钢衬软聚氯乙烯、化工陶瓷	±	耐酸不锈钢、铅锑合金、聚四氟乙烯	+	-	-	-	+	-	-
磷化槽		酸性	室温	PP、硬 PVC、钢衬软聚氯乙烯、玻璃钢	-	-	-	-	±	±	+	-	-
			60~70	碳钢、耐酸不锈钢、钛、PP、玻璃钢	+	耐酸不锈钢、钛、聚四氟乙烯、石英玻璃	-	+	±	±	+	-	-
			80~94	碳钢、耐酸不锈钢、钛	+	耐酸不锈钢、钛、聚四氟乙烯、石英玻璃	-	+	±	±	+	-	-

槽子名称		溶液性质	温度/℃	槽体或衬里材料	加热或冷却	加热或冷却管材料	极杠	保温	搅拌移动	循环过滤	通风	溢流口	排水口
发蓝、发黑槽		碱性	130~200	碳钢	+	碳钢	−	+	±	−	+	−	−
钝化槽	重铬酸钾	酸性	80~95	碳钢、耐酸不锈钢	+	碳钢、耐酸不锈钢	−	+	±	−	+	−	−
	铬酸	酸性	室温	PP、硬PVC、钢衬软聚氯乙烯、玻璃钢、化工陶瓷	−		−	+	±	−	+	−	−
铝件着色槽		酸性	40~95	耐酸不锈钢、化工搪瓷	+	耐酸不锈钢	−	+	±	−	+	−	−
肥皂液槽		碱性	90	碳钢、耐酸不锈钢	+	碳钢、耐酸不锈钢	−	+	±	−	+	−	−
涂油槽		−	110~115	碳钢、耐酸不锈钢	+	碳钢、耐酸不锈钢	−	+	±	−	+	−	−

注:"+"表示需要,"−"表示不需要,"±"表示加或不加均可,视具体情况而定。

② 槽体尺寸设计

槽体一般都选用矩形槽,当镀件形状和尺寸特殊时,也采用其他形式。例如长轴镀硬铬时,常采用大圆柱形镀槽,有利于四周悬挂阳极,使镀层厚度均匀。在选择槽体内部尺寸时,既要满足产量上的需要,又要保持各处足够的间距以及是否需要设置衬里、安装热交换器、保温与绝缘层的空间等。对于较大镀槽的槽底应有适当的斜面,并于最低处装放水阀门,以备更换镀液和清洗槽子用。由于一般镀液的腐蚀性较强,必须对阀门接头处采取防腐处理,严防漏水。

a. 槽壁的厚度 视材料的强度而定,要能够承受液体产生的侧压力。对于钢板槽,一般长度在1m以内的槽子,壁厚在4mm左右;长度在1~2m的槽子,壁厚为4~8mm;2m以上的槽子,壁厚采用6~10mm。但不应过多地增加壁厚,以免浪费资源及槽体过分笨重。槽体除了需要一定强度外,还需要保持足够的刚度,尤其是塑料槽体应加强强度和刚度设计。可根据安装条件的要求布置底座和加强筋(肋)。一般当槽体高度超过800mm,长度超过1800mm时,应在由底部向上1/3高度处增加一圈水平支撑;当槽体高度超过1200mm,长度超过3000mm时,还应每隔1000mm增加一个垂直支撑,以防槽壁受侧压力引起过大变形。槽体上所有外漏的金属槽壁或加固构件需做足够厚的防腐涂层,或用塑料板包裹焊严,以防腐蚀。如果是钢槽,需保持底面与地面距离为100~120mm,以防腐蚀严重。

b. 槽体的内部尺寸 设计镀槽尺寸时既要考虑镀件尺寸及各处的间距,还要考虑施镀过程中不使镀液发生过热及保持电镀溶液成分稳定等因素。一般来讲,每米(有效长度)极杆可悬挂工件的面积为0.4~0.8m²,每升镀液可通过电流为0.8~1.5A,以免镀液发生过热现象。不同参考资料中对处理槽的装载量有不同的表示形式。有的以1000L镀液容量允许施镀的镀件面积(m²)表示,有的以施镀单位平方分米镀件所需的镀液体积表示。表6-8提供了不同表面处理槽的装载量,表6-9列出常见镀种阴极电流密度与平均装载量之间的关系,供选择镀槽尺寸时参考。

表 6-8　不同表面处理槽的装载量（供参考）

表面处理工艺	每 1m 极杆长度的平均装载量（使用于宽度和高度为 800mm 的镀槽）/m^2	每 1000L 容量的平均装载量（使用于宽度和高度>800mm 的镀槽）/m^2
装饰性镀铬	0.2～0.3	0.4～0.6
镀硬铬	0.15～0.2	0.3～0.4
防渗碳镀铜	0.2～0.3	0.4～0.6
在酸性及碱性溶液内电镀	0.3～0.6	0.6～1.2
铝合金阳极氧化处理	0.3～0.6	0.6～1.2
化学处理	0.8～1.5	1.6～3.0

注：当镀槽的宽度和高度大于 800mm 时，可采用 1000L 容量的平均装载量指标。

表 6-9　电镀时阴极电流密度与平均装载量的关系（供参考）

镀种	阴极电流密度/(A/dm^2)	平均装载量/(L/dm^2)	镀种	阴极电流密度/(A/dm^2)	平均装载量/(L/dm^2)
镀锌(酸性或铵盐)	1～3	6～10	镀装饰铬	15～30	15～20
镀锌(锌酸盐)	0.8～1.5	10～12	镀硬铬	25～60	25～30
镀铜	1.5～4	6～8	镀锡	0.3～1.5	6～8
镀亮镍	1.5～3	6～8	镀镉	1～2.5	6～8
镀暗镍	0.6～1	6～8	镀铜锡合金	1～2	6～8
镀银	0.2～0.5	5～8	铝阳极氧化	0.8～1.5	10～15

由电镀件的吊挂情况和同时悬挂的挂具数量可估算出每根极杆的长度，然后确定槽体的内部尺寸。

镀槽内部长度的计算见式(6-4)：

$$L = l_1 + 2l_2 + l_x \tag{6-4}$$

式中　L——镀槽的长度，mm；

l_1——吊挂镀件总长度，mm；

l_2——吊挂镀件边缘与槽壁的距离，一般手动线为 100～200mm，自动线为 300～400mm；

l_x——阴极移动的行程，如不用阴极移动，则 $L_x = 0$，mm。

通常镀槽中挂具之间的间隙为 30～100mm，如果阴极移动的方向与槽长方向一致，需要加移动行程 50～150mm。

在龙门行车直线式电镀自动线中，由于行车运载同一尺寸的阴极杆到各槽中进行处理，所以所有镀槽的长度应相同。在单臂行车环线生产中，每个镀槽的长度不一定相等，通常要配合生产节拍和镀种需要电镀的时间，计算出适宜的镀槽长度。

镀槽宽度的计算见式(6-5)：

$$B = nb_1 + 2nl_3 + (n+1)b_2 + 2l_4 + yb_3 + yl_5 \tag{6-5}$$

式中　B——槽子的宽度，mm；

n——挂镀件极杆的根数；

b_1——镀件或挂具的宽度，mm；

b_2——槽中阳极的厚度，mm；

b_3——加热管（或冷却管）的外径，mm；

l_3——镀件边缘与阳极的距离，一般为 200mm，没有阳极的辅助槽（如冷水洗槽）中，则指与槽壁的距离，对于手动线，一般为 $50\sim100$mm，对于直线式自动线一般为 $100\sim150$mm；

l_4——阳极与槽壁或加热管（或冷却管）的距离，一般为 50mm 以下，辅助槽 $l_4=0$；

l_5——加热管（或冷却管）与槽壁的距离，一般为 50mm；

y——加热管（或冷却管）的个数，两侧设置取 2，单侧设置取 1，不设置取 0。

l_3 的距离除了要考虑保证镀液良好的电流分布外还要考虑行车从运行到停止时挂具的晃动程度，要保证镀件进出槽口不碰擦阳极。镀铬槽的电流密度较大，为了保证镀铬液不发生过热现象，其镀槽的宽度比一般槽要大些，如单阴极镀铬槽的宽度可定为 $850\sim900$mm。

镀槽高度的计算见式（6-6）：

$$H=h_1+h_2+h_3+h_4 \tag{6-6}$$

式中　H——槽子的高度（即深度），mm；

h_1——挂具中镀件的高度，mm；

h_2——液面到槽沿的距离，$h_2=150\sim200$mm；

h_3——镀件最高点与液面的距离，$h_3=20\sim50$mm；

h_4——镀件下端距槽底的距离，$h_4=150\sim350$mm。

其中液面距槽口上边沿的距离应按实际装挂工件和挂具的体积计算，以防止全部工件入槽后溶液溢出槽外；同时还应考虑溶液自然蒸发所损耗水分的补充周期，一般预留一昼夜下降高度，以保持溶液自然澄清，再加 50mm 余量即可。对装筐处理的工件，料筐对槽壁的间隙可参考上述尺寸，但筐底至槽底的间隙应有 300mm，液面至槽沿应有 $100\sim200$mm 的高度。在自动线中挂具的高度一般比手工槽中的挂具高，所以镀槽的高度多数为 $1100\sim1350$mm。装有空气搅拌的镀槽，h_4 可取 350mm，h_2 可取 200mm。

计算出槽体内部尺寸后，再按表 6-10 规格化。

表 6-10　常用矩形镀槽尺寸规格表

容积/L	内部尺寸/mm			钢板厚度/mm	槽体质量/kg
	长	宽	高		
156	600	500	600	4	66
310	800	600	800	4	140
520	1000	800	800	4	200
620	1200	800	800	5	250
780	1500	800	800	5	290
950	1800	800	800	5	350
1550	1800	1000	1000	5	500
1050	2000	800	800	5	400
1700	2000	1000	1000	6	560
1300	2500	800	800	6	540
2150	2500	1000	1000	8	730
2550	3000	1000	1000	8	1000

c.阴、阳极相对尺寸　为避免边缘效应，近可能保证镀层的均布，阳极下端比零件下端短 50～100mm 为好，以免零件下部镀层过厚；为避免上部镀层过厚，可以用阳极挡板挡住阳极上端 50～100mm；两边阳极的宽度比阴极工件的宽度窄 50～80mm 为好。

（2）槽体衬里

为了使槽体不受各种镀液的腐蚀，同时为了防止漏电，用钢板焊制的槽体内部必须衬以各种防腐蚀材料，称为槽体衬里。用于衬里材料的有软聚氯乙烯、玻璃钢、橡胶、聚乙烯、有机玻璃等。下面介绍几种常用的衬里材料及施工方法。

① 聚氯乙烯塑料

聚氯乙烯塑料分为软、硬两种，作衬里一般使用软聚氯乙烯塑料。它在室温或低于 50℃ 时，除强氧化剂（如：浓度超过 50％的硝酸、发烟硫酸等）外，能耐各种浓度的酸、碱、盐类溶液的腐蚀，并具有一定的机械强度，常用作常温、中温（60～70℃）时大、中、小型固定槽的衬里。软聚氯乙烯塑料衬里主要是采用粘贴的方法衬在钢槽及其他壳体内，一般是先焊好再套入槽中。对大型槽，可先焊成几大部分，然后再套入槽内组焊，焊缝应尽量减少。衬里制作安装好以后，可向槽内注水静置 24h，从外部或检漏孔检查有无渗漏现象。为此，应在钢槽内底部便于观察的地方，预先钻一个检漏孔。一般检漏孔的直径为 12mm 左右。

② 玻璃钢

玻璃钢的耐腐蚀性能强，除氢氟酸、热磷酸、火碱及氧化性介质（如：硝酸、铬酸、浓硫酸）外，几乎对所有的化学介质都是稳定的。施工步骤如下：

a.槽子进行除油、除锈　焊缝及金属表面不应有焊渣、焊瘤、尖刺及棱角，转角处用腻子抹成圆角。这一步骤对保证施工质量至关重要，否则在使用一段时间后会出现基体与衬里脱皮现象。

b.玻璃布有蜡时需在烘箱中烘烤 5min（温度在 300～350℃），脱蜡后玻璃布应保持干净、干燥，切勿折叠。将玻璃布裁成所需长度或宽度。

c.涂底胶 1～2 层，自然干燥 12～24h（不大粘手）。刮腻子，自然干燥至不大粘手。

d.涂第一遍胶料，贴第一层玻璃布。自然干燥至初步固化，修理贴衬，如有起泡必须排除彻底。按第一层布的贴衬法继续循环贴至所需层数。一般衬里贴 3～4 层，各层之间搭接 30～50mm，各层搭接缝应互相错开，不应重叠。

e.修整检验后涂 2～3 层面漆，然后加热固化（或常温固化 5～7 天）。

③ 聚丙烯塑料衬里

聚丙烯的熔点为 164～170℃，具有很好的耐热变形性。制作槽子衬里可长期使衬里槽壁保持良好的紧贴状态。聚丙烯与其他塑料一样，具有优良的绝缘性，作镀槽衬里时，可防止各类杂散漏电的产生。聚丙烯具有优良的化学稳定性，在室温或低于 100℃ 时，除强氧化剂外，能耐一般无机酸、碱、盐溶液；但铜盐溶液对它有特殊的破坏作用。在多数情况下，聚丙烯塑料可作为高于聚氯乙烯使用温度时的槽体结构材料使用，也可作抽风罩及管道等。

聚丙烯通常采用注射、挤出、吹塑等塑料成型技术将其加工成膜、管、片等形状。利用板材制作镀槽衬里时，可采用焊接及粘接方式。

一般衬里厚度的选用视不同材料及槽体的大小而定。聚乙烯硬板一般取 4～6mm，铅或铅合金板一般取 3～5mm，聚乙烯软板一般取 4～5mm。

槽体和衬里分别制作，衬里的外部尺寸要尽量接近而略小于槽体的内部尺寸。若衬里外部尺寸过小，盛液时间长易顶破。衬里的上沿四周要加工出一个小的翻边，可以防止镀液过槽漏到衬里的槽体之间，造成槽体腐蚀。

（3）槽体绝缘

当一台直流电源供两台或两台以上镀槽使用时，如果金属镀槽未加绝缘衬里，且与地面无绝缘垫脚或加热管与车间管线未采取绝缘措施时，从阳极来的一部分电流有可能通过金属槽或管线的连接作用，流入别的镀槽，产生漏电。当一台直流电源只供一个镀槽使用时也有可能引起漏电。如果镀槽与地面不绝缘，在阴极导电状况良好的情况下，电流一般是由阳极流向零件。但当阴极某一部分导电状况不良时，阳极流出的电流有可能形成另外一条回路：电源正极→镀槽阳极→镀液→金属槽壁（或加热管等）→大地→电源负极。这时，电源提供的电流不但不能用于沉积电镀层，反而会在金属槽内壁（或加热管靠近阳极端）出现金属的沉积。而金属槽（或加热管等）与地相接触的一侧则被溶解，引起设备的腐蚀。

消除槽子漏电常采用如下几种方法：

① 用钢板制作电镀槽时槽脚应做好绝缘处理，如：用耐酸陶瓷砖、花岗岩石头块等作槽脚，并且适当增加槽脚的高度，尽量切断电流对大地的通路。

② 采用金属加热管或冷却管时，该管进出口应采用法兰盘连接方式，并接上绝缘垫，紧固螺钉采用绝缘套管和绝缘垫圈，或者槽内加热管与槽外加热管采用200mm长的耐热橡胶管连接。

③ 镀槽排风罩尽量采用塑料制作，既解决了绝缘问题又耐腐蚀。

④ 尽量采用塑料槽或玻璃钢槽，或对铁槽加绝缘衬里。

⑤ 电加热槽（槽内装有电热元件）应有漏电保护，可靠的安全接地措施。

（4）槽体导电装置的设计

槽体的导电装置主要指极座、极杆、汇流排。

① 极座

极座是指固定在镀槽上的对阴、阳极杆起支撑作用的装置，可为接触导电座，也可为绝缘座（常用材料为PP）。极座绝缘与否，取决于极杆与电源的连接方式。

对于导电极座，材质一般选择黄铜（常用牌号为H62）或紫铜，在材质相同的情况下，导电性能的优劣除取决于插头、极座间的贴合面大小及相互间的压紧力，贴合面的实际贴合范围对于通过4000A以上大电流的场合尤为重要，否则将迅速引起发热、过烧而直接影响镀层质量。

极座的形式多样、如V形座、水平面座、垂直平面座、圆锥形座以及部分高速电镀采用的水银导电罗拉等，其中V形座（又称元宝座）最为常见。在选择设计V形座时，首先要根据工艺要求算出极杆需要的截面（长方形或圆形）尺寸和与极座接触的面积，不同的接触面积决定了V形极座的开口角度。为了提高极杆的接触面积、增加极杆与极座定位的准确性，可在极座的设计上引用弹力万向浮动结构和刚性万向浮动结构，有时在V形极座上配有水冷却通孔，从而保证电镀生产过程中极杆不至于过热。在滚镀生产中，为使极座上的滚筒放置稳定和承受驱动力矩，一般设置三个支座。

为了减少电能的损失，当槽子的电流超过2500A时，可采用平面导电座或气动压紧装置，减少接触电阻，有的还配有水冷却内腔，这种极座常用于大型的电镀自动线生产；垂直平面座有弹性压紧机构，用于矩形导电杆比较可靠；圆锥形导电座在滚筒导电装置上可用到。典型的镀槽极座形式见图6-2。

② 极杆

极杆在镀槽中用于固定阳极和悬挂镀件，一般用黄铜棒或黄铜管制成，也有用紫铜排外包

(a) 紫铜导电V形座

(b) 黄铜导电V形座

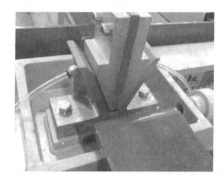

(c) 水冷型导电V形座

(d) 挂镀铬铜V形座

图 6-2　典型的镀槽极座形式

钛或不锈钢制成矩形导电杆的，多见于较长的镀槽，它的刚性好，挂具固定比较可靠，导电良好。工业上把极杆和连接它起固定、增重以及定位作用的一套产品称为飞巴，如图 6-3 所示。

图 6-3　电镀工业中采用的飞巴商品图

极杆的长度设计可根据槽体长度确定。由于极杆用绝缘夹片固定安装在镀槽的上边并留有与导电线连接的一段长度（约 50mm），因此，每根极杆应长于槽长的外尺寸。如采用阴极往复移动装置，则极杆长度还要增加移动的距离（一般为 100mm 以上）。

极杆的横截面积除要满足电流密度的条件外，还必须考虑到材料的抗弯强度。也就是说极杆要能通过镀槽所需的全部电流而不至于温升过高，要能承受装挂零件及挂具的重量而不至于变形过大，而且要便于擦洗。通常从承重方法来计算的极杆直径，往往较承受电流方面的计算结果大。因此，为了节省有色金属，常用铜管内嵌入钢棒的方法作为极杆。计算电流时按铜管截面积计算，在 $1.3\sim2A/mm^2$ 范围内选取，截面积小的导电杆取大值，截面积大的导电杆取小值；计算承重时按钢棒算，可兼顾两方面的因素，在电镀生产中使用较多，特别是大型镀槽及自动电镀机使用更为普遍。黄铜棒和圆形导体、圆管形导体的许用电流或载流量可按表 6-11～表 6-13 选用。

表 6-11　黄铜（H62）极杆的许用电流

直径/mm	10	12	16	20	25	28	30	32	35	40	50
电流/A	120	150	240	350	470	620	750	900	1000	1100	1350

表 6-12　圆形导体的直流载流量（环境温度 25℃，导体温度 $T = 70$℃）

不同金属 载流量/A	导体直径/mm									
	6	8	10	12	14	16	18	20	22	30
铜	155	235	323	415	505	615	725	840	965	1490
铝	120	180	245	320	390	475	560	655	745	1150
钢	34	80	108	140	174	212	250	291	333	520

表 6-13　圆管形导体的直流载流量（导体温度 $T = 70$℃）

铜管			铝管			钢管		
管径/mm		载流量 /A	管径/mm		载流量 /A	管径/mm		载流量 /A
内径	外径		内径	外径		内径	外径	
12	15	340	13	16	295	8	13.5	138
16	20	505	17	20	345	10	17	178
25	30	830	27	30	500	15	21.3	246
35	40	1100	36	40	765	20	26.8	305
45	50	1330	45	50	1040	25	33.5	427
53	60	1860	54	60	1340	32	42.3	540
62	70	2295	64	70	1545	40	48	644
72	80	2610	72	80	1770	50	60	745
90	95	3460	90	95	2925	70	75.5	995
93	100	3960	90	100	3540	80	88.5	1230

极杆应该经常擦洗，以免阳极或挂具与极杆连接处产生较大的电阻。为了防止极杆的腐蚀，宜镀防护层；如镀镍槽的铜极杆镀 $2～20\mu m$ 的镍与铬；镀锡槽与铵盐镀锌槽的铜极杆镀 $10～20\mu m$ 的镍。按槽子的名义尺寸选配的导电杆规格如表 6-14 所示。

表 6-14　按槽子名义尺寸选配的导电杆规格　　　　　单位：mm

槽子的 名义尺寸		600×500 $\times800$	800×600 $\times800$	1000×800 $\times800$	1200×800 $\times800$	1200×800 $\times1200$	1500×800 $\times1200$	2000×800 $\times1200$	2500×800 $\times1200$	3000×800 $\times1200$
一般 镀槽	黄铜杆	$\phi12$	$\phi16$	$\phi20$	$\phi25$	$\phi28$	$\phi28$	$\phi32$	$\phi35$	$\phi40$
	黄铜管	$\phi20\times3$	$\phi25\times4$	$\phi30\times4$	$\phi35\times4.5$	$\phi35\times4.5$	$\phi40\times5$	$\phi40\times5$	$\phi45\times6$	$\phi50\times7$
镀铬及 抛光槽	黄铜杆	$\phi16$	$\phi20$	$\phi25$	$\phi28$	$\phi30$	$\phi35$	$\phi40$	$\phi45$	$\phi50$
	黄铜管	$\phi25\times4$	$\phi30\times4$	$\phi35\times4.5$	$\phi35\times4.5$	$\phi40\times5$	$\phi45\times6$	$\phi50\times7$	—	—

注：表中黄铜管尺寸均指外径×壁厚。

③ 导电极杆与电源的连接方式

导电杆与电源连接的方式，常见的有两种：一种是用软电缆直接通过接线夹固定在导电杆一端，以保证牢固的电接触，这种连接方式一般用于极杆较短的手工操作镀槽和阴极移动镀槽；另一种是将导电杆放在槽端导电座的凹口上，导电座再与电源电缆或汇流排相连接，此种方式应用较广，在直线式电镀自动线的镀槽上以及滚镀槽的滚筒导电杆上都有应用。

在大电流电镀以及电子行业连续电镀生成中，为了保证电极与电源的良好连接，或者实现电极的自由旋转保证电流的均布作用，也有采用液体水银作为导电连接。

6.2.2 电镀用槽的类型

电镀车间中的槽子种类很多，根据工艺特点分类如下。

（1）冷水清洗槽

冷水清洗槽由槽体、进水管、溢流口及排水管组成。排水管和溢流口是为便于换水及排出水面的漂浮脏物，溢流口的宽度一般大于槽宽的一半，以保证有较好的溢流效果。进水管口尽量远离溢流口及排水管，可设置在其对面，以保证洁净水进入槽体内之后能有效地使原有脏水和漂浮物从溢流口排出。根据进水方式的不同，可将冷水槽分成槽上进水、槽底进水、槽边喷淋进水，其各自特点如表 6-15 所示。

表 6-15 冷水清洗槽类别及特点

冷水清洗槽分类	槽上进水	槽底进水（喷水）	槽边喷淋进水
特点	用水龙头从槽上方向镀槽注水	将水管深至槽底进水，再向上溢出	槽上两侧设置喷管（喷嘴）喷淋进水，零件出槽时喷淋清洗，用毕停水
优势	装置简便、清洗效果不如槽底进水与槽边喷淋	换水较彻底，清洗效果较好	喷管给水均匀、清洗效率高、节水
示意图			

注：1 为进水管；2 为溢流排水管；3 为排水管。

在多联水洗槽的布置上，最后一联水洗槽的溢流口的距离为 50～100mm，以防零件进入、空气搅拌或在清洗操作时水上涨和飞溅出槽外。第一级水洗槽的溢流口要高过前槽（溶液槽）约 20～30mm，第二级水洗槽的溢流口要高过第一级水洗槽溢流口约 20～30mm，以此类推，以保证挂具主杆上的清洗效果，防止交叉污染，有的自动线设有高位水洗槽，用来清洗飞巴的铜排，一般高位水洗槽做成单槽，若做成二联槽，由于两槽水位不等，要注意加固槽体。

水洗槽的进水管口径选择要使补水能在一个周期内补足零件进入时溢出的水，进水的管和阀门一般选 DN15、DN20 或 DN25，排水管和阀门口径稍大，可选 DN25、DN40 或 DN50。

（2）加热槽

① 槽内加热　槽内加热通常由槽体和蒸汽加热管组成，其结构如图 6-4 所示。槽体上设有排水孔和溢水口，由于热水槽容易沉积水垢，一般把排水、溢水管径适当地选大一些。加热管一般均布置在槽体内侧壁，以便于在换水清洗槽体时清除沉积在槽底的污物和掉入槽底的零件。加热管可选择蛇形管和蒸汽排管。在热源媒介上可选择蒸汽、热水、电或燃气，但从安全角度考虑，尽可能不选择电和燃气。

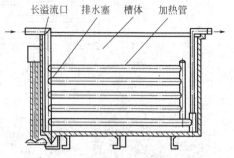

图 6-4　排管内加热槽

② 槽外加热　槽外加热是通过水套的形式与槽体进行热量交换，加热结构相对复杂一些，热效率不高，用于加热要求严格和不允许局部过热的槽子（如：镀铬槽、化学镀槽等）。在个别情况下，温度不高的镀槽，也可用软聚氯乙烯塑料，用水套加热（如：氢氟酸、硝酸等混合酸液槽）。此外，耐热陶瓷槽或钢槽衬贴玻璃钢也用水套加热，如图 6-5 所示。水套加热可用蒸汽蛇形管或蒸汽喷管，如图 6-6 所示。当用蒸汽喷管加热时，应用减压阀将蒸汽压力减至 0.07MPa。水套上方设有溢流口，溢水管径应比冷水进入管径大一倍。水套加热同样可采用电加热或煤气加热。

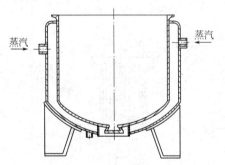

图 6-5　水套蒸汽加热化学镀槽

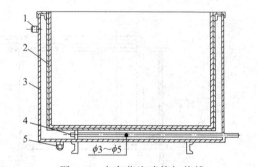

图 6-6　水套蒸汽喷管加热槽

1—溢流口；2—衬里；3—水套；4—蒸汽喷管；5—排水口

如果加热过程中出现有毒、有害气体，则要配有通风装置。

（3）电化学处理槽

电化学处理槽需要设计极座，配有极杆，如有温度要求，还需配备加热或冷却管道，结构如图 6-7 所示。如果处理过程有酸、碱或有毒气体逸出，应需配备通风装置，如图 6-8 所示。对槽液易产生悬浮泡沫的，应设溢流室，以将油污和泡沫溢出，最好用循环泵除去油污。

（4）化学镀槽

化学镀槽由槽体及加热装置组成，由于溶液还原性很强，容易沉积在金属表面，且溶液对杂质很敏感，因此不能采用金属材料制作槽体和加热管。常用带蒸汽夹套的化工搪瓷槽体，搪瓷层越厚，表面越光滑越好。耐热耐酸化工搪瓷槽（或聚丙烯槽）配合聚四氟乙烯塑料换热器是较好的化学镀槽结构，图 6-9 为化学镀镍槽体结构。

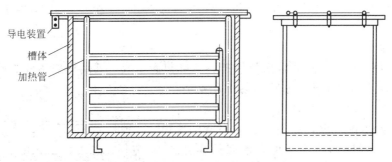

图 6-7　设有加热装置的电化学处理槽

导电装置
槽体
加热管

图 6-8　设有通风装置的镀槽

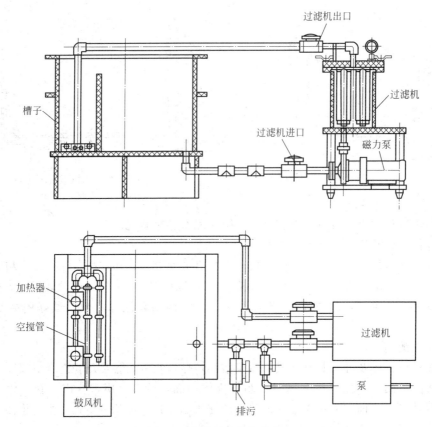

过滤机出口
过滤机
过滤机进口
磁力泵
槽子

加热器
空搅管
鼓风机
过滤机
泵
排污

图 6-9　化学镀镍槽体结构

6.3 挂具与挂筐设计

6.3.1 挂具设计

挂具在电镀过程中主要起导电、支撑和固定零件等作用，使零件在电镀槽中尽可能得到均匀的电流。

挂具的形式很多，有能适用几种常见零部件的通用挂具，也有为大批量零件专用的挂具。对于几何形状复杂的镀件，还需配备辅助阳极、辅助阴极或屏蔽板等。对挂具的设计和选择必须掌握以下原则：第一，挂具材料和绝缘材料的选择要合理，其结构要保证镀层厚度的均匀性；第二，挂具要有足够的机械强度和良好的导电性，能满足工艺要求；第三，挂具应使被装挂零件牢固不易脱落、装卸零件操作方便；第四，要根据受镀零件的面积和质量确定单个挂具上的总装载量，并且以一个人的单臂可以提得起为限度，有机械臂的也只能以人工双臂可以提起为限，一般以＜10kg 为宜。对于非金属电镀，要以每个挂具的装挂数量为依据，其质量不能作为要求。

（1）挂具的结构

电镀挂具一般由吊钩、提杆、主杆、支杆和挂钩等部分组成，如图 6-10 所示。

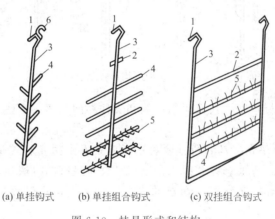

(a) 单挂钩式　　　(b) 单挂组合钩式　　　(c) 双挂组合钩式

图 6-10　挂具形式和结构

1—吊钩；2—提杆；3—立杆；4,5—挂钩；6—提钩

① 吊钩　吊钩是挂具与极棒的连接结构，电镀时由它传递电流到挂具和零件上，因此，必须采用导电性能好的材料制作。吊钩和极棒应保持较大的接触面和良好的接触状态，以确保电流顺利通过，避免点或线接触。图 6-11 为导电接触点的几种几何形状及导电优劣的比较。尤其在大电流镀硬铬及装饰性电镀中采用阴极移动搅拌时，往往因接触不良而产生接触电阻，使电流不畅通，引起镀层结合力不良，镀层厚度不均。

吊钩要有足够的机械强度以承受挂具和镀件的全部质量。吊钩与主杆可采用相同材料制作，也可采用不同材料制作，两者可做成一体，也可分开制作。用钢或铝合金等制作的挂具，吊钩一般使用铜、黄铜，连接方式可用铆接和焊接。其尺寸应根据阴极棒的直径来设计，使挂具在悬挂和取下时操作方便。图 6-12 为几种吊钩形式示意图。

② 提杆　凡是使用提杆的挂具一般都是装挂较重的镀件，其作用就是提取挂具和镀件，

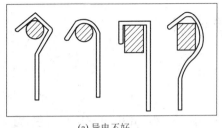
(a) 导电不好

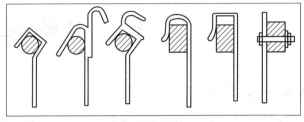
(b) 导电良好

图 6-11　导电接触点的几何形状及导电性比较

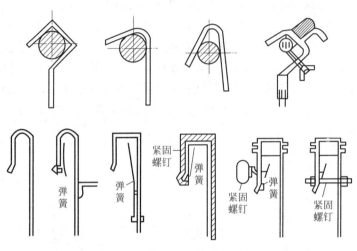

图 6-12　几种吊钩形式示意图

因此需要具有足够的机械强度，其截面积一般和支杆相同或稍大一些。提杆通常以焊接的方式与主杆相连。

③ 主杆　主杆支撑整个挂具和所挂零件的重量，并通过主杆传递电流到各支杆和零件上。应根据所用材料，合理地选择截面积，以保证具有足够的机械强度和导电性能。主杆的材料一般选用 $\Phi6\sim8mm$ 的黄铜棒。在自动线上使用或电镀中使用空气搅拌时，主杆要粗大些。

④ 支杆　支杆通常用焊接的方法固定在主杆上，工作时承受悬挂零件的重量，支杆一般用 $\Phi4\sim6mm$ 的黄铜棒或钢材制作。

⑤ 挂钩　挂钩用来悬挂或夹紧零件，即要保证镀件在电镀过程中有良好的导电性，又要防止脱落。挂钩一般都焊接在支杆或主杆上，其材料一般为钢丝、磷青铜丝或片。

挂钩与镀件连接方式见图 6-13。悬挂式挂钩是依靠镀件自身重力作用实现导电，将镀件挂在挂钩上，既能活动又不致脱落，抖动挂具时还能转换其接触点。这种挂钩装卸方便，镀件上挂具印迹不明显。电镀中电流密度较小时，一般采用悬挂式挂钩。夹紧式挂钩是依靠挂钩的弹性夹紧镀件实现导电，一般在光亮电镀、塑料电镀、镀铬等场合或采用较大电流密度时使用。弹性的强弱由挂钩所用材质、线径、线长、板宽、板厚决定。

在装挂工件时，应考虑工件的几何形状、镀层的技术要求、工艺方法和设备的大小。例如片状镀件在上下道工序之间会随镀液的阻力而漂落，所以需将镀件夹紧或用铜丝扎紧。若镀件较重而有孔时，可选用钩状的挂具，如：自行车钢圈是圆形的，而且只要镀内侧，就要

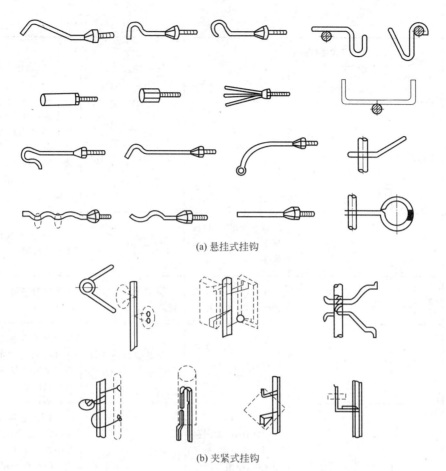

(a) 悬挂式挂钩

(b) 夹紧式挂钩

图 6-13 几种挂钩的形式示意图

选用较大的夹具将钢圈的外侧夹住。在装挂时还要尽可能避免装挂处的接触印迹及镀件的凹入部分形成窝气。在角度允许的条件下,可利用零件的眼孔悬挂;有盲孔和凹形的零件悬挂时其口部应稍向上倾斜;细长的镀件应采用纵斜挂法等。塑料件电镀时,由于塑料上的化学镀层较薄,为减少各接触点的负荷,可采用多个触点与挂钩接触等措施,以提高镀层的均布能力。

(2)挂具的材料

挂具的选材是否恰当直接影响电镀产品的质量和生产效率。在选择挂具材质时需考虑材料导电性、机械强度、弹性、耐腐蚀性以及制作成本等。常用的挂具制作材料有钢、铜、黄铜、磷青铜、铝和铝合金、不锈钢、钛等,其性能及适用范围如表 6-16 所示。

表 6-16 常用挂具材料的性能及适用范围

材料名称	相对电导率	不至于显著发热的电流密度上限 /(A/mm^2)	优点	缺点	适用范围
铜	100%	3	导电性好	质软,易变性,成本高	广泛用于挂具制作以及要求通过较大电流的挂具制作

材料名称	相对电导率	不至于显著发热的电流密度上限 /(A/mm²)	优点	缺点	适用范围
低碳钢	17%	0.7～1.0	成本低,机械强度高	导电性差,易腐蚀	电流密度较小的电镀工艺和不通电的挂具,如钢铁氧化、磷化、脱脂、镀锌、镀镉等。用于挂具时液面上的部分需用铜或黄铜吊钩
黄铜	28%	2～2.5	导电性较好,机械强度较高,具有一定弹性	成本较高	一般电镀挂具的主杆、支杆或吊钩
磷青铜	25.8%	—	导电性较好,机械强度较高,弹性好	资源较缺,成本较高	弹性的挂钩或一般挂具的挂钩
铝和铝合金	60%	1.6	导电性较好,质量轻;铝合金有一定的弹性;资源丰富	在强酸及强碱性条件下稳定性差	铝件化学抛光、阳极氧化和电解钝化的挂具,还可用于铜件混酸浸蚀等的挂具或吊篮
不锈钢	7%	—	耐蚀性好,镀层易于剥离和退除,机械强度高,使用寿命长	导电性不够好	印制板电镀、IC引线框架电镀、化学镀筐或篮等。较细的可作为有弹性的挂钩。印刷板采用脉冲电镀时需用铜挂具
钛	0.5%～1%	—	耐酸、碱、抗腐蚀性,机械强度高,化学稳定性好	导电性较差,成本高	铝阳极氧化挂具与零件的接点部位和其他特殊场合

挂具用金属材料的电流容量见表 6-17。常用镀种的挂具用金属材料见表 6-18。

表 6-17　金属材料的电流容量　　　　　　　　单位：A

材料规格及尺寸/mm		铜	铝	磷青铜	黄铜	铁
圆材	1.0	1.2	0.3	0.3	0.3	0.2
	1.2	1.6	1.0	0.4	0.4	0.3
	1.6	3.0	1.9	0.8	0.6	0.5
	2.0	5.0	3.0	1.4	1.0	0.8
	2.6	9.0	4.8	2.0	1.6	1.5
	3.2	20.0	7.5	3.1	2.5	3.3
	4.0	27.0	11.0	5.0	3.6	4.5

材料规格及尺寸/mm		铜	铝	磷青铜	黄铜	铁
带材	3×6	31.0	19.0	8.0	6.0	4.0
	3×12.5	62.0	38.0	16.0	12.0	8.0
	3×25	125.0	76.0	31.0	25.0	15.0
	3×50	250.0	153.0	62.0	50.0	31.0
	6×50	500.0	305.0	125.0	100.0	62.0
	6×75	750.0	457.0	187.0	150.0	93.0
	6×100	1000.0	616.0	250.0	200.0	124.0
	6×150	1500.0	915.0	375.0	300.0	186.0

表 6-18　电镀挂具常用的金属材料

镀液种类	电流密度/(A/dm^2)	挂具主杆材料	挂具支杆材料
酸性镀铜	1～8	紫铜、黄铜	黄铜、磷青铜
氰化镀铜	0.5～7	紫铜、铁	黄铜、钢丝
镀镍	0.5～7	紫铜、黄铜	黄铜、钢丝
镀装饰铬	10～40	紫铜、黄铜	紫铜、黄铜
镀硬铬	40～60	钢铁(液面下),紫铜、黄铜(液面上)	钢铁
镀锡	1～3	紫铜、黄铜	黄铜、磷青铜
镀镉	1.5～5	紫铜、黄铜	黄铜、磷青铜
酸性镀锌	2～3	紫铜、黄铜	黄铜、磷青铜
镀黄铜	0.3～0.5	铁、黄铜	不锈钢、黄铜
镀金	0.1～2	黄铜	不锈钢、黄铜
镀银	0.5～2	黄铜	不锈钢、黄铜
镀铁	2～20	镍、黄铜	不锈钢、黄铜
阳极氧化	0.8～2	钛、铝	钛、铝
碱性镀锌	2～5	紫铜	黄铜、磷青铜

（3）挂具的截面积

主杆导电截面积与通过主杆的总电流有关，即为挂具上所镀产品的总表面积与所采用的工艺允许的最大电流密度的乘积。挂具截面积的计算要合理，若挂具截面积过小，则需要很长的时间才能使镀层厚度达到要求。若截面积过大，则会造成材料的浪费。设计自动线生产的电镀挂具时，以高电流密度工序的电容量为计算依据，选择材料，确定导电截面积。

主杆导电截面积的计算如式（6-7）所示。

$$A = \frac{S \times 零件个数 \times 最大允许 D_k}{K \times 挂具主杆导电数量} \tag{6-7}$$

式中　A——主杆导电截面积，mm^2；

　　　S——被镀零件的表面积，dm^2；

　　　D_k——阴极电流密度，A/dm^2；

　　　K——根据不同材料选用允许通过主杆的电流密度常数，A/mm^2，一般为 3～6，当用紫铜时，为 6，而采用黄铜时，为 3。

（4）挂具的外形及尺寸

为提高设备的利用率，保证镀层的质量，设计挂具时首先要满足挂具在镀槽中装挂的尺寸要求，如表 6-19 所示。其次还要根据镀件的尺寸和大小设计支杆、挂钩等形式及间距尺寸，图 6-14 为挂钩式挂具的形式及尺寸设计，供参考。

表 6-19 设计挂具尺寸的参考数据

参考条件	尺寸/mm	参考条件	尺寸/mm
挂具底部与镀槽底部	150～200	液面与电镀零件	40～50
挂具底部超出阳极长度	100～250	挂具和挂具间距离	20～40
液面与镀槽口	100～150	挂具两侧零件与阳极距离	≥150
挂具与槽壁	≥50	提杆位置高于液面	≥80

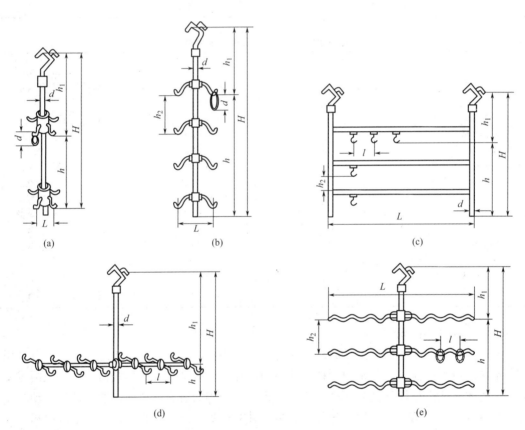

图 6-14 挂钩式挂具形式与尺寸设计（单位：mm）

（a）$L=150～300$，$h=a+10$，$h_1=200$，$d=3～5$；（b）$L=150～300$，h 依零件而定，$h_1=200$，
$h_2=a+10$，$d=3～5$；（c）$L=300～400$，h 依零件而定，$h_1=200$，$h_2=a+10$，$l=b+10$，
$d=5～8$；（d）$H=280$，$h=30$，$h_1=250$，$l=b+8$，$d=5～8$；（e）$L=300～400$，
h 依零件而定，$h_1=200$，$h_2=a+10$，$l=b+8$，$d=3～5$

（参数 a 代表零件长度，单位为 mm；b 为零件宽度，单位为 mm）

　　挂钩在挂具上的分布密度要适当，应使挂具上的零件绝大部分表面或主要表面朝向阳极，并避免镀件间的重叠或遮挡。在保证导电性的前提下，要让镀件表面电流分布尽量均匀，气体排出畅通。一般中、小型平板镀件之间应间隔 15～30mm，杯状镀件的间隔一般为直径的 1.5 倍。零件之间的最小距离可按式（6-8）计算：

$$S = \frac{1}{8}(3d + 2h + 50)(d \leqslant 50\text{mm}) \tag{6-8}$$

式中，S 为零件间最小距离，mm；d 为镀件的最大横向宽度或直径，mm；h 为镀件的厚度，mm。

当 $D \geqslant 5\text{cm}$ 时，可由式（6-9）计算：

$$S = \frac{1}{4}(h + 100)(d > 50\text{mm}) \tag{6-9}$$

镀光亮镍的最小间距应选择 $1.5S$，镀铬时的最小间距应选 $2S$，当镀件为塑料制品时，S 的值要放宽 $1.5 \sim 2$ 倍。

（5）通用挂具形式

通用电镀挂具的形式和结构应根据工件的几何形状、镀层的技术要求、工艺方法和设备的大小来决定。通用挂具大多用于镀层不太厚、允许零件在镀槽内晃动以及电流密度不太高的镀种，如：镀锌、铜、锡、镍等。图 6-15 为通用挂具形式实例，供参考。

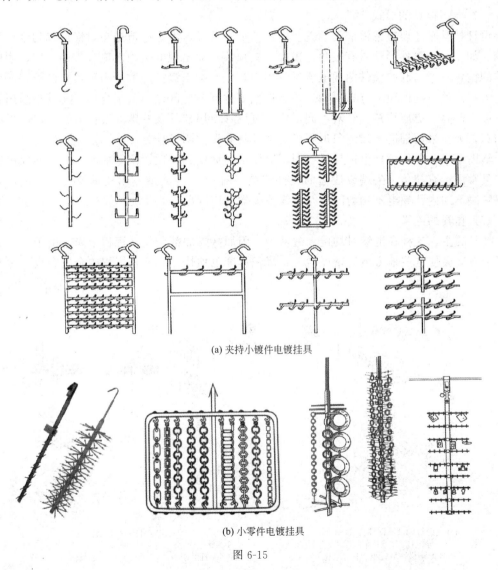

(a) 夹持小镀件电镀挂具

(b) 小零件电镀挂具

图 6-15

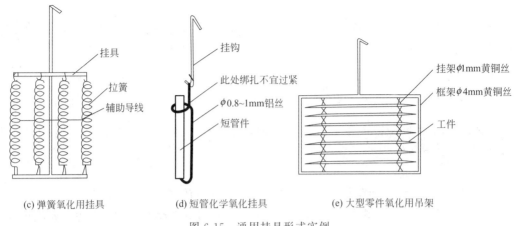

(c) 弹簧氧化用挂具　　　(d) 短管化学氧化挂具　　　(e) 大型零件氧化用吊架

图 6-15　通用挂具形式实例

(6) 专用挂具的形式

设计挂具时还要考虑镀液的性能和镀件的形状差异，考虑电流分布对镀层均匀性产生的影响。如：由于镀件形状（有棱角、棱边、尖顶等）而出现的边缘效应或尖端效应，阴阳极悬挂的位置齐平引起的镀件两端电流过于集中，以及由于镀液分散能力和覆盖能力差而引起的电流在镀件不同区域上分布不均，均会造成零件近阳极区过厚甚至烧焦，尤其在采用大电流电镀生产时，更应注意。针对不同形式，可设计专用挂具及特殊的装挂方式，以实现电流的均布，如：采用辅助阳极或象形阳极电镀挂具和保护阴极挂具。

辅助阳极、象形阳极电镀挂具多用于镀硬铬、镀铁、酸性镀铜等加厚电镀，而保护性阴极挂具常用于有棱角、尖端或棱边的镀件装挂。图 6-16 为典型专用挂具及装挂实例，分别用以解决不同内孔导电不均匀问题及边缘或尖端效应问题。

(7) 挂具的绝缘

挂具的主、支杆在电镀时均浸入镀液中，因而裸露的部分就会沉积金属。由于边缘效应及尖端效应会使这些地方电流密度增大，沉积速度也加快。电流及沉积的金属会很大一部分

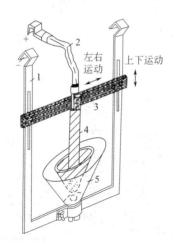

(a) 反射灯内部镀铬挂具
1—挂具；2—导线挂钩；3—布纹胶木；
4—象形阳极；5—反射灯

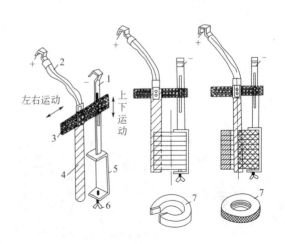

(b) 小件内孔镀铬挂具
1—导电挂钩；2—导线挂钩；3—布纹胶木夹电极；
4—辅助阳极；5—夹架；6—顶紧螺钉；7—量规

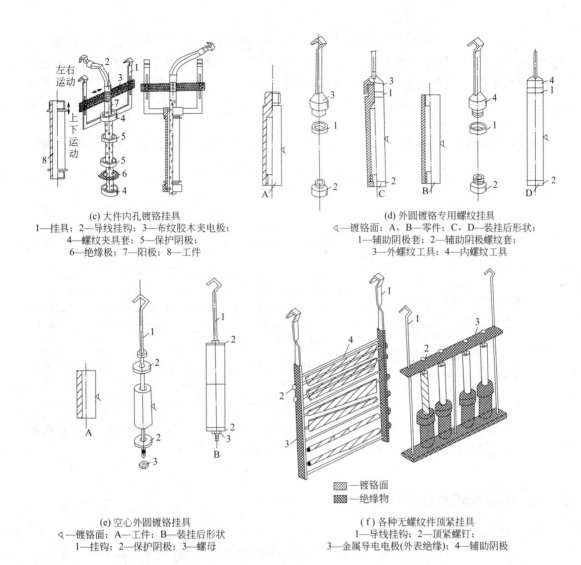

(c) 大件内孔镀铬挂具
1—挂具；2—导线挂钩；3—布纹胶木夹电极；
4—螺纹夹具套；5—保护阴极；
6—绝缘极；7—阳极；8—工件

(d) 外圆镀铬专用螺纹挂具
◁—镀铬面；A，B—零件；C，D—装挂后形状；
1—辅助阴极套；2—辅助阴极螺纹套；
3—外螺纹工具；4—内螺纹工具

(e) 空心外圆镀铬挂具
◁—镀铬面；A—工件；B—装挂后形状；
1—挂钩；2—保护阴极；3—螺母

(f) 各种无螺纹件顶紧挂具
1—导线挂钩；2—顶紧螺钉；
3—金属导电电极(外表绝缘)；4—辅助阴极

▨—镀铬面
▨—绝缘物

图 6-16　典型专用挂具实例

消耗在挂具上，为了减少电能的消耗、节约金属、提高生产效率，并减少挂具在退镀和浸蚀过程中的腐蚀，延长挂具的使用寿命，对电镀挂具除了需要与镀件接触有导电要求的部位外，其他部分都必须进行绝缘处理。

由于电镀挂具在使用过程中可能经历不同的温度条件及不同的化学介质，因此挂具绝缘材料的选择要从其物理、化学稳定性，耐热性，耐水性，绝缘性，机械强度，表面结合力以及施工性等方面加以考虑。

挂具的绝缘方法主要有包扎法和浸涂法。

① 包扎法　一般采用宽度为 10～20mm、厚度为 0.3～0.5mm 的聚氯乙烯塑料带，在挂具需要绝缘的部位自下而上进行缠绕，缠绕时拉紧塑料带，并缓慢转动挂具，塑料带与挂具成一定倾斜角度（一般为 45°）。塑料带以 1/2 或 1/3 宽度相搭接，缠扎完后扎紧。挂钩上用尺寸合适的塑料管套上，只留出需要和零件接触的部位。这种方法的优点是方便又便宜；缺点是接封处不容易清洗，造成镀液交叉污染，接缝处有时也会镀上，而且多为瘤状镀层，很容易脱落造成镀件的缺陷。

② 浸涂绝缘法　无论对何种挂具进行浸涂绝缘，处理前一定要对挂具进行预处理，即去除挂具上的毛刺、焊垢，将其凹凸处整平，然后浸涂挂具胶。待漆膜干燥后再浸或涂刷一层，一般要涂刷 4～6 层，进行全封闭处理，干燥。使用前，支钩尖端需要与零件接触的部位要用小刀将漆刮去。这样只有挂钩尖端与零件接触，即可进行导电而挂具的非工作点都是绝缘的，不会沉积出镀层。

挂具胶常用的绝缘材料种类、特点及使用方法如表 6-20 所示。其中最常用的是聚氯乙烯。

表 6-20　挂具胶种类、特点及使用方法

挂具胶种类	特点	使用方法
过氯乙烯防腐清漆	化学稳定性较好，耐酸、碱，适合 80℃ 以下的环境中使用（镀铬液）	将经过表面处理的挂具先浸渍或涂刷一层过氯乙烯底漆，待干燥后，修整流淌处，再浸渍或涂刷一层过渡漆，过渡漆是由底漆与清漆按 1:1（质量比）配制。待自然干燥后，浸渍或涂刷清漆 2～4 遍。每次干燥后对流淌部位进行修整
聚氯乙烯（俗称绿钩胶）	耐酸、耐碱、耐热、耐磨性能均良好，用于温度较高或易受碰撞的场合	挂具预处理后在烘箱内预热，先浸一层白胶，浸后挂于空气中干燥 30min 左右，保证聚氯乙烯涂层与金属的结合力。然后放入 175～200℃ 的恒温烘箱中烘 10min，立即趁热涂绿勾胶。取出后，晾挂片刻，将流挂的胶体用刀剪掉，然后放于 175～180℃ 的鼓风烘箱中烘 40～50min，即固化成膜。如胶体太厚，可用稀释剂适当稀释，搅拌均匀后再浸涂
氯丁橡胶漆	良好的耐酸、耐碱和耐热性能，漆膜不起皮、不脱落	先涂刷一层铝粉氯化橡胶底漆，干固后，再涂刷几遍氯丁橡胶清漆，每次涂刷必须待前一遍干固后进行。涂刷间隔时间 8h 以上（室温）

③ 沸腾硫化法　将挂具于 250℃ 环境下预热 40～60min，放入盛有树脂的筒中，从筒底部送入压缩空气，使树脂粉漂浮起来黏在热挂具上，然后冷却处理。

6.3.2　表面处理用挂篮设计

（1）电镀用挂篮

对于那些设备条件受到限制、批量很小的工件，一般采用小挂篮进行电镀，如图 6-17 所示。篮筐内的导电丝应与导电钩连接牢固，其数量根据工件的多少而定。篮筐一般用塑料板或金属丝网制成，篮筐边不宜过高。如在液体中处理小零件的氧化、电解除油也可采用 6-18 所示的挂篮。

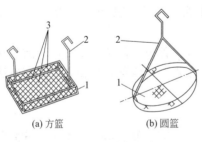

(a) 方篮　　(b) 圆篮

图 6-17　小工件电镀篮

1—篮筐；2—导电挂钩；3—导电接触铜丝

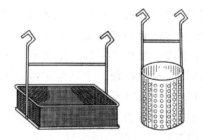

图 6-18　小零件氧化处理用挂篮

（2）化学处理用挂篮

小工件化学除油、洗涤、化学镀等可在吊筐或吊篮中完成，只是这时不需要配备导电挂钩，如图 6-19 所示。

| (a) 吊筐 | (b) 吊篮 |

图 6-19　挂篮形式

　　钢铁零件磷化、氧化时，可用挂具，也可以在挂篮里进行。对于较精密工件或有外螺纹的工件，为防止相互碰撞，以采用挂具为宜；一般零件尽量采用挂篮。在有起重设备的条件下，挂篮可大些。

　　酸洗所用的挂具和挂篮很容易造成损坏，应选择耐腐蚀性能好的材料或直接选用塑料制品。对不易重叠及氧化膜要求不高的铝及铝合金化学处理用吊篮，可以采用聚氯乙烯塑料板或不锈钢丝制作。

6.4　滚镀和振动镀设备设计

6.4.1　滚镀设备

（1）卧式滚镀设备

　　卧式滚镀设备使用最为广泛，主要由水平旋转的多孔滚筒、槽体及传动系统等组成，其典型结构如图 6-20 所示。

　　① 滚筒结构与材质

　　滚筒是滚镀设备的主体结构，对滚镀质量影响较大，选择滚镀设备时应充分注意滚筒结构。

　　滚筒材料除导电部分外，浸没在溶液中的滚筒构件都用绝缘的耐腐蚀材料制成。最常用的材料是较易焊接和注塑成型的聚丙烯（PP），小型滚筒可用有机玻璃。有机玻璃脆性大，表面易拉毛，因此只适用在电镀过程中需经常观察镀件情况的场合，如镀金等。

　　滚筒截面形状通常采用正六边形或圆形。从零件翻动均匀性来看，六边形滚筒优于圆形滚筒，尤其在装料量不超过容积 1/2 时更为明显，由于六边形滚筒零件间相互抛磨的作用强，所以更利于提高镀件表面的光洁度；圆形滚筒制造方便，而且当外形尺寸相同时，圆形滚筒的装料量比六边形滚筒多 21％，但圆形滚筒对零件的翻动作用较弱，镀层厚度波动性和表面质量均逊色于六边形滚筒。当滚筒的内切圆直径 $\phi \geqslant 420$mm 时，宜采用正八边形滚筒，目的是使其内切圆与外接圆的半径相差小一些，以利于稳定导电。

　　卧式滚筒的尺寸一般以长径比（即滚筒长度与正多边形的内切圆直径之比，l/d）$\geqslant$

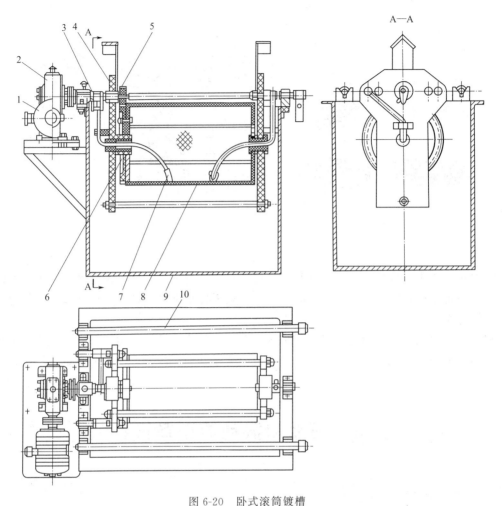

图 6-20　卧式滚筒镀槽

1—电机；2—减速器；3—拨爪式离合器；4—滚筒吊架；5—小齿轮；6—大齿轮；

7—阴极导电装置；8—滚筒体；9—槽体；10—阳极杆

1.5 为宜。滚筒六边形内切圆与外接圆的半径差别不宜太大，否则不利于稳定导电，影响镀件的电镀质量和效率。为了减少筒内工件由内层翻转到外层的时间（翻转周期），镀件在筒内的堆积不宜太厚。理论和电镀实践均认为，一般滚筒可做成细长的形状，以减少镀件在外层承受较大电流的时间，避免镀层粗糙或"烧焦"。所以生产上也会经常见到长径比为 3 左右甚至更大的细长型滚筒，但是从滚筒的正常使用和寿命来看，细长的滚筒可能会影响筒身，尤其是滚筒门的刚度。

当需要同时滚镀两种不同零件时，也可将滚筒分为两段，成为左右两格。

② 滚筒壁开孔

滚筒壁开孔有利于阴极与阳极之间电流顺利导通、槽内外溶液的流动以及电镀中产生的气体顺利排出。筒壁的开孔应以提高槽液透过性为原则，同时兼顾零件尺度和滚筒强度。可从两方面考虑：一是提高滚筒的开孔率，即壁板上小孔面积占整个壁板面积的百分比，可提高镀液的透过能力和电力线的穿透能力、提高电流效率、减少滚筒出槽时溶液带出损失、减轻废水处理设施的负荷和费用、降低滚镀时的槽电压、减少溶液温升等，利于降低滚镀成本，提高企业的经济与环境效益；二是减薄滚筒壁板厚度，减轻溶液进出滚筒的阻力。

滚筒壁开孔常见的有圆孔、圆锥孔、方孔和矩形孔，其中以矩形孔（注塑成型）最佳，其便于批量生产，可组合焊装成不同规格的滚筒，成本较低。图6-21为部分滚筒外形。

图 6-21　部分滚筒的外形

用塑料板材加工时，应根据零件尺寸选择钻孔孔径，圆孔可以随时根据生产产品尺寸在未曾开孔的新滚筒上任意钻孔，比较方便；而方孔、矩形孔或其他特殊形状的孔，则应在制造滚筒时预先确定孔的形状和尺寸，按计划订购加工好的多孔板。表6-21为常用的垂直开孔孔径与中心距的关系以及开孔面积占筒壁的百分比。

表 6-21　垂直开孔的孔径与中心距的关系及开孔面积占筒壁百分比

开孔直径/mm	$\phi1.5$	$\phi2$	$\phi3$	$\phi5$	$\phi7$	$\phi9$	钮式开孔	注塑矩形孔
孔中心距/mm	4	5	7	9	11	13	—	—
开孔面积占筒壁面积百分比/%	12.75	14.51	16.66	28	36.7	43.47	29.00	约为40.00

③ 滚筒门

滚筒门的结构应保证闭合可靠，开关方便，并有足够的刚性。常用的滚筒门多为带插闩的平板结构，门的开口为滚筒的一个侧板上或圆形滚筒的侧壁上。除插闩筒门外，还有用不锈钢弹性卡板来紧固平板筒门的。

由于上述两种筒门都是人工开启，工人必须触及滚筒，操作无法实现自动装卸料。为此一些新型的适应自动装卸的滚筒应运而生，现在应用于生产的有自动开闭门滚筒和开口滚筒两类。

自动开闭门分为自动摆动开闭的和自动滑动开闭两种。开口滚筒分为水平摆动滚筒和蜗壳式滚筒两种。

自动开闭门一般是利用滚筒自重存在的惯性，在滚筒正向运转时，筒门在拨杆的作用下自动关闭，进入镀槽内滚镀，而到装卸位置时，驱动装置使滚筒倒转，此时，筒门被拨杆推开，一边转动一边卸料，并在卸料终止时位于向上倾斜的固定位置，等待自动装料。

水平摆动滚筒的筒门没有盖板，在滚镀过程中始终敞开，滚筒不做整圈旋转而绕水平轴线摆动180°，因而滚筒的开口总是在向上位置，装好零件后左右摆动，滚镀零件不可能在滚镀过程中掉出来，在滚镀结束以后，滚筒进入装卸位置，驱动装置带动滚筒连续旋转，零件全部卸出，最后停止在向上倾斜的固定位置，等待再次装料。

蜗壳式滚筒的横截面呈蜗形曲线状，筒门开口始终敞开，在滚镀过程中开口朝向滚筒旋转方向，滚镀零件在筒内沿蜗形曲线向内滑行，转动一圈后跳过筒门开口处而继续在筒内滑动，每转一圈有一次大的跌落，翻动比较剧烈；当卸料时只要将滚筒反转，零件自动滑出，从滚筒门的开口处卸料。

这些滚筒门的结构各有其特点，必须根据滚镀零件的特点来选用。如自动开闭门滚筒的结构比较精巧，对于较重的和较大的零件，容易引起筒门变形或卡住门板。水平摆动滚筒的翻动是靠下部筒壁的凸起实现的，每摆动一个往返，反复翻动两次，当开口处于水平位置正对左右阳极时，导电条件最好，而滚筒口向上时只靠侧壁开孔导电，因而滚镀零件承受的电流周期性波动，这种滚筒适用于允许电流密度范围较大的电镀工艺过程和比较容易翻动的零件的滚镀。蜗壳式滚筒适用于螺钉、螺母及球状零件的滚镀，对于薄片状零件及质轻、易飘浮的零件，往往会在出料时粘贴在内壁上，无法自动卸料，或者在滚镀过程中随着旋转造成筒内溶液漩涡而将零件飘出筒外。

④ 阴极导电形式

在滚镀过程中，阴极导电方式可分为活动式、固定式两类，如图 6-22 所示。

(a) 活动式阴极

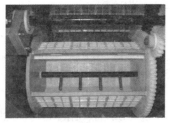

(b) 固定式阴极

图 6-22　滚筒内典型阴极导电形式

活动式阴极，滚筒与阴极之间的位置一直在变化，典型方式有广泛采用的"象鼻"式阴极、"弓"形阴极、"倒八字"形阴极和"吊垂"式阴极等。固定式阴极也称"镶嵌"式阴极，滚筒转动时随着转动，滚筒与阴极间的位置不变，典型的方式有"圆盘"式阴极、"侧钮"式阴极、"肋条"式阴极以及"纽扣"式阴极。

a. "象鼻"式阴极是最常用的导电形式，它采用外部绝缘的软铜线分别从滚筒两侧的中心轴孔伸入滚筒内，软铜线的端头连接一颗铜制导电钉，软铜线与导电钉用螺钉压紧或用锡焊焊牢，软铜线另一端与阴极导电座相连。滚镀时，导电钉被零件靠自身重力作用压在滚筒底部而导电。这种导电形式除了易缠绕或变形等零件外其他零件都能适用，且制作及维护简单、费用低。其缺点是由于阴极是柔软结构，且导电钉相对滚筒位置不能固定，导电平稳性较差。当滚筒长度<600mm 时，一般在滚筒左右两端各设一根"象鼻"式电缆。铜头的直径为 20～40mm，长度为 40～60mm。当采用细长的滚筒时（筒长度>600mm），可在滚筒轴线中央安装一根绝缘的铜轴，从铜轴上引出 3～4 个"象鼻"电缆。阴极导电装置在滚镀过程中与溶液接触的部分也会被镀上金属，使得阴极头的直径变得越来越大，阴极头上镀的速度也会越来越快，这样就会减少工件上镀的速度，造成工件镀层变薄，均匀性变差，所以，使用一段时间后，要清除过厚的镀层或镀瘤。除与零件接触的导电部分外，都应采取绝缘措施，以免过多消耗电能，也便于清理。

b."弓"形阴极是将阴极导电杆弯成弓形，两端悬挂在滚筒中心轴上并从轴孔传出与外部阴极连接。弓背是平直的，靠自身重力自然下垂与筒壁保持平行，并在装料后被埋入零件堆而导电。这种阴极是刚性的，不会出现与零件相绞而拧断或变形的情况。

c."倒八字"形阴极是将滚筒两端的阴极导电杆分别从中心向下弯一定的角度，从而使滚筒内的阴极呈现"倒八字"，这种形式对翻动性不好的零件除起导电作用外，还能起到一定搅拌作用。

d."吊垂"式阴极是从滚筒两端的阴极导电杆上分别垂下一颗导电钉，导电钉与阴极导电杆活动连接，滚镀时导电钉被埋在零件堆中而导电。这种形式在滚镀比较锋利的零件（如双头铆栓）时，可避免"象鼻"式阴极软铜线外部绝缘层被割破。

e."圆盘"式阴极采用两个导电圆盘分别镶嵌在两只滚筒轮的内壁，滚镀时滚筒内两端的零件分别与两侧的导电圆盘接触而导电，导电圆盘外靠导电法兰与滚筒阴极连接。这种形式的导电优势在于滚筒内无任何与零件磕绊的结构，导电非常平稳，适合易缠绕或变形等零件的滚镀。不足之处在于制作难度较大，精度要求较高，尤其是导电圆盘外部的导电法兰封闭不好会导致沉积镀层而使滚筒抱死；导电圆盘裸露于零件外部分较多，在零件装载量少的情况下会在圆盘上沉积；还可能出现零件两端电流大，中间电流小的弊端，尤其是在电镀时间较长的情况下。

f."中心棒"式阴极在生产中也比较常见，是在滚筒中心轴上布置的一条铜棒，有时为了增加导电接触和电流均布也可在铜棒上焊上肋或套上可活动的导电圈。

⑤ 滚筒的装载量

滚镀设备的装载量通常以重量计。无论使用哪种滚筒电镀，零件的装载量必须与滚筒的尺寸和电流密度比例适当，同时要考虑零件的形状和表面积以及筒内的翻转。一般对于质轻的零件装载量为滚筒容量的 1/2，片状应和非片状工件混装，为避免片状工件重叠而漏镀，装载量为滚筒容量的 1/3；重的工件装载量为滚筒容量的 2/5；如果比表面积大，形状复杂，则应少装，只能按滚筒容量的 2/3 为最大承载能力进行加载。

对于滚镀，可以根据每天的滚镀任务选择适宜的标准滚筒，表 6-22 为常用滚筒的装载量。

表 6-22　常用滚筒的装载量

技术规格	滚镀类型						
	全浸式						半浸式
滚筒工作尺寸（直径×长度）/mm×mm	80×170	100×200	180×250	260×500	350×600	420×700	570×820
最大装载量/kg	1	2	5	20	30	50	20
最大工作电流/A	—	—	—	150	200	300	200

在某些特殊零件滚镀时需要装载一些陪镀件，提高零件的施镀均匀性。如片式电子元器件，会使用大小和比例不等的钢球作陪镀，零件小则钢球小，零件"贴片"严重钢球比例增大；若是密度较小的质轻零件（如：基体材质为玻璃或陶瓷的电子元件），可选用密度相近

的材料（如：镀镍陶瓷球）作陪镀，以减轻零件与陪镀分层现象，增加防"贴片"效果。滚镀贵金属应选用导电、密度相近但不上镀的材料作陪镀。

⑥ 滚筒的转速

提高滚筒转速，有利于增大阴极电流密度，但滚筒转速的提高受限于镀层金属的硬度、镀种工艺特点、滚筒大小和尺寸以及镀件的表面性质等。在选择滚筒转速时，首先要考虑镀种，表 6-23 列举了典型镀种的滚筒转速。其次考虑滚筒直径及对镀层光亮的要求，而零件的形状和尺寸是次要因素。

表 6-23 典型镀种的滚筒转速

镀　　　种	滚筒转速/(r/min)	镀　　　种	滚筒转速/(r/min)
镀锌	4～8	垫片镀锌	11 或更大一些
光亮镀镍	8～12	镀铬	0.2～1
光亮镀铜	8～12	镀锡	6～10
镀银	3～6	镀后处理	0.5～5.0
镀前处理	5～20		

滚筒直径和转速对于零件的翻动剧烈程度从翻滚周期长短考虑，相同转速时直径越大，翻滚周期越长，对滚镀件镀层均匀性越不利。因此，选用大直径滚筒时，要保持必要的翻滚周期，必须加大转速，因为转速越高，翻滚周期越短；但是滚筒转速是有限度的，不能单纯从增大直径来提高产量，为了增加装载量，还可以通过适当增加滚筒长度来解决。在一个滚筒支架上用一套驱动系统带动两个或更多的细长型滚筒，成为孪生滚筒或行星滚筒，可以有效地提高滚筒槽的产量。

从镀层磨损滚光程度来考虑，滚筒直径越大时，零件在筒内翻动的路线越长，磨损越大。要减少磨损就只有对直径较大的滚筒选用较低的转速，对直径较小的滚筒采用较高的转速。若要求镀层有较高的光亮度时，可选取上限转速。

⑦ 槽体

槽体的尺寸根据滚筒大小而定，滚筒外部尺寸和阳极之间的距离一般为 80～150mm，滚筒距槽底一般为 200mm，液面距槽口约 80～100mm。滚筒实际盛装溶液的容积应按长、宽和液面高度计算后扣除滚筒装料后的实际容积。考虑到电化学反应引起的成分变化及滚筒带出溶液的损失，滚筒槽的容积应比较宽裕，以利于延长镀液调整周期。

滚筒在镀液中的浸没深度是影响电镀质量的关键因素之一。如果滚筒全部浸入到溶液中，电镀过程析出的气体要在溶液中冲破滚筒壁的小孔才能排出，阻力较大。如滚筒外露一部分，可以减少气体从孔中排出的阻力。滚筒浸入溶液中的深度应满足：电镀时零件不应露出溶液液面；电镀时滚筒内产生的气泡应能及时排出，并能使滚筒内外溶液自然循环流动。因此多数滚筒浸入溶液中的深度约为滚筒直径的 70%～80%，即"全浸式滚筒"，此时滚镀的电流效率最高。个别情况下，滚筒浸入溶液中深度约为滚筒直径的 30%～40%，即"半浸式滚筒"。由于半浸式滚筒浸入量少，溶液的导电截面也较小，筒内的溶液浓度降低较快，因此电流效率较低，但半浸式滚筒的中间轴不接触溶液，结构较简单。

⑧ 滚筒的驱动系统

滚筒的驱动系统由驱动源和传动机构组成，驱动装置和滚筒上传动组件参数确定后，滚筒的转速也随之而确定。表 6-24 为滚镀三种调速系统经济性的比较，供参考。

表 6-24　滚镀调速系统经济性比较（电机功率 1.1kW）

调速系统	UD 系列无级调速		电磁耦合调速		变频调速	
	元器件	价格/元	元器件	价格/元	元器件	价格/元
调速系统构成	涡轮减速器	570	涡轮减速器	570	涡轮减速器	570
	UD 型无级调速器	1200	控制器	300	变频器	3200
	Y 系列电机	400	电磁调速电机	1530	Y 系列电机	400
合计	2170		2400		4170	

最常用的传动系统为：电机→减速器→爪形离合器（保证滚筒装出方便）→小齿轮→大齿轮（大齿轮与滚筒采用可拆联结，以便重复使用）→滚筒。

有的滚筒设备中的滚筒旋转不是由爪形离合器带动，而是由两个互相啮合的齿轮实现的，其结构更为简单一些。滚镀设备的传动方式也分为两种，即一台电机带一个滚筒的独立驱动方式和一台电机带多个滚筒的联合驱动方式。前者主要用于单槽滚镀的情况，后者主要用于滚镀生产线。

（2）倾斜潜浸式滚镀机

倾斜潜浸式滚镀机的典型结构如图 6-23 所示，主要由电机、减速器、滚筒、阴极导电装置、导料槽、手把、伞形挡液套、固定槽、阳极导电装置等组成。

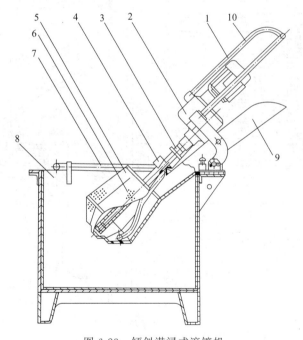

图 6-23　倾斜潜浸式滚镀机

1—电机；2—减速器；3—快速拆速装联轴器；4—伞形挡液套；5—滚筒；
6—阴极导电装置；7—阳极导电杆；8—槽身；9—导料槽；10—手把

滚筒的敞口断面通常制成八角形或圆形，滚筒工作时，轴线与水平线的夹角为 40°～45°，筒壁一般用 5mm 厚的硬聚氯乙烯板或有机玻璃板制成，为保证滚筒的强度，壁上开孔直径不宜大于 4mm，开孔尺寸的选择原则与卧式滚筒相同。

阴极导电装置一般采用较粗的橡胶绝缘铜芯软电缆，或用绝缘的实心硬铜杆作为主导电杆插入滚筒中，末端接一根短的"象鼻"式阴极，使端部具有一定的弹性。这种滚镀机的最大装载量为15kg，最大工作电流为200A左右，滚筒为钟形结构，转速一般为10～12r/min。批量不大、尺寸精度要求较高的零件，可用这种滚镀机电镀。

电机动倾斜潜浸式滚镀机是在倾斜式潜浸滚镀机的基础上去掉升降手把，改为电动的滚筒摆动升降装置。滚筒摆动升降的极限位置，由行程开关控制。

常用倾斜潜浸式滚镀机的规格如表6-25所示。

表6-25 倾斜潜浸式滚镀机规格

钟形滚筒尺寸/mm	$\phi340\times350$	$\phi350\times380$	滚筒转速/(r/min)	10～12	12
槽体内部尺寸/mm	$800\times800\times800$	$650\times760\times450$	电流/A	200	200
最大装载量/kg	15	15	电机功率/kW	0.25	0.25

（3）升降平移式滚镀机

升降平移式滚镀机由单体式滚镀机和升降平移部分组成，可自由拆装，电机控制滚筒升降，吊重大，既可单机使用，又可多台组合成滚镀生产线。六边形全浸卧式滚筒装载量大，翻滚好，生产效率高，如图6-24所示。

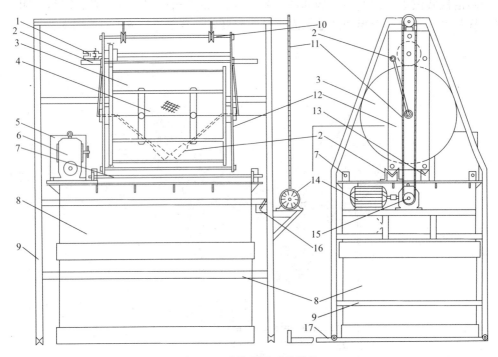

图6-24 升降平移式滚镀机

1—滚筒连接套；2—阴极；3—滚筒；4—滚筒盖；5—电机罩；6—减速机；7—阳极；8—镀槽；
9—升降支架；10—升降轮；11—升降链条；12—滚筒支架板；13—滚筒支架；14—升降电机；
15—升降减速机；16—升降开关；17—升降架滑动轨道

（4）滚镀铬机

滚镀铬是将体积小、数量多，又难以悬挂的零件进行防护装饰性镀铬的方法，可提高生产效率，减轻劳动强度。但它只适用于自重较大，形状简单的镀件；扁平片状，自重较轻以及外观质量要求较高、形状复杂的镀件则不能采用滚镀铬。由于滚镀铬的电流效率低，所以滚镀铬比滚镀其他常用镀层困难得多，以致滚镀铬的工艺和设备具有一些与一般镀层工艺和设备不同的特点。

滚镀铬机有四种形式：卧式滚镀铬机、螺旋式自动滚镀铬机、离心式滚镀铬机、翻斗式滚镀铬机。

① 卧式滚镀铬机

卧式滚镀铬机是在卧式滚筒镀槽的基础上按照滚镀铬的特点演变而成的，主要由滚筒、槽体及传动系统等组成，如图 6-25 所示，由于镀铬工艺的特殊性，对旋转滚筒的结构需作特殊处理。

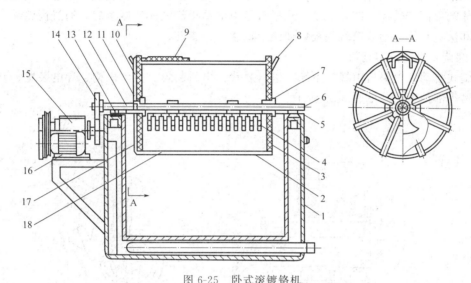

图 6-25　卧式滚镀铬机

1—槽体；2—滚筒壁；3—端头板；4—不溶性阳极；5—阳极导电座；6—中心轴；7—挡圈；
8—吊耳；9—插闩式门；10—绝缘套；11—法兰盘；12—阴极导电铜轴；13—阴极导电座；
14—齿轮（绝缘材料）；15—减速器；16—电机；17，18—导电条

滚筒壁由普通方格钢丝网卷成，截面成圆形（不能用多边形）。滚筒端头板为绝缘材料（硬聚氯乙烯板等），滚筒中心轴是实心铜棒，也是阳极导电杆。轴上安装着不溶性内阳极，阳极导电杆和阳极不随滚筒旋转。阴极电流自阴极导电座经阴极导电铜轴、法兰盘、阴极导电装置等传给镀铬零件。

滚筒装载量一般不超过 5kg。零件在溶液中的浸没深度，一般为滚筒直径的 30%～40%。

滚筒的转速与镀铬零件的尺寸有关，零件较大时，转速不超过 1r/min；小零件一般转速为 0.2r/min。转速过快或过慢都会影响镀铬质量。

不溶性内阳极的材料，以铅-银-锡-三元合金（含银 0.5%～1%；锡 2%；其余为铅）为最好，其次为铅锡合金（含锡 30%），纯铅最差。阳极表面越光滑，使用寿命越长。不溶性内阳极使用效果较好的是多片或扇形阳极。内阳极和阴极网壁的间距约 60～90mm，镀铬零件堆放层厚度一般为 15～20mm，应保持零件表面至阳极底面的最小间距为 40～50mm 较好。

筒壁钢丝网的网孔通常选用 (4～14)mm×(1.5～6)mm 的未镀锌的钢丝网，并做成可拆卸的结构。新制成的钢丝网应先镀上一层铬。使用一段时间后，网孔会因镀上过厚的铬层而封住，应更换新网。网壁材料不能用铜丝网，因其强度较低，而且镀上铬层后会变脆断

裂，造成事故。

由于内阳极电力线分布不匀，筒壁钢丝网的两端会出现镀不上铬而逐渐被溶液腐蚀的现象，应在发现镀不上铬的部位，附加小块外阳极进行局部保护。当滚筒停止使用时，必须将滚筒吊出槽外仔细用水冲洗干净，另行放置，不允许在不通电的情况下将滚筒浸泡在镀铬溶液中。筒体中间安装阳极滚镀时，旋转的滚筒一半浸在镀铬溶液中，靠零件的自重与铁丝网阴极接触而通电。设备比较简单，制造方便。滚镀时电流是断续的，镀层光亮度差，结合力也不好。

卧式滚镀铬机的槽体与挂镀用的镀铬槽相似，只是滚镀槽中不设置外阳极的导电杆。

槽体端部固定转动系统，驱动方式通常是由电动机经减速器减速后，通过齿轮啮合把动力由轴和法兰盘传递给滚筒端头板，使滚筒低速平稳旋转。

② 螺旋式自动滚镀铬机

螺旋式自动滚镀铬机由螺旋滚筒、进料装置、出料装置、传动机构、导电装置、升降机构和镀槽等部件组成，如图 6-26 所示。

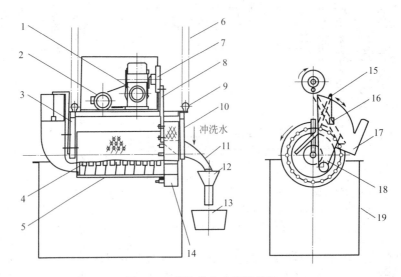

图 6-26　螺旋式自动滚镀铬机

1—减速器；2—电机；3—阴极导电吊架；4—内阳极；5—螺旋滚筒；6—起吊钢丝绳；7，8—传动齿轮；
9—起吊滑轮；10—阳极导电吊架；11—出料滑槽；12—漏斗；13—成品出料箱；14—环形出料斗；
15，16—加料机构；17—装料料斗；18—进料滑槽；19—镀槽

工作时螺旋滚筒有升降机构放入镀槽内，使滚筒上的导电块与槽上导电排座重叠而导通。工作结束，将滚筒升起离开镀液面，移走，再将滚筒冲洗干净。这种滚镀机早已在小零件装饰性镀铬上使用，也可用于小零件镀硬铬。

滚筒的螺距数按照滚筒转数与电镀所需时间来计算；滚筒的有效工作长度则需要先根据镀件外形大小和产量要求选择滚筒直径和螺距尺寸，然后再确定。

③ 离心式滚镀铬机

离心式滚镀铬机的原理是在快速旋转（200～250r/min）的平台上垂直对称地安装两只不锈钢制的滚筒实现的。滚筒接阴极，工作时平台与滚筒以相反方向旋转。由于平台的快速转动，筒体内的镀件受离心力作用而紧贴筒壁，形成良好的电接触。同时筒体又以逆平台旋转方向转动（2～3r/min），滚筒内的镀件就能自由地产生翻滚，保证了镀件的均匀镀覆。

因此，不仅解决了老式滚筒的电接触不良和电镀时间长的缺点，而且也解决了特别细小、质轻和针状零件的滚镀铬问题。滚镀时间只需 5~6min，离心式滚镀铬机如图 6-27 所示。

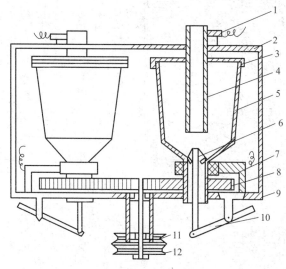

图 6-27　离心式滚镀铬机

1—阳极电刷；2—上平台；3—密封圈；4—阳极；5—滚筒；6—密封圈；7—阴极电刷；8—齿轮；
9—下平台；10—出料装置；11—平台转动皮带轮；12—筒体转动皮带轮

④ 翻斗式滚镀铬机

翻斗式滚镀铬机由镀铬滚筒、镀槽、传动装置、翻斗装置、出料架、电气控制箱和钛质加热降温管组成，本设备主要为小五金镀铬和小件装饰镀铬用。

滚筒是开门式圆柱形滚筒，采用金属网作筒壁，中心轴（阳极）上安装着不溶性铅锡合金板，阳极板底端与阴极网的距离在 50mm 左右，这时直径 10mm 以下，长度 20mm 以下的柱状件及垫圈均可获得良好镀层。阴极电流自阴极导电座，经阴极导电铜轴和法兰盘传到固定在法兰盘上的紫铜棒上，再通过紫铜棒和铜片传到阴极网上再传给零件。

镀铬槽是外层钢槽内衬软聚氯乙烯塑料板，底部用钢板填高 100mm，防止镀槽腐蚀。镀槽两边附设外阳极，外阳极只起辅助作用。

采用电动机减速器为动力，经齿轮传到滚筒进行转动，转速为 0.42~0.57r/min。这一特点也是由于阴极电流效率低而形成的，如果转速过快，则零件与阴极网的接触不好，就会影响电镀质量或者根本镀不上铬。

翻斗装置采用电动机带动蜗轮减速器，并通过皮带和齿轮传动，带动翻斗臂将滚筒翻上出料架进行出料，出料采用手工开门将镀件倾入出料斗流入筐内，然后人工拎走清洗。在滚筒出槽面时，自动停留 0~30s（时间继电器可调节），沥干镀液后自动翻到出料架上。电动机功率为 0.6kW，翻斗转速为 1~2r/min。

（5）微型滚镀机

当电镀工件的尺寸和批量较小（每次不超过 2kg）时，可采用微型滚镀机。微型滚镀机的形式有多种，常见的是自带电力传动系统的卧式小滚筒，如图 6-28 所示。

全机重量为 6kg 左右，工作时可以直接挂在普通镀槽的阴极杆上。微型滚镀机的滚筒采用六边形，工作长度不超过 200mm，六边形内切圆直径不超过 125mm。滚筒在支架上安装时，滚筒的轴线与实际旋转轴线有的呈 10°~15°夹角，有的呈水平。倾斜安装的滚筒翻动较

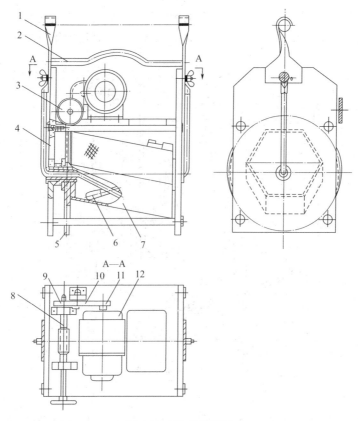

图 6-28 卧式小滚筒

1—导电挂钩；2—提手；3—滚筒微动手轮；4—滚筒支架；5—蜗轮；6—阴极导电装置；

7—滚筒；8—蜗杆；9，11—齿轮；10—中间齿轮；12—电机

好，零件在筒内既可上下旋转翻滚，又可左右窜动，滚筒内外的溶液对流条件也好一些。滚筒材料为有机玻璃板、聚氯乙烯、聚丙烯等。电动机功率为 10～15W，可用直流电动机，也可用单相交流电动机。10W 的单相交流减速电动机可以选购微电机厂的定型产品，有不同减速比的不同规格。直流电动机宜选用 12V 电源，对于稍大一些的微型滚镀机，可以选配 10～15W 的电动机。常用微型滚镀机规格如表 6-26 所示。

表 6-26　常用微型滚镀机规格

滚筒尺寸/mm	$\phi 80 \times 170$	$\phi 100 \times 200$	$\phi 180 \times 500$
装载质量/kg	1	2	5
转速/(r/min)	7～28	7～28	7～28
镀槽尺寸/mm	250×200×400	300×280×400	350×320×500
质量/kg	4	7	10
直流电流/A	10～15	30～50	100～200
电机功率/kW	0.01	0.05	0.06

6.4.2　振动镀设备

振动电镀（振动镀）就是将待镀的零件置于筛状振动容器内，使零件在电镀过程中始终

保持一定频率和振幅的振动状态的一种电镀方法，适用于微小片状零件（如：集成电路盖板、半导体制冷器导流条）、接触件电镀以及深孔和盲孔件电镀。表 6-27 提供了目前振动电镀的设备类型、特点及适用领域。

表 6-27　振动电镀设备类型、特点及适用领域

设备类别	振动机构形式	振动频率	特点	适用领域
偏心连杆式低频振动电镀机、液压驱动式低频振动电镀机	依靠机械或液压作用使工件托盘按一定频率作往复运动或者摆动	一般在 $1 \sim 2Hz$	允许电流密度较大,镀层也较均匀	不怕中断电流的镀层（如锌、镉、铜、锡等）的大批量、大装载的电镀加工
旋转重锤式工频振动电镀机	采用电机或液压电机拖动偏心重锤旋转作为振动部件,重锤可为一个、两个或多个	一般在 $50 \sim 150Hz$	工件较小,槽体比较轻,必须采用溶液体外循环方式工作。电镀精度较高,允许电流密度较高	适于精密零件加工
电磁振子式工频振动电镀机（分上驱动式和下驱动式）	振动元件采用工频电流工作,通过调节振子电源的输出功率,可以改变其振幅,以控制零件在料筐内的运动	$50Hz$	下驱式镀槽尺寸可大一些,机械维修保养比较方便	适于精密零件加工;适用于镀锌、镉、铜、锡和金、银等贵金属电镀
电磁调频式振动电镀机	将电磁振子式振动电镀机上配上变频电源和无级调频,通过电磁和弹簧将脉冲电变为机械振动。改变脉冲的振幅和频率可调节工件的运动	无级调频	兼有振动研磨和间歇脉冲电流电镀的特点,提高允许电流密度,还可细化结晶	适于贵金属电镀
磁致式超声振动电镀机	采用超声波振子驱动料筐	无级调频	具有超声波电镀和振动电镀技术特长,镀层结晶细致,结合力好	适用于管件和深孔件电镀

（1）振镀机结构与设计

下面以上驱动式振动电镀机（简称振镀机或振动机）为例，介绍振动电镀机的结构特点及优势，如图 6-29 所示。料筐（或称振筛）装载零件没入镀液中，零件靠自身的重力作用与镶嵌在筛底的阴极导电钉相接。料筐的激振器接受来自振动电源（简称振源）的超声波信号，然后带动料筐做竖直和水平方向的摇摆振动，零件在料筐内受各部位不同振幅作用做自转和公转运动而受镀。

振镀机显著的优势在于料筐的敞开式结构使影响溶液循环的屏蔽作用消除，因而允许使用的电流密度上限提高，沉积速度加快；使用大的电流并同时进行机械光整作用，镀件表面光洁度好，结晶细致；溶液电流阻力小，零件表面电流分布均匀，镀

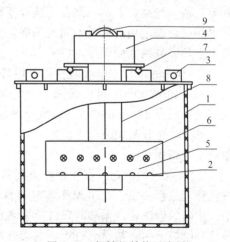

图 6-29　振镀机结构示意图

1—镀槽；2—阴极导电钉；3—阳极；4—激振器；5—料筐；6—网孔盖；7—信号输入；8—传振轴；9—提手

层厚度均匀，同时槽压低，槽温上升减缓，电能损失减少；阴极为镶嵌式，与零件时刻保持良好接触，电流电压平稳；没有滚筒的封闭装料，电镀时随时可抽取零件进行质量检验；不存在滚镀的夹、卡零件等现象，对零件的擦伤、磨损也减轻，成品率大为提高；用于小零件的化学镀时，在沉积速度、镀层均匀性等方面优于化学滚镀、筐镀。

① 料筐的选择与设计　料筐就是电镀时用来盛放镀件的圆形敞开式盛料筐，如图 6-30 所示。料筐设计关键是其上部是敞开的，改善卧式滚镀封闭结构带来的弊端。为增加溶液的流动性，一般在料筐底或筐壁开孔。为防止细小件的漏出或插入孔上，可设计网孔盖满足开孔的要求。而对于超薄零件（如：集成电路陶瓷外壳封盖）及带针状零件（如：缝衣针）等电镀时，不宜使用网孔盖，防止超薄件或针尖插入网孔盖孔隙中影响零件的运动。

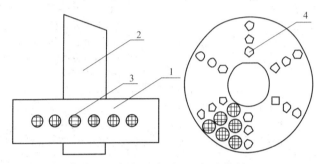

图 6-30　料筐示意图（正视和俯视）
1—料筐；2—传动轴；3—网孔盖；4—阴极导电钉

料筐底部的设计一般有平底和螺旋底两种方式。平底料筐结构简单，具有垂直和水平方向的双重振动作用，镀件混合充分，适合的零件较多，如片状、针状、细小、易缠绕、易变形零件等。螺旋底料筐设有导向板（分流板），使轨道内、外圈零件每旋转一周进行一次交换，促使零件混合充分，此种方式适用于片式元件及接插件的小型接触体电镀，不适用于形状复杂或超薄片状零件电镀。

阴极导电装置是将一定数量的阴极导电钉镶嵌在料筐底，导电钉材质有铜、不锈钢、钛等。铜导电性好，但上镀后（如镍层）不易退镀；钛防腐性好，易用化学法退镀，但导电性较差且成本较高；不锈钢综合性能介于铜、钛之间，比较适合作为料筐的导电钉。导电钉的数量一般根据使用的材质不同而不同，导电性好的可少一些。导电钉一般呈"＊"形，每个分叉上均安装两到四颗导电钉。

② 料筐的选择　电镀前应依据镀件的尺寸而非镀件的数量来选择料筐。料筐的规格从 $\phi100mm$ 到 $\phi500mm$ 可供选择。生产中常见的料筐直径以 $300mm$ 左右居多。筛壁高度不易太高，一般在 $100mm$ 左右，以利于电流的均布。筛壁高度与料筐直径相协调。

此外，选择料筐也与镀槽的容积和电镀电源容量有关，较大的料筐所需镀槽容积和整流器容量也相应增大。

③ 装载量的确定　在使用小直径料筐镀细长镀件时，镀件的装载量较不容易掌握。如果镀件装载量过小，会出现振动时镀件走动不连续，部分镀件原地跳动造成镀层结合力不牢。正确的做法是以振动时镀件能覆盖住料筐最上面一颗导电钉为装载量下限，以不振动时盖住料筐最上面一颗导电钉上面的镀件厚度不超过 10cm 为装载量上限。

如果镀件数量很少，可添加几种相同大小的镀件混合电镀，以符合料筐的最低装载量。

④ 振动镀布置设计要求　为了便于使用圆形料筐，使镀件在振镀过程中电力线的分布大体一致，镀槽工作部位截面应设计为正方形，同时在四条边的大体等距离位置上都挂上阳极筐。

要避免出现振动电镀时电力线被遮挡现象，必须确保振动电镀时料筐上沿离液面的深度至少不能低于100mm。

（2）振动电镀生产线类型

① 单机振动镀生产线　单机生产线是指仅有一套振动电镀设备的电镀线，其振动电镀设备可分为振动源在上方和振动源在下方两种类型。

对于振动源在上方的电镀设备采用类似常规的滚镀槽与一个振动机头组合而成，密封的振动机构设在镀槽的上方和四周。电镀时振动电镀机头从生产线的前工序依次进入下一工序直到所有工序结束。这种设备可用原有滚镀线改造而成，设备一次投资较小。但用作多镀种电镀时生产量较低，可以设计成小型生产线作为工艺试验或为用户打样时使用。

对于振动源在下方的电镀设备，其结构由唯一的一个工作槽和几个储液槽组成。电镀时，振动机构通过穿过槽底的密封连杆将振动传递给料筐，各工序的溶液由压缩空气推动至工作槽，工作完毕后溶液由虹吸管回流至各自的储液槽。这种振动源具有设备占地面积小、自动化程度较高，人员配备少的优势，但相对振动源在上面的单机设备一次投入成本较高，设备出故障时易出现交叉污染现象。

② 多机振动镀生产线　多机生产线的振动镀设备其振动源也分上、下两种，如图6-31所示。生产线每道工序的处理槽和清洗槽下面装有振动源的可由行车带动多个料筐同时进行多道工序的工作。这种类型的振动源动力较大，同时由于行车只需带动料筐移动，可使用直径500mm的大料筐电镀，镀件装载量大，镀细长镀件时出现镀层质量问题的发生率较低，电镀生产效率较高。对振动源设置在上方的设备，生产线上通常装有2～3台，甚至更多的振动机头，由于行车是带动整个振动机头移动，料筐的直径不能过大，镀件装载量受限，生产效率不如前者。但该类型设备在料筐出槽时可以继续维持振动，所以溶液带出损失较低，工序间清洗比较彻底。

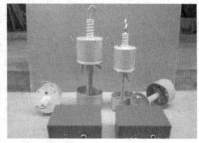

(a) 振动源在上方

(b) 振动源在下方

图 6-31　多机振动镀生产线

③ 滚、振镀混合电镀生产线　滚、振镀混合电镀生产线是振动源在上的多机振镀线和滚镀线的组合，如图6-32所示。一条生产线上至少有两台行车，在电镀过程中，行车可分别带动几个振动机头进行振动镀，也可以分别带动几个滚镀机进行滚镀，是小型镀件散件电镀较实用的电镀设备。

图 6-32　滚、振镀混合电镀生产线

6.5　电镀电源设备与选型

电镀电源可向镀槽的阴阳两极提供一定的电压、电流和符合工艺要求的电流波形，保证不同镀层质量要求。电镀电源具有输出电压低、电流大的特点。根据工艺要求，额定输出电压一般在 6～30V，额定电流一般为几百安培至数千安培，有的高达数万安培。电镀所施加的电压值取决于电镀液的组成和工艺规范，电流值除了与镀液的组成和工艺规范有关外，还与镀件面积有关。电流波形可以根据实际镀层要求选择全波、半波、交直流叠加或脉冲波形等。

（1）电镀电源的种类

电镀生产中常用的直流电源有硅整流器、可控硅整流器（晶闸管整流器）和高频开关电源设备等。表6-28为不同类型电镀电源的性能特点与应用。

表 6-28　电镀电源的性能特点与应用

电源类型	性能与特点	应用
硅整流器	①采用不同线路和结构获得半波、全波和多相平滑直流； ②调节电压时对输出电流波形及输出允许最大电流没有影响； ③对要求电流调节精度高，经常使用但额定负荷≤30%的镀槽，采用自耦或感应调压器调节，但电源体积较大，对经常使用且额定负荷>30%的镀槽，采用磁饱和电抗器调节； ④电源效率为 55%～70%； ⑤需要人为调节，不便自动化生产	适用于一般电镀对波形和电压调节的要求，在单件、小批量生产多品种电镀车间内通用性较大
可控硅整流器（晶闸管整流器）	①采用可控硅调压，体积小、调压方便、噪声小、省电、维护方便，容易实现自动控制； ②输出波形为脉动直流，电压低时不连续，随电压变化，输出电流波形有变化，难以满足实际精度要求及波纹系数要求； ③电源效率为 65%～80%	选用时，其额定电压和电流值均应尽量接近镀槽经常性使用的工作要求
高频开关电源	体积小，量轻，高效节能（电源效率为 80%～90%），具有稳压、稳流控制功能，能保证全输出范围内的精度，波纹较小且比较稳定，不受输出电流影响	电镀生产广为采用

（2）电源选择的依据

选择电镀电源时，应从镀槽实际需用的电压、电流、电流波形要求，以及生产条件、安装位置和冷却方式等多方面因素综合考虑。

① 输出波形

电镀常用的输出波形有稳压直流、单相半波、单相全波、三相半波、三相全波、交直流叠加、周期换向及脉冲等。

电流波形对镀层性能有显著影响，需根据具体工艺加以选择。如装饰性镀铬中宜采用三相全波或稳压直流。焦磷酸盐镀铜时，采用单相半波或单相全波。氰化物镀铜、氰化物镀黄铜和氰化物镀银中，采用周期换向电镀，可提高允许电流密度的上限，获得厚而质优的镀层。周期换向电流也可在电解除油的时候用于阴、阳极交替除油，但周期换向电流不适用于短时间内镀覆形状复杂的零件，尤其是在酸性电解液中。用脉冲波形电镀可提高镀层的致密性和耐磨性，降低镀层的孔隙率和电阻率，已用于金、银等的电镀生产。在镀厚银及磁性合金（如 Co-Ni 合金）时，采用叠加交流的直流电（交直流叠加），根据叠加交流值的大小，交直流电流叠加的波形有脉动直流、间歇直流和不对称交流，可用于改善镀层外观和提高电流密度。交直流叠加电源还可用于含铜量高的铝合金的硬质阳极氧化。而交流电源主要用于铝件阳极化后的电解着色，要求交流电源步进升压，恒压程序控制。

② 波纹系数

波纹系数是直接影响镀层质量，衡量电源品质的主要技术数据。在同等条件下，电流越大，波纹系数越小，波形越平直；电流越小，波纹系数越大。因此，要保证波纹系数在实际生产中满足最低的输出电流时的要求。我国军标、航标均规定，镀铬电源的波纹系数必须<5％，其他电镀电源的波纹系数必须<10％。表 6-29 为常用镀种对波纹系数的要求，供参考。

表 6-29　常用镀种对波纹系数的要求（供参考）

电镀种类	对波纹系数要求
镀铬、酸性光亮镀铜、硫酸盐光亮镀锡、镀枪黑色锡镍合金等	要求波纹系数越小越好，否则镀层发灰、光亮范围变窄、光亮平整性不足。采用高频开关电源或可控硅整流（需用十二相整流，并带平波电抗器）
镀锌、镀镍、电化学除油等	对波形无严格要求，但用可控硅整流时，其导通角不宜过小。镀光亮镍、镀亮镍对波纹系数要求没有镀铬和酸性镀铜那样高，采用普通的低波纹输出电流电源即可
焦磷酸盐镀铜、氰化镀铜、铝阳极氧化等	直流的波纹系数大时，可能使镀层的光亮度好，使阳极氧化件着色效果好
电镀合金和复合电镀	低波纹系数的直流电源利于在较宽的电流密度范围内保持合金成分比例一致

③ 电源额定输出电流

额定输出电流是指电源在正常运行条件下能够长期稳定输出的最大电流值，在选择额定输出电流时，应在满足工艺生产要求的同时，再留有 10％～20％ 的运行余量。额定输出电流应优先在下列标准数值中选取：50A、100A、200A、300A、500A、800A、1000A、1200A、1600A、2000A、3150A、4000A、5000A、6000A、8000A、10000A、16000A、20000A……

④ 电源额定输出电压

额定输出电压是指电镀电源在允许的电网电压和负载范围内能够输出的最大电压值。选择电源的额定输出电压时首先必须满足电镀工艺生产要求，比如一般镀锌、镉、镍、铜等电源的输出电压为＋12V 即可，而镀铬电源输出电压则要求±18V，以满足其对反向刻蚀及冲击电流的需求。其次在满足工艺要求的电压时，不要选择过高电压，以免造成能源的浪费，导致运行效率低，而且电压过高对可控硅整流器也容易形成过高的波纹系数，不利于优良镀层的获得。此外，在选择额定输出电压时，还需考虑实际线路的电压损耗，若电源与镀槽之间有一定距离，在大电流运行时应考虑 $1\sim2V$ 的线路电压降（即 10% 左右的电压损失），额定输出电压应优先在下列数值中选择：6V、9V、12V、15V、18V、24V、36V、48V……。

⑤ 电源冷却方式

电镀电源的冷却方式根据设备容量、功率器件的类别、环境条件等因素分为以下几种。

a. 自冷　采用自然冷却，适用于容量较小的电源设备，如 $50\sim300A$。

b. 风冷　采用风机强迫冷却，适用于中小容量的电源设备，如 $200\sim10000A$。

c. 水冷　采用水强迫冷却，适用于较大容量的电源设备，如 5000A 以上。

d. 油冷　采用油循环冷却，适用于中小容量设备，并且防腐的场合。

在某些场合还会对风冷、水冷、油冷进行混合使用，以达到最佳的散热效果。

⑥ 电镀电源外表结构形式　电镀电源从外表的结构形式上可分为台式、柜式和防腐型等形式。

电镀电源与镀槽分室放置时，排气通风条件比较好，可选用柜式电镀电源。

电镀电源放在镀槽旁或附近时，周围有腐蚀性气体，需选用防腐型电镀电源。防腐型与柜式电镀电源体积较大，成本较高，但对环境的适应能力强。

（3）常用电镀电源设备及参数

常用直流电源设备的生产厂家很多，产品规格各异，表 6-30 分别列举硅整流器、可控硅整流器及高频开关电源的技术性能及参数，供参考。随着电镀电源技术的发展，采用高频下的断续电流来代替普通直流，开发出单向脉冲电源、周期换向脉冲（双向）电源。通过调节电流密度、脉冲频率和占空比来控制镀层质量，广泛用于电镀贵金属，也用于一般电镀，如镍、铜、锌、锡、铬及合金的电镀，以及阳极氧化工艺中。表 6-31 为几种脉冲电镀电源技术性能，供参考。

表 6-30　常用电镀电源设备及参数

电源设备类型		输入电压/V	输出电压/V	输出电流/A	设备性能	用途
硅整流器	ZD-100D	220	0~12、18、24	0~100	耐用，超载能力强，耐潮湿、耐腐蚀性能好	电镀、铝氧化、电解精炼、电解除油等
	ZD-300	380	0~12、18、24	0~300		
	ZD-500	380	0~12、18、24	0~500		
	ZD-1000	380	0~12、18、24	0~1000		
	GDJ 系列	220、3 相 380	0~12、24	0~5000		
可控硅整流器	KD-20	220	0~12	0~20	设备体积小，抗干扰强，调节简单，可选择稳压稳流功能转换，增加时控及过流、短路保护功能	用于镀铜、镍、铬、锌、锡、银、金、合金等，还可用于铝、钛等的阳极氧化，电解除油等
	KDF-200	380	0~12	0~200		
	KDF-500	380	0~12	0~500		
	KDF-1000	380	0~12	0~1000		
	KDF500A	3 相 380	0~18	0~500	元件选用余量大、过载能力强、电能转化率高、波形畸变小、对称度高、适应性强、抗扰性强、寿命长、故障率低，有稳压、稳流和过流保护等功能	
	KDF1000A	3 相 380	0~18	0~1000		
	KDF2000A	3 相 380	0~18	0~2000		
	KDF3000A	3 相 380	0~18	0~3000		
	KDF5000A	3 相 380	0~18	0~5000		
	KDF6000A	3 相 380	0~18	0~6000		

电源设备类型		输入电压/V	输出电压/V	输出电流/A	设备性能	用途
高频开关电源	KGY-S 系列	220V,3 相 380	0～15	0～200	体积小、能耗低、波纹系数小,具有稳压、稳流切换功能,数显控制,可实现远程控制,有过电保护、缺相保护、超温保护等	用于镀铜、镍、铬、锌、锡、银、金、银、合金等,电解除油,铝氧化等
	KGY-L 系列	3 相四线 380	0～300	0～50000		
	DPD 系列	3 相 380	0～20	0～20000		

表 6-31　几种脉冲电镀电源技术性能（供参考）

脉冲电源类型		输出电流/A		输出波形	输出频率/Hz	占空比	用途
		峰值	平均				
单脉冲	QD 系列	10～2000	3～700	方波	100～1100,十一段	8%～95%,十一段	有色金属及合金类小工件镀种
	SMD-D 系列	30～2000	10～600	方波	5～5000	0～100%	电镀金、银、镍、锡及合金
多脉冲	SMD 系列	10～1000	1～300	方波	5～5000	0～100%	镀金、银、镍、铬、锌、锡、铬、合金等,电解除油,铝氧化,电抛光等
	SMD-P 系列	10～500	0～150	方波	30～5000	0～100%	
	SQD 系列	10～2000	3～700	方波	100～1100,十一段	8%～95%,十一段	有色金属及合金类小工件镀种

6.6　电镀辅助系统设备设计与选择

6.6.1　槽液搅拌系统

槽液搅拌系统设备的选择取决于槽液采用的搅拌方式。常用的搅拌方式有阴极移动、阴极旋转、压缩空气搅拌、循环过滤及超声波强化搅拌等。

（1）阴极移动

阴极移动一般用于遇空气不稳定的镀液,如氰化物镀液、碱性镀液和含有易氧化的低价金属的电解液（如:酸性镀锡、镀铁）以及电抛光等。阴极移动包括阴极水平移动和阴极垂直移动,其中阴极水平移动使用更为普遍。阴极移动是靠电动机、减速器、偏心盘、连杆及支撑滚轮组成的机械装置实现的,如图 6-33 所示。连杆和支承滚轮用绝缘塑料制成,当采用金属支承滚轮时,必须与钢槽壳体绝缘。阴极杆的导电是由软电缆与直流汇流排或整流器相连接来实现的。阴极移动速度由通过的规定水平行程及每分钟的次数来决定。一般采用 1.5～5.0m/min 或 10～30 次/min,移动行程为 50～150mm。常用阴极移动的水平次数与行程的关系见表 6-32。

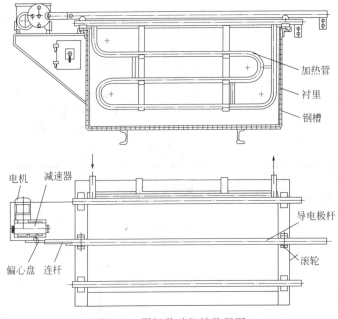

图 6-33　阴极移动机械装置图

表 6-32　常用阴极移动水平次数与行程

镀种名称	往复次数 次/min	移动行程 /mm	镀种名称	往复次数 次/min	移动行程 /mm
镀锌	20	100	光亮镀硬金	20	50
光亮镀镍	20~30	100~150	镀银	10	50~150
焦磷酸盐镀铜	20~25	100	光亮或快速镀银	18~22	50
焦磷酸盐镀光亮铜	25~30	100	焦磷酸盐镀铜锡合金	8~10	80~100

　　阴极水平移动时，工件表面的溶液流动只是缓慢的层流，对某些形状的工件可能会出现溶液跟镀件运动而不发生搅动的搅拌死区。如果让阴极以振幅 1~100mm，频率 10~100Hz 振动，就可实现镀液的湍流，搅拌效果大为提高，阴极电流密度上限也随之增大，并可达到进行高速电镀的要求。

　　阴极水平移动电机功率一般为 90~400W，其功率的选择与镀槽长度有关，见表 6-33。

表 6-33　阴极水平移动电机功率选择与镀槽长度关系（供参考）

镀槽长度/mm	800~1500(小镀件)	800~2000	1800~2500
电机功率/W	120	250	370

　　电抛光采用阴极垂直移动，垂直移动的行程为 60~100mm，垂直移动的频率为 50~90 次/min，一般一个电动机带一个槽子，也有一个电动机带几个槽子的。

　　垂直移动的电机功率要比水平移动的电机功率稍大一些。选择电机功率时需考虑零件的总量及移动的长度或速度，可按式(6-10)计算：

$$P = \frac{Gv}{102\eta} \tag{6-10}$$

式中　P——垂直移动所需的电机功率，kW；

G——移动部分（运动部件与工件）的总质量，kg；

v——上升的速度，m/s；

η——机械效率，当用涡轮减速器时，可取 $0.4 \sim 0.5$。

垂直移动的电机功率通常采用 $90 \sim 500\text{W}$。

（2）阴极旋转

阴极旋转即工件在电镀槽内的溶液中沿中心轴作圆周旋转，这使得镀液对镀件表面不断进行大幅度的冲刷和充分的接触交换，同时工件的旋转也使得在旋转电镀装置内的电力线分布较均匀，从而最终达到镀件的镀层均匀、质量好、成本低的目的。这种方式的电镀又称旋转电镀，较适用于一些外形复杂、对镀层均匀性和质量要求高的工件的电镀，如某些电子电镀等。

阴极旋转可分为水平旋转方式、垂直旋转方式、倾斜旋转方式等。

水平旋转电镀方式工件水平吊装，旋转轴与地面平行。这种方式的优点在于：整个槽体水平安装，空间高度要求不高，容易实现室内操作，溶液、设备的维护较简单；溶液浅，阳极容易制造布置，工作时易于观察阳极工作状况，有利于保证尺寸厚度和圆度；前期准备工作容易进行。但这种方式的缺点是场地面积要求较大，吊装、入槽定位困难，需要进行整体设计，起吊工装复杂，电极连接方式不便，操作不易掌握。

垂直旋转电镀方式工件垂直吊装，旋转轴与地面垂直。这种电镀方式的优点在于：槽体垂直安装，对场地面积要求小；工件入槽定位方便，容易操作；阳极垂直布置，能很容易保证镀层的均匀性；导电装置布置在溶液外容易实现，易于实现电极连接方式，操作方式属常规形式易于掌握。目前垂直旋转电镀主要有两种驱动方式，一种是驱动装置在槽口的上部（上驱动旋转电镀），其缺点是旋转传动及固定装置复杂且需要布置在镀槽上部，挂具不易实现行车起吊，不能达到现代化自动生产线要求，此外，当工件尺寸变化时工装适应性差；另一种是驱动装置在槽体的下部，该种驱动方式克服了上驱动旋转电镀装置的缺点，易于实现自动化生产的需求，而且在旋转半径、溶液交换方面也优于上驱动旋转电镀。垂直旋转电镀方式是适应现代自动化生产发展要求的，最具前景的旋转电镀方式。图 6-34 为垂直旋转电镀。

图 6-34　垂直旋转电镀

垂直旋转电镀转速一般为 $100 \sim 200\text{r/min}$。为了防止溶液跟着旋转而降低搅拌的效果，可同时采用空气搅拌和逆流循环溶液相结合，从而获得强力搅拌。

倾斜旋转电镀方式工件倾斜安装，旋转轴与地面的夹角非 $90°$。这种电镀方式的优点是：倾斜安排可以很容易排出气体且不会形成气袋和气痕；槽体尺寸介于垂直与水平之间，对场地面积要求也介于垂直与水平之间；导电装置布置在溶液外容易实现，电极连接方式快捷、易于掌握；旋转传动及固定装置复杂程度介于垂直与水平之间，可以布置在镀槽外部。这种电镀方式的缺点是工装适应性差，工件入槽定位不方便，不容易操作，阳极需要特殊布置，特别适合窄槽部位电镀。

（3）压缩空气搅拌

采用压缩空气搅拌时，须将高压压缩空气经除油、脱水净化处理后再降压使用，并配以连续循环过滤，以免槽底沉渣泛起，与镀层共沉积，造成镀层粗糙或产生毛刺，同时也最好配合使用阳极袋或阳极护管。搅拌的强度可通过阀门控制进气量来调节。

① 搅拌管的布置

压缩空气搅拌装置见图6-35。

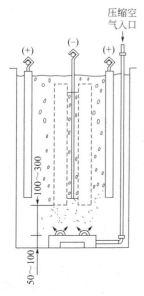

图 6-35　压缩空气搅拌装置

压缩空气搅拌管可采用钢管、铅管或硬聚氯乙烯塑料管制得。一般在槽底部分为一水平直管，空气由槽口进入向下弯曲至槽底，在水平管上钻 $\Phi 2 \sim 3mm$ 的两排小孔，两排孔中心线互成90°，各孔间距可取 $80 \sim 130mm$，小孔面积的总和约等于搅拌管截面积的80%。对于中小型镀槽，供气管可用公称直径为 $20 \sim 25mm$ 的管子，搅拌管底面距槽底约25mm。

水洗槽多用1根搅拌管，开孔向下呈90°角，用手动阀控制；镀槽多用2根搅拌管，管间距要根据工件的装挂厚度、工件的形状、工件的大小和槽体的宽度进行设计，2根搅拌管可以做成"H"形，但容易出气不均，较好的方法是采用2根搅拌管分别进气，分别用阀门控制。对于像镍封槽、铝氧化的电抛光槽，用多根搅拌管。有的工件面积大且质轻，入槽时易被气吹偏，在镀槽中可造成工件局部的电流过大（有带电入槽时），可以采用电磁阀控制，工件入槽、出槽时停止打气，施镀时开始打气。

② 气泵的选择

电镀溶液的搅拌通常采用的无油的压缩空气，常用设备有叠片离心式气泵、旋涡式气泵和罗茨鼓风机三种，如图6-36所示。叠片离心式气泵的工作原理就相当于将多个小型离心鼓风机的旋转叶轮和固定机壳串联在一起，高速气流经逐级升高压力，以提高其出口风压，供给镀槽搅拌需要。旋涡式气泵的叶轮由数十个叶片组成，类似汽轮机的叶轮，当叶轮高速旋转时，各叶片间的空气受离心力作用向周边运动进入泵体的环形空腔，空气在叶片和环形空腔之间反复加速循环运动，以极高的能量离开气泵，以供使用。罗茨鼓风机则是利用具有

(a) 叠片离心式气泵　　　　(b) 旋涡式气泵　　　　(c) 罗茨鼓风机(鲁式风机)

图 6-36　无油压缩空气设备

特殊曲线截面的相互啮合的两个转鼓，在与转鼓精密配合的密闭外壳内高速旋转，将空气从相互啮合的两个转鼓的一边挤压到另一边。这几类供气设备都是高速运转的机械设备，它与高压空气压缩机一样，也存在噪声问题。各厂在技术性能指标上都未注明其噪声分贝数据，但从电镀生产现场体验，一般都在 60dB 左右。除设备本身带有消音器外，其安装场地亦应采取隔音措施。如罗茨鼓风机噪声很大，鼓风机上要配有消声器，有条件的企业，鼓风机放在单独的房间中，以减少噪声的污染。风机的进风口安装在电镀车间外，风机的入口距车间废气排出管出口的距离不小于 6m，并且风机的入口高度低于车间废气排出管的出口高度。

压缩空气设备的选择首先是选气量，用旋涡式气泵时，可采用每平方米表面积用气 0.3～0.5m^3/min 进行计算；当用罗茨鼓风机时，可采用每平方米表面积用气 0.2～0.3m^3/min 进行计算。如果需要气压较高（如 4mH_2O，1mH_2O＝9806.65Pa），系数可选 0.13m^3/min。但是这要根据厂家提供的气压和气量图来选择。气压根据打气的槽子的最大压力（以水柱表示），即溶液的深度×溶液的密度。例如 1m 深的槽液，液体密度为 1.2g/cm^3，气压就要选 1.2mH_2O（约相当于 11767.98Pa），进而选择鼓风机的型号。

表 6-34 为镀液搅拌用气泵的技术参数，供参考。

表 6-34　镀液搅拌用气泵的技术参数（供参考）

气泵种类及型号		最大流量 /(m^3/h)	最大压力 /kPa	工作压力 /kPa	真空度 /kPa	功率 /kW	质量 /kg	外形尺寸/mm		
								长	宽	高
旋涡式气泵	XGB-3	100	14	＜10	11	1.1	21	340	270	319
	XGB-6	370	40	＜28	29	5.5	115	518	496	530
	XGB-9	180	26	＜13	18	1.5	36	345	356	393
	XGB-15	800	50	＜36	34	11	220	675	610	640
叠式吹吸两用泵	DLB39-60	60	39	＜27	−29	0.75	22	420	340	250
	DLB8-640	640	8	＜5	−5	3	70	590	465	458
	DLB60-500	500	60	＜42	−36	7.5	130	760	600	400
	DLB100-350	350	100	＜70	−48	7.5	118	760	630	400
	DLB5-480	480	5	＜3.5	—	0.75	30	650	375	340
	DLB75-190	190	75	＜52.5	−26	4	76	640	560	400
	DLB49-270	270	49	＜34	−34.6	4	72	640	500	400

从清洁生产的角度上讲，压缩空气设备也要尽可能选择无噪声的空气压缩机，且要省电和安全、可靠；目前一些无噪声的空气压缩机，虽然具有上述优势，但压气量不大，只能作为小型气体动力源。无噪声空气压缩机的型号及性能如表 6-35 所示。

表 6-35　无噪声空气压缩机的型号及性能

型号	性能参数					
	排气压力/MPa	压气量/(m^3/min)	电机功率/kW	工作电流/A	储气罐容量/L	空压机尺寸
Z1-0.013/4	0.4	0.013	0.093	1.2	4	270×220×340
Z1-0.026/8	0.8	0.026	0.186	2.4	22	520×200×400
Z1-0.078/7	0.7	0.078	0.558	7.2	24	640×400×1000

（4）循环过滤

当镀液含有易氧化的还原性物质时，不能采用空气搅拌，如：含亚铁离子的镀液、亚锡离子镀液以及氰化物镀液等。可在循环过滤的同时实现对镀液的搅拌作用。泵搅拌时，循环量应不小于每小时5倍镀槽的体积，搅拌管开孔总面积要相当于泵出口面积的$50\%\sim60\%$，这样才具有明显的搅拌作用。镀细密线条印制板时最好用泵搅拌代替空气搅拌，以免气泡夹在线条间。有时是为了溶液更容易进入小孔而用泵搅拌。泵的电机功率要求$>2kW$，出口用文丘里喷嘴。喷嘴可安装在槽底，也可以安装槽侧，对着孔吹。高速电镀中常用泵喷射溶液，以提高施镀电流密度上限，详细内容见6.6.3。

（5）超声波强化搅拌

通常把频率为$2\times10^4\sim2\times10^9\,Hz$的声波称为超声波。超声波强化搅拌工作原理是由超声波发生器发出的高频振荡信号，通过换能器转换成高频机械振波而传播到介质溶液中。超声波在溶液中疏密相间地向前辐射，使液体流动而产生无数微小气泡，当液体被$20kHz$以上的超声波冲击，其声压达到一定值时，液体中的微小气泡（空化核）被正压力和负压力交替作用，迅速增长后突然闭合，在气泡闭合的瞬间产生冲击波，在其周围产生上千个大气压强。因此与传统搅拌技术相比，超声波搅拌更容易实现介质均匀混合，消除局部浓度不均匀，提高反应速率，刺激新相生成，对团聚体还可起到剪切作用。利用超声波的空化作用所形成的异常的高温、高压等极端条件为在一般条件下难以实现或不可能实现的化学反应提供了一种新的物理化学环境，实现电镀法难以完成的、有较高深度和均镀要求的特殊工件的加工。超声波强化搅拌也可用于镀前、镀后对工件的清洗。如各类五金零件抛光后蜡脂的清洗，零件加工过程中油污、碎屑的清除以及清洗镀后工件表面残留的电镀液药剂及各类残留物等。

① 超声波强化搅拌系统设计

超声波强化搅拌系统结构由镀槽、换能器、发生器等组成，实现超声波强化搅拌的关键在换能器及发生器的设计上。

换能器（超声振板）包括外壳、匹配层（声窗）、压电陶瓷圆盘换能器、背衬、引出电缆等，主要由一定数量的换能振子布阵而成，现常用的换能振子通常为$50W$或$100\,W$，其数量多少取决于配置清洗所对应的功率。超声振板外壳基本上采用全不锈钢结构，加固密封焊接。超声振板可根据需要安装在侧壁、槽底，也可同时安装侧壁和槽底，主要依据清洗工件要求及槽体尺寸。图6-37为超声振板安装方式。

发生器为超声波强化搅拌系统的主要控制单元，它的作用是把市电（220V或380V，50Hz或60Hz）转换成与超声波换能器相匹配的高频交流电信号，通过高频线与超声振板连接。通过调节发生器上的开关及调频旋钮对超声振板内振子发出频率信号，振子开始工作，在槽液内产生振波。一般超声信号都是从低振幅状态逐渐加高至正常工作状态。发生器对每个振子工作通过高频线进行跟踪反馈，以保持每个振子都工作在谐振点上，避免振子产生冲击，使其保持超声振板工作在较高稳定状态，延长使用寿命。

为了强化清洗效果，以及实现槽液的温度需求，还可以设计加热系统及槽边喷淋。图6-38为超声波强化搅拌系统结构示意图。

商品级的电镀超声波清洗机主要有单槽形式、多槽形式、振板形式，图6-39为单槽式超声波清洗机、图6-40为超声振板。

(a) 底振式

(b) 两侧悬挂式

图 6-37　超声振板安装方式

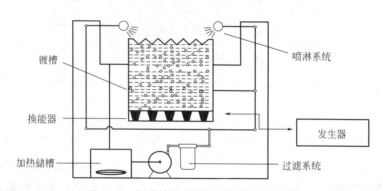

图 6-38　超声波强化搅拌系统结构示意图

图 6-39　单槽式超声波清洗机

图 6-40　超声振板

② 超声波频率的选择

一般频率≥20kHz 的声波称为超声波。

频率越低，空化越容易产生。在低频情况下，液体受到的压缩和稀疏作用有更长的时间间隔，使气泡在崩溃前生长到较大的尺寸，增大空化强度，有利于进行清洗，所以低频率超声波清洗适用于大部分表面或污物和清洗件表面结合强度高的场合。一般用频率为 13～

14kHz 的产品。如溶液腐蚀清洗件表面，则不适宜清洗表面光洁度高的部件，并且低频超声空化噪声大。图 6-41 为清洗槽容积与发生器功率的关系。

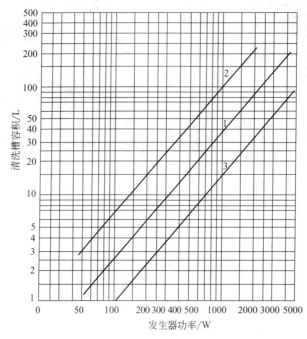

图 6-41　清洗槽容积与发生器功率的关系
1—最常使用的平均情况；2—即使比较弱也能达到目的的情况；3—需要有强有力的声强的情况

40kHz 左右的频率，在相同声强下，产生的空化泡数量比频率为 20kHz 时多，穿透力较强，宜清洗表面形状复杂或有盲孔的工件，空化噪声较小，但空化强度较低，适合清洗污物与被清洗件表面结合力较弱的场合。

表 6-36 为国内某厂家的振板型号及参数，供参考。

表 6-36　国内某厂家的振板型号及参数

型号	频率/kHz	容量/L	内槽尺寸/mm	超声波功率/W	加热功率/W	时间控制	温度控制/℃
JP-300G	28/40	99	550×450×400	0～1500	3000	1～99h 可调	20～95
JP-600G	28/40	264	800×600×550	0～3000	6000	1～99h 可调	20～95
JP-960G	28/40	480	1200×500×800	0～4800	15000	1～99h 可调	20～95
JP-1108G	28/40	540	1000×500×800	0～5400	18000	1～99h 可调	20～95
JP-1216G	28/40	1500	1500×1000×1000	0～10800	27000	1～99h 可调	20～95

③ 液位高度控制

液位离超声振板的距离对超声波作用效果有明显的影响。当液位过高，会使超声振板表面产生波纹状的空化现象，超声波就很难有效地进入溶液中，不仅不能对工件进行清洗，而且会对超声振板造成损坏，缩短使用寿命。正常情况下，超声波清洗距离以不超过 500mm 为宜，但也不能过低，过低时空化产生的冲击波强度较小，起不到真正超声波清洗的效果，故应距超声振板 100mm 以上较为合适。

6.6.2 槽温控制系统

电镀自动线上的多个镀槽,如电解除油、酸性镀镍、镀铬、个别清洗等均有一定的温度要求。需要加温的槽液通常采取温度自动控制,在保证产品质量的同时降低能耗、方便操作。需要冷却的镀槽(如:硫酸硬质阳极氧化、酸性镀锡等)则需要制冷设备保持槽液的温度。

(1)加热设备及设计

蒸汽加热用于<140℃的溶液及清洗水的加热。蒸汽压力常用 0.2～0.3MPa。加热的方式有蒸汽加热管加热、水套加热、槽外热交换器循环加热、蒸汽喷管加热(将蒸汽直接喷入溶液中加热,又称活汽加热)等方式。

目前常用的槽内蒸汽加热管有两种形式,蛇形管和排管,均是浸渍在槽液中,通过加热管将蒸汽热量间接传递给需要加热的槽液,如图 6-42 所示。

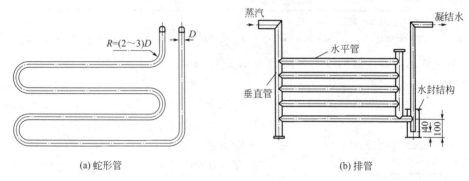

(a) 蛇形管　　　　　　　　　　　　　(b) 排管

图 6-42　蒸汽加热管

蛇形管结构简单,易于制作;排管有水封,凝结水易排出,加热效率较高,是目前常用的形式。加热管的蒸汽入口及冷凝水出口位置应使冷凝水易排出。加热管在槽中的安放位置,不应由于镀槽加热使沉淀物浮起而影响镀层质量,并要能对溶液均匀加热,一般安放在侧壁较好,并在液面 100mm 以下,加热管与槽壁及槽底应有 2～3 倍于直径的距离,以利于对流传热。管与管间距应大于管径的 1～2 倍。

加热管的材料应根据槽液性质确定,常用的有钢管、不锈钢管、钛管等金属材料及氟塑料加热管和石英加热管,如图 6-43 所示。

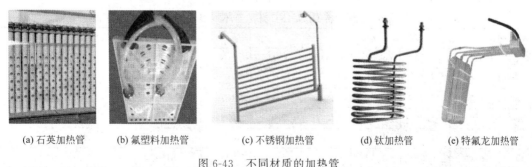

(a) 石英加热管　　(b) 氟塑料加热管　　(c) 不锈钢加热管　　(d) 钛加热管　　(e) 特氟龙加热管

图 6-43　不同材质的加热管

表 6-37 列出被加热溶液加热管材质的选择。

表 6-37　被加热溶液加热管材质的选择

被加热溶液	加热器材质	被加热溶液	加热器材质	被加热溶液	加热器材质
乙酸	P、Q	铬（氟化物）	P	化学镀铜	P
甲酸	6	铬（无氟化物）	P、Q、T	化学镀镍	P[1]、T[1]
硫酸、盐酸	P、Q	铬（经阳极处理）	P、Q	瓦特镀镍	P、Q、T
氢氟酸	P	氰化镀铜	4	酸性镀镍	P、Q
铬酸	P、Q	酸性镀铜	P、Q	黑镍	P、Q
柠檬酸	T	氰化仿金	4	乙酸镍封闭	6
硬脂酸	Q	酸性镀锡	P、Q	重铬酸钠热封闭	6
酸洗液	Q	氟硼酸盐镀锡	P	高温发蓝	4[1]
电抛光	P、Q	碱性镀锡	4	低温发蓝	T
阳极氧化	P、Q	酸性化学镀锡	P、Q	化学、电化学除油	4
包含铬的浸蚀液	6	碱性化学镀锡	6	三氯乙烯	6

①为该加热器的低功率型加热器。

注：P 为铁氟龙（PTFE）加热器，T 为钛金属加热器，4 为 304 不锈钢加热器，6 为 316 不锈钢加热器，Q 为石英加热器。

氟塑料蒸汽加热器主要用于工作压力为 0.2~0.4MPa、工作温度在 200℃ 以下的各种强腐蚀性介质的换热（如：镀铬、氟硼酸镀铅、不锈钢浸蚀、钛合金浸蚀及磷化溶液）。常用的氟塑料有聚四氟乙烯（F4）、聚全氟代乙丙烯（F46）和可熔性聚四氟乙烯（PFA）。一般做成管束结构，增加传热面积，外径、壁厚分别为 3~6mm 和 0.3~0.6mm。管束包含有 60~5000 根管子，两端各用聚四氟乙烯卷带互相隔开。管束插在一环中，焊成整体蜂窝状管板。对于与钢管的连接可在 270~300℃ 将氟塑料管加热制成喇叭形，然后用金属管接头连接。图 6-44 为氟塑料加热器示意图，目前国内许多厂家均可生产各种氟塑料加热管和冷却管。

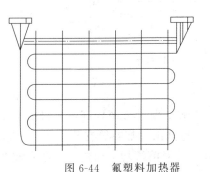

图 6-44　氟塑料加热器

为便于选择加热管的长度，表 6-38 列出了每 100L 溶液加热 1h 从 15℃ 升温至不同温度时所需的加热管长度，供选择。其中溶液比热容为 4.18kJ/（kg·℃），加热管传热系数为 2929kJ/（m²·h·℃）。

表 6-38　每 100L 溶液加热 1h 从 15℃ 升温至不同温度时所需的加热管长度

公称管径/mm	蒸汽压力为 0.2MPa					蒸汽压力为 0.3MPa				
	60℃	80℃	90℃	95℃	100℃	60℃	80℃	90℃	95℃	100℃
	加热管长度/m					加热管长度/m				
15	1.33	2.15	2.64	2.91	3.17	1.20	1.92	2.34	2.57	2.80
20	1.02	1.66	2.03	2.24	2.45	0.93	1.48	1.81	1.98	2.16
25	0.81	1.31	1.60	1.77	1.94	0.73	1.17	1.43	1.56	1.70
40	0.56	0.91	1.12	1.23	1.35	0.51	0.81	0.99	1.09	1.18
50	0.46	0.74	0.91	1.00	1.10	0.41	0.66	0.81	0.89	0.97
70	0.35	0.57	0.71	0.78	0.86	0.32	0.52	0.63	0.70	0.75

（2）冷却设备及设计

某些镀种（如：酸性镀锡）和硫酸硬质阳极氧化需要在低温进行，需对槽液进行冷却。槽液的冷却方式也可分槽内直接蒸发冷却、槽内间接冷却及槽外冷却，如图 6-45 所示。冷却的介质有自来水、冷冻水、氟利昂和氨等。槽液温度需求在 $-10\sim18℃$ 的可用氟利昂和氨制冷机组来制冷；槽液温度需求在 $18\sim25℃$ 的可用自来水、冷冻水、氟利昂和氨制冷机组来制冷；槽液温度 25℃ 以上的，采用自来水作为冷却介质即可。

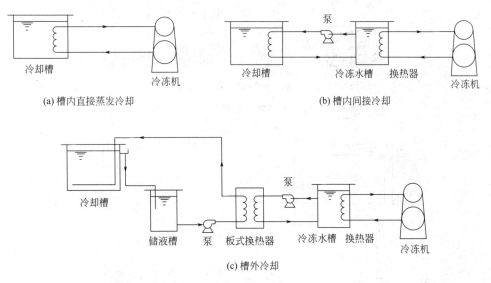

(a) 槽内直接蒸发冷却　　　　(b) 槽内间接冷却

(c) 槽外冷却

图 6-45　槽液的冷却方式

槽内直接蒸发冷却虽然结构简单，降温效率高，但一旦冷却管渗漏会污染槽液及损坏冷冻设备，这种冷却形式一般用于铝及合金件的硬质阳极氧化处理。如选用氨为槽内直接蒸发冷却介质，冷却管一般用立式排管，液体氨从排管底部进入，在立管中蒸发，由上部集气管吸收回冷冻机。如果采用氟利昂为冷却介质，一般采用盘管，氟利昂由冷却管上部进入，气体由吸气管吸回冷冻机。在酸性槽液中冷却管宜采用铅锑合金（PbSb-6，PbSb-4）或耐酸不锈钢管。如果采用槽内间接冷却则可避免直接冷却的缺点，但效率较低，系统设备较多。

槽外冷却是通过溢流口将槽液流入槽外储槽，然后经过板式换热器冷却后被泵送回槽子。板式换热器的冷却介质来自于冷冻机。槽外冷却无冷却管，不占槽内部空间，而且还能实现槽液连续循环，对液体起搅拌作用，但系统结构复杂，造价高。

（3）槽液温度自动控制

① 蒸汽加热槽的温度自动控制　控制系统由温度传感器（如温包、电接点玻璃水银温度计及铂电阻温度计等）、温度控制器、中间继电器及电磁阀等组成，其自动化控制如图 6-46 所示。电磁阀是蒸汽加热槽的温度自动控制中关键执行部件，电磁阀应采用耐高温的蒸汽电磁阀。在测定有腐蚀性液体的介质时，传感器应具有防腐蚀的导管，为防止导管造成的温度差，在调整时，可采用水银温度计校验相应的温度控制。

蒸汽电磁阀品牌很多，材质也各不同，可在网上查询所需要的产品。

② 电加热槽温度 PLC 自动控制　PLC 温度自动控制系统由 PLC、模拟量输入模块、模拟量输出模块、触摸屏、热电阻、温度变送器、电热丝控制器等组成，如图 6-47 所示。PLC 根据实际温度的高低控制加热设备的启停，从而达到控制槽液温度的目的。由于模拟量模块通常对使用环境要求很高，电镀车间水汽大并具有较强的腐蚀性气体，因此对模拟量

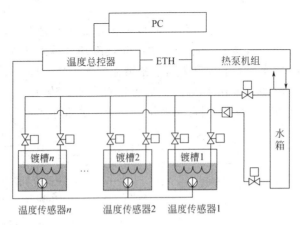

图 6-46 蒸汽加热槽的温度自动控制系统简图

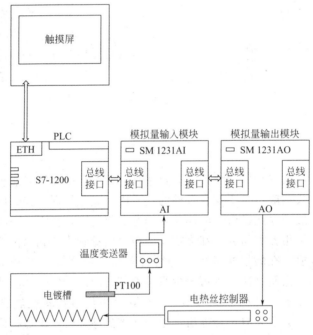

图 6-47 电加热槽的温度 PLC 自动控制结构简图

模块的可靠性会产生一定的影响。

③ 移动式无接触温控系统 依靠红外测温仪接收物体的红外辐射特征，通过光学系统将红外辐射能量汇聚到探测器（传感器）并转换成电信号，通过无线收发设备（或蓝牙）实现与控制中心主机的信息交换，根据不同槽工艺设定的温度控制范围，发出开启或关闭工作槽热交换器的指令，完成对现场温度的无线遥控监测。

在采用行车的电镀自动线上，可利用行车吊臂承载红外传感器和无线信号收发装置，并随着行车移向各个镀槽，实现一机多用的测温方式，如图 6-48 所示。

为保证红外技术对镀液无接触测温的准确性，需对红外测温系统增设补偿电路和测温金属试片。其中，补偿电路用来校正环境和被测物体表面差异带来的干扰；测温金属试片经防蚀涂装后放在镀液的合适位置。根据同一体系内所有物体温度趋于一致的原理，以金属试片

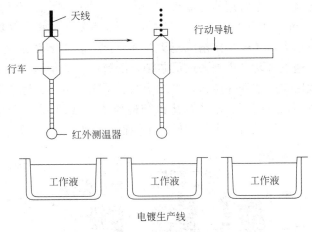

图 6-48 移动式无接触红外测温模式

温度代表镀液温度。将红外测温探头对准镀液中的金属试片，即可收集到镀液的温度信息。

6.6.3 槽液过滤系统

槽液的过滤是指采用适宜的方法去除槽液中的杂质、固体浮游物、油污以及添加剂的分解产物等，以净化槽液，避免由于这些污物而造成镀层结合力差、起泡、毛刺、麻点等故障，提高电镀产品质量。在前处理槽液、化学镀槽液及电镀槽液，尤其是光亮电镀及快速电镀生产中广为采用。

（1）槽液过滤方式

槽液的过滤分为批处理式过滤、连续或循环过滤。

批处理式过滤需要配备一个独立的过滤槽，过滤时将电镀液从槽内抽出，经过滤机过滤后送至备用槽内进行暂存，待镀槽清洗干净后，再用过滤机送回镀槽。当新开缸的镀液需要移去不溶解的盐、沉淀物等，镀液净化处理后去除炭以及沉淀，添加大量主盐和固体添加剂之后或脱脂槽液和酸洗槽液等使用一段时间后通常需要进行批处理式过滤。镀液的批处理式过滤通常采用移动式过滤机，需要时将它推至镀槽边，用毕送回原处。过滤机使用灵活，不占车间生产面积，还可做到一台过滤机供几个同样的镀槽使用。

连续过滤是将槽液与过滤机通过管路连接在一起，通过泵将部分槽液从槽子中抽出，经过滤后再返回原槽，过滤连续不断进行，因此又称为循环过滤。电镀溶液的循环过滤机通常固定安装在镀槽旁边，一个镀槽配备一台（或两台以上）过滤机，流动速度为每个循环 2～5h。连续过滤能将镀液中的颗粒杂质及时过滤除掉，使镀液经常保持清洁状态，利于稳定镀层质量，有利于光亮性电镀生产。同时，循环过滤对镀液兼具搅拌的作用，可提高施镀的电流密度上限，利于提高镀槽的生产能力，减少工件的废品等。

（2）过滤机的类型

国内外过滤机按过滤介质的不同可分为三种类型。一是以滤布为过滤介质的过滤机，其适应性强，阻力小，但机械强度低，容易损坏，再生性差，而且过滤精度的劳动强度大；二是以多孔塑料为介质的过滤机，过滤精度高，化学性能稳定，但耐腐蚀性和再生性较差，成本高；三是缠绕型过滤机，过滤精度高，应用范围广，滤芯是由滤线多层绕制而成的深层过滤层，具有体积小、过滤面积大、过滤效果好、滤渣负荷能力高、使用寿命长、再生性好、成本低等优点，在生产中广为采用。目前销售的过滤机也多为缠绕型过滤机，产品种类繁多，下面列举几种电镀生产中常用的过滤机。

① 筒式过滤机 筒式过滤机是电镀生产中应用最广泛的一种，主要由水泵、滤芯和筒体组成，溶液由水泵送入筒体中，使溶液充满筒体空间，筒内各滤芯的外表面有过滤材料，在压力作用下，液体透过过滤介质进入内层芯管，由筒体底部集结后送出过滤后的清液，溶液中的固体杂质被截留在滤芯的外表面，当因堵塞需更换清洗而将滤芯取出时，易将沉淀物碰掉落入滤筒内，清理比较麻烦。筒式过滤机结构如图 6-49 所示。筒式过滤机可过滤酸性或碱性溶液，体积小，轻便灵活，操作方便，耐蚀性能良好，耐温可达 70℃。

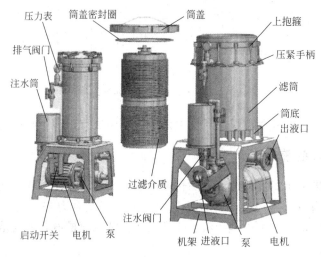

图 6-49 筒式过滤机结构形式

② 袋式过滤机 袋式过滤机是将槽液送入过滤袋内部，净化后的溶液从过滤袋外面回流到溶液槽，这样滤下来的沉渣全部包裹在过滤袋内，更换时取出过滤的清洗较为方便，由于过滤袋外表面没有吸附固体杂质，清洗和更换过滤袋时就避免了杂质掉落到过滤器内。袋式过滤器广泛应用于固体杂质含量高、颗粒粗大的溶液过滤，如：钢铁材料的磷化、氧化，铝及铝合金碱浸蚀、氧化等，也可用于回收溶液中的有用物质。

③ 带辅料筒的溶液过滤机 带辅料筒的溶液过滤机是为了方便电镀生产过程中往溶液中添加助滤剂或者配制槽液时添加化学试剂等。这类过滤机有两个筒，主筒安装普通的过滤介质（一般为绕线滤芯、叠片式滤芯），辅筒供添加助滤剂和化学药剂之用。

④ 电镀溶液活性炭过滤机 电镀生产中经常需要用活性炭处理有机杂质，尤其是有机添加剂的分解产物。这种过滤机也是配两个筒，主筒安置普通的分离固体悬浮物的滤芯，辅筒安装含活性炭吸附剂袋的料筒。关闭辅筒进液阀门可作单独过滤机使用，通过调节主辅筒侧阀门的开启程度大小，可控制溶液经活性炭吸附杂质的程度，通常溶液流向是从活性炭到滤芯。

⑤ 循环过滤机 配液下泵的循环过滤机是分体式过滤机，液下泵安放在槽里的边缘，过滤筒放置在槽外适当的位置，用软管连接，工作时，不需要灌水，操作方便，适用于循环过滤。小型的过滤机可以夹持安装在槽上边缘，液下泵直接插入槽液中，用于过滤贵金属镀液，比较理想，无镀液损失。

（3）过滤设备选择原则

选择过滤设备时，除了要考虑槽液化学性质、对过滤质量的要求，还要考虑槽液杂质的可能组成、性质与大小以及槽液的容积，从而合理地选择过滤机的类型、流量、过滤介质、过滤精度以及管道材料等。

① 镀液性质

首先要确定所过滤镀液的性质（酸性、碱性、强氧化性等），以便有针对性地选材，使对设备的腐蚀达到最低限度。对腐蚀性较强的镀液，如采用定期过滤，用完一定要注意清洗。采用循环过滤时对设备防腐蚀要求比较严格，要严防设备腐蚀溶解物污染镀液。还要考虑滤芯及芯轴材料能否承受镀液温度。镀液温度较高时可选择不锈钢、陶瓷或由不锈钢，钛等金属材料为骨架的滤芯。

② 滤芯类型

滤芯是过滤机的过滤介质，是影响过滤质量、过滤速度、过滤能力以及保证过滤质量的关键。要根据镀液的性质、对设备的腐蚀能力、工作温度及过滤精度要求合理选择滤芯。常用的滤芯有以下几类。

a.绕线滤芯　绕线滤芯是电镀液过滤普遍采用的一种滤芯形式，是将纯聚丙烯线等滤材以一定的参数缠绕在芯轴上（可为聚丙烯或不锈钢），滤芯内部形成由表到里、由大变小的菱形弯曲过滤通道，如图 6-50 所示。滤芯最内层菱形孔的大小是决定滤芯精度的关键，菱形孔越小，制成的滤芯精度越高。正规的滤芯生产企业都有特定的滤芯精度与菱形孔数量对照表，不同的通道数代表不同的滤芯精度。通常情况下，8 通道精度为 $100\mu m$，15 通道精度为 $20\mu m$，19 通道精度为 $10\mu m$。滤芯精度范围为 $0.5\sim100\mu m$。图 6-51 为不同通道滤芯剖面示意图。

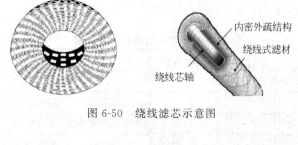

图 6-50　绕线滤芯示意图

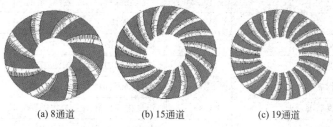

(a) 8通道　　　　(b) 15通道　　　　(c) 19通道

图 6-51　不同通道滤芯剖面示意图

绕线滤芯的过滤除了包括滤芯粗纱交叉重叠而成的孔径栅格拦截作用外，还包括通道壁上纤维的挂钩作用和颗粒在通道内的沉积作用。绕线滤芯过滤时能以大流量通过滤芯，却以分散流量的结构方式，使滤芯在较小压差下仍能保持卓越的过滤性能，这种滤芯能有效滤除液体中的悬浮物、微粒、胶状或凝胶性物质以及比孔径细小得多的颗粒，但清洗效果差。绕线滤芯是电镀溶液连续过滤使用的最普遍的一种滤芯，也可用于化学镀的循环过滤。

b.叠片式滤芯　这种滤芯由中心骨架、专用叠片组成，过滤介质采用特殊的聚丙烯滤纸，根据镀种或过滤形式选取不同精度，因滤芯层数多，过滤面积大，使用周期长，而且安装、更换、清洗方便，适用于循环过滤和定期过滤，也适用于化学镀的循环过滤。

c.杨桃形袋式滤芯　将布袋做成放射翅片结构，选用拉毛的滤布缝制的滤袋，能很好地吸附助滤剂和活性炭粉。过滤精度由滤布的毛条粗细与松紧程度而定，一般为 $0.5\sim100\mu m$。滤布可从骨架上卸下洗净后重复使用，安装、清洗、更换都很方便，而且运行成本低。此滤芯可用于电镀、铝阳极氧化及钢铁磷化等连续过滤和定期过滤。

d.微孔塑料滤芯　微孔塑料滤芯包括熔喷滤芯和烧结滤芯，其外形与绕线滤芯相似，但过滤面积较绕线滤芯小得多，滤芯外表平整光滑，堵塞后易于反冲清洗，维护简单，特别适用于定期过滤和比较脏污的溶液的大处理。熔喷滤芯一般是将聚丙烯塑料热熔后喷雾到芯管上经冷凝成型而成，其孔穴的精度很难均匀一致。烧结滤芯是用一定粒度的聚氯乙烯粉末加热烧结而成。

e.高分子滤芯　采用高分子粉末烘结而成，其毛细孔道细而弯曲，外表光洁，强度好，使用寿命特别长，适用于活性炭的过滤，清洗方便。这种滤芯一般在定期的大处理过滤机上使用，也适用于循环过滤。

f.活性炭滤芯　活性炭滤芯分为烧结式活性炭滤芯、碳纤维滤芯以及夹层颗粒炭滤芯三种，其中碳纤维滤芯在贵金属电镀中呈现很好的过滤效果，但成本较高。

③ 滤芯精度

滤芯精度关系到溶液的过滤洁净程度，直接影响电镀质量。要提高过滤机的滤除效率，合理选配滤芯精度比选购大流量的过滤机更重要。滤芯精度的选择要考虑不同镀种的具体需求，过高的精度会造成设备能力过剩、耗能、滤芯更换或清洗频繁，增大设备投资及生产成本。不同镀槽的过滤要求如表 6-39 所示。

表 6-39　不同镀槽的过滤要求

镀槽类型	过滤周期	过滤量/(V/h)	过滤精度/μm	镀槽类型	过滤周期	过滤量/(V/h)	过滤精度/μm
酸铜镀槽	连续/定期	2~3	5/3	暗镍镀槽	连续/定期	2~3	5/3
氰铜镀槽	连续/定期	2~3	10/5	半亮/亮镍镀槽	连续/定期	2~3	3/3
焦铜镀槽	连续	2~3	10~20	化学镀镍槽	连续/定期	1~2	5/3
化学镀铜槽	连续/定期	1~2	5/3	镀铁槽	连续	2~3	10
钾盐镀锌槽	连续/定期	2	30/15	氰化镀黄铜槽	连续	2~3	15
碱锌镀槽	连续/定期	2~3	30/15	枪色镀槽	连续/定期	2~3	3/3
酸锡镀槽	根据需要	1	15	阳极氧化槽	随意	1	15
碱锡镀槽	根据需要	3	30	铝氧化着色槽	根据需要	2	15
六价铬镀槽	随意	1~2	15	电化学除油槽	根据需要	2	50
三价铬镀槽	连续	2	1~5	钢铁件磷化槽	定期	1	15

注：过滤量表示每小时过滤镀槽的槽容积数，单位为槽容积/h。

④ 过滤速度与过滤量的选择

过滤速度用单位时间内每单位面积上通过的滤液体积表示。随着过滤的进行，因过滤介质和滤渣阻力的增加而使过滤速度减慢，因此过滤速度是一个随时间而改变的量。

定期过滤对过滤时溶液的流量无特殊要求，一般一个镀槽配备一台过滤机即可。下面主要介绍循环过滤时镀液循环量的计算。在连续过滤的情况下选用的过滤机的过滤量最好为镀槽容积的五倍。当槽子较大时，过滤量可适当降低。

泵的流量和各过滤机厂的产品样本所标明的流量都是指防腐蚀泵的流量而并不是过滤机

的实际流量。过滤机的实际流量受到所配置的滤芯类型及其精度、溶液的密度和浑浊程度等诸多因素影响，一般选择防腐蚀泵的流量要比过滤机的实际流量大 1.3～1.5 倍，对于阻力大的滤芯和过滤精度要求高者取大值。选购过滤机的流量（L/h）可按所服务的镀槽溶液容积（L）的 3～6 倍考虑，对洁净程度要求不太高的防护性镀层（如镀锌等）所用的溶液过滤，可按 4 倍（即每小时循环 4 次）考虑；对洁净程度要求较高的装饰性镀层（如镀镍等）所用的溶液过滤，可按 6 倍考虑。通常在酸性镀槽中需要过滤的面积为每 100 升 $0.98\mathrm{m}^2/\mathrm{h}$，碱性镀槽中需要过滤的面积为每 100 升 $1.63\mathrm{m}^2/\mathrm{h}$。值得一提的是提高过滤机的滤除效率不要盲目选择大流量，合理选择滤芯的精度更重要。过大的过滤量不仅耗电而且投资高、溶液发热量大，还会由于溶液的冲击影响到镀层的沉积效率和镀层质量。

⑤ 合理选配过滤（防腐蚀）泵

过滤泵是决定过滤机性能的重要因素之一，承担着槽液的转运输送、搅拌和溶液循环等作用。选用时要注重泵的流量、扬程、耐蚀性、耐温性能否满足过滤槽液的要求，还要启动方便、运行不渗漏。常用的泵有机械泵、自吸泵、液下泵等。

机械泵由机械联轴直接将电动机与叶轮串联驱动，依靠机械密封件来防止溶液泄漏，只要定期（一般正常情况下 1～1.5 年）更换维护，则运行可靠。机械泵可耐酸、碱，在使用时不能在无液和断液情况下工作，即严禁空运转。机械泵特别适合间断地对悬浮物较多的溶液进行周期过滤，也适用于连续过滤。

自吸泵可耐酸、碱，在第一次冲水后就具有自吸与耐空转能力，能有效防止因进液管堵塞或断裂而引起的机械密封烧损。图 6-52 为自吸泵结构示意图与过滤机。

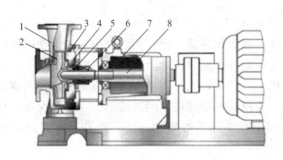

图 6-52 自吸泵结构示意图与过滤机
1—泵体；2—叶轮；3—密封圈；4—泵盖；5—机封压盖；6—机械密封；7—轴承箱；8—泵轴

液下泵适用于输送带颗粒、高黏度、强酸、强碱、盐、强氧化剂等多种介质。该泵无轴封、无摩擦点、允许干转、无金属接触液体，用于化学镀及液体转运、搅拌及循环，安装时电机部分放置在液面上，泵部分放置在液面下，具有耐腐蚀性强、无堵塞、耐高温等特点。其结构示意图及安装图如图 6-53 所示。

（4）过滤设备的选型

溶液过滤设备按它所适用的工艺过程可分为镀前处理液过滤设备、电镀溶液过滤设备以及化学镀溶液过滤设备。

① 镀前处理液过滤设备选型

镀前处理液的过滤是为了除去溶液中悬浮的油污、除油过程的皂化产物和其他固体物质，使溶液保持洁净，镀件经除油和酸洗活化后，表面非常清洁，从而保证电镀产品的优良质量。镀前处理溶液采用各种过滤装置循环过滤，使溶液保持新配制时同样的清澈程度，充

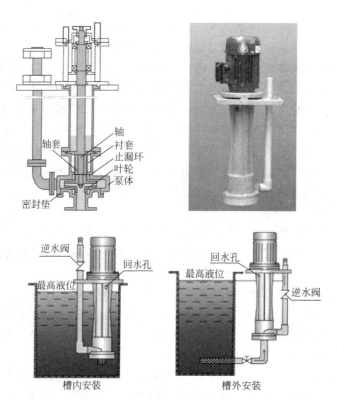

图 6-53　液下泵结构示意图及安装图

分发挥其处理效果，减轻排水处理的负担。

镀前处理溶液过滤机是利用浮选、吸附和过滤三种作用，使溶液中混杂的油污和悬浮物完全分离除尽的装置。浮选分离法能将漂浮在液面的油脂类物质上浮分离除去；吸附分离法能除去分散在溶液中的微小油脂颗粒；过滤法是除去固体杂质的有效方法。根据电镀的前处理工序溶液的污染性质和技术要求，选择具有不同功能的过滤机。一般情况下，同时具有过滤、浮选和吸附功能的过滤机，适用于化学除油溶液的过滤；具有吸附和过滤功能的过滤机，适用于电化学除油和浸酸活化溶液的过滤。

镀前除油过滤机主要由自吸泵、过滤筒、除油筒及阀门等组成。使用时除油过滤机的进出液管分别固定于除油清洗槽的长边两侧，使除油过滤机与除油清洗槽构成闭合回路进行连续循环过滤。过滤桶通常配杨桃形袋式滤芯，也可选择绕线滤芯及叠片式滤芯，除油筒内装入由特殊材料制成的吸油介质。表 6-40 为除油过滤机的技术性能规格。

表 6-40　除油过滤机的技术性能规格

型号	过滤流量 /(m³/h)	电机功率 /kW	最高压力 /MPa	适用镀槽 /L	过滤芯及数量 /吸附芯及数量	进口/出口 /mm	外形尺寸/mm		
							长	宽	高
JHY-10-YZ	10	1.5	0.13	≤1000	ϕ223mm×100mm-18/ ϕ280mm×300mm-2	ϕ40/ϕ25	1020	780	1120
JHY-20-YZ	20	2.2	0.15	1000～2000	ϕ223mm×100mm-18/ ϕ315mm×300mm-2	ϕ63/ϕ32	1055	790	1000
JHY-30-YZ	30	3	0.16	≥2000	ϕ223mm×100mm-18/ ϕ410mm×300mm-2	ϕ63/ϕ32	1210	880	1020

② 电镀溶液过滤设备选型

电镀溶液过滤机需要具有优异的分离固体悬浮物的能力，有时还要具备吸附电镀添加剂等有机分解产物的能力，使镀液达到需求的净化程度。表 6-41 为电镀溶液过滤机的技术性能规格。

表 6-41　电镀溶液过滤机的技术性能规格

泵的类型	型号	过滤流量/(m³/h)	电机功率/kW	最高压力/MPa	适用镀槽/L	过滤芯及数量/吸附芯及数量	进口/出口/mm	外形尺寸/mm		
								长	宽	高
普通泵或磁力泵	JHP-10-XP JHP-10-DP	10	0.75 1.1	0.13	1000~1250	φ65mm×500mm-7/ φ215mm×57mm-42	φ40/φ40	630	400	1070
	JHP-30-XP JHP-30-DP	30	2.2	0.16	3000~3800	φ65mm×500mm-24/ φ292mm×70mm-68	φ63/φ40 (2个)	920	650	1215 1165
	JHP-60-XP	60	5.5	0.18	4500~6000	φ65mm×750mm-36	φ89/φ76	1200	830	1510
	JHL[①]-8-XP	8	0.75	0.13	800~1000	φ65mm×250mm-9	φ40/φ40	755	465	1010
	JHL[①]-15-XP	15	1.1	0.15	1500~1900	φ65mm×500mm-12	φ50/φ50	770	540	1205
自吸泵	JHP-15-XZ JHP-15-DZ	15	1.5	0.15	1500~1900	φ65mm×500mm-14/ φ356mm×80mm-37	φ50/φ50	860	630	1320 1250
	JHP-25-XZ JHP-25-DZ	25	2.2	0.16	2500~3100	φ65mm×750mm-15/ φ356mm×80mm-58	φ63/φ63	920	800	1250
液下泵	JHZ[②]-6-XY	6	0.55	0.12	600~750	φ65mm×250mm-7	φ32/φ32	720	415	930
	JHZ[②]-10-XY	10	0.75	0.13	1000~1250	φ65mm×500mm-7	φ40/φ40	910	580	1410
	JHZ[②]-20-XY	20	1.5	0.15	2000~2500	φ65mm×500mm-15	φ50/φ50	1000	580	1430

① 镀铬专用过滤机，密封元件采用耐蚀、耐氧化的氟材料制成，使用温度不超过 65℃，选择绕线滤芯。
② 化学镀专用过滤机，液下泵内无机械密封，避免过滤机上沉积镀层。

6.6.4　槽液浓度控制系统

电镀工艺过程中各槽液组分浓度是个十分重要的技术参数，在前处理、电镀及镀后处理等工序中，槽液组分浓度的改变将直接影响电镀产品质量。

对槽液浓度的自动控制包括对镀液主盐浓度、添加剂、酸度等的控制，对不同成分浓度的控制要结合物质特点及消耗特征，如金属离子浓度的改变可借助离子敏感性电极检测、酸度的控制可采用 pH 计、添加剂的浓度控制可根据消耗定额周期补加。其中电镀槽液金属离子浓度的控制是重点也是难点，需设计具有一定精度的单一离子浓度检测计或离子敏感性电极。实际生产过程中，由于电镀液通常都是多种溶质的混合液，混合现象会影响单一粒子检测计的精度，并且高精度检测计价格昂贵。因此目前，大量的电镀液浓度控制还是以离子浓度定期分析为主，依据检测结果定期补加试剂。

（1）添加剂自动添加装置

镀槽内某些添加剂的消耗与电镀所消耗的电量成正比，根据这种关系采用安时计测定电量。PLC 控制器通过通讯串口与安时计通讯，获取安培•小时值。累计的安培值在 PLC 中与系统设定值（如：系统设定每 1000A•h 就需要加入一定量的添加剂）比较，若达到设定值，则 PLC 输出点启动定量泵一段时间，加入适量添加剂。当达到预定时间，计量泵即自动关闭，停止添加，如此循环往复。完成添加后，累计的安培·小时值必须被清零。添加剂自动添加装置设备构造示意图及现场图如图 6-54 所示。

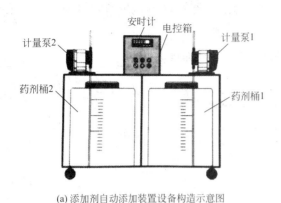

(a) 添加剂自动添加装置设备构造示意图　　　　(b) 添加剂自动添加现场图

图 6-54　添加剂自动添加装置

计量泵是自动添加装置的关键执行机构，电动线上加料多采用比较精密的微型隔膜式计量泵，其流量的变化是通过调节隔膜的振幅行程来实现的。自动添加装置安装在镀槽旁或附近。根据不同的输送介质选择最适宜的泵体材料，PVC、PP 适用于酸性、碱性介质和黏稠浆液；氟塑料适用于强酸性介质；S316 不锈钢适用于溶剂类和碱性介质。药剂桶可用聚氯乙烯有机玻璃等制作，不透明材料的药剂桶应开孔安置液位显示器，以观察和核计添加剂的实际消耗量。

系统的设定值是基于添加剂消耗的经验数据，即使添加剂供应商给出的数据也只是参考。对不同的电镀厂家，由于零件和工艺不同，这一数值通常会有差异。因此，定期的人工检测非常必要。为补偿定期检测出的浓度误差，在人机界面上还需设置有手动添加功能，必要时进行手动输入加入量，进行调节。此系统也可用于电镀药水其他成分的补加。

国内许多厂家经销电镀自动加药设备或电镀添加剂分析仪，除了有根据安培·小时计进行消耗补加的设备外，还有从药剂的不同分析方法出发（如分光光度分析、膜电极电位分析）研制的自动补加设备，可根据需要自行选择。

（2）pH 自动控制装置

pH 的自动控制是保证电镀液酸度在适宜工作条件下的必要措施。pH 自动控制装置由 pH 控制器、传感器（pH 电极）、计量泵、酸和碱的储罐等组成，如图 6-55 所示。图 6-56 为 pH 自动控制现场图片。

pH 自动控制装置多采用可编程控制器，可同时输入多种信号，如 pH 值、输入流量值、储槽液位、控制阀状态等信息。控制器将输入的各信息量进行一定运算，组成智能性控制系统。根据镀液的 pH 测量讯号，控制器可以准确地计算出需要外加酸或碱的计量值，并通过控制电磁阀或计量泵准确控制加药量，直到与控制器上的预设值相同。有的控制器能自动记录，配有记录仪、定时器和报警器等。

pH 传感器测量时需要把测量电极和参比电极作为一体的复合电极，测量前需用标准溶液校正 pH 传感器，使用中也要经常校准。为保证 pH 传感器响应的精度，需考虑 pH 传感器与配液滴入点的相对位置，以及由于槽液多、惯性大、搅拌滞后对槽液各点 pH 值造成的影响。为解决此类问题，可以每次按计算值的 80% 加入，加入时开启空气搅拌。加完后继续搅拌，等待一定时间后，传感器再次将实际值输入 PLC。若仍未达到要求，则继续加入配液，如此循环直至达到工艺要求。

储罐中酸或碱液浓度的选择要保证在较短的时间内将 pH 值调节至要求范围，以满足生产工艺的需要。

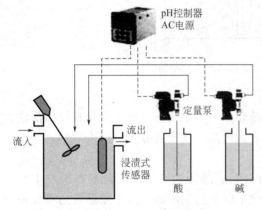

图 6-55　pH 自动控制装置示意图

图 6-56　pH 自动控制现场图片

目前国内有售 pH 及 ORP（氧化还原电位）自动添加系统，可配各种类型的 pH/ORP 电极，pH 值测量范围为 $0 \sim 14$，ORP 测量范围一般在 $-1999 \sim 1999 \mathrm{mV}$。其他参数详见相关产品说明。

6.6.5　节水系统

电镀清洗用水占电镀生产用水量及电镀废水产生量的 95% 以上，清洗水用量既影响产品的质量、生产成本，又关乎企业的资源消耗与可持续发展。GB 21900—2008《电镀污染物排放标准》及 2015 年国家下发的《电镀行业清洁生产评价指标体系》均对单位面积镀件耗水量提出了明确的要求。

在节水的设计中也出现了许多方法。

（1）回收槽设计

由于镀后的一级清洗槽含镀液中的离子浓度最高，为了节约这部分资源，经常将一级清洗槽设置为回收槽，有时镀液浓度过高，也可将一、二级清洗槽同时设置为回收槽。

（2）逆流漂洗

为了提高清洗质量同时又减少耗水量，一般采用冷水清洗双联槽或多联槽，其特点是零件清洗顺序方向与水流方向相反，最后一道清洗水槽内补充新鲜水，这种清洗方法称为逆流漂洗。逆流漂洗用水量少，清洗效率高，最终排出的水浓度较高，有利于一级清洗水的资源回用。当采用双联槽时称为二级逆流漂洗；采用多联槽时称为多级逆流漂洗。在末级清洗槽中连续少量补充新鲜清洗水时，称为连续逆流漂洗，一般适用于生产批量大、用水量较大的连续生产车间；按一定周期断续补充清水时，称为间歇逆流漂洗，适用于间歇、小批量生产的电镀车间。从节水和回收的角度来说，间歇逆流漂洗较为合理，其技术关键在于控制好翻槽周期，并严格控制镀液带出量。一般来说，三级连续逆流漂洗比直流清洗节水约 66%，间歇逆流漂洗比同级的连续逆流漂洗节水约 45%。逆流漂洗已成为电镀行业清洁生产评价指标体系中的基本要求。

逆流漂洗槽的结构设计必须合理，采用"联体型"内隔若干水洗槽的设计形式可避免废水因槽间空隙而外流。图 6-57 为液面差自然排水的三联逆流漂洗槽结构图。

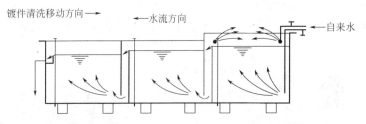

图 6-57　液面差自然排水的三联逆流漂洗槽结构图

（3）喷淋及喷雾清洗

喷淋清洗一般用于自动生产线，与逆流漂洗槽联用，也是当前电镀企业较常用的清洗方式。喷淋清洗利用水的喷射作用加速镀液从镀件表面脱落，从而有效提高清洗效率，其节水效果相当于外加 0.5～1.0 个逆流漂洗槽。

压缩空气推动喷淋装置是一个金属或硬质塑料制成的管状筒体，顶盖上有压缩空气接管，底部有喷淋管和带逆止阀的进水管口。当压缩空气阀门关闭时，由于喷淋管的喷孔一端与大气相通，进水管口与清洗槽内相通，清洗水自动通过逆止阀进入管内，筒内液面与槽液面一致时停止进水。当需要向前一级清洗槽喷淋时，压缩空气管路阀门打开，管内压力增加，逆止阀关闭，筒内的水受压后由喷淋管向前一级清洗槽内喷淋清洗水清洗零件，如此依次逐槽进行，可达到间歇逆流换水的目的。根据每次的换水量的多少，加压筒的直径可以选择不同的尺寸，直径小的加压喷水系统，可安装在清洗槽内部的任意适宜的角落；尺寸较大时，则易安装于槽边，进水管口与槽壁相同，使水及时补充筒内即可，如图 6-58 所示。

图 6-58　槽边喷淋现场图

喷淋装置可布置在第一级清洗槽两侧或一侧位置，也可布置在末级清洗槽处。前种方式大幅减轻了后续清洗槽的清洗负荷，可降低连续逆流漂洗的供水流量，或者延长周期性逆流清洗的补水周期；后种方式可大幅减少杂质离子进入后续的工艺镀槽，尤其是采用去离子水进行喷淋清洗，可满足高清洗质量要求的工况。喷淋清洗对品种单一、批量较大的镀件有一定的优越性。

此种方法不足之处在于喷嘴的磨损、腐蚀、堵塞等问题会影响喷淋的效果。为了适应不同种工件的生产，建议在设计喷头安装位置时，应留有自由空间，实现高度、角度和方向的任意调控的定式喷淋和扫描式喷淋。

依托压缩空气推动喷淋技术的发展而形成的高压水刀喷洗、雾化喷淋，并通过 PLC 控制仅在镀件提升时进行有效间歇自动喷淋清洗技术，可极大地提高清洗效率和达到节水目的。如在喷雾清洗设计中，喷淋时间控制在 4～15s，雾化喷嘴压力控制在 0.04～0.10MPa。清洗工件的用水量可降为传统逆流漂洗工艺用水量的 1/20～1/15，用水量仅在 0.5L/min 以下。

（4）空气搅拌强化清洗

为强化清洗的效果，清洗时可进行镀件的上下或左右移动、泵强循环、超声波辅助或空气搅拌，强化清洗水的流动速度及匀质过程。

在清洗过程中辅助空气搅拌，可以使清洗水处于湍流状态，提高镀件上附着液向清洗水中传质的速度，从而强化清洗效果。此法尤其适用于有盲孔、凹洼和死角等较为复杂镀件的清洗。此外对于含有较难清洗的添加剂的镀液，如在氯化物镀锌超低铬彩钝和蓝白钝前的清洗，也非常适合采用空气搅拌强化清洗。

应用空气搅拌强化清洗时，空气源应使用无油空气泵或串接油水分离器，保证所提供的空气不含油。生产线上若有多槽需空气搅拌时，各槽宜设有独立的阀门以便于调整供气量。由于不同批次的镀件对搅拌强度的要求可能不同，要防止供气量过大引起镀件脱落。

（5）热水烫洗

热水烫洗一般用于几何形状复杂的镀件清洗，由于溶液的黏度是随着温度的升高而下降，提高最后一槽水的温度不仅可以加速镀件表面附着液的洗脱，而且也加快了镀件的干燥过程中的脱水速度。一般水洗温度为 40～50℃，其热源可利用电镀车间的二次蒸汽或冷凝水。如果同时进行空气搅拌强化清洗，可进一步提高清洗效果。

在节水设计上可根据实际情况采用上述单一方法或多种方法的组合，如逆流漂洗配合喷淋清洗、空气搅拌强化清洗等联合手段，会得到更好的清洗和节水效果。除了在节水设计上注意上述问题外，减少镀液的带出量也是非常关键的。其中挂具的结构、停留时间、镀槽温度都是影响镀液带出量的主要因素，最为有效的方法是控制镀件出槽后在槽上方的停留时间，一般设置在 10s 左右，或在连续性电镀过程中采用海绵等软体吸水材料尽可能挤压吸收镀件表面附着的镀液，之后再进行水洗，均可一定程度上减少清洗水的消耗。另外清洗的时候也要注意挂具和挂钩的清洗。

（6）电镀清洗用水电导自动控制系统

电镀清洗水的电导自动控制系统由控制器、电导率传感器和电磁水阀三部分组成，如图 6-59 所示。电导自动控制系统通常与多级逆流漂洗槽联合使用。在三级逆流漂洗中，通过设定连续逆流漂洗过程中二级清洗槽电导率的最高允许值来实现清洗水的自动控制。当二级清洗槽的电导率超过该值时，开启电磁阀将一级清洗槽的清洗水排空，后一级清洗水依次注入前一级清洗槽，末级清洗槽注入清水。在电导待测清洗槽里设置循环磁力泵来保证电极对清洗水电导率测量的准确性。由于电极长期与镀液接触，为了提高测量的精度，电导率传感器应定期维护、校准。

电导率传感器除传统的电极形式外，还有一种电磁感应式（又称无极式、非接触式）电极，它被惰性材料包裹，不与被测液体直接接触，因此具有极强的抗污染能力与耐腐蚀性，不存在电极极化、电容效应，维护更为方便，目前在国外的电导控水设备中已有所应用。

自动控水可将清洗槽长流水变为间歇供水，单位面积的清洗用水量在 $3L/m^2$ 左右，提高清洗用水效率的同时实现了节水 30%～80%。

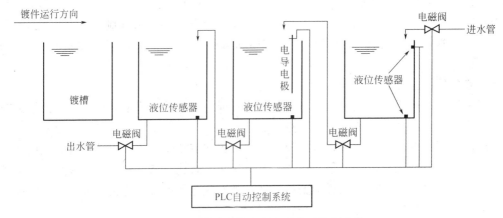

图 6-59　电镀清洗用水的电导自动控制系统

6.7　镀后处理设备与选型

为了防止零件镀后锈蚀或表面残留的水迹影响镀层质量，需要对镀后产品进行脱水及干燥处理；对易析氢的部件还需进行除氢处理。

6.7.1　甩干

电镀后首先要将零件表面的水分除去，可采用离心甩干，也可采用压缩空气吹干及热空气吹干等方法。

（1）离心甩干

电镀行业中对镀件进行脱水甩干的设备叫甩干机，又称脱水机，是通过高速运转（大约800r/min）的离心转筒产生的离心力，将电镀工件附带水分加速甩出转筒，实现零件的脱水过程。甩干机由料框、转筒、外筒、制动机构、驱动及传动系统、机盖、机座等构成，如图 6-60 所示。

图 6-60　脱水机

转筒通常采用一次成型的不锈钢材料制成，其壁上打有均匀的孔眼便于水分排出，转筒安装在转动盘上，可实现随时取出与装配。转动盘要承受转筒的重量并带动它旋转，应有足够的强度，还有较好的刚性，由主轴带动旋转。

传动系统一般由电动机、三角皮带轮、垂直主轴、转动盘及刹车机构等组成。

为了避免因载重不平衡而产生的振动，提高离心机的隔振和减振及降噪性能，可采用三足悬摆式结构或液态阻尼减振技术；脱水机的制动可采用开合臂装或脚踏制动；转筒及外壳需采用抗腐蚀能力强，经久耐用的材料。设备上可加装热风循环辅助及温控装置实现脱水与干燥同步进行，缩短工序时间。

甩干设备的常规技术参数有：最大容量（kg）、电机功率（kW）、主轴转速（r/min）、转鼓直径（mm）、转鼓高度（mm）、外形尺寸和整机机重。

在选用电镀甩干机时，要充分考虑结构的稳定性、材质的耐腐蚀性、制动方式、能耗、电机材质、使用寿命、转速和甩干效果。

（2）压缩空气吹干

压缩空气吹干是将净化后的压缩空气通过喷嘴喷吹工件表面，快速流动的空气不仅吹走了水分，也促进了零件表面的快速干燥。压缩空气吹干是电镀生产中常用的方法。一般镀件在吹干前，先在热水中静置数秒钟，可加快吹干速度。

有内腔的零件和管状零件，采用压缩空气吹干效果较好。为了降低噪声，空气压力应尽量低些，一般采用 0.2～0.3MPa 或采用隔音措施，也可采用小型的漩涡气泵、层叠式气泵和静音无油小型空压机，表 6-42 为不同类型气泵技术参数，供参考。

表 6-42　镀液搅拌用气泵的技术参数（供参考）

气泵种类及型号		最大流量/(m³/h)	最大压力/kPa	功率/kW	外形尺寸/mm		
					长	宽	高
旋涡气泵	XGB-180	42	8	0.09	210	185	200
	XGB-250	63	13	0.25	275	230	240
	XGB-370D	65	12	0.37	275	208	248
	XGB-370	65	17	0.37	275	208	248
叠式气泵	DLB39-60	60	39	0.75	420	340	250
	DLB-1	60	39	0.75	420	340	250
	DLB-26	55	60	1.5	465	370	430
	JW7122	60	39.2	0.75	440	325	240
静音无油空压机	DA5001	115L/min	0.8	0.55	440	440	520
	DA7001	65L/min	0.7	0.85	410	410	630
	DA7002	304L/min	0.8	1.5	700	425	720
	YB-W100	100L/min	0.8	0.62	400	400	500

（3）热风吹干

热风吹干一般采用暖风机，将经蒸汽或电加热的空气吹向零件，使其表面迅速脱水而干燥。这是一种比较简单、干燥效率高、噪声小的干燥方法，现在有些厂用这种干燥方法代替压缩空气吹干，对于一些特别细小的零件也可以采用小型吹风机。

6.7.2 干燥、除氢

(1) 离心干燥机

离心干燥机常用于数量大的小零件脱水干燥，其构造与甩干机相似。外筒主要起保护作用，一般用约4mm的钢板制作，固定在机座上。而转筒则需要有足够的强度和刚性，以满足料筐承载下的旋转，一般用3mm厚的钢板加工制作。筒壁上有交错排列的小孔，以排出零件甩出的水分。外壳下面装有排水管，以使甩出的水排向指定地点。通常具有铰链式机盖或悬臂回转机盖，有的离心机在机盖内设置轴流式风机及电加热器，构成热风循环系统加速零件的干燥过程。生产离心干燥机的厂家很多，用户可根据自己的要求选择产品的规格、尺寸和性能，表6-43为部分市售离心干燥机的技术性能指标。

表 6-43　部分市售离心干燥机的技术性能指标（供参考）

名称	技术性能指标	设备外形
离心甩干机	滚筒口径:800mm×340mm 转筒载重:80kg 电压:380V 转筒转速:910r/min 电机功率:4kW （也可根据加工材料）	
热风离心干燥机	滚筒口径:400mm×300mm 转筒载重:35kg 电压:380V 转筒转速:530r/min 电机功率:0.75kW 电热丝功率:3kW	

在甩干扁平零件（如垫圈等）、碗状零件时，应中途停机反复启动几次，防止零件粘贴夹带水分，造成干燥不均匀。

(2) 干燥槽

干燥槽一般用于电镀零件经最后水洗后的强制干燥，干燥槽有三种结构形式，第一种是在钢槽内侧壁和底部三面设蒸汽排管，利用自然对流加热干燥；第二种是在钢槽内两侧壁设置管状电热元件；第三种是热风循环干燥槽，在槽外设置蒸汽散热器，由循环风机将空气进行循环。

无盖的干燥槽干燥温度在 $60\sim70℃$，加盖的可达到 $90℃$ 左右，但不能盖得过严。槽盖有翻转开盖，也有水平推盖。在自动生产线上的干燥槽采用平开式，即水平推盖，当零件进出时，槽盖可自动开闭。对零件干燥时的清洁度有较高要求时，在风机吸风口处可加一道过滤装置。干燥槽规格尺寸一般与生产线上的其他槽配套。由于加热温度不高，一般采用蒸汽加热。

热风循环干燥箱的结构形式如图6-61所示，热风循环系统根据设备使用条件可以设置在槽子的端头和侧面。特别是较大规格的干燥槽，可以通过合理的设置和调整导风板，使热气流均匀分布，提高温度的均匀性。

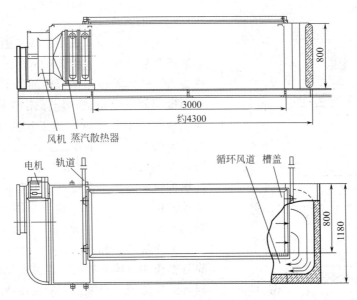

图 6-61　热风循环干燥槽（单位 mm）

电镀等用的热风循环干燥槽没有定型的产品销售，属于电镀生产线的配套设备，用户可向制造商提出具体要求。

（3）干燥平台

干燥平台是最简单、操作方便的干燥设备，适于小批量零件的干燥处理。它可以是带蒸汽夹套的平台，或是在台面底部设置蒸汽蛇管或排管加热的平台；也可以是台面为网格而底部吹热风的热风干燥平台，以及为提高干燥效率在台上装有台罩的干燥平台等。

一种供细小的零件浸涂虫胶漆后干燥用的热风吹干平台如图 6-62 所示。

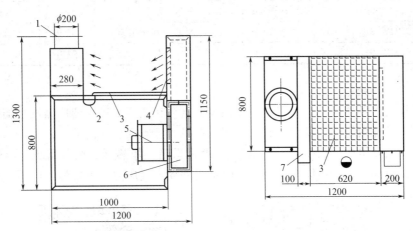

图 6-62　热风吹干台的结构形式示意图（单位：mm）
1—排风口；2—零件料斗；3—网格台面；4—可调式送热风活页板；
5—防爆轴流风机；6—内装电热管；7—零件卸料斗

电镀及化学处理后的小零件经热水浸烫，直接放在干燥平台上，一面用压缩空气吹净水分，一面加以烘烤。干燥平台需要人工翻动形状复杂的零件，防止零件内积水，是一种操作方便的干燥设备。

对于带蒸汽夹套的干燥平台，应有一定斜度，使台面向排水孔一角倾斜。

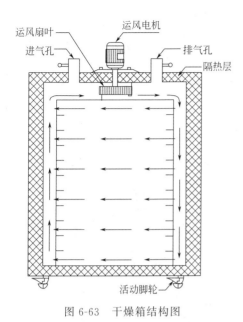

图 6-63　干燥箱结构图

（4）干燥箱

干燥箱主要用于烘干清洗后的零件和在实验室供溶液化验使用。通常采用电热鼓风干燥箱作为干燥设备。干燥箱由箱体、电加热器、热风循环系统及温度控制系统组成。箱体用型钢与薄钢板制成，保温层有一定的厚度，当工作温度为 120～150℃时，保温层厚 100mm，工作温度在 250～340℃时，保温层厚在 120～140mm，保温层材料可采用玻璃棉或矿渣棉。其特点是温度的均匀性较好，如果单纯用于工件干燥，也可采用蒸汽供热的烘箱，如图 6-63 所示。

工作温度达到 250℃的电热鼓风干燥箱可作为除氢箱使用。除氢箱与干燥箱在结构上没有多大差别，但除氢箱对温度控制的精度要求较高，重要零件的除氢箱除应有自动控制温度仪外，还应有自动记录仪表。市售干燥箱种类很多，选购时主要从功率、温度波动度与均匀性、工作温度、电压、烘箱尺寸、重量等方面加以综合考虑。表 6-44 为干燥箱的规格及技术参数。

表 6-44　干燥箱的规格及技术参数（供参考）

型号		加热功率/kW	工作温度/℃	控温精度/℃	送风方式	外形尺寸/mm		
						长	宽	高
电热鼓风干燥箱	DRP-8804	9	0～250	±1	双风道水平＋垂直	1000	800	800
	101-2A	2	10～250	±1	横向风循环	852	572	786
	CHW12	12	0～200	±3	横向风循环	1750	1600	850
	CHW27	27	0～200	±3	横向风循环	2250	1820	1270

（5）真空干燥箱

真空干燥是将零件置于真空室中，零件表面水分在负压下迅速变成蒸汽，随同空气被抽气泵抽走，尤其适用于形状复杂、储水率高、产量大且表面要求高的电镀。

真空干燥箱及结构示意图如 6-64 所示，由干燥箱、加热器、调节系统、温控系统、冷凝器、真空泵组成。干燥箱体需在抽真空时承受外界大气压力而不变形，内胆需选用防腐蚀

图 6-64　真空干燥箱

材质，如316不锈钢。设备技术指标通常包括箱体尺寸（mm）、烘架成数、层间距离（mm）、烘盘尺寸（mm）、烘盘数、烘架管内允许压力（MPa）、箱内温度（℃）、箱内空载真空度（torr，1torr＝133.3Pa）以及在空载最大真空度、抽气速率（m³/h）及温度110℃下的水的气化率［kg/(m²·h)］和真空泵的功率（kW）。

思 考 题

1.实施电镀都需要哪些基本的设备？请举例说明。

2.挂镀和滚镀有何利弊？设备组成有何区别？

3.挂具设计应注意的问题有哪些？试列举常见工件（如：小五金件、自行车圈等）的挂具设计要点，画出简图加以说明。

4.镀槽的尺寸设计需要考虑哪些方面的问题？

5.目前工业上使用的电镀电源有哪几种？各有什么优缺点？

6.滚镀和振动镀有何区别？分别适用于什么零件的电镀？

7.电镀的辅助设备有哪些？如何根据镀种要求合理地选择与设计？

8.为什么要加强镀液的过滤？如何实现有效的过滤？

9.举例说明电镀生产中如何节约水资源？

第7章

涂镀车间管道布置

7.1 涂镀车间管道设计及布置原则

7.1.1 管道、管件和管材

连接输送物体的管路称为管道；管道上的各类配件，如阀门、支架、法兰、弯头、三通、内外螺纹管接头等零件，称为管件；制造管道的材料，称为管材，管材可分为金属管和非金属管。金属管有无缝钢管、水煤气输送钢管（有锌保护层的俗称白铁管，无金属保护层的俗称黑铁管）、不锈耐酸无缝钢管、有色金属管等。非金属管有软（硬）聚氯乙烯管、各种夹布胶管、玻璃钢管等。

在进行管路设计时，一定要对管路要求、输送物质、管材性质、管件规格种类等，进行充分的了解，以便合理应用。

钢管的主要计算数值、流体常用流速范围、管径与流量及流速的关系图、管道材料及阀门形式选择、管路弯曲最小半径等均有表可查，可参阅有关手册。

（1）管道的连接

① 焊接　所有压力管道，如煤气、蒸汽、压缩空气等管道，应尽量采用焊接。管径大于 32mm、厚度在 4mm 以上者，采用电焊；管径在 32mm 以下、厚度在 3.5mm 以下者，采用气焊。补偿器（Ω 形部分）顶部不可电焊，要用整根管子弯曲而成。

② 法兰　一般适用于大管径、密封性要求高的管子的连接，也适用于玻璃。塑料阀件与管道或设备的连接，在经常清洗的管道上，也可采用法兰来连接。各种法兰的适用范围，根据公称压力、操作温度的高低来确定。

③ 丝扣　适用于管径小于 65mm、工作压力较低、温度 100℃ 以下的水管或低压煤气管等镀锌管道，也适用于带有螺纹阀体连接的管道。

④ 活接头　适用于经常拆洗的小管径、低压力的物料管道，也常用于与设备连接的管道，以便于设备的检修。

⑤ 铸铁管的连接　铸铁管常用石棉水泥刚性接口来连接，其成分为水泥：石棉＝3：7

（质量比），石棉标号大于 4 级，水泥为 $500^{\#}$ 以上的硅酸盐水泥。

⑥ 陶土管的连接　陶土管采用水泥砂浆接口，其配比为 1:2。

（2）管道与镀槽或其他设备的绝缘

为了防止镀槽电流的漏耗和保证电镀质量，需要对管道与电镀槽的连接处加装绝缘装置。常用的绝缘装置有：绝缘法兰、耐热橡胶接头等。

（3）管道留孔及管道坡度

管道穿越楼板、屋顶、地基、墙壁和其他砖构件时，应在设计时预留管孔。留孔大小，对于丝扣连接的管道来说，一般比管外径大 20mm；对于保温管道来说，则按表 7-1 进行预留孔。

表 7-1　保温管道的预留孔尺寸

通称管径	$\phi 1''$	$\phi 1.5''$	$\phi 2''$	$\phi 3''$	$\phi 4''$	$\phi 5''$	$\phi 6''$	$\phi 8''$
留孔尺寸/mm	$\phi 120$	$\phi 160$	$\phi 175$	$\phi 210$	$\phi 230$	$\phi 260$	$\phi 300$	$\phi 350$

管道敷设应有坡度，坡度方向一般均与介质流动方向相一致，但也有与介质流动方向相反的。坡度一般为 0.001～0.005，输送黏度大的介质时，管道坡度则要大些。一般采用坡度见表 7-2。但各种管道共同平行的，为了整齐美观，一般采用比较接近的坡度。确定预留孔的位置时，应把管道的坡度和坡向计算准确。

表 7-2　输送介质与管道坡度的关系表

介质	蒸汽	蒸汽冷凝水	清水	冷却水及冷却回水	生产废水	压缩空气	真空
坡度	0.005	0.003	0.003	0.003	0.001	0.004	0.003

（4）管道间距

涂镀车间内设有热力、空气、电缆等管线，各类管线的净间距设置如表 7-3 所示。

表 7-3　车间内各种管线的净间距　　　　　　　　　　　　　　　　单位：m

名称	热力管道		压缩空气管道	
	平行	交叉	平行	交叉
热力管道	—	—	0.15	0.1
压缩空气管道	0.15	0.1	—	—
上/下水管道	0.15	0.1	0.15	0.1
电线管	1.0/0.5[①]	0.3	0.1	0.1
电缆	1.0/0.50[①]	0.3	0.5	0.5
绝缘导线	1.0/0.50[①]	0.3	0.15	0.1
裸导线或滑触线	1.0	0.5	1.0	0.5
插座板、配电箱	0.5	0.5	0.1	0.1

①分子表示电气管线在上，分母表示电气管线在下；

注：当热力管线和电气管线不能满足上述要求时，可在管线上加绝缘层。

（5）管道支架

支承管道的构件称为管道支架。管道支架有几种形式，可以根据管道布置图的具体情况，确定支架的形式。

平行管道支架主要有包柱式支架、墙上支架、龙门式支架、吊架、托架等。垂直管道支架有管卡型立管支架和焊接型立管支架。

管道支架上的管托有固定式和滑动式两种。管道因膨胀因素，有伸缩现象的，要采用滑动式管托。

（6）管道保温与防腐

为减少热力管道和冷冻管道的能量损失，其管道和附件均应采取保温措施。管道的保温材料种类较多，常见的几种保温材料性能见表7-4。

表7-4 常用保温材料性能

保温材料名称	保温材料特点	密度/(kg/m³)	热导率/[W/(m²·℃)]	最高使用温度/℃
岩棉制品	保温隔热性能好，质轻，不燃，稳定	80~200	0.047~0.058	500
微孔硅酸钙	吸水性强	200~2500	059~0.060	600
玻璃棉	质轻，孔隙大，耐腐蚀，稳定，吸水率低	60~800	0.35	400
矿渣棉	质轻，耐腐蚀，价廉，施工方便	100~1200	0.043~0.052	600
硅酸铝耐火纤维	密度小，耐高温，价贵	70~100	0.016~0.047	1100
聚氨酯泡沫塑料	质轻，强度高，吸水性小	<65	0.023~0.029	100
膨胀珍珠岩	来源广，价廉	100~400	0.052~0.087	800
膨胀蛭石	质轻，隔热吸声，吸湿性大，价廉	100~500	0.052~0.0930	800

为适应电镀车间的生产性质，防止腐蚀气体对管道的腐蚀，在管道安装完毕后，均应涂刷防腐漆进行保护。在管道保温层的密纹玻璃布表面涂2层过氯乙烯漆，在其他裸露管道表面涂4~6层过氯乙烯漆，底层涂以防锈漆。

7.1.2 管道布置要求

（1）一般要求

① 各种管道架设不应影响生产操作、车间内的正常运输及通行。

② 各种管道架设要适应生产的发展、工艺的改革，便于调整和重新安排。

③ 各种管道架设，应便于施工安装和维护修理。

④ 通风地沟、下水道、蒸汽管、电气线路及其他沟管，应避免相碰。

⑤ 管道总管引向生产线，一般沿墙或柱子敷设下来，应避免从车间建筑物中间的上部空间直接下来引向生产线，以免影响生产线的起重运输设备的行走，从而使空间管道架设凌乱。

⑥ 横穿操作过道及运输通道的各种管道，不宜沿地面架设，应敷设在管道地沟内。

⑦ 蒸汽管道穿墙、楼板和其他构筑物处，应设置套管，套管的内径应大于所穿管道外径20~30mm，并用石棉嵌塞。

（2）工艺管路敷设方式

电镀车间的管路很多，有排风管、送风管、蒸汽管、给水管、下水管道、压缩空气管、汇流排、交流电线和煤气管等，下水管道和排风管道要把各种不同性质的废液、废气分开输送，以便分别处理。在某些车间中还有双轨行车或单轨吊车。如果布置不当，很易造成混乱，不仅影响生产及安全，而且遮蔽光线，甚至妨碍交通，因此必须妥善布置。在设计布置方案时，应充分考虑各管路的特点。例如蒸汽管是一种比较容易损坏的管路，应放在易于维修的位置；使用自来水的场所较多，在车间内部，给水管最好采用环形布置，以保证车间内的供水，同时便于检修和增减分支管。

电镀车间管路敷设方式很多，要先分析各种敷设方式的优缺点，经过综合考虑，周密设计，避免"错、漏、碰、缺"等现象，根据具体情况，因地制宜，采用最合适的方式，制订敷设方案。电镀车间中的送风管，一般都采用上行式，并把出风口对准工人操作位置。下水道都采用下行式，把各种废液分别筑明沟、设暗管于地面和地下。

其他管路敷设方式有以下几种：

① 明管架空双层敷设　把排风管、自来水管、蒸汽管、压缩空气管和汇流排等管路，固定在一个综合双层管架上，这样布置空间比较紧凑，占地面积较小，显得整齐美观，但维修不方便。维修力量比较强的工厂，可以考虑这种布置。这种敷设方式进一步又可分为两种，一种是排风管放在下层，其他管路在上层，维修工作相对来说比较方便；另一种是排风管放在上层，其他管路放在下层，显得相对整齐一些，但维修更困难。

② 明管上行平面敷设　把排风管和其他管路分开，平面排列，分别固定在两个管架上，这样能减少互相冲突，便于维修，但占空间面积较大。当厂房面积允许和不影响采光的优越条件下，可以考虑这样敷设。

③ 明管半地沟敷设　把排风地沟一半埋在地下，一半露出地面，排风地沟用砖砌、水泥抹面、内贴耐酸瓷板或聚氯乙烯硬板，这是比较永久性的结构。排风地沟上部设立综合管架，支承其他各管道和母线。

④ 明管地沟敷设　把排风地沟设在地面下，用砖砌、水泥抹面，内贴耐酸板或聚氯乙烯硬板，这也是比较永久性的结构，一般不随意改动，适用于工艺稳定和自动化生产的车间。其他各种管道和母线，敷设在地面上的综合管架上。

⑤ 明管和通行地沟敷设　为了排风地沟便于维修，在风量很大、排风地沟的断面较大的情况下，就把它埋在地下，维修人员可以在沟内通行。这样造价较高，但属于永久性的结构，适用于地下水位较低的地区，而且工艺十分稳定，是自动生产线的排风系统。这种地沟施工后，要想改动十分困难，应当是一次投资，一劳永逸。综合管架立在地面上或固定在电镀自动生产线的支架上，支承其他各种管道和母线。

⑥ 地沟盖板敷设　为了使地面工艺设备排列紧凑，把排风管和其他管道整齐地排列在地面下的地坑里，在上面该上盖板，以便于维修。在地下水位低或厂房地形高的情况下，采用这种敷设方式，不占用地面，不妨碍采光，是较为合理的。

⑦ 地下室敷设　把排风管道、自来水管、蒸汽管、压缩空气管、直流汇流排、直流电源和排风机等均安装在电镀车间下面的地下室里。这样敷设可以把直流母线从地下室的直流电源直接接到地面上的电镀槽上，线路短，电能损耗小，其他管道同样可以从地下室直接接到设备，在地下室维修十分方便，地面上的设备看上去简洁整齐，比较美观。但地下室的建筑造价比同样面积的地面建筑造价高几倍，一般情况下不主张采用地下室敷设方法。

（3）生产管道安装布置图

在生产管道安装布置图中，要求标明全部生产管道布置情况及其安装尺寸，以便据此进行安装，可按 1：20 或 1：50 比例进行绘制。

① 生产管道安装布置总图　应标明全部生产管道，即由总管进入车间起，至使用地点

为止，或从一台设备到另一台设备，来龙去脉，交代清楚。标明主要管道的定位尺寸或关系尺寸，以及高低尺寸。标明各管道的介质、材料、大小、流向、坡度和安装方法，并加以区别。标明管道支架和吊架的形式、位置及其图号，并按不同管径、材料、形式列表汇总数量。其他专业（如暖风、热力、生活）的有关主要管道，以细线所在位置简单标明，并要求协调，以避免发生各类管道相碰而造成施工、安装中的困难。图中建筑的绘制要求和标高，与设备安装布置图相同，工艺设备只以细线简单标明，但需标明名称。

② 生产管道安装布置分图　根据安装布置总图，按不同输送介质，分别绘制分图，详细标明安装要求。其内容要求如下：视管道布置繁简情况，按一种介质系统或几种相近介质系统绘制分图，标明本系统的管道和附件布置情况及其安装尺寸，标明管道安装定位尺寸，以有关设备中心及最近柱、墙轴线为基准标注；管道安装布置平面图上，只注平面定位尺寸或关系尺寸，立面图上只注其高低尺寸，架空管道可以从楼板底或屋盖底标注尺寸；标明管道的管径、坡度，标明特殊管件或附件的供图图号及必要说明，按相同规格、相同材料，将管道及其附件进行编号；图中建筑物的绘制要求和标高，与设备安装布置图相同，工艺设备只以细线简单标明，但需标明名称；其他专业设计的管道，需自生产管道系统中引出时，应根据资料引至使用地点，并加以说明，材料一并统计在内。

③ 特殊管、管道、支架详图　凡非标准和特殊管道连接件或特殊用途管道，均需绘制详图，以供制造。如管道支、吊架，均需提供制造详图。

④ 生产管道系统图　按生产管道安装布置分图绘制相应的系统图，借以说明本系统管道的分布和管件、管径规格、流量技术条件等，有关设备亦需以示意图表示，并注明其名称。

⑤ 管道材料明细表　应标明全部管段、管件、附件、仪表、油漆、支吊架等所有材料的名称、规格、材料要求、单位、数量及来源等。

7.1.3　管路布置的注意事项

① 蒸汽管不宜布置在其他管路的外侧，也不宜布置在经常有人操作处和走道旁或上方，要覆盖保温层。

② 压缩空气管和真空管，必须经过油水分离器和过滤器才能使用。

③ 排水管沟须根据废水处理的要求，把各种废液分别输送和排放。

④ 在北方寒冷地区，上水管若埋在地下安装，要低于地层冰点以下，上行式最好和蒸汽管并在行，以免冻结，否则必须进行保温。

⑤ 不同介质的排风，应当分别抽送，不可合用排风机。

7.2　通风管道布置

表面处理车间的前处理如喷砂、抛光产生有害粉尘，生产工序产生有害气体，如 HCl、SO_2、NO_2、HF、有机溶剂等。因此，表面处理车间需安装通风系统。通风系统按照工作动力，分为自然通风和机械通风两类；按作用范围，分为全面通风和局部通风两类。对于一幢建筑或者一间房间，如果它有两个开口（门或窗等），而且空气在每个开口的两侧压力不相同，那么在压差的作用下，空气在每个开口处形成流动，这属于自然通风。利用风机形成不同的风量、风压、气流方向和速度，进行送风和排风，属于机械通风。固定位置通风属于局部通风，无固定位置通风属于全面通风。合理的通风管道布置，既可以实现新鲜空气的交换，又能节省能源，提高使用效率。图 7-1 为一个通风管道布置示意图。

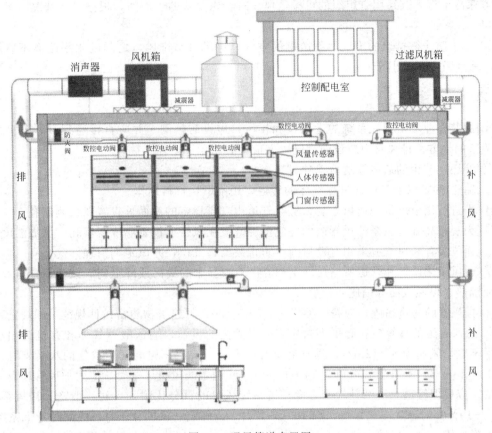

图 7-1　通风管道布置图

7.2.1　一般原则

① 根据车间生产工艺性质、特点、散发出的有害物性质、工艺设备布置及建筑物建造形式等具体情况来组织通风系统（排风系统和送风系统）。排风系统不宜过大，以免影响排风效果。

② 下列生产过程的通风不能合并为一个通风系统：槽子与喷砂室；槽子与磨光机、抛光机；砂轮机与布轮抛光机；氰化物与酸性槽；含散发出有机溶剂气体的设备，应单独设置通风系统，不与其他通风系统合并；油漆干燥室的排风应单独设置，不与其他通风系统合并；需进行回收或净化处理的废气，应单独设置通风系统，不与其他通风系统合并。

③ 大中型的通风橱，最好单独设置通风系统，以免互相影响；如不能单独设置时，则每个系统连接的通风橱也不宜过多。

④ 氰化槽和有机溶剂除油的通风系统，其风管的正压段不应穿过其他房间。

⑤ 含散发出有机溶剂气体设备的通风系统，应考虑防火防爆措施。

⑥ 本车间内槽子区域上部不允许设置吊扇，柱子和墙上不应设置风扇。

⑦ 通风系统的风机选用、系统组织和布置等，应考虑防震和控制噪声措施。

⑧ 为保护大气环境卫生，从局部排风装置排出的有害气体，根据其危害程度，进行净

化回收处理，使排出的空气符合国家工业废气排风标准。

⑨ 由于车间室内空气的大量排出，必须要有空气补充，在南方地区一般依靠自然补风；在北方寒冷地区，宜采用有组织的机械送风。有特殊要求的工作间，根据具体情况，考虑机械送风。

⑩ 为了防止被排出的废气污染送进的空气，进风口与排风口之间的水平距离不宜小于12m，垂直距离不宜小于6m。

7.2.2 通风管道

① 涂装作业场所通风系统的进风口和排风口应设防护网，并应直接通到室外不可能有火花坠落的地方。排风管上应设防火阀，并应设置防雨、防风措施。

② 涂漆工艺用的通风管道应单独设置。

③ 输送80℃以上气体或易爆气体的管道应用不燃烧材料制作。

④ 需进行调节风量的通风系统，应在管道内气流稳定的截面处设置风量测定孔。

⑤ 为观察高温排风系统风管内的空气温度，应在风管上设置温度观察孔，增加温度计。

⑥ 通风装置和风管应采用有效措施，防止污染物沉积，并应定期清理。

⑦ 通风净化设备和管道所输送的空气温度有较显著的提高或降低时，或者可能冻结时，应采取隔热、保温或防冻措施。

⑧ 排风管的防雷措施，应符合 GB/T 50057—2010《建筑物防雷设计规范》的规定。

⑨ 通风管道的计算应符合下列规定：a.风管内的风速，输送酸碱气体和有机溶剂蒸汽的水平干管，风速为8~12m/s；垂直支管风速为4~8m/s；树洞含尘空气的水平支管，风速为16~18m/s，垂直支管风速为14~16m/s。b.确定通风机风量时，应附加风管和设备的漏风量，应根据管道长度及其气密程度，按系统风量的百分比附加，对一般送、排风系统，取5%~10%；对除尘净化系统，取10%~15%。c.确定通风机分压时，应同时考虑系统压力损失附加值，对一般送、排风系统，取10%~15%；对除尘净化系统，取15%~20%。

7.2.3 通风管道布置

① 涂装作业场所排风系统应明设，如涂装化学前处理生产线的排风管宜明设，有冷凝水析出的风管应按1%坡度敷设，并在最低点设泄水管，接向排水沟。

② 用于过滤有爆炸危险粉尘的干式除尘器和过滤器，应布置在系统的负压段上。

③ 排出有爆炸危险的气体和蒸汽混合物的局部排风系统，其正压段风管不应通过其他房间。

④ 输送高温气体的风管，当其外表温度为80~200℃时，其与建筑物的易燃结构和设备的距离应不小于0.5m，距耐火结构和设备的距离应不小于0.25m。

⑤ 管壁温度高于80℃的风管与输送易燃易爆气体、蒸汽、粉尘的管道之间的水平距离不应小于1m；输送热气体的风管应敷设在树洞较低温度气体的风管上面。

⑥ 输送80℃以上气体或易爆气体的管道应用不燃烧体制作。管壁温度大于等于80℃的管道与输送易燃易爆气体、蒸汽、粉尘的管道同沟敷设时，应采取保温隔热措施。

⑦ 电线、煤气管、热力管道和输送液态燃料的管道，不应装在通风管的管壁上或穿过风管。

⑧ 当风管穿过易燃材料的屋面或墙壁时，在风管穿过处应使用耐火材料或使风管四周脱空。

⑨ 通风管道不宜穿过防火墙，如必须穿墙，应在穿过处设防火阀。穿过防火墙两侧各2m范围内的风管及其保温材料应采用不燃烧体。风管穿过的空隙应用不燃烧体填塞。

⑩ 排风室的布置位置有：a.尽量靠近局部排风的设备布置排风机，排风系统尽可能划小，使用灵活、噪声小。b.南方地区及气候不十分寒冷的北方地区，风机可以考虑放置在室外，根据具体情况，可搭棚供遮阳挡雨。c.排风机布置在主体建筑物内部时，其排风室应采用隔声措施；如排风机防置在平台上时，平台要隔道顶或设置风机隔声罩，做好防震隔声。d.根据地形，因地制宜，在建筑物外墙建立坡屋防置排风机。e.当设置有地下室及楼层式建筑物时，可将排风机设置在地下室或楼层式建筑物的底层内。

⑪ 排风管的敷设方式

a.架空敷设　将排风管道用吊架或托架敷设在车间的上部，普遍沿墙靠柱，以便施工，但应注意避免挡窗影响采光。架空敷设的优点是施工方便，易于适应工艺设备的调整。但是，由于通风管道吊在车间上部，有碍整齐美观，若管道过多，更显得杂乱。若有吊车和自动生产线的架空轨道，则更应仔细设计安排。

b.地面敷设　将排风管道敷设在车间地面上，主干管线放在工艺槽或设备的非操作面一侧。这种敷设方法，施工、检修方便，适应工艺槽的变动，车间整齐梦幻，尤其适用于有吊车和自动生产线的车间。但这种敷设方法占地面积大，槽液易溅落在通风管道上，使金属管道腐蚀，塑料老化。有的车间将排风管道敷设在工艺槽的底下中心线上，虽可以避免占用车间面积，但是不利于检修。若条件允许，将排风管道敷设在脚踏板下，即可节省占地面积，又可以防止碰损排风管道。

c.地沟敷设　这种敷设在车间地面下的地沟排风管道不占用车间生产面积，车间整齐美观，不需要经常维修，使用寿命长。但生产工艺改变时，调整灵活性差，一经建成，几乎不可改变，而且对施工有严格要求，给施工带来困难，如果施工质量不好，造成渗水等，将严重影响使用效果、造价比架空敷设和地面敷设都高。

d.地下室敷设　将通风管道和通风设备安装在车间的地下室内，使车间不受噪声的影响，通风设备集中，易于管理，车间内部整齐美观，但建筑工程复杂，防水措施要求严格，投资大，不适用于车间技术改造调整的需要，所以，一般不宜采用。当建厂或车间地区的地形有自然陡坡可利用时，可采用简易地下室或半地下室的形式；对于自动线较多的车间，地上敷设排风管道较复杂，且厂区地下水位较低时，可以考虑建地下室。

各种风管敷设方式如图7-2所示。

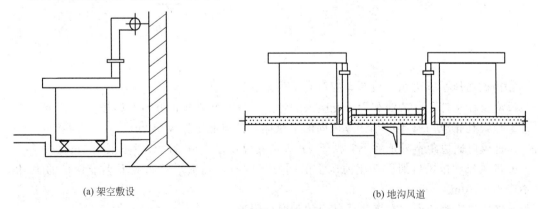

(a) 架空敷设　　　　　　　　　　　　　　(b) 地沟风道

图 7-2

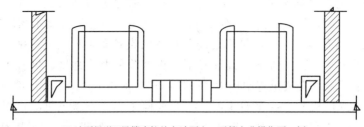

(c) 地面风道1(风管直接放在地面上，干管在非操作面一侧)

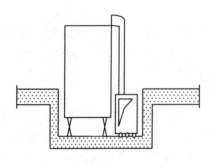

(d) 地面风道2(工艺槽和风管同设于地坑内)

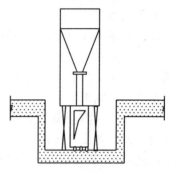

(e) 地面风道3(风管放在工艺槽底部中心线上)

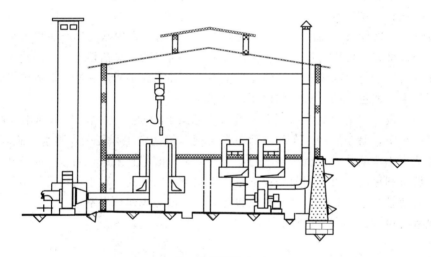

(f) 地下室

图 7-2　风管的敷设方式

⑫机械送风系统进风口位置，应符合下列要求：

a. 应设在室外空气清洁和无火花坠入的地点，并安装铁丝网和百叶格栅。

b. 应设在排风口常年最小频率风向的下风侧，且应低于排风口 2m。

c. 进风口底边距室外地坪不宜低于 2m，当其设在绿化地带时，可不低于 1m。

d. 进风口和排风口如设在屋面以上的同一高度时，其水平距离应不小于管径的 10 倍，并不应小于 10m。

e. 进风口应避免设在有害物质排出的天窗口附近。

f. 机械送风系统的布置和风口的选型应避免将有害气体吹向工人操作位。

g.在槽子区域应避免高速送风、通常对于小型车间一般采用上部送风，对于大中型车间采用上部和下部送风，下部送风的出风口风速不大于 1m/s。

7.3 给排水管道布置

7.3.1 给水管道敷设与管材

表面处理车间给水引入管上应装设水表，较大的车间亦可按处理生产线分段安装水表。车间内较长给水支管（如每条生产线）上应装设阀门，以利于管理和维修。

（1）给水管道敷设

给水管道布置敷设应便于施工、安装及维护修理。给水管道应尽量沿墙、柱或槽子生产线后面明设，安装在管道支架上。当车间建筑物采用地下室、半地下室或楼层时，给水管道的敷设较方便，一般敷设在地下室、半地下室或底层内，也可吊装在楼板下面，易于检修，地面上管道较少，较为整齐美观。车间内架空敷设的给水管道的外表面可能结露，其经过设备或主要通道及门洞上的那一段管道，还应采取防结露滴水措施。镀槽夹套冷却给水管上应安装绝缘接头，以防漏电。

（2）给水管材

应根据各工作间对管道的腐蚀程度来选用给水管材。在电镀、阳极化、氧化磷化间内常用的给水管材有镀锌钢管、焊接钢管及铸铁管，而酸洗间内宜采用塑料给水管。在管径计算上，应留有适当余地，以适应处理或工艺的增加或更改。

（3）管道防腐

明设给水管道及其附件的外壁应刷防腐漆（酚醛树脂漆、环氧树脂漆或过氯乙烯防腐漆）或采用其他防腐措施。埋地铸铁管的外壁应刷沥青防腐层。

7.3.2 排水沟、管的布置

表面处理车间在实际生产过程中，产生大量的工业废水，这些废水有的毒性很大，所以排水沟、管应该按照废水的性质分别收集、排放，以利于后续污水处理的进行。根据车间产生的废水的各自性质，可以大致划分为酸碱废水、含氰废水、含铬废水、含镍废水、磷化废水、涂装室及电泳有机废水等。

① 车间内一般采用明沟排水。生产中各类废水分别单独用沟、管排放至废水处理构筑物或处理池，处理达标后回用或排放。含氰废水不得与含酸废水混合排放，即使含氰废水浓度未超过排放标准时，在室内也不得与含酸废水混合，必须用单独沟、管将氰废水排至室外后，再与处理达标的车间废水混合排放。排水明沟断面一般采用矩形，沟宽一般为 200～300mm；沟起点深度为 100～150mm；纵向坡度一般为 1%～2%，当明沟长度较长做上述坡度有困难时，可适当减少，但不宜小于 0.5%。

② 当车间工艺布置无法使几种不允许混合排放的废水并排敷设时，可以把排水量小的废水，单独采用暗管排出，暗管的坡度采用 1%，暗管的管径应留有相当的余量，并在进口处设网板，以防杂物流进管内造成堵塞。排水管一般采用双面涂釉的陶土管、陶瓷管及铸铁管，用沥青玛碲脂接口，直径不宜小于 100mm。

③ 为了彻底清除地面积水，改善劳动条件，有利于车间的排水畅通，清洗水槽及工艺

槽宜布置在承槽地坑内，地坑的标高一般为－200mm（可视镀槽的高度有利于操作而定，一般槽体高出地面800～1200mm为宜）。承槽地坑内的地面要坡向承槽地坑内的明沟，承槽地坑内的明沟位置可根据具体情况，分别布置在槽前、槽下及槽后。

7.3.3　给排水管道布置要求

（1）满足水力条件

① 给水管道布置应力求短而直。

② 为充分利用室外给水管网中的水压，给水引入管宜设在用水量最大处或不允许间断供水处。

③ 室内给水干管宜靠近用水量最大处或不允许间断供水处。

（2）满足维修及美观要求

① 管道应尽量沿墙、梁、柱直线敷设。

② 对美观要求较高的建筑物，给水管道可在管槽、管井、管沟及吊顶内暗设。

③ 为便于检修，管井应每层设检修门。暗设在顶棚或管槽内的管道，在阀门处应留有检修门。

④ 室内管道安装位置应有足够的空间以利于拆换附件。

⑤ 给水引入管应有不小于0.003的坡度坡向室外给水管网或坡向阀门井、水表井，以便检修时排放存水。

（3）保证生产及使用安全

① 给水管道的位置，不得妨碍生产操作、交通运输和建筑物的使用。

② 给水管道不得布置在遇水能引起燃烧、爆炸或损坏原料、产品和设备的上面，并应尽量避免在生产设备上面通过。

③ 给水管道不得穿过商店的橱窗、民用建筑的壁橱及木装修等。

④ 对不允许断水的车间及建筑物，给水引入管应设置两条，在室内连成环状或贯通枝状双向供水。

⑤ 对设置两根给水引入管的建筑物，应从室外环网的不同侧引入。如不可能且又不允许间断供水时，应采取下列保证安全供水措施之一：

a.设储水池或储水箱。

b.有条件时，利用循环给水系统。

c.由环网的同侧引入，但两根给水引入管的间距不得小于10m，并在接点间的室外给水管道上设置闸门。

（4）保护管道不受破坏

① 给水埋地管道应避免齐置在可能受重物压坏处。管道不得穿越生产设备基础；在特殊情况下，如必须穿越时，应与有关专业协商处理。

② 给水管道不得敷设在排水沟、烟道和风道内，不得穿过大便槽和小匣槽。

③ 给水引入管与室内排出管管外壁的水平距离不宜小于1.0m。

④ 建筑物内给水管与排水管平行埋设或交叉埋设的管外壁的最小允许距离应分别为0.5m和0.15m（交叉埋设时，给水管宜在排水管的上面。）

⑤ 给水横管宜有0.0027、0.005的坡度坡向泄水装置。

⑥ 给水管道穿过楼板时宜预留孔洞，避免在施工安装时凿打楼板面。孔洞尺寸一般较通过的管径大50～100mm。管道通过楼板段应设套管。

⑦ 给水管道穿过承重墙或基础处应预留洞口，且舍顶上部净空不得小于建筑物的沉降量，一般不小于 0.1m。

⑧ 通过铁路或地下构筑物下面的给水管，宜敷设在套管内。

⑨ 给水管不宜穿过伸缩缝、沉降缝和抗震缝，必须穿过时应采取有效措施。

常用措施如下：

a.螺纹弯头法　又称丝扣弯头法，建筑物的沉降可由螺纹弯头的旋转补偿，适用于小管径的管道。

b.软性接头法　用橡胶软管或金属波纹管连接沉降缝、伸缩缝两边的管道。

c.活动支架法　将沉降缝两侧的支架做成使管道能垂直位移而不能水平横向位移的支架，以适应沉降伸缩之应力。

7.3.4　给排水管道布置示例

排风地沟与排水明沟应相互错开排列，尽量避免相互交叉，图 7-3 为排风地沟与排水明沟排列位置示例。当生产线排出的废水需分别排至不同废水处理池时，或将需要处理的废水与不需处理的废水分开排放时，一般采用单独管道分别排放，也可采用明沟按区域分段排水，如图 7-4 所示。采用地下室或二层建筑物时，一般将各种管道架设于地底层内，吊装在楼板下，设计时应将这些管道统筹安排，避免相碰和影响通行，楼板穿孔宜少，宜集中出管。

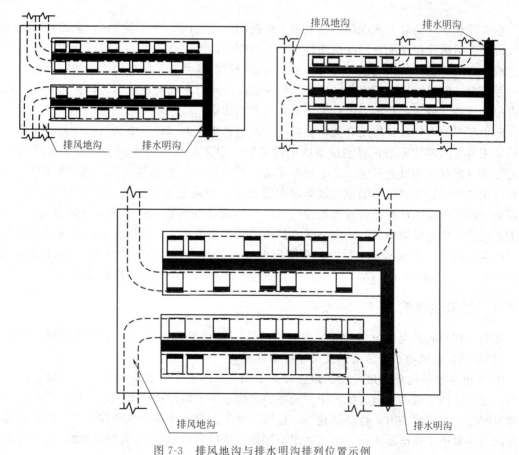

图 7-3　排风地沟与排水明沟排列位置示例

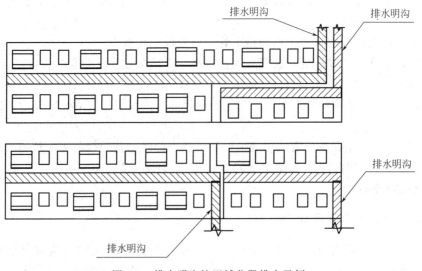

图 7-4　排水明沟按区域分段排水示例

7.4　配电管道布置

表面处理车间需要直流电和交流电用于电镀和涂装生产、照明等方面。表面处理车间的电气设计包括进线、变配、厂区线路排布、车间配电、开关设备等。在进行新的工厂电气设计之初，要估计全厂的用电量，并与当地供电部门取得联系，了解当地供电线路容量，获得第一手资料。然后确定工厂变配电情况、厂区线路走向、车间配电分布等，在此基础上选择各类电气设备。这些都是电力设计人员必须具有的知识。

防护车间的电气设备以及开关设备均应选用防腐型和密闭型设备；电气线路材料和安装件等必须选用具有防腐性能的；启动设备的电源装置一般采用具有外壳的空气开关、磁力启动器，尽量少用或不用铁壳开关。交流配电线路材料广泛采用塑料绝缘铅线或塑料护套铅线，管材选用硬塑料管明架（沿墙架设或架设在综合支架的最上层，并注意避开蒸汽管道）。电气设备应该尽可能不放在前处理等腐蚀性气体特别密集的场所。若无防腐密闭型电气设备，除了采用临时性防腐措施外，还应加强维护，降低操作电压，以保证安全。车间用电通常由工厂的变电所或由供电网直接供电。车间用电一般最高为 6000V，中小型电机只有 380V。通常在车间附近或在车间内部设置变电室，将电压降低后分配给各用电设备使用。

7.4.1　直流供电方式

表面处理车间的电气设备和开关设备均应选用防腐型和密闭型设备直流电源（低压电源），如直流发电机组、硅整流器及可控硅整流器。

① 单机单槽最简单、最方便、最合理，如图 7-5 所示。单机单槽在一定的额定电流范围内，可任意调节镀槽上电流的大小，镀槽的工作电流、电压比较平稳，运行可靠，可放在镀槽的附近，直流线路短，电能消耗小，适用于对工艺要求严格、电流较大的镀槽，也适用于车间内各镀槽工作电压不同、电流密度范围较窄或电流波形要求不同的镀槽。这种供电方式的缺点是设备较多，投资较大，增加电镀车间的辅助面积。

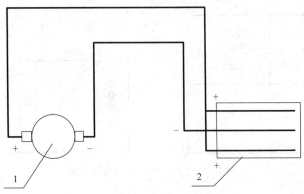

图 7-5　单机单槽供电线路图

1—直流电源；2—镀槽

　　② 二机一槽用于需要大电流且连续时间比较长的环形电镀自动生产线或大型镀槽。两个直流电源并联，可以根据工作班次或产量的多少，调整用电。若有不同回路的两个交流电源，则更能提高供电可靠性。这种接线方式要求设备型号、规格以及电压极性相同。有时为了满足电镀工艺所需电压而将两台相同的直流电源设备串联起来使用。

　　③ 单机多槽

　　如图 7-6 所示，是一台整流装置同时给几个镀槽供电的系统。它适用于电流较小、电流密度范围较宽的镀槽，常用于工艺对电流要求不很严格的槽子，如退镀槽、除油槽等，多桶滚镀时，也采用此种供电方式。这种供电方式需要在每个镀槽上设置单独的电流调节设备。采用这种供电方式，整流装置可以减少，节省电源设备，降低投资费用，可采用非防腐型整流装置而布置在单独的电源室内。其缺点是在几个镀槽中，某一个镀槽装卸镀件和调节电流时，会引起其他镀槽的电流和电压的波动，对镀层质量有一定影响。

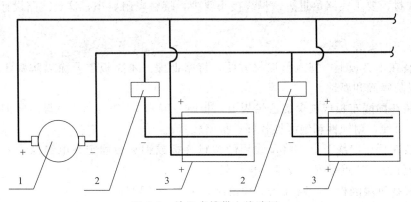

图 7-6　单机多槽供电线路图

1—直流电源；2—镀槽调节盘；3—镀槽

7.4.2　直流电源设备的布置

　　直流电源设备有集中布置和分散布置两种，如图 7-7 和图 7-8 所示。集中布置可在单独房间内的整流装置上设置，可以做成集中屏幕保护式，使整流装置整齐美观，也可做成开启式以有利于整流装置的散热。分散布置的特点是：操作方便、节省母线、线路电能损耗小，但设备易受腐蚀，维修不便。

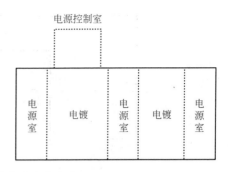

图 7-7　直流电源的集中布置方式

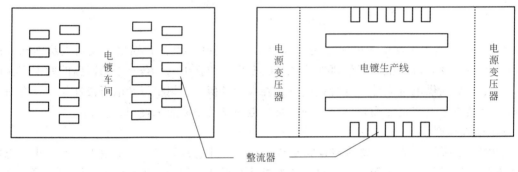

图 7-8　直流电源的分散布置方式

7.4.3　直流电源母线的安装及敷设

电镀用直流电源的特点是低电压、大电流。为保证在允许的电压降条件下，减少电能损耗、节约线材，要求线路尽量短，母线接头要少，接触电阻要小，这是线路设计和施工中的重要一环。

（1）母线的安装方式

① 安装在木夹板上　特点是取材方便，价格低廉。木夹板需要涂以防腐漆或经变压器油处理，以防吸潮和腐蚀。

② 安装在酚醛布板或硬聚氯乙烯板上　板厚一般为 7~10mm，将母线竖向放在夹板的槽内，施工简便，耐蚀性和绝缘性较好，价格较贵。

③ 安装在低压绝缘子上　将母线用硬塑料夹板或钢夹板固定在电绝缘子上，母线固定牢固，绝缘性好，缺点是安装复杂，价格较高。

④ 安装在过墙隔板上　需在墙上预留洞，并安装预埋件。

母线与母线之间的排列距离，一般以 6~7cm 为好。

（2）母线的敷设

常用的直流母线正极涂红色漆，负极涂蓝色漆，其敷设方法有以下几种：

① 沿镀槽敷设　这种敷设方法主要使用在电镀自动生产线上。它的特点是母线路径短，引线方便，车间整齐，造价低；缺点是镀液易溅到母线上，操作时应注意。

② 敷设在地沟内　母线沿镀槽旁地沟内敷设，多用于镀槽容量较大的电镀生产线。地沟深度大致为 200mm，地沟内不能集水，地沟上加装盖板。在电源室内，可设单独地沟。

③ 沿墙、柱敷设　母线沿墙柱敷设的高度一般距车间地面 2.5m，每隔 3~5m 应设置

支持夹板，可根据具体情况而定，以达到检修方便、不妨碍行人和车间运输为原则。

另外，母线也可以沿天花板架空敷设、在支架上敷设等。

（3）母线的连接

在直流供电母线上应尽量采用焊接。采用搭接的母线，连接端必须去油和去氧化皮（用喷砂法或酸洗法），中间垫镀锡薄铜片或薄铝片，并擦锌粉、凡士林，然后用螺栓紧固。

7.4.4　交流供电方式

电镀车间的电气设备以及开关设备，均应选择防腐型或密封型。线路的材料和安装件等也应具有防腐性能。启动设备一般采用塑料外壳的空气开关，尽量不用或少用铁壳开关及磁力启动器；交流配电线路材料广泛采用塑料绝缘铝线或塑料护套铝线；管材采用硬塑料管明敷。酸洗间等腐蚀性气体特别浓的地方，电气设备应尽可能不放在室内。

7.4.5　照明

① 光源　采用日光色荧光灯光源，酸洗间应采用塑料防潮防腐处理的灯具。

② 布置方案　沿电镀流水线操作面布置、利用综合支架沿电镀流水线操作面安装弯脖支架或均匀布灯等三种方式。

③ 安装方式　采用钢索吊灯，对钢索采取防腐处理；有吊车时，灯具可安装在梁弦上或装壁灯。

④ 照明开关及控制　车间照明电源线路的进口处，应装设带有保护装置的总开关。室内照明宜多设开关，位置适当，近窗的灯具单设开关，充分利用天然光。电镀间和酸洗间的照明开关应考虑防腐措施。在腐蚀严重的酸洗间，开关宜装在酸洗间外。开关可靠墙明装或嵌墙洞暗装。

思 考 题

1.涂镀车间用到的管道、管件和管材有哪些？

2.管道连接的方式有哪些？适应性如何？

3.热力、空气、电缆等管线间距如何设计？

4.管路敷设方式有哪些？各有什么利弊？

5.通风管道设计的一般原则是什么？

6.通风管道布置需注意哪些问题？

7.给排水管道布置有什么要求？

8.直流电源母线如何安装及敷设？

第8章

厂房建筑及车间防腐蚀设计

8.1 厂房建筑与结构

8.1.1 表面处理工艺对建筑结构的要求

电镀和涂装在生产过程中会放出大量的腐蚀性气体、水及有机溶剂蒸气，排出大量含有酸碱及其腐蚀介质的废水，室内的温度、湿度亦较高，因而会对车间建筑物产生严重的腐蚀和损耗。因此，作为车间设计人员应该熟悉表面处理工艺对车间建筑物的腐蚀情况，以便对厂房建筑设计提出准确而合理的建议。

（1）工艺对建筑结构的防腐要求

车间厂房建筑是百年大计的工程，是确保安全生产的一个重要方面。根据国家标准《工业建筑防腐蚀设计标准》（GB 500046—2018）腐蚀程度分类表的规定，涂镀车间液相腐蚀属Ⅱ类，气相腐蚀属Ⅴ类 2 等；酸洗间液相腐蚀属Ⅰ类，气相腐蚀属Ⅳ类。涂镀车间在生产过程中所散发的腐蚀气体严重影响厂房建筑结构的使用寿命。工艺人员必须向土建人员说明腐蚀情况及装饰要求，以便引起重视。车间对建筑的要求如下：

① 用于涂镀车间的厂房可以是单层或多层，机械化程度高的大型涂镀车间宜采用多层建筑，以保证占地面积小，采光与通风效果好。大型流水线的厂房可选用 12m、18m、24m 的跨度，根据设备和工件的运输方式，决定厂房的高度，一般非流水线生产车间建筑物的高度不低于 4.5m。采用悬挂运输链时，厂房的高度应不低于 6.0m。吊车或加工大型零件时建筑物高度应不低于 8m。对特大型零件的生产，可以采用局部工位挖土坑的方法来满足工艺和设备的要求。

② 涂镀车间的前处理工序的车间建筑物应充分考虑防腐措施。采取防腐措施的楼面和墙壁的开洞及管道穿孔处，必须预留洞口、预埋套管，避免在楼板或防腐地面和墙面上临时打洞，以免破坏楼面防腐层的连续性。楼面开洞及管道穿过楼面处，均应做挡水墙。

③ 车间的厂房建筑必须符合国家规定的防火等级，并应装备有防火设施，除无火灾危险性的工段（如前处理、电镀过程等）外，不允许采用砖木结构的厂房。

④ 涂镀车间的厂房应该有足够的开窗面积，最好要有天窗，并能够自动关闭，以利于自然通风和自然采光。在使用联合厂房时，除小型生产工段外，一般应该用防火墙与其他车间隔开。

⑤ 涂镀车间内，生产过程中产生有害粉尘和强腐蚀性气体的作业区（如喷砂、酸洗等工段），应该设在单独的建筑物内或者用隔墙全部隔开。涂料的储存和配漆场所应该设置在单独的建筑物内，并与主建筑物保持一定的距离，以满足工作环境的要求。

⑥ 涂镀车间对建筑物的装饰装修要求应该按照工艺性质、生产使用情况、防腐蚀要求、相应的建筑标准、材料供应、施工条件等具体情况来确定。

（2）设计厂房需要考虑的因素

设计防护车间的厂房，一般应考虑下列几点：

① 适应工艺需要，满足生产使用要求。

② 厂房建筑应采用体型简单、有利于室内自然通风与获得良好采光条件的形式。一般要求电镀车间都应设置天窗，房屋高度要满足工艺要求。

③ 车间的门应大于加工工件及设备的最大外形尺寸。如遇到个别的特大设备，则应考虑墙面预留孔，待设备安装于车间后，再把墙面留孔砌好。

④ 减少对相邻车间的污染和腐蚀影响。

⑤ 降低建筑造价和节约建筑用地。

8.1.2 厂房结构形式与参数

8.1.2.1 厂房结构形式

防护车间的建筑物形式一般有：单层建筑物、带地下室的建筑物、二层建筑物、多层建筑物等。建筑物的形式，必须根据车间规模、生产工艺需要，结合地形，因地制宜，节省占地面积，做好经济比较，全面统一考虑确定。建筑物的形式比较及选用意见如表8-1所示。

表 8-1　建筑物形式比较及选用意见

建筑物形式	建筑物剖面示意图	特点及选用意见
单层建筑物		优点:建筑结构简单、施工方便、造价低;设置地沟、明沟等比较方便;排水系统便于处理;便于对地下水进行防护。 缺点:各种管道架设较为复杂;若采用排风地沟,则易积水腐蚀,一旦受腐蚀损坏,难于检修。 选用意见:适用于各种产品大、中、小型防护车间,在一般情况下建议采用
带地下室的建筑物		优点:各种管道架设在地下室内,易于统筹安排,便于安装架设及维修;车间内部整齐美观;通风机安装在地下室,噪声及震动影响小。 缺点:建筑物架构复杂,造价较高;地下室通风采光差。 选用意见:当不便设置地坑时,宜采用地下室;结合地形,对设置地下室或半地下室有利时,宜采用

建筑物形式	建筑物剖面示意图	特点及选用意见
二层建筑物		优点:各种管道布置在底层,便于安装架设及维护修理;底层排水较地下室容易,不易积水。二楼避免了地下渗漏。 缺点:建筑物结构复杂,造价较高;当二层不能与外界道路直通时,增加了垂直运输,生产不便。 选用意见:当二层不能与外界道路直通时,运输不便,可用于一些小件处理
多层建筑物		优点:节约用地,二楼以上可以避免地下渗漏。 缺点:有害的腐蚀性气体易进入上层的其他车间,腐蚀设备及仪器;风机如放置在楼层,噪声及震动影响较大。 选用意见:大件放置在一楼,小件、轻件放置在二楼以上

电镀车间结构的选型合理,是减轻腐蚀作用、提高建筑物耐久性和减少经常性维修工作的有效措施。在设计中除应按照一般选型原则外,还应根据电镀车间的生产规模、镀槽深度、地形、地质条件及投资可能特点,选择抗蚀、坚固耐久、体型简单、构件断面规整的结构形式和减少构件的并装接点。

电镀车间一般都采用单层单跨度厂房,这种建筑形式结构简单,施工方便,比较经济、有利于通风和采光。按生产线布置和管道走向,电镀车间采用的单层厂房一般分三种形式:地坑上排式、地坑下排式和无地坑地面排风式。其中,无地坑地面排风式的槽子放在地面支架上或放在承槽地坑内,设置操作平台,全部管道从支架或操作平台下面通过,引到室外风机或管网,这种形式地沟少,有利于生产线调整,尤其对尺寸较小的槽子更为有利。

电镀车间一般都布置在单独的厂房内,也可布置在综合性厂房内。布置在单独厂房内的优点是自然通风及采光效果较好,对其他车间的污染影响较小,平面组合及空间布置比较灵活。布置在综合性厂房内的优点是节约用地,镀件运输距离可缩短,缺点是自然通风和采光较单独厂房差,对相邻车间有污染和腐蚀作用。为改善后者的不足,电镀车间宜布置在厂房内全年主导风向下风侧的一个角落,使其两面外墙可开窗,供自然通风与采光用,屋顶设置天窗,以利于车间的自然通风和排除积聚在车间上部空间的有害气体,还需用到顶隔墙与其他车间隔开。

涂装车间在作业生产过程中有易燃易爆物品,如油性涂料、有机溶剂及废弃物等,散发出有机溶剂气体,火灾危险性级别较高,建筑采光标准为Ⅲ级(精细),卫生特征级别为2级。机械前处理(喷丸、抛丸、喷砂)及打磨等作业,散发出粉尘;化学前处理作业散发出大量有害腐蚀性气体及蒸汽、排出酸碱废水；大型湿式喷漆室需设置地下漆雾净化循环水池；设置具有较高的机械化输送系统；大量管、沟需穿过墙、基础、屋面板等，这些因素均需考虑。

涂装车间一般采用单层建筑，甲、乙类生产场所不应设置在地下或半地下。甲、乙类仓库不应设置在地下或半地下。机械化自动化程度高的大型涂装车间也可采用多层建筑或局部多层建筑，紧凑布置，减少占地面积，以提高工序间制品机械化树洞水平。

由于涂装车间规模、工件外形、涂装技术要求等的不同，建筑物参数（跨度、高度等）的方位范围差距较大。建筑物跨度一般为 9m、12m、15m、18m、21m、24m、27m 和 30m，常用的有 12m、15m、18m 和 24m。建筑物高度一般不低于 5m，建筑物高度要与跨度相适应，跨度大相应高度要高一些。具体高度还应根据涂装设备高度、局部平台、搬动设备吊运高度及输送系统机械安装高度等因素确定。

8.1.2.2 基本构件的建筑构造

建筑物都是由一些基本构件组成的，如图 8-1 所示。对基本构件简要介绍如下。

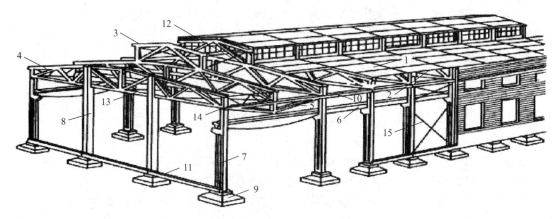

图 8-1　单层工业厂房组成

1—屋面板；2—天沟板；3—天窗架；4—屋架；5—托架；6—吊车梁；7—排架柱；8—抗风柱；
9—基础；10—连系梁；11—基础梁；12—天窗架垂直支撑；13—屋架下弦横向水平支撑；
14—屋架端部垂直支撑；15—柱间支撑

（1）屋面

① 机平瓦屋面　分为木屋架上和挂瓦板上两种安装形式。

② 波形瓦屋面　安装简单，适用于简易建筑上的防雨措施，隔热保温性差。

③ 单肋板屋面　施工方便，适用于工业住房和一般厂房。

④ 桥式屋架　适用于单层工业厂房，车间内无柱网。

⑤ 平屋面　在预制构件屋面板上做防水层。

（2）天窗

天窗几何尺寸的确定原则：

① 从采光的角度来确定，建议天窗跨度取厂房跨度的 1/3 左右。天窗的开口高度为天窗跨度的 1/5～1/2。高度愈大则照度平均值愈小，但较均匀。

② 从通风的要求来确定，天窗跨度过宽对通风不利，天窗开口愈高，则排风效果愈好。

（3）墙

墙体可分为以下几类：

① 按其在建筑物中的位置区分　外墙，建筑物外围的墙体；内墙，建筑物内部的墙体。

② 按其受力状态区分　承重墙，承受楼面、屋面等上部结构传来的荷载及自重的墙体；非承重墙，只承担自重的墙体。

③ 按其作用区分　围炉墙，遮挡风雨和阻隔外界气温及噪声等对室外的影响；间隔墙，分割室内空间，减少相互干扰。

④ 按材料和构造方式分　砖墙，以砌法分有实砌墙、空斗墙、复合墙；实砌墙厚度分有一砖墙（厚度为 240mm）、半砖墙（厚度为 120mm）。各种地方材料的墙体还有石墙、土墙、预制砌块墙等。

（4）楼梯

① 坡度　最舒适的楼梯坡度是 30°左右，20°～45°之间的坡度适用于室内楼梯，20°及以下的坡度适用于坡道及台阶。爬梯可以采用 60°以上的坡度。

② 宽度　单人通行的楼梯宽度一般应不小于 850mm，双人通行的楼梯宽度为 1000～1100mm，三人通行的楼梯宽度为 1500～1650mm，楼梯平台宽度不小于楼梯宽度。

③ 楼梯空间高度　楼梯净空高度必须超过人体的最大高度和考虑捐物等因素。

（5）窗

窗的形式很多，这里仅介绍几种常用窗的形式。

① 外（内）平开窗　构件简单，应用最为普遍，使用普通五金零件，便于安装。

② 中悬窗　构造简单，通风效果好，多用于高侧窗。

③ 百叶窗　通风效果好，用于需要通风或遮阳的地区。

（6）门

门的种类很多，其不同的开启形式都有各自的特点和局限性，各有一定的适用范围，在实际选用时应根据使用要求具体选择，这里仅介绍几种常用形式。

① 平开门　广泛用于人行及一般车辆通行，洞口尺寸不宜过大，制作简便，开关灵活，有单扇、双扇之分。

② 弹簧门　适用于有自关要求的场所，门窗尺寸及重量必须与弹簧型号相适应，加工制作简便，有单扇、双扇之分。

③ 推拉门　适用于各种大小洞口，开关时所占空间少，门扇制作简便，但安装要求高，有单扇推拉门、双扇推拉门、多扇推拉门等。

门的洞口尺寸见表 8-2。

表 8-2　门洞口尺寸表　　　　　　　　　　　　单位：mm

通行要求	单人	双人	手推车	电瓶车	轻型卡车(2t)	中型卡车(4t)
洞口宽	900	1500	1800	2100	3000	3300
洞口高	2100	2100	2100	2400	2700	3000

（7）基础

建筑物的基础有杯形、壳体和条形三类，其形式、特点和适用条件如表 8-3 所示。

8.1.2.3　厂房高度和跨度

厂房高度应根据工厂所在地区的气候特征、镀槽大小、起重运输设备的要求以及跨度大小等因素确定。一般大型车间的屋架下弦高度不低于 6m，中小型电镀车间屋架下弦高度不低于 5m，辅助间及其他隔离间的房间高度可采用 3.6m。

表 8-3 基础类型表

序号	名称	形式	特点	适用条件
1	杯形基础		施工简便	适用于地基土质较均匀,地基承载力较大,载荷不大的一般厂房
2	壳体基础		壁薄,受力性能较好,省料,但施工较复杂	适用于轴向载荷大而弯矩小的柱下基础或烟囱、水塔等独立构筑物基础
3	条形基础		刚度大,能调整纵向柱列的不均匀沉降,但材料耗用量比独立基础多	地基承载力小而柱荷载较大时,或为了减小地基不均匀变形时可采用

厂房跨度应根据设备大小、数量以及布置上的合理性而确定,并应考虑建筑模数制和构件标准化的要求。常用的单层厂房跨度为 9m、12m、15m、18m、24m。

8.1.2.4 工业厂房结构类型

建筑物的结构属性是由该建筑物主要受力及传递体系的材料构成来决定的。

① 砖混结构 屋面、楼面为钢筋混凝土构件,竖向砖砌体单独承重或与混凝土柱子一起承重的结构。

② 钢筋混凝土结构 梁、板、柱等主要承重构件为钢筋混凝土结构,包括框架结构、框剪结构、纯剪力墙结构、排架结构等。

③ 钢结构 屋架、梁、柱由钢材构成。

④ 砖木结构 木材屋面(屋架、檩条),砖砌体承重墙。

8.2 车间防腐蚀设计

防护车间在生产过程中散发出大量的腐蚀性气体、有机溶剂气体和水蒸气等,并排出大量含有酸碱及其他腐蚀性介质的废水,生产操作和配制溶液时都会有溶液滴落在地面上,室内温度较高、湿度大;车间内部坑沟管线多,也比较复杂,故对建筑物除一般要求外,还应该着重考虑防腐措施。

8.2.1 建筑物腐蚀的分类和评定

根据腐蚀性介质对建筑材料破坏的程度,即外观变化、重量变化、强度损失以及腐蚀速度等因素,综合评定腐蚀性等级,并划分为强腐蚀、中等腐蚀、弱腐蚀、无腐蚀四个等级。

腐蚀性介质按其对建筑的腐蚀可分为气态介质、腐蚀性水、酸碱盐溶液、固态介质和污染土五种,各种介质应按其性质、含量划分类别。生产部位的腐蚀性介质类别,应根据生产条件确定。多种介质同时作用时,腐蚀性等级应取最高者。

8.2.2 建筑物的防腐

表面防护车间建筑物使用的钢筋混凝土、钢和木材三类材料易在腐蚀介质中发生腐蚀，因此建筑物结构应根据车间腐蚀性进行结构材料的选择和防腐处理。

（1）表面防护车间建筑物的屋架和屋面板等主要承重构件，宜采用钢筋混凝土，不采用钢和木质材料。当钢筋混凝土屋面构件已采取加强措施后，一般可不采取表面防护措施。但在湿度较大、腐蚀性较强、通风条件较差的镀前处理车间，非预应力屋面板、屋架、薄腹梁及断面较小而易裂的构件，可采取表面涂漆，或者先抹水泥砂浆后再涂漆。油漆品种可选用各色酚醛耐酸漆、酯胶耐酸漆、苯乙烯涂料或过氯乙烯防腐漆等。装配式钢筋混凝土梁柱接头及预应力屋架端部外露的金属零件，均应采用混凝土包裹或其他有效方法保护。

（2）防护车间所有的钢质构件均应涂漆保护。对悬挂吊车梁、自动线吊架、支撑等承重构件，可选用防腐蚀性能、黏结力强、施工方便的环氧类防腐蚀漆。过氯乙烯类防腐蚀漆的防腐性能好，但与钢铁的黏结力较差，对涂漆前的基层处理要求较严，施工有条件时也可用于钢结构主要承重件的防腐。对于次要钢结构件可选用酚醛耐酸漆、酯胶耐酸漆或沥青漆等廉价油漆。维修重复涂刷油漆时，也应选用与旧漆同类的油漆。否则，要将旧漆铲掉，并对基体作涂漆前的处理。

（3）车间内的木质材料，如门、窗采用普通耐酸漆，在腐蚀介质侵蚀比较严重的地方，应加强涂漆防护或采用其他表面处理的方法防止腐蚀。

8.2.3 地（楼）面的防腐

8.2.3.1 防护范围

防护车间的地面，除了要承受生产、安装和检修过程中的机械作用外，还受到各种腐蚀性介质的腐蚀作用和一定温度的作用，并且还担负着保护楼板结构或地基免受腐蚀的作用。所以，必须对地面进行严格的防护处理。由于防腐蚀地面的造价一般都较高，所以应重点部位重点处理，非重点部位则不需处理。如槽子下部或排水地坑、强酸洗和钝化等操作部位，是腐蚀液体经常作用和聚集的地方，需做防腐地面。而对于一般交通道道、零件堆放场地等，可采用水磨石或细石混凝土、沥青混凝土、沥青砂浆等普通地面。

8.2.3.2 防护要求

① 良好的防腐蚀性能 防护车间的前处理等工段大量使用各种酸、碱、盐和生产用水，在生产过程中，地面经常遭受这些溶液的作用，因此，要求地面能抵抗浓度为15%以下的硫酸，10%以下的盐酸、硝酸或碱溶液的经常作用和浓酸、浓碱的偶然作用。

② 足够的抗机械冲击强度 由于生产过程中不可避免会发生工件脱落等偶然事件，使防腐蚀地面还要经受一定程度的机械冲击。因此，要求地面具有足够的抗压、耐冲击和耐磨等力学性能。使之在一定的负荷作用下不产生局部沉陷和开裂，在机械冲击撞砸下不破碎，保持地面的完整。

③ 较好的耐热性能 生产过程中有许多浸渍槽需要加热，地面经常受到这些槽子的辐射热和热水排放的直接作用，所以要求地面具有耐热性能，排水明沟应能在 $40 \sim 50\,^{\circ}\mathrm{C}$ 以下的水经常作用下和 $90 \sim 95\,^{\circ}\mathrm{C}$ 的热水偶然作用下保持稳定。

④ 抗渗性能 防腐蚀地面要求面层材料有较大的密实性和较小的吸水性，不渗水，以防止腐蚀性液体渗入地下，腐蚀地基及地下结构，污染地下水源。

⑤ 防滑 为了生产工人的安全，要求防腐蚀地面在水、碱等溶液的作用下不致太滑，

以防止工人在生产操作时滑倒。

⑥ 清洁、易冲洗　在生产过程中和调整配制溶液时，溶液经常溅落地面，要求防腐蚀地面能容易冲洗、保持清洁，地面应具有 2%～3% 的坡度，以便能迅速和有效地排除地面污水。

⑦ 嵌缝及结合层材料应具有良好的黏结和耐热性能　黏结耐酸瓷砖、瓷板、陶板、石板等块状面层的嵌缝及结合层材料，应满足耐蚀、耐热、黏结力及耐压强度优良等要求，以防受热软化，致使砖、板脱落。嵌缝及结合层的施工，要求黏结块材面层应饱满密实、嵌缝均匀、黏结牢固。

⑧ 便于施工、造价低　地面材料的选用，应因地制宜，地面构造应力求简单，以便于施工、降低地面造价和日常维修费用。

8.2.3.3　地面构造

防护车间防腐蚀地面构造因面层和基层的不同而不同，如图 8-2 所示。在地面上施工时，若采用板型块状面层的地面构造，一般由面层、结合层、隔离层、找平层、垫层和基土层组成；若采用整体面层，一般由面层、找平层、垫层和基土层组成。在现浇楼板或预制楼板上施工时，在找平层以下则有所不同。

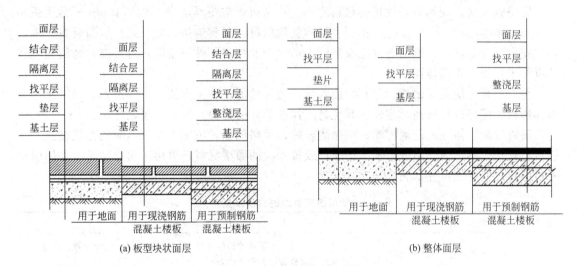

(a) 板型块状面层　　　　　　　　　　　　(b) 整体面层

图 8-2　防腐蚀地面构造图

（1）面层

面层是防腐蚀地面结构中的重要组成部分，它不仅直接影响到地面的使用效果，而且在地面造价上占有主导地位，因此需要慎重对待。面层材料需具有一定的抗腐蚀、耐热能力和足够的抗压、抗冲击和耐磨等力学性能。不同的使用条件对面层的要求不同。操作部位及主要的运输通道等，对抗冲击强度要求较高；槽下地面、承槽地坑以及排水沟等，对抗腐蚀、耐热性能要求较高；在有碱液作用的部位，要求防滑。因此在选材上应加以区别对待，以满足使用要求和节约投资。常用的防腐蚀地面材料有耐酸瓷板、耐酸瓷砖、耐酸陶板、耐酸缸砖和花岗石板等。

耐酸瓷板和耐酸瓷砖的结构密实、孔隙度很小，具有优良的耐蚀性能，其硬度和抗压强度都很高，耐酸瓷板的抗冲击性能较差，容易破碎，耐酸瓷砖的抗冲击性能较好，使用中破碎现象较少。耐酸瓷板和耐酸瓷砖的使用效果还与结合层材料、嵌缝材料密切相关，如果结合层及嵌缝材料的耐蚀、耐热和黏结力等性能较差时，则会导致瓷板或瓷砖的脱落，影响使用效果。耐酸瓷板的常用厚度有 25mm 和 30mm 两种，25mm 厚的耐酸瓷板适用于处理小型零件，用于对地面冲击较小的车间；30mm 后的耐酸瓷板，适用于处理中型零件，用于对地面冲击不严重的车间。对地面冲击较严重的处理大型零部件的车间地面可采用耐酸瓷砖，其厚度为 65mm，常用规格为 230mm×113mm×65mm。由于耐酸瓷砖的价格较贵，一般用于需要局部加强的部位。

耐酸陶板的吸水率较高，脆性较大，耐冲击性能较差，耐蚀性能略差于耐酸瓷板，表面不如瓷板清洁。但作为防腐蚀地面材料，从耐蚀性能上来说是适宜采用的，而且耐酸陶板的价格较低，不易打滑。

耐酸缸砖是由黏土烧制而成的粗陶制品，含硅量与普通砖一样（二氧化硅含量约为 70%），耐磨、耐热性能良好，质地较密，表面粗糙度，耐蚀性能一般能满足地面的防腐蚀要求，且价格较低，一般也可用于代替瓷砖使用。标准缸砖规格为 230mm×113mm× 65mm。

花岗石板由于其产地不同，构成成分也不同，因此，其耐蚀性能有较大差别。通常花岗石能耐各种无机酸及有机酸的腐蚀，并能在一定程度上抵抗碱类的腐蚀。花岗石具有优良的抗压、抗冲击性能（优于耐酸瓷板、耐酸瓷砖）。花岗石板表面粗糙，防滑性能好，作为车间的防腐蚀地面，花岗石是优良的材料之一。花岗石板常用厚度为 120～140mm［常用规格 600mm×400mm×（120～140）mm］。如能就地取材，节省运费，尤其是厂区附近有开采和加工花岗石的条件，则地面造价比较经济，适用于处理零部件较笨重，且可能对地面造成较严重冲击作用的车间地面。

细石混凝土地面不耐酸，但其性能较好，造价较低，施工方便，易于维修，多用于车间内部通道、零部件存放地、零件装卸挂具工作地等处的地面，使用效果较好。

沥青砂浆整体性地面耐稀酸、碱性能较好，价格低廉，施工方便，但耐热性能较差，受热后易软化变形，因此不适用于承槽地坑或排水沟的面层材料，可用于通道地面。常用面层材料的特点及适用条件如表 8-4 所示。

表 8-4　常用面层材料的特点及适用条件

类别	名称	常用厚度/mm	特点及适用条件
块料面层	花岗石板	120～140	抗蚀、抗压、抗冲击及防滑等性能优良，使用效果较好。适用于镀件较重、有吊车或对地面有较重冲击作用的车间
	耐酸瓷砖	65	抗蚀性能优良，较耐冲击，使用中碎裂较少，有碱液作用时较滑，价格较高，不宜大面积使用，一般用于需要局部加强（如酸洗间、承槽地坑）的部位
	耐酸瓷板	20～30	抗蚀性能优良，抗冲击性能较差，受重物冲击易破，适用于镀件较轻、无吊车或对地面冲击不严重的车间，亦可用于槽子不大的承槽地坑、排水井及明沟等
整体面层	水磨石和细石混凝土	30～40	耐碱性能优良，但不耐腐蚀，表面比较密实，透水性差，所以受稀酸作用腐蚀较慢，抗冲击性较好，造价较低，适用于通道及操作走道
	树脂	1～2	是新型地面材料，具有较好的抗腐蚀性能。常用的有环氧玻璃钢、环氧酚醛玻璃钢、环氧呋喃玻璃钢和不饱和聚酯玻璃钢等
	沥青砂浆和沥青混凝土	20～40	耐酸、耐碱，不透水，价格较低；不耐有机溶剂，不耐温，不耐机械冲击，适用于车间内的通道
	水玻璃砂浆和水玻璃混凝土	60	耐酸性能较好，不耐碱性腐蚀，渗透性大

（2）结合层

结合层是指黏结耐酸瓷砖、耐酸瓷板、花岗岩石板等用的结合材料，一般应满足耐蚀、耐热、黏结力和抗压强度优良等要求。在防腐蚀地面的施工中，结合材料的用量较大，选材需要考虑经济因素。电镀车间常用沥青胶泥作为结合层，该材料货源充足，价格低廉，只是耐热性较差。树脂类胶泥的抗蚀、耐热等性能比沥青类好，但价格较高。常用结合材料的特点及适用条件如表 8-5 所示。

表 8-5　常用结合材料的特点及适用条件

面层材料	结合材料	厚度/mm	特点及适用条件
耐酸瓷砖、耐酸瓷板	沥青胶泥	≤5	价廉，取材容易，目前采用较普遍，缺点是耐热性能差，易老化，不耐强氧化性酸
	沥青硫黄胶泥	≤5	价廉，取材容易，耐热性能较前者好，应用普遍
	环氧煤焦油胶泥	≤3	价格较高，耐热性好，耐蚀性较好
	环氧酚醛胶泥	≤3	价格较高，耐热性好，耐蚀性较好
花岗石板	沥青砂浆	20	价廉，抗蚀性能好
	水玻璃砂浆	20	耐酸性好，耐碱性差，不适用于有碱液作用的部位；抗渗性差，不耐氢氟酸
	水泥砂浆	20	价廉，施工方便，抗蚀性差，当嵌缝材料的抗蚀、抗渗等性能较可靠时可以采用
	砂垫层	80	施工方便，广泛采用，但因砂是透水材料，所以下层的隔离层必须可靠

结合层材料与嵌缝材料应相互匹配，当嵌缝材料为刚性时（水玻璃类、硫黄类、树脂类等），结合层材料不应使用沥青胶泥等柔性材料；当嵌缝材料采用沥青胶泥、水玻璃胶泥、硫黄胶泥、水泥砂浆时，结合层的材料应与嵌缝材料相一致；但花岗石板面层的嵌缝采用沥青胶泥时，结合层宜采用沥青砂浆，如果嵌缝材料采用树脂胶泥，在酸性介质中，结合层宜采用水玻璃砂浆，也可采用水泥砂浆；当耐酸瓷砖、耐酸瓷板面层嵌缝采用树脂胶泥，在酸性介质中使用时，结合层宜采用水玻璃胶泥或树脂胶泥，在碱性介质使用时，结合层宜采用水泥砂浆。

砖、板缝处理瓷砖、瓷板等块材面层接缝处理有挤缝法与勾缝法两种。采用挤缝法施工，操作较方便，缝内由结合材料填充，接缝紧密饱满，质量较好，挤缝法施工的缝宽一般为 2～3mm。当结合材料的抗蚀、耐热及抗渗等性能较差或不能满足使用要求时，不可采用挤缝法，而需要采用勾缝法处理。勾缝材料一般都选用性能优良的树脂类胶泥，采用勾缝法施工，缝道应预先留出，缝宽一般为 5～8mm，勾缝深度一般为面板厚度或 12～15mm。勾缝法施工较挤缝法麻烦，目前电镀车间瓷砖地面多采用挤缝法施工，而勾缝法仅用于地坑、排水沟等对抗蚀、耐热要求较高的部位。

花岗石板的挤缝法施工常采用灌缝或灌缝加勾缝的方法。灌缝材料采用沥青砂浆效果较好，对于无碱液作用的单纯耐酸地面，也可采用水玻璃砂浆填缝。花岗石板的接缝宽度一般为 8～10mm，勾缝深度为 15～20mm。常用勾缝材料的特点及适用条件见表 8-6。

表 8-6　常用勾缝材料的特点及适用条件

材料名称	特点及适用条件
环氧胶泥	能抵抗中等浓度酸、强碱及溶剂等的腐蚀,黏结力、抗压、耐热性均较好,但不耐强氧化性酸、混合酸类溶液的腐蚀,价格较高
环氧煤焦油胶泥	能抵抗中等以下浓度酸、碱及低浓度氢氟酸的腐蚀,黏结力、抗压、耐热性也较好,价格便宜,可优先采用。煤焦油应选用高温煤焦油
环氧呋喃胶泥	对中等浓度以下的无机酸、碱及低浓度硝酸、铬酸均耐蚀,但不耐强氧化性酸及混合酸的腐蚀,黏结力、抗压、耐热性较好
环氧酚醛胶泥	抗蚀性能同上,但耐碱能力略有降低,黏结力、抗压、耐热性较好,可采用
呋喃胶泥	能耐多种强酸、强碱和有机溶剂的腐蚀,但不耐强氧化性酸,黏结力较差,脆性较大,一般不单独使用
呋喃沥青胶泥	耐蚀性能与纯呋喃相近,黏结力较差,但抗压及耐热性较好,价格稍便宜,用于石板勾缝效果较好
酚醛胶泥	常温下对中等浓度的硫酸、铬酸,任意浓度的盐酸及低浓度的硝酸均耐蚀,但耐碱性差,黏结力低、脆性大,使用效果较差
不饱和聚酯胶泥	常温下能耐中等浓度的硫酸、盐酸及低浓度的硝酸、铬酸等,耐油性强,但耐碱性稍差,采用 3301 号树脂可提高耐碱性,但价格较贵,黏结力较强、抗压强度较高,是一种很有发展前途的防腐材料

（3）隔离层

为防止腐蚀性液体渗过面层缝隙腐蚀下部结构（如楼板、地面垫层及地基等），需要在面层下部设置隔离层。隔离层设置在腐蚀性液体经常作用或积聚的部位，如承槽地坑、排水沟等部位应重点设防；对于仅受腐蚀性液体偶然作用、且无积聚可能的部位，以及地面面层的抗渗性较好时，可以不设隔离层。

隔离层应选择耐蚀性好、吸水率低、不透水及柔韧与耐热性都较好的材料，同时还应注意经济效果。常用隔离层材料的特点及适用条件见表 8-7。在地面所有的转角部位，如踏脚板、排水沟、地坑等处，隔离层应厚一些。

表 8-7　常用隔离层材料的特点及适用条件

隔离层材料	黏结材料	特点及适用条件
二层石油沥青油毡	沥青胶泥	价格低廉,取材容易,使用较普遍,缺点是油毡纸耐蚀性差,吸水率高
单层再生橡胶沥青油毡	沥青胶泥	耐蚀、耐热及柔韧性等均较普通油毡好,可优先采用
三层玻璃布	环氧煤焦油胶泥	抗蚀、耐热性能好,价格较高,不宜大面积使用,黏结材料应优选采用环氧煤焦油胶泥
	沥青胶泥	
单层软聚氯乙烯板	沥青橡胶浆过氯乙烯胶	抗蚀、抗渗性能较好,价格较贵,仅适用于重点部位及防腐要求较高的楼面使用

（4）找平层

找平层是铺设隔离层时找平基层用的。当基层施工较平整时，可以不设找平层。找平混凝土基层可采用 1：（2.5～3）的水泥砂浆（20mm 厚），在垫层上刷一道素水泥浆。地面无隔离层时，也可采用沥青砂浆或水玻璃砂浆等防腐材料作找平层。楼面上做局部防腐蚀地面时，可利用找平层形成坡度。

（5）垫层和基土层

腐蚀地面垫层，一般均采用标号不低于 100 号的混凝土刚性垫层，其厚度不小于 100mm。垫层不得采用炉渣、石灰三合土等松散材料。当防腐地面设置在软土层上时，基土应采用素土夯实、夯入碎石等措施。湿陷性黄土地基上的混凝土垫层，为防止开裂渗水，可考虑采用配筋措施。

8.2.3.4 防腐地面结构举例

常用防腐地面结构举例见表 8-8。

表 8-8　常用防腐地面结构

项目	花岗石板面层	耐酸瓷砖面层	耐酸瓷板面层	玻璃钢整体面层
面层	花岗石板，厚 100mm	标准型耐酸瓷砖，厚 65mm	耐酸瓷板，厚 30mm	环氧玻璃钢，二底三布二面
灰缝	沥青胶泥灌缝，缝宽 8～15mm，深 75～80mm	环氧呋喃(7∶3)胶泥勾缝，缝宽 6～8mm，深 15～20mm	环氧胶泥挤缝，挤缝宽 2～3mm	
结合层	沥青砂浆，厚 10～15mm	水玻璃胶泥厚 5～7mm	环氧胶泥，厚 4～6mm	
隔离层	沥青玻璃布油毡，二毡三油	再生胶油毡，一毡二油	环氧玻璃钢，二底二布	
找平层	1∶3 水泥砂浆，厚 20mm，垫层上刷素水泥浆			
垫层	100 号混凝土，厚 100mm			
基本层	素土夯实并做成具有一定坡度			

8.2.4　其他防腐蚀措施

8.2.4.1　建筑装修

电镀车间建筑物的承重结构，应选用抗蚀性较好、坚固耐用的结构形式，并根据具体情况，采取相应的防腐措施。地面及楼板上的金属柱、栏杆、支架、铁梯等，底部应固定在高出地面或楼面的混凝土垫层上，并需对此垫层的外露部分采取防腐包裹措施。防腐蚀地面（或楼面）应有适当的坡度，以便迅速排出洒落在地面上的水及腐蚀性液体，坡度应向着排水明沟或地漏，排水明沟或暗沟应考虑防腐、防渗水和耐温措施。防腐蚀楼面开洞及管道穿孔处，必须预留洞口，预埋套管，避免在楼板上临时打洞，以免破坏楼面防腐层的连续性。楼面开洞及管道穿过楼面处，均应做挡水沿，并采取与防腐蚀地面相同的防护措施。槽子的通风罩与通风地沟接触处、通风地沟的检查孔，均应做挡水沿。挡水沿应采取与防腐蚀踢脚板相同的防腐与防汛水处理。

车间内地面、墙面、墙裙及顶棚（包括屋架及外露金属件等），应根据不同房间、不同工艺的要求和有关的建筑标准及经济条件来确定。因为电镀车间生产中排放大量腐蚀性介质，所以其装修要求很大程度上是由防腐蚀要求决定的，车间各部位的建筑装修要求和常用做法，列于表 8-9。

涂装建筑物内的地面、墙面及顶棚的装修，应按涂装作业性质、涂层质量要求、防腐蚀要求、防火要求、使用要求等具体情况确定，如表 8-10 所示。

表 8-9　电镀车间建筑物的装修要求和常用做法

工作间名称	地面		墙裙	墙面及顶棚
	要求	常用做法		
酸洗间	酸洗碱,耐冲击,耐温,防渗,易清洗	花岗石板,耐酸瓷砖,耐酸瓷板	瓷板墙裙	耐酸涂料
生产间	耐酸碱,耐冲击,耐温,防渗,易清洗	耐酸瓷板,花岗石板,耐酸瓷砖,玻璃钢	瓷板墙裙,耐酸涂料墙裙或踢脚板,水泥砂浆墙裙或踢脚板	耐酸涂料或胶质粉刷
化学分析间、工艺试验间	耐酸碱,清洁	耐酸瓷板,水磨石,软聚氯乙烯板	耐酸涂料墙裙及踢脚板	耐酸涂料或胶质粉刷
化学品库	易冲洗	水磨石,密实混凝土压紧	不做	白色胶质粉刷
抛光间、直流电源间	清洁	水磨石,密实混凝土压紧	不做	白色胶质粉刷
抛丸间、挂具间、滚光间	无特殊要求	密实混凝土压紧	不做	白色胶质粉刷

表 8-10　涂装车间建筑物的装修要求和常用做法

工作间名称	地面		墙面及顶棚
	要求	常用做法	
抛(喷)丸间	耐冲击、易清扫	混凝土、压光细石混凝土、压光水泥	涂料防腐
手工机械除锈清理间	耐冲击、易清扫	混凝土、压光细石混凝土、压光水泥	涂料防腐
除油酸洗间	耐酸碱、易冲洗、耐冲击、不渗水、防滑、有坡度	耐酸花岗岩、耐酸瓷砖、耐酸瓷板	1.2～1.5m 高瓷板墙裙,墙面及顶棚涂防腐蚀涂料
化学前处理间（含磷化、阳极化等）	耐酸碱、易冲洗、耐冲击、不渗水、防滑、有坡度	耐酸花岗岩、耐酸瓷砖、耐酸瓷板	1.2～1.5m 高瓷板墙裙,墙面及顶棚涂防腐蚀涂料
电泳涂装间	易冲洗、耐冲击、有坡度	水磨石、压光细石混凝土	涂防腐蚀涂料
涂料刷、浸涂间	耐有机溶剂	水磨石、压光细石混凝土、压光水泥	涂防火涂料
涂料间	耐有机溶剂、易清扫	水磨石、压光细石混凝土、压光水泥、涂地面涂料	涂防火涂料
打磨间	易清扫、耐冲击	水磨石、压光细石混凝土、压光水泥	涂料防腐
粉末涂装间	平整、光滑、无缝隙、凹槽、易清扫	水磨石、压光细石混凝土、压光水泥(喷粉区;防静电地面)	涂料防腐
电泳涂漆冷冻机室	—	压光细石混凝土、压光水泥	涂防腐蚀涂料
直流电源间	清洁、易清扫	压光细石混凝土、水磨石、压光水泥	涂料防腐

続表

| 工作间名称 | 地面 | | 墙面及顶棚 |
	要求	常用做法	
应急电源间	清洁、易清扫	压光细石混凝土、水磨石、压光水泥	涂料防腐
变电所	—	压光细石混凝土、压光水泥	涂料防腐
电控室	—	压光细石混凝土、压光水泥	涂料防腐
化验室、工艺试验室	清洁、耐酸碱	耐酸瓷板、水磨石、涂料面层、软聚氯乙烯塑料	1.2~1.5m高防腐涂料墙裙,墙面及顶棚防腐蚀涂层
检验室	清洁、易清扫	水磨石、压光细石混凝土、压光水泥	喷(刷)涂料
纯水制备间	易冲洗、有坡度	压光细石混凝土、压光水泥	涂防腐涂料
通风机室	—	压光细石混凝土、混凝土	喷(刷)涂料
零件库	易清扫、耐冲击	压光水泥、压光细石混凝土	喷(刷)涂料
成品库	易清扫、耐冲击	压光水泥、压光细石混凝土	喷(刷)涂料
挂具制造及维修间	耐冲击	压光水泥、压光细石混凝土	喷(刷)涂料
挂具库	耐冲击	压光水泥、压光细石混凝土	喷(刷)涂料
油漆库	易清扫、耐有机溶剂、不发火	不发火地面	涂防火涂料
调漆间	易清扫、耐有机溶剂、不发火	不发火地面	涂防火涂料
有机溶剂库	易清扫、耐有机溶剂、不发火	不发火地面	涂防火涂料
电泳漆库	易清扫、耐冲击	压光水泥、压光细石混凝土	喷(刷)涂料
粉末储存库	易清扫、耐冲击	压光水泥、压光细石混凝土	喷(刷)涂料
化学品库	清洁、耐酸碱	压光水泥、压光细石混凝土	涂防腐涂料
辅助材料库	—	压光水泥、压光细石混凝土	喷(刷)涂料
值班室	易清扫	压光水泥、压光细石混凝土	喷(刷)涂料
休息室	易清扫	压光水泥、压光细石混凝土	喷(刷)涂料
办公室、技术室	清洁、易清扫	水磨石、压光水泥、木地板	喷(刷)涂料
技术资料室	清洁、易清扫	水磨石、压光水泥、木地板	喷(刷)涂料
会议室	清洁、易清扫	水磨石、压光水泥、木地板	喷(刷)涂料

8.2.4.2 屋面及内外墙防腐蚀

① 屋面

屋面不得采用镀锌铁皮、镀锌瓦楞铁皮,也不得使用镀锌铁皮作天沟、檐沟、水斗及水落管,而应采用缸瓦管、铸铁管(内壁涂沥青)或石棉水泥管(内壁涂沥青)。

② 内外墙

外墙的砖墙用1:2水泥砂浆勾平缝,下部用水泥砂浆粉刷。内墙面(包括柱子)有可能受水或腐蚀性液体作用的地方,应设墙裙保护。墙裙一般与窗台一样高,如镀槽靠墙,则墙裙应高一些，尽量能与块材面层材料高度的整数倍一致。对经常有腐蚀性液体作用的部位，可作釉面瓷板墙裙。墙裙以上的墙面，因无腐蚀性液体作用，可用普通石灰砂浆、混合砂浆抹灰后刷白墙面。除生产工艺对环境清洁有较高要求外，一般不采取涂漆措施。

8.2.4.3 门窗防腐蚀

构件及木门窗可刷各色酚醛耐酸漆或普通调和漆，而不必选用树脂类高级防腐漆。铁制门窗配件是木门窗抗蚀的薄弱环节，使用前可进行电镀再加工，镀耐蚀性合金或铬，也可喷耐酸漆。其他工段的门窗，可以是钢门窗，但需喷涂普通油漆。

电镀车间宜采用塑料门窗或石蜡浸渍的木门窗，如果采用钢窗，应采用实腹钢窗。

8.2.4.4 各种构筑物的防腐

① 排水明沟 排放侵蚀性液体的明沟，其沟底坡度一般为1%，可加大至3%～5%，较窄的明沟，在加大坡度有困难时，可适当减小，但不得小于0.5%。明沟起点深度不得小于100mm。明沟不得紧贴墙脚，离墙边不小于150～200mm。明沟内表面可涂清漆两遍。

② 镀槽地坑 地坑一般均采用钢筋混凝土结构，坑壁及坑底可用15mm厚的耐酸釉面瓷砖、红色耐酸陶板或花岗石板作面层。地坑排水坡度为1%～2%，用钢筋混凝土底板或混凝土垫层做出坡度。

③ 排风地沟 地沟采用砖或钢筋混凝土建造，应做出1%的坡度，坡朝向地漏或集水井，坡度由地沟底板或混凝土建筑垫层做出。地沟内壁面层可用6～8mm厚的白瓷板或压光水泥面板。

④ 集水井 当集水井在车间内或虽在车间外，但离外墙小于2m时，井壁应由耐酸沥青砂浆砌筑。酸腐蚀较强的集水井井壁和井底面可使用10mm厚的耐酸釉面瓷砖。集水井在室外时，壁体上端应高出室外地面100mm以上。

⑤ 中和池 中和池的防腐措施基本上与集水井相同，一般都采用钢筋混凝土结构，并做耐酸面层处理。中和池应放在室外，并尽可能距车间远一些，一般不得小于2m，不得与柱基相碰或重叠。中和池壁高度应大于1.5m，壁内面应做成阶梯状，下面一级比上面一级向前突出20mm，每一阶的高度不超过1.2m，以利于油毡的铺设，防止贴面倾倒。

8.2.4.5 地面排水

防护车间经常受到水和腐蚀性液体的作用，因此要求具有良好的排水条件，以便迅速有效地将水排除。地面排水设计应注意下列问题：

① 凡有液体作用或有可能冲洗的地面，都应有坡度，且坡向排水地坑、明沟或地漏。经常有人行走的瓷砖、瓷板地面，排水的适宜坡度为2%～3%，花岗石板地面及无人行走和操作的地面坡度可增大至3%～4%，楼面做坡度比较困难，可以做不小于1%的坡度。

② 槽子下部地面局部降低，做成承槽地坑，坑内设明沟或其他排水措施，将水控制在地坑范围内，是防止地面水到处流淌和大面积受腐蚀的有效措施。楼面设承槽地坑比较困难，可设围堰，也能取得较好的效果。

③ 车间内部应尽量采用明沟排水，避免暗沟、暗管及地漏排水方式。楼面上设排水明沟有困难时可采用地漏排水，但地漏之间的距离不大于12m。

思 考 题

1. 建筑定位轴线如何编号？
2. 厂房建筑设计中，如何确定柱网？请以图示意。

3. 表面处理工艺对车间厂房建筑结构和装修有哪些要求？
4. 防护车间的建筑物形式有哪几种？各有什么优缺点？
5. 防护车间的建筑结构有哪些？如何进行防腐处理？
6. 防护车间的地面如何进行防腐、防渗处理？

参 考 文 献

[1] 崔作兴，郝建军，安成强，等.防护车间设计与设备.沈阳：东北大学出版社，2001.

[2] 王锡春.涂装车间设计手册.北京：化学工业出版社，2008.

[3] 傅绍燕.涂装工艺及车间设计手册.北京：机械工业出版社，2012.

[4] 孙华，李梅，刘利亚.涂镀三废处理工艺与设备.北京：化学工业出版社，2006.

[5] 章葆澄，朱立群，周雅.防腐蚀设计与工程.北京：北京航空航天大学出版社，1998.

[6] 兵器工业部第六设计研究院.表面处理车间工艺设计手册.石家庄：河北人民出版社，1984.

[7] 傅绍燕.电镀车间工艺设计手册.北京：化学工业出版社，2017.

[8] http：//www.rsddsb.com/products/.日昇环保科技.

[9] 贺框.电镀间歇式逆流清洗节水及自动控制研究.电镀与涂饰，35（21）1136-1140.

[10] 张路路.电镀清洗过程中的节水技术.电镀与涂饰，2016，35（8）422-426.

[11] 公开号101230480，一种电镀逆流漂洗工艺.

[12] 盛秋林，刘仁志.无接触测温技术及其在电镀技术中应用.材料保护，2014，47（3）：61-62.

[13] 侯进.生产中合适滚筒的选择.电镀与精饰，2009，（1）：23-25.

[14] 沈涪.振动电镀设备类型.电镀与精饰，2001，23（1）：23-25.

[15] 沈涪.振动电镀在国内电镀行业应用状况和发展前景.电镀与精饰，2011，26（8）：221-225.

[16] 赵建平.新一代滚镀设备.材料保护，2004（10）：54-57.

[17] 廖映华，李志荣，张友兵.基于PLC的电镀流水线自动控制系统设计.电镀与环保，2017.37（02）：53-56.

[18] 吴志鹏，李建中，江泽军.谈垂直连续电镀铜线的设计.印刷电路信息，2019（7）：20-23.

[19] 郝鹏飞，杜斌.超声波清洗在电镀前处理中的应用及选型.电子工业专用设备，2015，44（11）：40-42.

[20] 王文忠.铸铁件电镀工艺要点浅析.电镀与环保，2015，35（6）：50-51.

[21] 丁运虎，黄兴林，邓华才，等.高硅铝合金电镀环保前处理技术研究.材料保护，2017，50（4）：55-58.

[22] 孙华，苑瑞林.自动化电镀生产线温度总控系统设计.电镀与环保，2017，37（04）：68-71.

[23] 高仰昭，马英春.电镀用滤芯的现状.电镀与涂饰，2008.27（11）：38-40.

[24] 沈品华.现代电镀手册（下册）.北京：机械工业出版社，2011.

[25] 李国英.表面工程手册.北京：机械工业出版社，2004.

[26] 冯立明，张殿平，王续建.涂装工艺与设备.北京：化学工业出版社，2013.

[27] 崔作兴，郝建军，安成强，等.防护车间设计与设备.沈阳：东北大学出版社，2001.

[28] 王锡春.涂装车间设计手册.北京：化学工业出版，2008.

[29] 傅绍燕.涂装工艺及车间设计手册.北京：机械工业出版社，2012.

[30] 孙华，李梅，刘利亚.涂镀三废处理工艺与设备.北京：化学工业出版社，2006.

[31] 章葆澄，朱立群，周雅.防腐蚀设计与工程.北京：北京航空航天大学出版社，1998.

[32] 兵器工业部第六设计研究院.表面处理车间工艺设计手册.石家庄：河北人民出版社，1984.

[33] 傅绍燕.电镀车间工艺设计手册.北京：化学工业出版社，2017.